Pythonではじめる機械学習

scikit-learnで学ぶ特徴量エンジニアリングと機械学習の基礎

Andreas C. Müller
Sarah Guido 著
中田 秀基 訳

Introduction to Machine Learning with Python

A Guide for Data Scientists

Andreas C. Müller and Sarah Guido

Beijing • Boston • Farnham • Sebastopol • Tokyo

まえがき

機械学習は、多くのビジネスアプリケーション、研究プロジェクトにとって、不可欠な存在となっている。応用領域は医療診断・治療からSNSでの友人の発見まで幅広い。機械学習は、大規模な研究チームを持つ大企業にしか使えないと思っている人も多い。本書では、機械学習を用いたシステムを自作するのは簡単だということを示し、そのための一番良い方法を紹介する。本書で得た知識を用いれば、ツイッターのユーザたちがどう感じているかを判断するシステムや、地球温暖化を予測するシステムを自作することができる。機械学習のアプリケーションは無限にある。特に現在利用できる膨大なデータを考えると、限界はむしろ利用者のイマジネーションのほうにある。

対象読者

本書は、機械学習を実世界の問題を解く方法として実装しようとしている機械学習の実践者、もしくは実践者になりたいと望む人に向けて書かれている。入門書なので、機械学習や人工知能に関する事前知識は必要ない。Pythonと`scikit-learn`ライブラリに焦点を絞り、実用になる機械学習アプリケーションを作るためのすべてのステップを説明する。本書で紹介する手法は、科学者や研究者だけでなく、商用アプリケーションを使うデータサイエンティストにとっても役に立つはずだ。PythonやNumPyや`matplotlib`をいくらかでも知っていればより理解しやすいだろう。

本書では数学を使いすぎないように留意し、機械学習アルゴリズムの実用的な側面に注力している。数学（特に確率論）は機械学習の基礎をなしているが、本書ではアルゴリズムの解析にはあまり立ち入らない。機械学習アルゴリズムの数学に興味があるなら、Trevor Hastie、Robert Tibshirani、Jerome Friedmanの『*The Elements of Statistical Learning*』（Springer、邦題『統計的学習の基礎：データマイニング・推論・予測』共立出版）をお勧めする。この本は著者たちのWebサイト（http://web.stanford.edu/~hastie/ElemStatLearn/）からダウンロードできる。また、本書では機械学習アルゴリズムをゼロから作る方法は取り扱わない。`scikit-learn`などのライブラリで実装されているさまざまなモデルを取り扱う方法に注力する。

本を書いた理由

機械学習や人工知能に関する本は多い。しかし、その大半は計算機科学の修士課程、博士課程の学生を対象としており、難しい数学で一杯だ。しかし実際には、研究やビジネスにおいて、機械学習は日常的なツールとして使われている。今日、機械学習を使うだけなら博士号は必要ないのだ。しかし、難しい数学の授業を受けていない人にもわかるように、機械学習アルゴリズムを実装する際に重要なさまざまな側面を解説した本はほとんどない。本書が、微分積分や線形代数や確率論を何年も学ぶことなく機械学習を使いたい、と思う人たちの助けとなることを願っている。

本書の構成

本書は下記のように構成されている。

- 「**1章　はじめに**」では、機械学習の基本的なコンセプトとその応用を紹介し、本書で用いる言語やツールについて説明する。
- 「**2章　教師あり学習**」と「**3章　教師なし学習と前処理**」では、実際に広く使われている機械学習のアルゴリズムを説明し、それらの利点と欠点について議論する。
- 「**4章　データの表現と特徴量エンジニアリング**」では、機械学習で処理するデータの表現の重要性と、データのどの側面に注意を向けるべきかを議論する。
- 「**5章　モデルの評価と改良**」では、モデルの評価とパラメータチューニングの高度な手法、特に交差検証とグリッドサーチについて述べる。
- 「**6章　アルゴリズムチェーンとパイプライン**」では、モデルをチェーン状につなげ、ワークフローをカプセル化する「パイプライン」の概念について述べる。
- 「**7章　テキストデータの処理**」では、これまでの章で説明した手法をテキストデータに適用する方法を示し、さらにテキスト固有の処理技術を紹介する。
- 「**8章　おわりに**」では、一歩引いた立場から本書の位置付けを整理し、より高度なトピックに関する参考文献を示す。

「**2章　教師あり学習**」と「**3章　教師なし学習と前処理**」では、実際のアルゴリズムを説明する。しかし、初心者はすべてのアルゴリズムを理解する必要はない。なるべく早く機械学習システムを自作したい場合には、重要なコンセプトを説明している「**1章　はじめに**」と「**2章　教師あり学習**」の最初の数節から読み始めるとよいだろう。その後は、「**2.5　まとめと展望**」まで飛ばして構わない。この節には、本書でカバーしているすべての教師あり学習のリストを掲載している。アプリケーションに最も適していると思われるモデルを選択し、そのモデルを説明した節に戻るとよいだろう。その後、「**5章　モデルの評価と改良**」で紹介しているテクニックを用いてモデルの評価とチューニングを行えばよい。

オンラインの資料

本書を読む際にはscikit-learnのWebサイト（http://scikit-learn.org）をぜひ参照してほしい。ここにはクラスや関数の詳細なドキュメントと多数の例が掲載されている。さらに、Andreas Müllerによる「Advanced Machine Learning with scikit-learn」というビデオコースもある。このコースは本書を補うもので、http://shop.oreilly.com/product/0636920043836.doにある。

表記法

本書では以下の表記法に従う。

ゴシック（サンプル）

新出用語や強調を示す。

等幅（`sample`）

プログラムリストに使うほか、本文中でも変数、関数名、データベース、データ型、環境変数、文、キーワードといったプログラムの要素に使う。またコマンド、モジュール、パッケージ名にも使う。

イタリック（*sample*）

数式、欧文書籍名を示す。

ヒント、参考情報を示す。

一般的なメモを示す。

警告や注意事項を示す。

コードサンプルの使い方

補助資料（コードサンプル、Jupyter Notebookなど）が、https://github.com/amueller/introduction_to_ml_with_pythonからダウンロードできる。本書は、読者の仕事を助けるために存在する。一般に、本書で提供されているサンプルコードは、プログラムやドキュメントで自由に利用して構わない。コードの大部分を再利用するということでなければ、我々の許諾を得る必要はない。例えば、本書のコードからいくつか抜き出してプログラムを書く場合には、許諾は必要ない。オライリーの書籍のサンプルコードの入ったCD-ROMを販売したり配布したりする場合には、許諾が必要だ。誰かの質問に答えるのに、本書のサンプルコードを参照するのには、許諾は必要ない。製品のドキュメントに、本書のサンプルコードを大量に取り込むような場合には、許諾が必要となる。

出典を書いてくれれば嬉しいが、必須ではない。書く場合の帰属表記には、タイトル、著者、出版社、ISBN番号を入れてほしい。例えば、『*An Introduction to Machine Learning with Python*』Andreas C. Müller、Sarah Guido著、O'Reilly、Copyright 2017 Sarah Guido and Andreas Müller、978-1-449-36941-5、邦題『Pythonではじめる機械学習』オライリー・ジャパン、ISBN978-4-87311-798-0のようになる。サンプルコードの使用が公正な使用の範囲を逸脱したり、上述の許諾に該当しない目的での利用に関しては、気軽にpermissions@oreilly.comに連絡してほしい。

意見と連絡先

本書（日本語翻訳版）の内容は最大限の努力をして検証・確認しているが、誤り、不正確な点、バグ、誤解や混乱を招くような表現、単純な誤植などに気付くこともあるかもしれない。本書を読んでいて気付いたことは、今後の版で改善できるように私たちに知らせてほしい。将来の改訂に関する提案なども歓迎する。連絡先を以下に示す。

株式会社オライリー・ジャパン
電子メール japan@oreilly.co.jp

本書についての正誤表や追加情報などは、次のサイトを参照してほしい。

http://www.oreilly.co.jp/books/9784873117980/（日本語）
http://shop.oreilly.com/product/0636920030515.do（英語）

コードを実行する上での注意や情報をまとめたサポートページを用意した。コードが動かない場合や期待通りの結果にならない場合に参照してほしい。
https://oreilly-japan.github.io/introduction_to_ml_with_python_jp/

謝辞

Andreasより

多くの方の助力がなければ、この本は存在しなかった。

編集者のMeghan BlanchetteとBrian MacDonald、特にDawn Schanafeltに感謝したい。彼らは、Sarahと私を助けてこの本を実現してくれた。

閲読をしてくれたThomas Caswell、Olivier Grisel、Stefan van der Walt、John Myles Whiteにも感謝する。彼らは本書の初期のバージョンを読んで有益なフィードバックをくれただけでなく、科学計算向けオープンソースソフトウェアのエコシステムの一端を支えてくれている。

温かく迎えてくれた、オープンソースの科学技術計算のためのPythonコミュニティ、特にscikit-learnの開発者たちに、永遠の感謝を。このコミュニティ、特にGael Varoquaux、Alex Gramfort、Olivier Griselからのサポートがなければ、私がscikit-learnの中心的な開発者の1人になることはなかっただろうし、このパッケージをここまで深く理解することもなかっただろう。このパッケージを改良し維持するために時間を捧げてくれたすべての開発者に感謝する。

機械学習の困難な点を理解するのを助けてくれた、多くの同僚や仲間たちにも感謝を。機械学習について語り合った人々、特にBrian McFee、Daniela Huttenkoppen、Joel Nothman、Gilles Louppe、Hugo Bowne-Anderson、Sven Kreis、Alice Zheng、Kyunghyun Cho、Pablo Baberas、Dan Cervoneに感謝する。

本書の初期のバージョンの熱心なベータテスタであり閲読者であったRachel Rakovにも感謝する。彼にはさまざまな意味で助けられた。

個人的な面では、両親のHaraldとMargot、妹のMiriamの長年のサポートと励ましに感謝したい。私がこれまでに関わってきた多くの人に感謝したい。彼らの愛と友情が、このような挑戦的な課題に取り組むエネルギーを与え、支えてくれた。

Sarahより

Meg Blanchetteに感謝する。彼女の助けと導きがなければこのプロジェクトは存在しなかった。始めの頃に読んでくれたCelia LaとBrian Carlsonにも感謝を。長く待ってくれたオライリーの皆さんにも。最後になったが、常に強く支えてくれたDTSに感謝する。

目次

1章 はじめに

機械学習とは、データから知識を引き出すことである。統計学、人工知能、計算機科学が交差する研究領域で、予測解析、統計学習とも呼ばれる。今日、機械学習のアプリケーションはどこにでもある。どの映画を見たらよいか、何を食べたらよいか、何を買ったらよいかを教えてくれる自動レコメンデーションシステムから、オンラインラジオのパーソナライズや写真に写った友達の顔の認識まで、近代的なWebサイトやデバイスの多くは何らかの機械学習アルゴリズムを中心に構成されている。Facebook、Amazon、Netflixなどの複雑なWebサイトを見てみると、サイトのすべての部分に複数の機械学習モデルが使われている。

商用アプリケーション以外にも、機械学習は今日のデータ駆動研究のあり方に多大な影響を与えている。本書で紹介するツールは、さまざまな科学的問題に適用されてきた。例えば、恒星の理解、遠方の惑星の発見、新たな素粒子の発見、DNAシーケンスの解析、個人ごとに調整された癌の治療などである。

しかし、機械学習によるメリットを享受できるのは、上に挙げたような大規模で世界を変えるようなアプリケーションだけではない。本章では、なぜ機械学習がこれほど流行しているのかを説明し、どのような問題が機械学習で解決できるのかを述べる。さらに、最初の機械学習モデルを構築し、その過程でいくつかの重要な概念を紹介する。

1.1 なぜ機械学習なのか？

初期の「知的」アプリケーションでは、多くのシステムで人間が記述した「もし〜なら」「でなければ」というようなルールを用いてデータを処理し、ユーザの入力に適応していた。例えばSPAMフィルタを考えてみよう。SPAMフィルタの仕事は、受け取ったメールのメッセージがSPAMであればSPAMフォルダに移すことである。例えば、単語のブラックリストを作り、その単語が出てきたらSPAMだと判断することができるだろう。これは、エキスパートが設計したルールシステムを用いた「知的」アプリケーションの一例だと言える。一部のアプリケーション、すなわち人間がモデルをよく理解できている場合には、人間が決定ルールを記述することができる。しかし、この方法には大きく分けて2つの問題点がある。

- ある判断を行うためのロジックが個々のタスクのドメインに特有のものになる。タスクが少しでも変わると、システム全体を書き直さなければならないかもしれない。
- ルールを設計するには、人間のエキスパートがどのように判断しているかを深く理解している必要がある。

人間がルールを記述する手法ではうまくいかない例の1つが、画像からの顔検出である。今日では、どんなスマートフォンでも画像からの顔検出ができる。しかし、顔検出は2001年までは未解決の問題だったのだ。問題は、計算機がピクセル（計算機上の画像を構成する要素）を「知覚」する方法が、人間が顔を知覚する方法とまったく異なることにある。内部表現があまりに違うので、人間がデジタルイメージ内で顔を構成する要素をルールセットとして書き下すことが基本的に不可能なのだ。

しかし、機械学習を用いれば、プログラムにたくさんの顔画像を見せるだけで、顔を認識するのに必要な特徴をアルゴリズムが決定することができる。

1.1.1 機械学習で解決可能な問題

最も成功している種類の機械学習アルゴリズムは、既知の例を一般化することで、意思決定過程を自動化するものである。これは、**教師あり学習**と呼ばれるもので、ユーザが入力データと望ましい出力のペア群をアルゴリズムに与え、アルゴリズムは入力から望ましい出力を生成する方法を発見する。さらに、アルゴリズムはこれまでに見たことのない入力に対しても、人間の助けなしに、出力を生成することができる。スパム分類に関して言えば、機械学習を用いる場合には、アルゴリズムに多数のメール（これが入力）と、それらがSPAMであるかどうか（これが望まれる出力）を与えることになる。新しいメールに対して、アルゴリズムは、それがSPAMかどうかの予測を生成する。

入力と出力のペア群から学習する機械学習アルゴリズムは、教師あり学習と呼ばれる。これは、学習のために与えられる入出力ペア群が、望ましい出力と言うかたちで「教師」となるからである。入力と出力からなるデータセットを作成するには人手がかかり大変だが、教師あり学習アルゴリズムはよく理解されており、その性能を計測するのも容易である。もし、あるアプリケーションが教師あり学習として定式化でき、望ましい出力を含めたデータセットを作成できるのであれば、機械学習でその問題を解決することができるだろう。

教師あり機械学習タスクの例としては下記が挙げられる。

封筒に書かれた手書きの数字からの郵便番号読み取り

入力はスキャンされた手書き文字で、望まれる出力は実際の郵便番号である。機械学習モデル構築のためのデータセットを作るにはたくさんの封筒を集め、郵便番号を自分で読み取って望まれる出力として与える必要がある。

医用画像からの腫瘍の良性・悪性の診断

入力は画像であり、出力は腫瘍が良性かどうか、である。モデル構築のためのデータセットを作るには、医用画像のデータベースが必要になる。さらに、専門家の意見を聞かなければならない。医者にすべての画像を見てもらい、腫瘍が良性か悪性かを判断してもらう必要がある。さらに、画像情報からだけではなく、実際にその腫瘍が癌だったかどうかを診断してもらう必要があるかもしれない。

クレジットカードの不正トランザクションの検出

入力はクレジットカードのトランザクションで、出力は不正である可能性が高いかどうか、である。クレジットカードの発行者であれば、データセットを作るには、すべてのトランザクションを保持しておき、不正であるとユーザが報告したトランザクションを記録すればよい。

ここで面白いのは、この3つの例の入力と出力はわかりやすいものであるにも関わらず、データを集める手法は大きく異なることである。封筒の郵便番号を読むのは面倒ではあるが簡単で安価だ。一方、医用画像と診断は高価な機材を使用するだけでなく、希少で高価な専門家の知識を必要とする。さらに、倫理的な問題やプライバシーの問題もある。クレジットカード不正利用検出では、データ収集はずっと簡単だ。顧客が望まれる出力データを、不正の報告という形で与えてくれる。ただ待っているだけで、不正なトランザクションと正規のトランザクションの入力と出力のペア群が得られる。

教師なし学習は、本書でカバーするもう一種類のアルゴリズムである。教師なし学習では、入力データだけが与えられており、出力データはアルゴリズムに与えられない。この種の手法にもうまくいっているアプリケーションが多数存在するが、一般には、理解するのも評価するのも難しい。

教師なし学習の例としては下記が挙げられる。

多数のブログエントリからのトピック特定

多数のテキストデータがあったら、それを要約して話題のトピックを特定したくなるだろう。どのようなトピックがあるか、いくつトピックがあるのかを事前に知ることはできない。したがって、出力はわからない。

顧客を嗜好でグループに分類する

顧客の記録から、嗜好の似た顧客を特定したり、嗜好の似た顧客グループがあるかを知りたいとしよう。ショッピングサイトであれば、「親」「本好き」「ゲーマー」などがあるだろう。事前にどのようなグループがあるかを知ることはできないし、いくつあるかもわからないので、出力はわからない。

Webサイトへの異常なアクセスパターンの検出

何らかの攻撃やバグを検出するには、正常状態と異なるアクセスパターンを見つけることが助けになる場合が多い。それぞれの異常パターンは相互に異なっており、異常パターンの例が与えられていない場合もある。このような場合には、ネットワークトラフィックを観測することしかできず、何が正常で何が異常な挙動なのかもわからない。したがってこれは教師なし学習問題になる。

教師あり学習でも教師なし学習でも、入力データを計算機が理解できる形で表現することが重要だ。データをテーブルであると考えるとよいだろう。それぞれのデータポイント（個々のメール、個々の顧客、個々のトランザクション）が行になり、データポイントを記述する個々の特性（例えば、顧客の年齢や、トランザクションの量や、トランザクションが行われた場所など）が列になる。ユーザを記述するには、年齢、性別、アカウントを作成した時期、オンラインショップで買い物した頻度などを用いる。腫瘍の画像を記述するには、個々のピクセルのグレースケールでの値で記述しても良いし、腫瘍の大きさや形、色で記述することもできるだろう。

個々のエンティティもしくは行を、機械学習では**サンプル**（もしくはデータポイント）と呼び、エンティティの持つ特性を表現する列を**特徴量**と呼ぶ。

本書の後ろの方で、**特徴量抽出**や**特徴量取得**と呼ばれる、データの良い表現を構築する方法について詳細に述べる。しかし、ここで留意すべきは、どんな機械学習アルゴリズムでも、データに情報がなければ予測することはできない、ということだ。例えば、ある患者の性別を名字だけから予測することは、どんなアルゴリズムでもできない。そんな情報はデータにないからだ。患者の下の名前がわかれば、はるかに予測がしやすくなる。一般に性別を下の名前で判断することは可能だからだ。

1.1.2 タスクを知り、データを知る

機械学習において最も重要なのは、扱っているデータを理解することと、解決しようとしている問題とデータとの関係を理解することである。適当にアルゴリズムを選んでデータを投げ込む、というようなやり方ではうまくいかない。モデルを構築する前に、データセットがどうなっているかを理解する必要がある。アルゴリズムには、それぞれ得意とするデータの種類や問題の設定がある。機械学習システムを構築する際には、以下の質問に答えられるようにするべきだし、もし答えられないなら留意しておく必要がある。

- 答えようとしている問いは何か？ 集めたデータでその問いに答えられるか、ちゃんと考えただろうか？
- 問いを機械学習問題に置き換える、最も良い方法は何だろうか？
- 解こうとしている問題を表現するのに十分なデータを集めただろうか？
- どのような特徴量を抽出しただろうか？ その特徴量で、正しい予測が可能だろうか？

- アプリケーションがうまく行ったかどうかをどう判断したらよいだろうか？
- 自分の研究もしくは製品の他の部分と機械学習はどのように関わるだろうか？

問題を大きく捉えると、機械学習のアルゴリズムや手法はある問題を解く大きな過程のごく一部にすぎない。したがって、常に問題全体を心に留めておくべきである。多大な時間を費やして複雑な機械学習システムを作った挙句、正しい問題を解いていなかったことがわかる、という例は数多い。

機械学習の技術的な側面に深入りすると（この本もそうだが）、本当の目的を見失いやすい。機械学習モデルを構築する際には、さまざまな明示的もしくは暗黙の仮定を設定することになる。上に挙げた質問をここでは議論しないが、設定した仮定を心に留めておくことが重要だ。

1.2 なぜPythonなのか？

Pythonは多くのデータサイエンスアプリケーションの共通語となっている。汎用言語の強力さと、MATLABやRのようなドメイン特化スクリプト言語の使いやすさを併せ持っている。Pythonにはデータのロード、可視化、統計、自然言語処理、画像処理などのライブラリが用意されている。この膨大なツールボックスが、さまざまな汎用機能と特定用途向けの機能をデータサイエンティストに与えている。Pythonを使う大きな利点の1つは、ターミナルやJupyter Notebookなどのツールを利用することで、直接コードに触れることができる点にある。これについてはすぐあとで紹介する。機械学習とデータ解析は、データが解析者を駆動する、基本的にインタラクティブな過程である。このような過程においては、素早く、容易にコードに触れることのできるツールを持つことが本質的なのである。

Pythonは汎用言語なので、複雑なグラフィカルユーザインターフェイス（GUI）やWebサービスを構築することもできるし、既存のシステムに埋め込むこともできる。

1.3 scikit-learn

`scikit-learn`はオープンソースプロジェクトである。つまり自由に利用し再配布でき、誰でもソースコードを見て、裏側で何が起こっているかを確かめることができる。`scikit-learn`プロジェクトは、常に開発と改良が続けられており、非常に活発なユーザコミュニティを持つ。さまざまな、最先端の機械学習アルゴリズムが用意されており、個々のアルゴリズムに対して包括的なドキュメント（http://scikit-learn.org/stable/documentation）も用意されている。`scikit-learn`は非常によく用いられており、機械学習分野において最も重要なライブラリである。産業界でも大学でも広く使われており、さまざまなチュートリアルやコード例がWeb上に存在する。`scikit-learn`は他の科学技術向けPythonツール群を組み合わせて使うこともできる。これについても後で述べる。

本書を読む際には、`scikit-learn`のユーザガイド（http://scikit-learn.org/stable/user_guide.html）とAPIドキュメントも参照することをお勧めする。APIドキュメントには、個々のアルゴリズムの詳細とさまざまなオプションが掲載されている。オンラインドキュメントはとても充実している。本書を読んで機械学習の知識を身につければ、詳細に理解できるようになるだろう。

1.3.1 scikit-learnのインストール

scikit-learnは、2つのPythonパッケージに依存している。NumPyとSciPyである。グラフ描画とインタラクティブな開発を行うにはmatplotlibとIPythonとJupyter Notebookをインストールする必要がある。必要なパッケージがはじめから含まれている下記のパッケージ済みディストリビューションのいずれかを使うことをお勧めする。

Anaconda (https://store.continuum.io/cshop/anaconda/)

大規模データ処理、予測解析、科学技術計算向けのPythonディストリビューション。Anacondaには、NumPy、SciPy、matplotlib、IPython、Jupyter Notebook、scikit-learnが含まれている。Mac OS、Windows、Linux用が用意されている。とても便利なので、科学技術計算向けのPythonパッケージをまったくインストールしていない人にはお勧めだ。Anacondaには、現在商用のIntel MKLライブラリが無料で含まれている。MKLを利用すると(Anacondaをインストールすると自動的にそうなるのだが)、scikit-learnに含まれる多くのアルゴリズムが大幅に高速化される。

Enthought Canopy (https://www.enthought.com/products/canopy/)

もう1つの科学技術計算向けPythonディストリビューション。NumPy、SciPy、matplotlib、pandas、IPythonが含まれているが、無償のバージョンにはscikit-learnが含まれていない。大学や学位を授与できる機関に所属していれば、Enthought Canopyの有償バージョンを無料で利用できる。Enthought Canopyは、Python 2.7.x用で、Mac OS、Windows、Linuxで利用できる[*1]。

Python(x,y) (http://python-xy.github.io/)

Windows向けの無償の科学技術計算用Pythonディストリビューション。Python(x,y)にはNumPy、SciPy、matplotlib、pandas、IPython、scikit-learnが含まれている[*2]。

既にPythonがインストールされているなら、次のようにpipコマンドを使ってこれらのパッケージをインストールすることもできる。

```
$ pip install numpy scipy matplotlib ipython scikit-learn pandas pillow
```

さらに、2章の決定木の可視化では、graphvizパッケージを利用する。このパッケージのインストールに関してはgithub上のサンプルコードのREADME.mdを参照してほしい。

---

*1 訳注:2022年現在、Python 3.5がサポートされている。ただし2018年から更新されていないので使用はお勧めしない。

*2 訳注:2022年現在でもPython 2.7しかサポートされていない。使用はお勧めしない。

1.4 必要なライブラリとツール

scikit-learnとその使い方を理解することは重要だが、その他にも便利なライブラリがたくさんある。scikit-learnは科学技術計算向けPythonライブラリであるNumPyとSciPyの上に構築されている。NumPy、SciPyの他にpandasとmatplotlibを用いる。さらに、ブラウザベースのインタラクティブなプログラミング環境であるJupyter Notebookも紹介する。ここでは、scikit-learnを活用する上で、これらのツールに関して知っておくべきことを簡単に述べる[*1]。

1.4.1 Jupyter Notebook

Jupyter Notebookは、ブラウザ上でコードを実行するためのインタラクティブな環境である。探索的なデータ解析をする際には非常に有用なツールであり、データサイエンティストに広く利用されている。Jupyter Notebookはさまざまなプログラミング言語をサポートしているが、ここで使うのはPythonだけだ。Jupyter Notebookには、コードやテキストや画像を取り込むことが簡単にできる。実際、本書は1つのJupyter Notebookとして書かれた。すべてのコード例はGitHub（https://github.com/amueller/introduction_to_ml_with_python）からダウンロードできる。

1.4.2 NumPy

NumPyは、Pythonで科学技術計算をする際の基本的なツールの1つである。多次元配列機能や、線形代数やフーリエ変換、擬似乱数生成器などの、高レベルの数学関数が用意されている。

scikit-learnでは、NumPyの配列が基本的なデータ構造となる。scikit-learnはNumPy配列で入力を受け取る。したがって、使用するデータはNumPy配列に変換しなければならない。NumPyのコアとなるのは、多次元（n-dimensional）配列のndarrayクラスである。配列のすべての要素は同じ型でなければならない。NumPy配列は下のように使う。

In[1]:

```
import numpy as np

x = np.array([[1, 2, 3], [4, 5, 6]])
print("x:\n{}".format(x))
```

Out[1]:

```
x:
[[1 2 3]
 [4 5 6]]
```

＊1　NumPyやmatplotlibに詳しくないなら、SciPy Lecture Notes（http://www.scipy-lectures.org/）の最初の章を読むことをお勧めする。

本書には、NumPyがたくさん登場する。NumPyのndarrayクラスを、「NumPy配列」もしくはただ「配列」と呼ぶ。

1.4.3 SciPy

SciPyは、Pythonで科学技術計算を行うための関数を集めたものである。高度な線形代数ルーチンや、数学関数の最適化、信号処理、特殊な数学関数、統計分布などの機能を持つ。scikit-learnは、アルゴリズムを実装する際にSciPyの関数群を利用している。我々にとって最も重要なSciPyの要素は、scipy.sparseである。これは、**疎行列**を表現するもので、scikit-learnで用いるもう1つのデータ表現となる。疎行列は、成分のほとんどがゼロとなっている2次元配列を格納する際に用いる。

In[2]:

```
from scipy import sparse

# 対角成分が1でそれ以外が0の、2次元NumPy配列を作る
eye = np.eye(4)
print("NumPy array:\n{}".format(eye))
```

Out[2]:

```
NumPy array:
[[ 1.  0.  0.  0.]
 [ 0.  1.  0.  0.]
 [ 0.  0.  1.  0.]
 [ 0.  0.  0.  1.]]
```

In[3]:

```
# NumPy配列をSciPyのCSR形式の疎行列に変換する
# 非ゼロ要素だけが格納される
sparse_matrix = sparse.csr_matrix(eye)
print("\nSciPy sparse CSR matrix:\n{}".format(sparse_matrix))
```

Out[3]:

```
SciPy sparse CSR matrix:   SciPyのCSR形式の疎行列
  (0, 0)    1.0
  (1, 1)    1.0
  (2, 2)    1.0
  (3, 3)    1.0
```

多くの場合、疎なデータを密なデータ構造で作ることはできない（メモリに入らないので）。した

がって、疎なデータ表現を直接作る必要がある。ここでは、上のものと同じ疎行列をCOO形式で作っている。

In[4]:

```
data = np.ones(4)
row_indices = np.arange(4)
col_indices = np.arange(4)
eye_coo = sparse.coo_matrix((data, (row_indices, col_indices)))
print("COO representation:\n{}".format(eye_coo))
```

Out[4]:

```
COO representation: COO表現
  (0, 0)    1.0
  (1, 1)    1.0
  (2, 2)    1.0
  (3, 3)    1.0
```

SciPyの疎行列に関する詳細はSciPy Lecture Notes (http://www.scipy-lectures.org/) を参照してほしい。

1.4.4 matplotlib

`matplotlib`は、最も広く使われているPythonの科学技術計算向けのグラフ描画ライブラリだ。出版にも使える品質のデータ可視化を実現する関数群を提供する。折れ線グラフ、ヒストグラム、散布図などさまざまな可視化方法がサポートされている。データや解析結果をさまざまな視点から可視化することで、重要な洞察が得られる。本書ではすべての可視化に`matplotlib`を用いる。Jupyter Notebookの内部では、`%matplotlib notebook`や`%matplotlib inline`コマンドを用いると図をブラウザ上に直接表示することができる。よりインタラクティブに操作できる`%matplotlib notebook`の方がお勧めだ（ただし、本書の作成には`%matplotlib inline`を用いている）。例えば、下記のコードは**図1-1**に示すグラフを生成する。

In[5]:

```
%matplotlib inline
import matplotlib.pyplot as plt

# -10から10までを100ステップに区切った列を配列として生成
x = np.linspace(-10, 10, 100)
# サイン関数を用いて2つ目の配列を生成
y = np.sin(x)
# plot関数は、一方の配列に対して他方の配列をプロットする
plt.plot(x, y, marker="x")
```

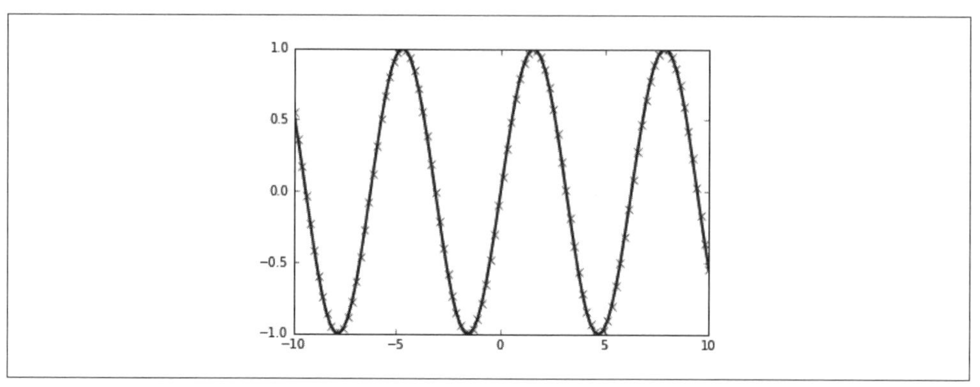

図1-1 matplotlibを用いたサイン関数の簡単な折れ線グラフ

1.4.5 pandas

pandasは、データを変換したり解析したりするためのライブラリだ。このライブラリは、RのDataFrameを模して作られた、DataFrameというデータ構造を中心に構成されている。簡単に言うとpandasのDataFrameはテーブル（表）のようなもので、エクセルのスプレッドシートに似ている。pandasは、このテーブルを変更する関数や操作するさまざまな手法を提供している。テーブルに対してSQLのような問い合わせを行ったり、ジョインしたりすることができる。NumPyの配列はすべての要素が同じ型でなければならないが、pandasのDataFrameでは列ごとに異なる型であってもよい（例えば整数、日付、浮動小数点数、文字列など）。pandasはもう1つの有用な機能を提供する。さまざまなファイルフォーマットやデータベースからデータを取り込む機能だ。SQLデータベースや、エクセルファイル、CSVファイル（カンマでフィールドを分けたテキストファイル）などからデータを取り込むことができる。pandasの機能の詳細に踏み込むことは、本書の範囲外となる。Wes McKinneyの『*Python for Data Analysis*』（O'Reilly、2012、邦題『Pythonによるデータ分析入門』オライリー・ジャパン、2013）は、pandasの素晴らしい入門書となっている。ここではDataFrameをディクショナリから作る例を示す。

In[6]:

```
import pandas as pd

# 人を表す簡単なデータセットを作る
data = {'Name': ["John", "Anna", "Peter", "Linda"],
        'Location' : ["New York", "Paris", "Berlin", "London"],
        'Age' : [24, 13, 53, 33]
       }

data_pandas = pd.DataFrame(data)
```

```
# IPython.displayを用いるとDataFrameを
# Jupyter notebook上できれいに表示することができる。
display(data_pandas)
```

これを実行すると下記の結果が得られる。

	Age	Location	Name
0	24	New York	John
1	13	Paris	Anna
2	53	Berlin	Peter
3	33	London	Linda

このテーブルに対してさまざまな方法で問い合わせを行うことができる。例えば、

In[7]:

```
# ageカラムが30を超えるすべての行を取り出す
display(data_pandas[data_pandas.Age > 30])
```

これを実行すると下記の結果が得られる。

	Age	Location	Name
2	53	Berlin	Peter
3	33	London	Linda

1.4.6 mglearn

本書にはコードが付随しており、GitHub（https://github.com/amueller/introduction_to_ml_with_python）から入手できる。このコードには、本書で示すコード例だけでなくmglearnライブラリも含まれている。このライブラリは、グラフ描画やデータのロードなどの詳細なコードリストで本書が読みにくくならないようにするために書いたものだ。コード中でmglearnを呼び出している部分があったら、きれいな絵を簡単に生成したり、何らかの興味深いデータをロードしている部分だと思ってほしい。GitHubで公開されているNotebookを実行する場合は、mglearnパッケージは既に適切な場所に置かれているので、気にする必要はない。しかし他の場所からmglearn関数を呼び出す場合は、pip install mglearnでインストールするのが最も簡単だ。

本書を通じてNumPy、matplotlib、pandasを多用する。すべてのコードは次のようにインポートしていることを仮定している。

```
import numpy as np
import matplotlib.pyplot as plt
import pandas as pd
import mglearn
from IPython.display import display
```

さらに、Jupyter Notebookで、マジックコマンド%matplotlib notebookもしくは

%matplotlib inlineを使っていることも仮定している。Notebookを使わない場合、もしくはこれらのマジックコマンドを使わない場合には、plt.showを呼び出さないと、図が描画されないので注意してほしい。

1.5 Python 2 vs. Python 3

Pythonには広く用いられているバージョンが2つある。Python 2（正確には2.7）とPython 3（本書執筆時点の最新は3.5[*1]）である。これが混乱の原因になる場合がある。Python 2は既に開発は終了しているが、Python 2とPython 3には大きな違いがあるので、Python 2のコードはPython 3では一般に動作しない。Pythonをこれから始める場合や、新たに一からプロジェクトを開始するのであれば、最新のPython 3をそのまま使うのがよいだろう。Python 2で書かれているコードに依存しているのであれば、すぐにアップデートする必要はない。しかし、なるべく早い時期にPython 3に移行するべきではある。新規にコードを書く場合、Python 2とPython 3の双方で動くようにコードを書くのは難しくない[*2]。古いコードを使う必要がないのなら、Python 3を使ったほうがよい。本書のコードは双方で動くように書かれているが、厳密にはPython 2では若干出力が違っているかもしれない。

1.6 本書で用いているバージョン

本書で用いている前出のライブラリのバージョンは以下の通りである。

In[8]:

```
import sys
print("Python version: {}".format(sys.version))

import pandas as pd
print("pandas version: {}".format(pd.__version__))

import matplotlib
print("matplotlib version: {}".format(matplotlib.__version__))

import numpy as np
print("NumPy version: {}".format(np.__version__))

import scipy as sp
print("SciPy version: {}".format(sp.__version__))

import IPython
```

＊1　訳注：バージョン3.9での動作を確認している。
＊2　sixパッケージ（https://pypi.python.org/pypi/six）を使うと便利だ。

```
print("IPython version: {}".format(IPython.__version__))

import sklearn
print("scikit-learn version: {}".format(sklearn.__version__))
```

Out[8]:

```
Python version: 3.6.1 |Continuum Analytics, Inc.| (default, May 11 2017, 13:04:09)
[GCC 4.2.1 Compatible Apple LLVM 6.0 (clang-600.0.57)]
pandas version: 0.24.2
matplotlib version: 3.0.3
NumPy version: 1.16.3
SciPy version: 1.2.1
IPython version: 6.5.0
scikit-learn version: 0.20.3
```

これらのバージョンに完全に合わせることは重要ではないが、少なくともscikit-learnのバージョンに関しては、ここで用いているもの以降のバージョンを使ってほしい。

これで準備ができた。最初の機械学習アプリケーションを作ってみよう。

本書は、scikit-learnの0.20以降を仮定している。model_selectionモジュールが0.18で追加されたので0.18よりも古いバージョンを使う場合には、このモジュールからのインポートを変更する必要がある。

1.7　最初のアプリケーション：アイリスのクラス分類

本節では、簡単な機械学習アプリケーションを通じて最初のモデルを構築する。その過程でいくつかの重要なコンセプトと用語を紹介する。

アマチュア園芸家が、見つけたアイリス[*1]の花の種類を分別したいとしよう。彼女は集めたアイリスについて、花弁の長さと幅、ガクの長さと幅をセンチメートル単位で測定した（**図1-2**参照）。

彼女は、専門の植物学者が、setosa、versicolor、virginicaに分類したアイリスの測定結果も持っているとしよう。これらの種に関してはアイリスの分類は間違いないものとする。さらに、この園芸家が発見するアイリスはこの3種類のうちの1つだと仮定しよう。

ここでの目標は、新しく見つけたアイリスの種類を予測するために、種類がわかっているアイリスの測定値を用いて機械学習モデルを構築することである。

＊1　訳注：アヤメ科アヤメ属の花。

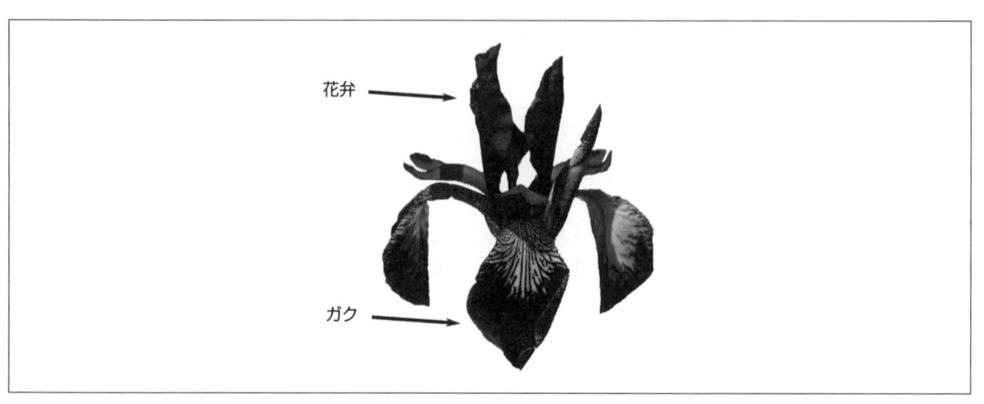

図1-2 アイリスの花の構成要素

種類がわかっているアイリスの測定結果があるので、これは教師あり学習問題となる。この問題では、複数の選択肢（アイリスの種類）の中から1つを選ぶことになる。したがって、この問題は**クラス分類**（classification）問題の一例となる。出力（アイリスの種類）は**クラス**（class）と呼ばれる。データセット中のすべてのアイリスは3つのクラスのうちの1つに属するので、この問題は3クラス分類問題となる。

1つのデータポイント（1つのアイリス）に対して望まれる出力は、その花の種類だ。特定のデータポイントの属する種類を**ラベル**（label）と呼ぶ。

1.7.1 データを読む

この例で用いるデータは、機械学習や統計で古くから用いられているirisデータセットである。これは、scikit-learnのdatasetsモジュールに含まれていて、load_iris関数で読み込むことができる。

In[9]:

```
from sklearn.datasets import load_iris
iris_dataset = load_iris()
```

load_irisが返すirisオブジェクトは、ディクショナリによく似たBunchクラスのオブジェクトで、キーと値を持つ。

In[10]:

```
print("Keys of iris_dataset: \n{}".format(iris_dataset.keys()))
```

Out[10]:

```
Keys of iris_dataset:
```

```
dict_keys(['target_names', 'feature_names', 'DESCR', 'data', 'target'])
```

キー DESCRの値は、データセットの簡単な説明（description）である。ここでは説明の最初の部分だけ見てみよう（残りは自分で見てほしい）。

In[11]:

```
print(iris_dataset['DESCR'][:193] + "\n...")
```

Out[11]:

```
Iris Plants Database
====================

Notes
----
Data Set Characteristics:  データセットの特性          インスタンスの数：150（3クラスにそれぞれ50ずつ）
    :Number of Instances: 150 (50 in each of three classes)
    :Number of Attributes: 4 numeric, predictive att  属性の数：4つの数値属性、予測に利用可能
...
----
```

キー target_namesに対応する値は文字列の配列で、予測しようとしている花の種類が格納されている。

In[12]:

```
print("Target names: {}".format(iris_dataset['target_names']))
```

Out[12]:

```
Target names: ['setosa' 'versicolor' 'virginica']
```

キー feature_namesに対応する値は文字列のリストで、それぞれの特徴量の説明が格納されている。

In[13]:

```
print("Feature names: \n{}".format(iris_dataset['feature_names']))
```

Out[13]:

```
Feature names:    特徴量の名前      ガクの長さ  ガクの幅   花弁の長さ
['sepal length (cm)', 'sepal width (cm)', 'petal length (cm)',
 'petal width (cm)']  花弁の幅
```

データ本体は、targetとdataフィールドに格納されている。dataには、ガクの長さ、ガクの幅、

花弁の長さ、花弁の幅がNumPy配列として格納されている。

In[14]:

```
print("Type of data: {}".format(type(iris_dataset['data'])))
```

Out[14]:

```
Type of data: <class 'numpy.ndarray'>
```

配列dataの行は個々の花に対応し、列は個々の花に対して行われた4つの測定に対応する。

In[15]:

```
print("Shape of data: {}".format(iris_dataset['data'].shape))
```

Out[15]:

```
Shape of data: (150, 4)  データの形
```

配列には150の花の測定結果が格納されている。機械学習では、個々のアイテムを**サンプル**と呼び、その特性を**特徴量**と呼ぶことを思い出そう。data配列のshapeはサンプルの個数かける特徴量の数である。これはscikit-learnで慣例として用いられている表現で、常にこの形になっている。最初の5つのサンプルを見てみよう。

In[16]:

```
print("First five columns of data:\n{}".format(iris_dataset['data'][:5]))
```

Out[16]:

```
First five columns of data:  最初の5行
[[ 5.1  3.5  1.4  0.2]
 [ 4.9  3.   1.4  0.2]
 [ 4.7  3.2  1.3  0.2]
 [ 4.6  3.1  1.5  0.2]
 [ 5.   3.6  1.4  0.2]]
```

このデータから、最初の5つの花は花弁の幅がすべて0.2cmで、5つの中では最初の花が最も長い5.1cmのガクを持っていることがわかる。

配列targetには、測定された個々の花の種類が、やはりNumPy配列として格納されている。

In[17]:

```
print("Type of target: {}".format(type(iris_dataset['target'])))
```

Out[17]:

```
Type of target: <class 'numpy.ndarray'>
```
targetの型

targetは1次元の配列で、個々の花に1つのエントリが対応する。

In[18]:

```
print("Shape of target: {}".format(iris_dataset['target'].shape))
```

Out[18]:

```
Shape of target: (150,)
```
targetの形

種類は0から2までの整数としてエンコードされている。

In[19]:

```
print("Target:\n{}".format(iris_dataset['target']))
```

Out[19]:

```
Target:
[0 0 0 0 0 0 0 0 0 0 0 0 0 0 0 0 0 0 0 0 0 0 0 0 0 0 0 0 0 0 0 0 0 0 0 0 0
 0 0 0 0 0 0 0 0 0 0 0 0 0 1 1 1 1 1 1 1 1 1 1 1 1 1 1 1 1 1 1 1 1 1 1 1 1
 1 1 1 1 1 1 1 1 1 1 1 1 1 1 1 1 1 1 1 1 1 1 1 1 1 1 2 2 2 2 2 2 2 2 2 2 2
 2 2 2 2 2 2 2 2 2 2 2 2 2 2 2 2 2 2 2 2 2 2 2 2 2 2 2 2 2 2 2 2 2 2 2 2 2
 2 2]
```

これらの数値の意味は、配列`iris_dataset['target_names']`で与えられる。0はsetosaを、1はversicolorを、2はvirginicaを意味する。

1.7.2　成功度合いの測定：訓練データとテストデータ

ここでは、新たに計測したアイリスに対してその種類を予測する機械学習モデルを構築しようとしている。しかし、構築したモデルを新たに計測したデータに適用する前に、そのモデルが実際に機能するのか、つまり予測を信じてよいのかどうかを知っておく必要がある。

残念ながら、モデルを構築するのに使ったデータを、モデルの評価に使うことはできない。これは、モデルが単純に訓練データをまるまる覚えてしまい、訓練データに含まれているどのデータポイントに対しても常に正確にラベルを予測できるようになってしまうからだ。このように「覚えて」いるだけでは、モデルがうまく**汎化**（generalize）できている（つまり新たなデータに対してもうまく機能する）ことの指標にはならない。

モデルの性能を評価するには、ラベルを持つ新しいデータ（これまでに見せていないデータ）を使う必要がある。これを実現するには、集めたラベル付きデータ（ここでは150のアイリスの測定結果）

を2つに分けるのが一般的である。一方のデータを機械学習モデルの構築に用いる。こちらを**訓練データ**（training data）もしくは**訓練セット**（training set）と呼ぶ。残りのデータを使ってモデルがどの程度うまく機能するかを評価する。こちらは**テストデータ**（test data）、**テストセット**（test set）もしくは**ホールドアウトセット**（hold-out set）と呼ばれる。

scikit-learnには、データセットを並べ替えて、分割するtrain_test_splitという関数が用意されている。この関数はデータとラベルの75%を取り出して訓練セットにし、残り25%をテストセットにする。訓練セットとテストセットに割り当てるデータの量には厳密な決まりはないが、目安としてはテストに25%程度を割り当てるのが普通だ。

scikit-learnでは、データを大文字のXで、ラベルを小文字のyで示すのが一般的である。これは数学での標準的な数式の書き方$f(x) = y$から来ている。ここではxが関数への入力でyが出力だ。さらに数学での慣例に従い、2次元配列（行列）であるデータには大文字Xを、1次元配列（ベクトル）であるラベルには小文字のyを用いる。

train_test_split関数を呼び出した結果を、この命名規則に従った変数に代入しよう。

In[20]:

```
from sklearn.model_selection import train_test_split
X_train, X_test, y_train, y_test = train_test_split(
    iris_dataset['data'], iris_dataset['target'], random_state=0)
```

train_test_split関数は、分割を行う前に擬似乱数を用いてデータセットをシャッフルする。データポイントはラベルでソートされているので、単純に最後の25%をテストセットにすると、すべてのデータポイントがラベル2になってしまう。3クラスのうち1つしか含まれていないようなデータセットでは、モデルの汎化がうまくいっているか判断できない。だから、先にデータをシャッフルし、テストデータにすべてのクラスが含まれるようにする。

同じ関数を何度か呼び出した際に、確実に同じ結果が得られるよう、random_stateパラメータを用いて擬似乱数生成器に同じシードを渡している。これによって出力が決定的になり、常に同じ結果が得られるようになる。本書では、乱数を用いる際には常にこのようにrandom_stateパラメータを固定して用いる。

関数train_test_splitの出力はX_train、X_test、y_train、y_testとなる。これらはすべてNumPy配列で、X_trainにはデータセットの75%の行が、X_testには残りの25%の行が含まれる。

In[21]:

```
print("X_train shape: {}".format(X_train.shape))
print("y_train shape: {}".format(y_train.shape))
```

Out[21]:

```
X_train shape: (112, 4)
y_train shape: (112,)
```

In[22]:

```
print("X_test shape: {}".format(X_test.shape))
print("y_test shape: {}".format(y_test.shape))
```

Out[22]:

```
X_test shape: (38, 4)
y_test shape: (38,)
```

1.7.3 最初にすべきこと：データをよく観察する

機械学習モデルを構築する前に、データを検査したほうがよい。機械学習を用いなくても簡単に解ける問題かもしれないし、データに必要な情報が含まれていないかもしれないからだ。

さらに、データを検査することで、データ内の異常値やおかしな点を見つけることができる。例えば、アイリスの花の一部がセンチメートルでなくインチで計測されているかもしれない。実際の世界では、データが不整合だったり、測定がおかしかったりすることは珍しくない。

データを検査する最良の方法は、可視化である。その方法の1つが**散布図**である。散布図とは、x軸にある特徴量を、y軸にもう1つの特徴量を取り、データポイントごとにドットをプロットするものである。残念ながら、計算機のスクリーンは2次元なので、2つ（ぎりぎり3つ）までの特徴量しか同時にはプロットできない。したがって、3つを超える特徴量を持つデータセットをプロットすることは難しい。この問題を回避する方法の1つが**ペアプロット**で、すべての組合せ可能な特徴量の組合せをプロットするものだ。特徴量の数が少ない場合（ここでは4つ）にはこの方法はうまくいく。しかし、ペアプロットではすべての特徴量の相関を同時に見ることはできないので、この方法で可視化してもデータの興味深い側面を見ることができない場合があることに注意しよう。

図1-3に訓練セットの特徴量のペアプロットを示す。データポイントの色はアイリスの種類を示す。このグラフを作成するには、まずNumPy配列をpandasのDataFrameに変換する。pandasはscatter_matrixと呼ばれるペアプロットを作成する関数を持つ。グラフマトリックスの対角部分には、個々の特徴量のヒストグラムが描画される。

In[23]:

```
# X_trainのデータからDataFrameを作る、
# iris_dataset.feature_namesの文字列を使ってカラムに名前を付ける。
iris_dataframe = pd.DataFrame(X_train, columns=iris_dataset.feature_names)
# データフレームからscatter matrixを作成し、y_trainに従って色を付ける。
```

```
grr = pd.scatter_matrix(iris_dataframe, c=y_train, figsize=(15, 15), marker='o',
                        hist_kwds={'bins': 20}, s=60, alpha=.8, cmap=mglearn.cm3)
```

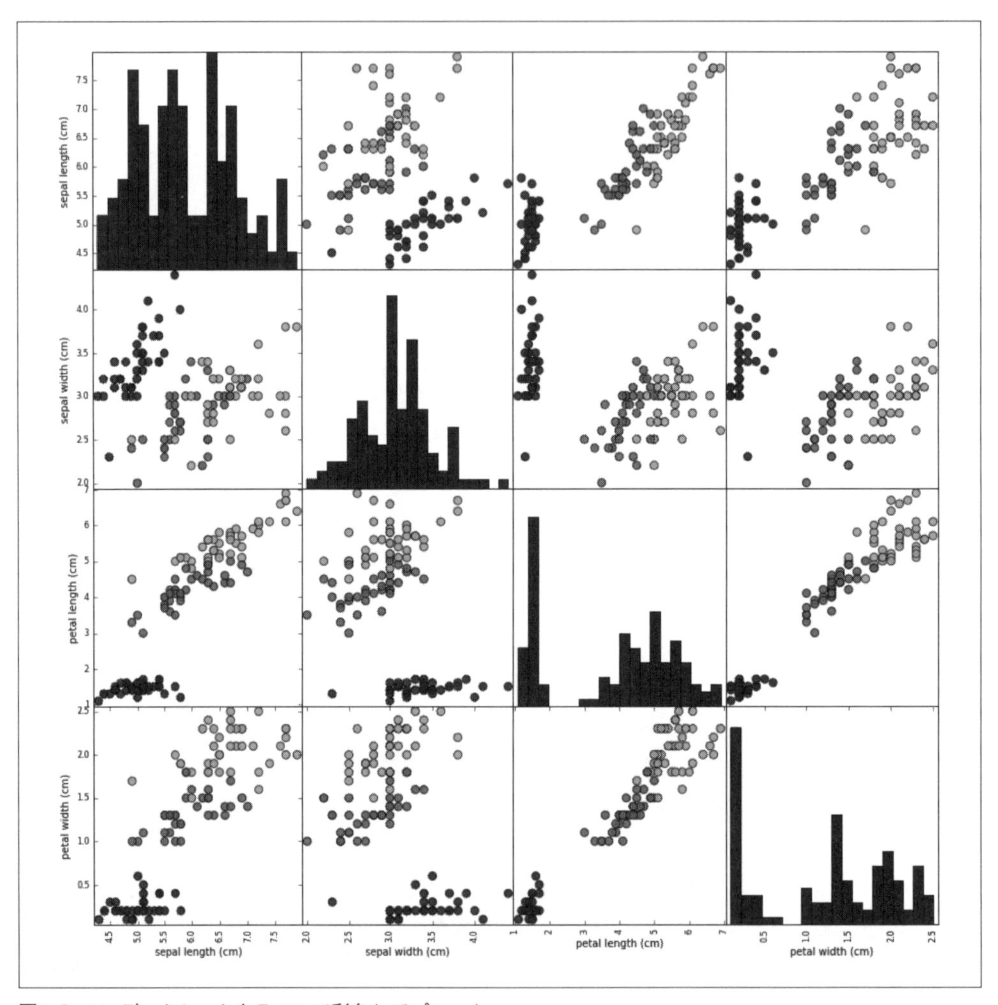

図1-3 irisデータセットをラベルで彩色してプロット

図1-3から、3つのクラスは花弁とガクの測定結果で比較的よく分離していることがわかる。これは、うまく分離できるように機械学習モデルを訓練することができる可能性が高いことを意味する。

1.7.4 最初のモデル：k-最近傍法

さて、実際に最初の機械学習モデルを構築してみよう。`scikit-learn`にはさまざまなクラス分類アルゴリズムが用意されている。ここでは、わかりやすい、k-最近傍法（k-Nearest Neighbors）によるクラス分類を用いる。このモデルを構築するには単に訓練セットを格納するだけで良い。このアルゴリズムは、新しいデータポイントに対して予測する際に、新しい点に最も近い点を訓練セットから探し、新しい点に最も近かった点のラベルを、新しいデータポイントに与える。

k-最近傍法の*k*は、新しい点に最も近い1点だけを用いるのではなく、訓練セット中の、固定された*k*個の近傍点（例えば3つとか5つとか）を用いることができることを意味する。予測には、これらの近傍点の中の多数を占めるクラスを採用する。より詳しくは、「**2章　教師あり学習**」で述べるが、ここでは1つの近傍点しか使わない。

すべてのscikit-learnの機械学習モデルは、Estimatorと総称される個別のクラスに実装される。*k*-最近傍法クラス分類アルゴリズムはneighborsモジュールのKNeighborsClassifierクラスに実装されている。モデルを使う前に、クラスのインスタンスを生成してオブジェクトを作らなければならない。この際にパラメータを渡すことができる。KNeighborsClassifierの最も重要なパラメータは近傍点の数だが、ここでは1としている。

In[24]:

```
from sklearn.neighbors import KNeighborsClassifier
knn = KNeighborsClassifier(n_neighbors=1)
```

knnオブジェクトは、訓練データからモデルを構築する際に用いられるアルゴリズムと、新しいデータポイントに対して予測するためのアルゴリズムをカプセル化している。さらに、訓練データからアルゴリズムが抽出した情報も保持する。KNeighborsClassifierの場合には、単純に訓練データそのものを保持している。

訓練セットからモデルを構築するにはknnオブジェクトのfitメソッドを呼び出す。このメソッドは、訓練データを含むNumPy配列X_trainとそれに対応する訓練ラベルを含むNumPy配列y_trainを引数に取る。

In[25]:

```
knn.fit(X_train, y_train)
```

Out[25]:

```
KNeighborsClassifier(algorithm='auto', leaf_size=30, metric='minkowski',
           metric_params=None, n_jobs=1, n_neighbors=1, p=2,
           weights='uniform')
```

このfitメソッドはknnオブジェクトそのものを返す（同時にknnを書き換える）ので、出力にこのクラス分類オブジェクトの文字列表現が表示されている。この文字列表現から、モデルを構築する際に用いられたパラメータがわかる。ほとんどのパラメータがデフォルトだが、n_neighbors=1だけは、我々が与えたものだ。scikit-learnのモデルの多くには多数のパラメータがあるが、そのほとんどは速度の最適化のためや、まれにしか使わないものだ。ここで表示されている他のパラメータは気にしなくて良い。scikit-learnのモデルを表示すると、非常に長い文字列になることがあるが、恐れる必要はない。「2章 教師あり学習」で重要なパラメータをすべて紹介する。以降ではfitメソッドの結果は表示しない。新しい情報が含まれていないからだ。

1.7.5 予測を行う

さて、このモデルを使って、ラベルがわかっていない新しいデータに対して予測をしてみよう。野生のアイリスを見つけたとしよう。ガクの長さが5cm、ガクの幅が2.9cm、花弁の長さが1cm、花弁の幅が0.2cmだったとする。このアイリスの品種は何だろうか？このデータをNumPy配列に格納し、その形を計算してみる。サンプルの個数(1)と特徴量数(4)となっている。

In[26]:

```
X_new = np.array([[5, 2.9, 1, 0.2]])
print("X_new.shape: {}".format(X_new.shape))
```

Out[26]:

```
X_new.shape: (1, 4)
```

ここで、1つの花の測定結果を2次元のNumPy配列にしていることに注意しよう。これは、scikit-learnが常に入力が2次元NumPy配列であることを前提としているからだ。

予測を行うにはknnオブジェクトのpredictメソッドを呼ぶ。

In[27]:

```
prediction = knn.predict(X_new)
print("Prediction: {}".format(prediction))
print("Predicted target name: {}".format(
       iris_dataset['target_names'][prediction]))
```

Out[27]:

```
Prediction: [0]
Predicted target name: ['setosa']
```

我々のモデルは新しいアイリスをクラス0、すなわちsetosaであると判断した。しかし、このモデルを信じてよいかどうしたらわかるだろうか？このサンプルの本当の品種がわからないのなら、モデルを作っても意味がない。

1.7.6　モデルの評価

ここで、先ほど作っておいたテストセットを用いる。テストセットはモデルを作る際には使っていないし、テストセットに含まれているアイリスに関しては、あらかじめ正しい品種がわかっている。

したがって、テストデータのそれぞれのアイリスに対して予測を行い、ラベル（既知の品種名）と比較することができる。モデルがどのくらいうまく機能しているかを、**精度**（accuracy）を計算して測定することができる。精度は正しく品種を予測できたアイリスの割合である。

In[28]:

```
y_pred = knn.predict(X_test)
print("Test set predictions:\n {}".format(y_pred))
```

Out[28]:

```
Test set predictions:
 [2 1 0 2 0 2 0 1 1 1 2 1 1 1 1 0 1 1 0 0 2 1 0 0 2 0 0 1 1 0 2 1 0 2 2 1 0 2]
```

テストセットスコア

In[29]:

```
print("Test set score: {:.2f}".format(np.mean(y_pred == y_test)))
```

Out[29]:

```
Test set score: 0.97
```

テストセットスコア

knnオブジェクトのscoreメソッドを用いてもよい。このメソッドはテストセットに対する精度を計算してくれる。

In[30]:

```
print("Test set score: {:.2f}".format(knn.score(X_test, y_test)))
```

Out[30]:

```
Test set score: 0.97
```

テストセットスコア

このモデルでは、テストセットに対する精度はおよそ0.97、つまりテストセットに含まれるアイリスの97%に対して正確な予測ができた。いくつかの数学的仮定を置くと、新しいアイリスの97%に対して正確に予測できることを意味する。趣味の園芸家向けアプリケーションとしては、このモデルの持つ高い精度は十分信頼に値すると言えるだろう。以降の章では、性能をさらに向上させる方法やモデルをチューニングする際の注意について述べる。

1.8 まとめと今後の展望

最後に本章で学んだことをまとめよう。まず、機械学習とその応用に関して簡単に紹介し、教師あり学習と教師なし学習の違いについて述べ、本書で用いるツールの概要を紹介した。次に、特定の花がアイリスのどの品種に属するかを、花の物理的な計測値に基づいて予測するタスクを定式化した。専門家によって正しく品種がラベル付けされた計測データセットを用いて、モデルを作るので、教師あり学習になる。setosa、versicolor、virginicaの3品種の可能性があるので、3クラス分類問題である。クラス分類問題では、分類結果となる品種は**クラス**と呼ばれ、個々のアイリスの品種は**ラベル**と呼ばれる。

irisデータセットには2つのNumPy配列が含まれる。一方にはデータが入っており、scikit-learnではXで表される。もう一方には、期待される正解出力が入っており、こちらはyで表す。配列Xは特徴量の2次元配列で、行にデータポイントが対応し、列に特徴量が対応する。配列yは1次元の配列で、各サンプルに対して0から2までの整数値でクラスラベルが格納されている。

データセットを、モデル構築に用いる**訓練セット**と、評価に用いる**テストセット**に分割した。テストセットは、新たなこれまでに見たことのないデータに対しても機能するよううまく汎化できているかを評価するために用いる。

我々は*k*-最近傍法クラス分類アルゴリズムを選んだ。これは、新しいデータポイントのラベルを、それと最も近い訓練データによって予測するアルゴリズムだ。このクラスは、KNeighborsClassifierクラスに実装されている。このクラスにはモデルを構築するアルゴリズムと、モデルを用いて予測を行うアルゴリズムが含まれている。このクラスのインスタンスを生成し、パラメータを設定する。次に訓練データ(X_train)と訓練ラベル(y_train)を引数として、fitメソッドを呼び出す。scoreメソッドをテストセットとテストセットラベルに対して呼び出したところ、約97%の精度が得られた。これは、テストセットの97%に対して正しかったということを意味する。

これによって、このモデルが新しいデータ(我々の例では新しい花に対する測定値)に対して適用した場合、その結果が97%程度正しいだろうということがわかる。

次に、訓練と評価を行うために必要な最小の**手順**を示す。

In[31]:

```
X_train, X_test, y_train, y_test = train_test_split(
    iris_dataset['data'], iris_dataset['target'], random_state=0)

knn = KNeighborsClassifier(n_neighbors=1)
knn.fit(X_train, y_train)

print("Test set score: {:.2f}".format(knn.score(X_test, y_test)))
```

Out[31]:

```
Test set score: 0.97
```
テストセットスコア

このコード片には、scikit-learnの機械学習アルゴリズムを適用する際の要点が含まれている。fit、predict、scoreメソッドは、scikit-learnの教師あり学習モデルに共通するインターフェイスだ。本章で紹介したコンセプトを理解していれば、さまざまな機械学習タスクにこれらのモデルを適用できるだろう。次章では、scikit-learnのさまざまな教師あり学習モデルの詳細と、それらをうまく適用する方法を説明する。

2章 教師あり学習

前に述べた通り、教師あり機械学習は、最もよく用いられ、そしてうまく機能しているタイプの機械学習だ。本章では教師あり学習について詳しく述べ、いくつかのよく使われる教師あり学習アルゴリズムについて説明する。既に「**1章　はじめに**」でアイリスの花を物理的に測定することでいくつかの品種にクラス分類する機械学習のアプリケーションを紹介した。

教師あり学習は、ある入力に対して特定の出力を予測したい場合で、入力出力のペアの例が入手できる際に用いられることを思い出そう。入力出力のペアが訓練セットとなり、それから機械学習モデルを構築する。目的は、新しい見たことのないデータに対して正確な予測を行うことである。一般に、教師あり学習を行うには訓練セットを作るために人手が必要になるが、ひとたび学習が終われば、非常に人手がかかるタスクを高速化したり、不可能なタスクを可能にすることができる。

2.1 クラス分類と回帰

教師あり機械学習問題は2つに大別することができる。**クラス分類**（classification）と**回帰**（regression）だ。

クラス分類の目的は、あらかじめ定められた選択肢の中から**クラスラベル**を予測することである。「**1章　はじめに**」では、例としてアイリスの品種を3つの選択肢の1つを選んだ。クラス分類はしばしば、**2クラス分類**（binary classification）と**多クラス分類**（multiclass classification）に分けられる。2クラス分類は2つだけのクラスを分離する特殊ケースで、多クラス分類は、3つ以上のクラスを分離する問題である。2クラス分類は、答えがイエス/ノーになる問いに答えるようなものと考えればよい。メールがSPAMであるかどうかを判断する問題は、2クラス分類の例である。この2クラス分類タスクでは、「このメールはスパムか」というイエス/ノー問題が問われている。

2クラス分類では、しばしば一方のクラスを**陽性**（positive）クラス、もう一方を**陰性**（negative）クラスと呼ぶ。ここで言う「陽性」という言葉は、そちらの方が良いという意味ではなく、単に解析の対象であることを意味する。例えば、SPAMフィルタの場合、SPAMクラスのほうが「陽性」であってもよい。2つのクラスのどちらを陽性と呼ぶかは主観的な問題であり、ドメインに依存する。

一方、アイリスの例は多クラス分類問題だ。他の例としては、Webサイトのテキストから、そのWebサイトの使用している言語を予測する問題が考えられる。ここでのクラスは可能性のある言語のリストとなる。

回帰タスクの場合、目的は連続値の予測だ。プログラミングの言葉で言えば**浮動小数点数**（floating-point number、数学では**実数**（real number））になる。ある人の年収を学歴と年齢と住所から予測するのは、回帰タスクの例である。年収を予測する場合、予測される値は**量**（amount）であり、特定のレンジの中の任意の数値であり得る。もう1つの例としては、トウモロコシ農家の収穫量を、前年の収穫量、天候、従業員数から予測する問題が考えられる。この場合も収穫量は任意の数値である。

クラス分類問題と回帰問題を区別するには、出力に何らかの連続性があるかを考えてみればよい。出力に連続性があるなら回帰問題である。年収を予測する場合を考えてみよう。出力には明らかな連続性がある。40,000ドルと40,001ドルは異なる数値ではあるが、年収として考えればそれほど変わるわけではない。正答が40,000ドルであるときに、アルゴリズムが39,999ドルや40,001ドルと予測しても気にする必要はない。

これに対して、Webサイトの言語を認識するタスク（これはクラス分類問題）では、量は関係ない。Webサイトはある特定の言語で書かれている。言語には連続性はない。英語とフランス語の中間の言語などはないのだ[*1]。

2.2 汎化、過剰適合、適合不足

教師あり学習では、訓練データに基づいてモデルを構築し、それを用いて、使った訓練セットと同じ性質を持つ、新しい未見のデータに対して正確な予想ができるようにしたい。モデルが未見のデータに対して正確に予想ができるなら、訓練セットを用いてテストセットに対して**汎化**（generalize）できている、と言う。可能な限り正確に汎化できるモデルを構築したい。

通常、訓練セットに対して正確な予想ができるようにモデルを構築する。訓練セットとテストセットが共通した性質を持つなら、そのように作られたモデルはテストセットに対しても正確であることが期待できる。しかし、これがうまくいかない場合がある。例えば、非常に複雑なモデルを作ることを許してしまうと、訓練データに対してはいくらでも正確な予測を行うようにできてしまう。

＊1　ここでは言語を個別で固定されたものとして単純化して表現しているが、言語学者には大目に見てほしい。

ここで、この点を強調するために作った例を見てみよう。新米のデータサイエンティストが、これまでにボートを購入した顧客と、ボートの購入には興味がないことがわかっている顧客のデータから、ある顧客がボートを購入するかを予測しようとしているとしよう[*1]。目的は、実際にボートを購入しそうな顧客にだけプロモーションメールを送り、購入しそうもない顧客には余計なメールを送り付けないことだ。

表2-1に示すような顧客の記録があるとしよう。

表2-1 顧客情報の例

年齢	自動車保有数	持ち家か	子供の数	婚姻状況	犬を飼っている	ボートを購入
66	1	yes	2	死別	no	yes
52	2	yes	3	結婚	no	yes
22	0	no	0	結婚	yes	no
25	1	no	1	独身	no	no
44	0	no	2	離婚	yes	no
39	1	yes	2	結婚	yes	no
26	1	no	2	独身	no	no
40	3	yes	1	結婚	yes	no
53	2	yes	2	離婚	no	yes
64	2	yes	3	離婚	no	no
58	2	yes	2	結婚	yes	yes
33	1	no	1	独身	no	no

新米データサイエンティストは、データをしばらく眺めて次のルールに思い至った。「45才より年上で、子供の数が3人より少ないか、もしくは離婚していない顧客はボートを買いたがる」。このルールがどのくらい当たるかを尋ねられれば、彼は「100%正確です！」と答えるだろう。実際この表にあるデータに関してはこのルールは正確だ。このデータセットに関して、ボートを買いたがるかどうかを完全に説明するルールはいくらでもある。このデータには同じ年齢の顧客は出てこない。したがって、66才、52才、53才、58才の顧客がボートを買い、それ以外はボートを買わない、というルールがありうる。このデータに対してうまく判断できるルールはいくらでも作れるが、我々が興味を持っているのはこのデータに対する予測ではないことを思い出そう。このデータにある顧客については既に答えを知っているのだから。我々が知りたいのは、**新しい顧客**がボートを買うかどうかなのだ。新しい顧客に対してうまく判断できるルールがほしいのであって、訓練セットに対して100%正確であっても意味がない。このデータサイエンティストが考え付いたルールは、新しい顧客にうまく適用できるとは考えにくい。複雑すぎるし、支持しているデータが少なすぎるからだ。例えば、ルールの「もしくは離婚していない」の部分は、独身の顧客に対してどう判断すればよいのだろうか。

あるアルゴリズムが新しいデータに対してうまく適用できるかどうかを知るにはテストセットを

＊1 実際には、これはかなり難しい問題だ。ある顧客が、自店からボートを購入していないことはわかっても、別の店で購入しているのかもしれないし、購入のために節約しているのかもしれないからだ。

評価するしかない。しかし、直感的には単純なモデルのほうが新しいデータに対してよく汎化できる*1。もし、「50才を超える年齢の顧客がボートを買う」というルールで、すべての顧客の行動を説明できるのなら、年齢以外に子供や結婚状況のことまで含まれているようなルールよりも信頼できる。したがって、我々は常に最も単純なモデルを求める。ここで新米データサイエンティストがしたように、持っている情報の量に比べて過度に複雑なモデルを作ってしまうことを**過剰適合**（overfitting）という*2。過剰適合は、訓練セットの個々の特徴にモデルを適合しすぎると発生する。訓練セットに対してはうまく機能するが、新しいデータに対しては汎化できないモデルになってしまうのだ。一方で、単純すぎるモデル（例えば、「家を持っている人はボートを買う」）だと、データのさまざまな側面やデータの変異を捉えることができない。このようなモデルでは、訓練セットに対してすらうまく機能しない。このように単純すぎるモデルを選択してしまうことを**適合不足**（underfitting）と呼ぶ。

モデルが複雑になることを許せば許すほど、訓練データに対する予測精度は向上する。しかし、モデルが複雑になりすぎると、訓練セットの個々のデータポイントに重きを置きすぎるようになり、新しいデータに対してうまく汎化できなくなる。

このどこかに、最良の汎化性能を示すスイートスポットがある。それが我々の求めるモデルだ。

過剰適合と適合不足のトレードオフを**図2-1**に示す。

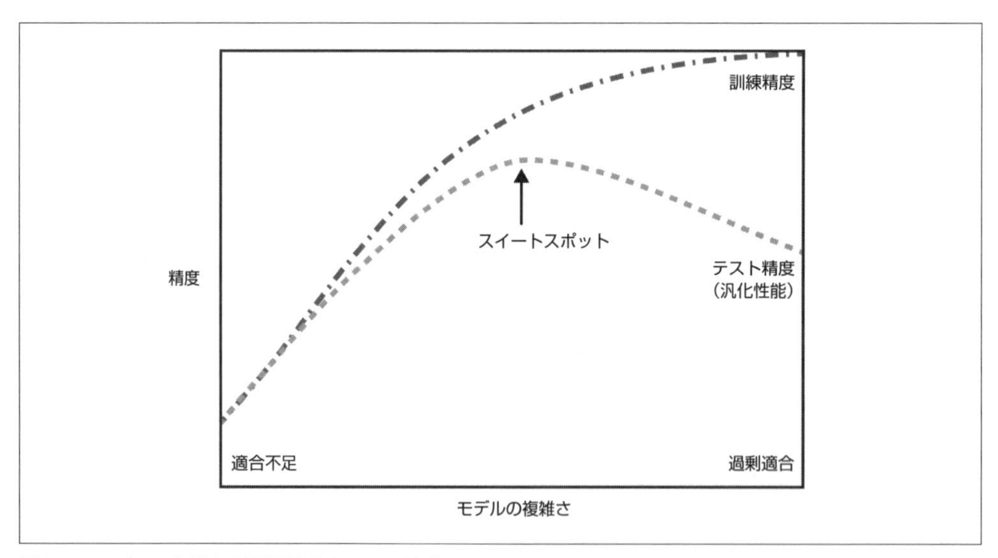

図2-1　モデルの複雑さと訓練精度とテスト精度

＊1　これはおそらくは数学的にも正しい。
＊2　訳注：過剰適合は過学習とも呼ばれる。

2.2.1 モデルの複雑さとデータセットの大きさ

モデルの複雑さは訓練データセットが持つ入力のバリエーションに密接に結び付いていることを理解しておこう。データセットに含まれるデータポイントがバリエーションに富んでいれば、過剰適合を起こすことなく、より複雑なモデルを利用できる。通常は、データポイントが増えればデータのバリエーションも増えるので、データセットが大きくなれば、より複雑なモデルが利用できることになる。しかし、同じデータポイントを複製したり、似たようなデータを集めるのではだめだ。

ボート販売の例に立ち返ってみよう。10,000人分の顧客データを追加しても「45才より年上で、3人より少ない子供を持っているもしくは離婚していない顧客はボートを買いたがる」というルールが適用できるのであれば、**表2-1**の12行しかないデータからこのルールを作り上げたときよりも、このルールが良いルールであると信じやすいだろう。

教師あり学習タスクにおいては、より多くのデータを用い、適度に複雑なモデルを用いると、驚くほどうまくいくことがある。本書では、固定サイズのデータセットを扱うが、実問題においては、取得するデータの量を決められる場合もあり、モデルを弄り回すよりもデータ量を増やしたほうがよい場合も多い。データ量の持つ力を侮ってはいけない。

2.3 教師あり機械学習アルゴリズム

これから、最も一般的な機械学習アルゴリズムについて、どのようにデータから学習し、どのように予測を行うのかを見ていく。モデルの複雑さという概念が個々のモデルで果たす役割について述べ、個々のアルゴリズムが、モデルを構築する方法の概要を示す。さらに、それぞれのアルゴリズムの長所と短所、適しているデータの種類について述べる。重要なパラメータとオプションについても説明する[*1]。多くのアルゴリズムは、クラス分類と回帰のバリエーションがあるので両方とも説明する。

個々のアルゴリズムの説明をすべて詳しく読む必要はないが、モデルを理解することで個々の機械学習アルゴリズムの働き方についてよりよく理解することができるだろう。本章はリファレンスガイドとしても利用できる。アルゴリズムの動作がわからなくなったら、本章に立ち戻るとよいだろう。

2.3.1 サンプルデータセット

これからさまざまなアルゴリズムを紹介するために、いくつかのデータセットを使う。そのうちのいくつかは、小さくて合成したもの（つまりでっち上げたもの）で、アルゴリズムの特定の側面を強調するように設計されている。この他に、大きい、実世界から取ってきたデータセットも用いる。

合成した2クラス分類データセットの例として、`forge`データセットを見てみよう。このデータ

＊1　すべてを説明するのはこの本の範囲を超える。より詳しくは、`scikit-learn`ドキュメント（http://scikit-learn.org/stable/documentation）を参照してほしい。

セットは、2つの特徴量を持つ。下のコードはこのデータセットのデータポイントを散布図にプロットする（**図2-2**）。第1特徴量をx軸に、第2特徴量をy軸にプロットしている。散布図ではいつもそうだが、1つの点が1つのデータポイントを表す。点の色と形はクラスを表している。

In[1]:

```
# データセットの生成
X, y = mglearn.datasets.make_forge()
# データセットをプロット
mglearn.discrete_scatter(X[:, 0], X[:, 1], y)
plt.legend(["Class 0", "Class 1"], loc=4)
plt.xlabel("First feature")
plt.ylabel("Second feature")
print("X.shape: {}".format(X.shape))
```

Out[1]:

```
X.shape: (26, 2)
```

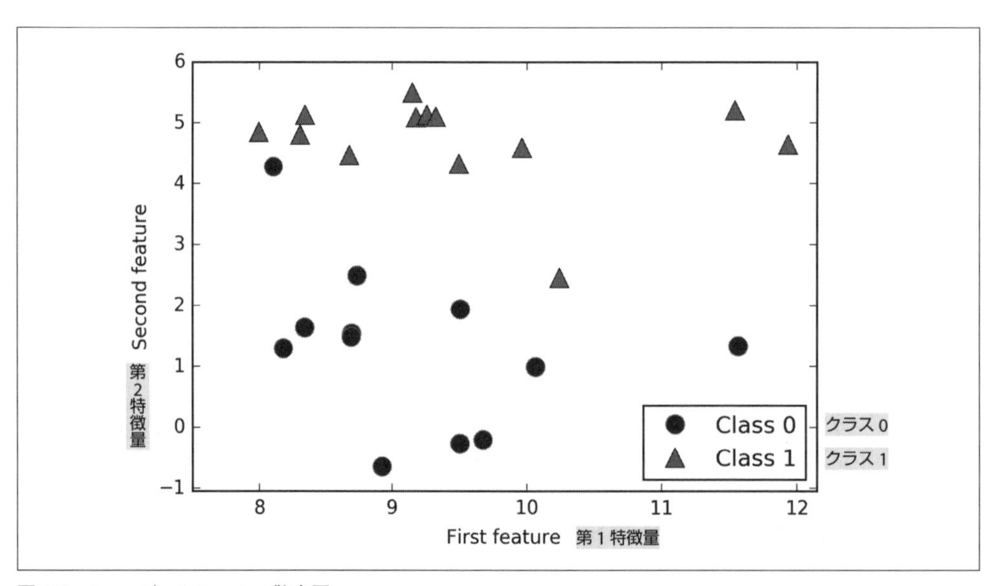

図2-2 forgeデータセットの散布図

X.shapeからわかるように、このデータセットは、2つの特徴量を持つ26のデータポイントで構成されている。

回帰アルゴリズムを紹介する際には、合成したwaveデータセットを用いる。このwaveデータセットは、入力として1つの特徴量と、モデルの対象となる連続値のターゲット変数（もしくは**反応**

(response)) を持つ。**図2-3**に示すプロットは、特徴量をx軸に、回帰のターゲット（出力）をy軸に取っている。

In[2]:

```
X, y = mglearn.datasets.make_wave(n_samples=40)
plt.plot(X, y, 'o')
plt.ylim(-3, 3)
plt.xlabel("Feature")
plt.ylabel("Target")
```

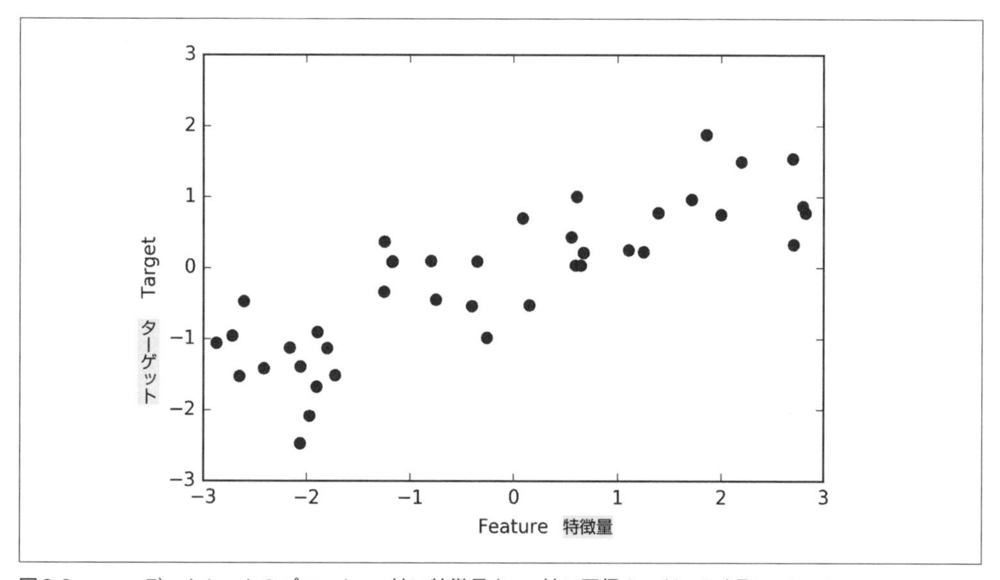

図2-3　waveデータセットのプロット。x軸に特徴量を、y軸に回帰ターゲットを取っている

このように非常に単純な、低次元のデータセットを使うのは、可視化が容易だからである。印刷物には2次元なので、2つ以上の特徴量は表示しにくいからだ。ただし、少ない特徴量を持つデータセット（**低次元データセット**（low-dimensional dataset））に対する直感が、多数の特徴量を持つデータセット（**高次元データセット**（high-dimensional dataset））に対しても通用するとは限らない。このことさえ心に留めておけば、低次元データセットでアルゴリズムを検討することは学習のためになる。

これらの小さい合成データセットを補うために、scikit-learnに含まれている2つの実問題から取ったデータセットを用いる。その1つはウィスコンシン乳癌データセット（cancerと呼ぶ）である。これは、乳癌の腫瘍を計測したもので、それぞれの腫瘍に、害のない腫瘍を意味する「良性（benign）」か、癌性の腫瘍を意味する「悪性（malignant）」かのラベルが付けられている。ここでのタスクは、組織の測定結果から腫瘍が悪性かどうかを予測するように学習することである。

このデータはscikit-learnのload_breast_cancer関数でロードすることができる。

In[3]:

```
from sklearn.datasets import load_breast_cancer
cancer = load_breast_cancer()
print("cancer.keys(): \n{}".format(cancer.keys()))
```

Out[3]:

```
cancer.keys():
dict_keys(['feature_names', 'data', 'DESCR', 'target', 'target_names'])
```

scikit-learnに含まれているデータセットは、多くの場合Bunchというクラスのオブジェクトに格納されている。このオブジェクトには、実際のデータの他にデータセットに関するさまざまな情報が格納されている。Bunchオブジェクトは、ディクショナリのように振る舞うが、値を取り出す際に、bunch['key']ではなくbunch.keyのようにドットでアクセスできるということだけを覚えておけばよい。

このデータセットは、30の特徴量を持つ569のデータポイントで構成されている。

In[4]:

```
print("Shape of cancer data: {}".format(cancer.data.shape))
```

Out[4]:

```
Shape of cancer data: (569, 30)
```
cancer データの形

569のデータポイントのうち、212が悪性で357が良性である。

In[5]:

```
print("Sample counts per class:\n{}".format(
      {n: v for n, v in zip(cancer.target_names, np.bincount(cancer.target))}))
```

Out[5]:

```
Sample counts per class:
{'benign': 357, 'malignant': 212}
```
クラスごとのサンプルの個数
良性 悪性

個々の特徴量の意味を示す記述は、feature_names属性に格納されている。

In[6]:

```
print("Feature names:\n{}".format(cancer.feature_names))
```

Out[6]:

```
Feature names: 特徴量名
['mean radius' 'mean texture' 'mean perimeter' 'mean area'
 'mean smoothness' 'mean compactness' 'mean concavity'
 'mean concave points' 'mean symmetry' 'mean fractal dimension'
 'radius error' 'texture error' 'perimeter error' 'area error'
 'smoothness error' 'compactness error' 'concavity error'
 'concave points error' 'symmetry error' 'fractal dimension error'
 'worst radius' 'worst texture' 'worst perimeter' 'worst area'
 'worst smoothness' 'worst compactness' 'worst concavity'
 'worst concave points' 'worst symmetry' 'worst fractal dimension']
```

興味があるなら、cancer.DESCRを見ればより詳しい情報が得られる。

実世界の回帰データセットとして、boston_housingデータセットを用いる[*1]。このデータセットを用いるタスクは、1970年代のボストン近郊の住宅地の住宅価格の中央値を、犯罪率、チャールズ川からの距離、高速道路への利便性などから予測するものだ。このデータセットには、13の特徴量を持つ506のデータポイントが含まれる。

In[7]:

```
from sklearn.datasets import load_boston
boston = load_boston()
print("Data shape: {}".format(boston.data.shape))
```

Out[7]:

```
Data shape: (506, 13)
```

ここでもDESCR属性を読めばデータセットの詳細がわかる。ここでは、このデータセットを拡張し、13の測定結果だけを特徴量とするのではなく、特徴量間の積（**交互作用**（interaction）と呼ぶ）も見ることにする。つまり、犯罪率と高速道路への利便性を特徴量として見るだけでなく、それらの積も特徴量として考えるのだ。このように導出された特徴量を含めることを**特徴量エンジニアリング**（feature engineering）と呼ぶ。これについては「**4章　データの表現と、特徴量エンジニアリング**」で詳しく述べる。この導出されたデータセットは、load_extended_boston関数でロードすることができる。

In[8]:

```
X, y = mglearn.datasets.load_extended_boston()
print("X.shape: {}".format(X.shape))
```

＊1　訳注：このボストンの住宅価格データセットは人種差別的という批判を受けており、今後リリースされるscikit-learn 1.2以降では削除される予定となっている。このデータセットを利用する際には、1.1以前のバージョンを使用してほしい。詳細はサポートページを参照してほしい。

Out[8]:

```
X.shape: (506, 104)
```

104の特徴量とは、もとの13の特徴量に、13の特徴量から2つの特徴量を選ぶ重複ありの組合せ91を足したものである[*1]。

これから、これらのデータセットを用いて、さまざまな機械学習アルゴリズムの特徴を説明していく。まずは、アルゴリズムそのものを見てみよう。最初は、前章でも見た、*k*-最近傍法（*k*-NN）を再度見ていく。

2.3.2 k-最近傍法

k-最近傍法（*k*-NN）アルゴリズムは、最も単純な学習アルゴリズムであると言われる。モデルの構築は、訓練データセットを格納するだけだ。新しいデータポイントに対する予測を行う際には、訓練データセットの中から一番近い点つまり「最近傍点」を見つける。

2.3.2.1 k-最近傍法によるクラス分類

一番単純な場合には、*k*-NNアルゴリズムは、1つの近傍点、つまり訓練データに含まれる点の中で予測したいデータポイントに最も近いものだけを見る。予測には、この点に対する出力をそのまま用いる。**図2-4**に、forgeデータセットに対するクラス分類の例を示す。

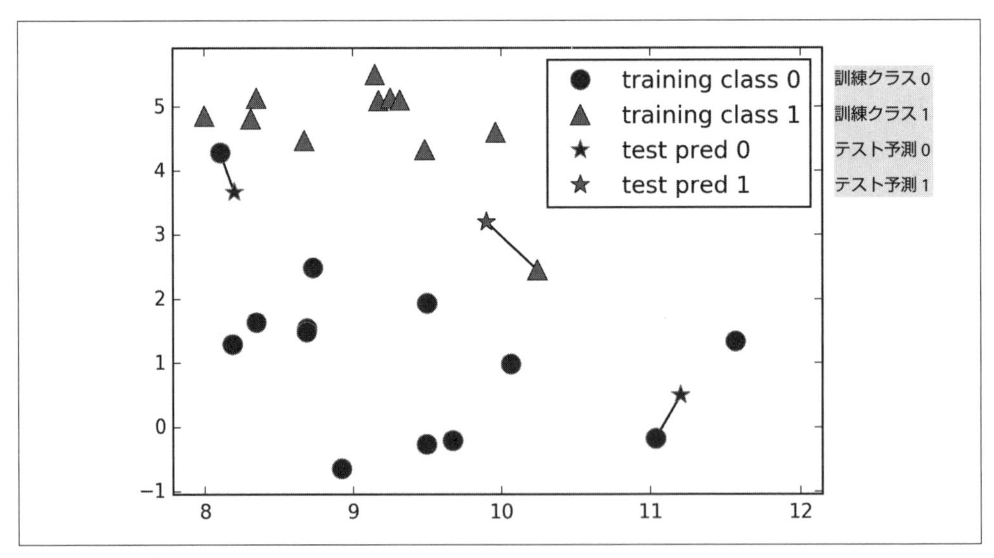

図2-4　1-最近傍モデルによるforgeデータセットに対する予測

*1　13個の要素の中から2個の要素を重複を許して選ぶ組合せである。1つ目の要素を使う組合せが13、1つ目の要素を使わず2つ目の要素を使う組合せが12、1つ目と2つ目の要素を使わず3つ目の要素を使う組合せが11、のようになり、13 + 12 + 11 + … + 1 = 91となる。

In[9]:

```
mglearn.plots.plot_knn_classification(n_neighbors=1)
```

ここでは、星印で示される3つの新しいデータポイントを加えている。それぞれに対して訓練データのうちで最も近いものに印を付けた。1-最近傍法アルゴリズムでの予測では、近傍点のラベルが予測されたラベルになる（星印の色で表されている）。

近傍点は1つとは限らず、任意個の、つまりk個の近傍点を考慮することもできる。これが、k-最近傍法の名前の由来だ。1つ以上の近傍点を考慮に入れる場合には、**投票**でラベルを決める。つまり、個々のテストする点に対して、近傍点のうち、いくつがクラス0に属し、いくつがクラス1に属するのかを数えるのだ。そして、最も多く現れたクラスをその点に与える。言い換えればk-最近傍点の多数派のクラスを採用するのだ。**図2-5**に示す例では3つの近傍点を用いている。

In[10]:

```
mglearn.plots.plot_knn_classification(n_neighbors=3)
```

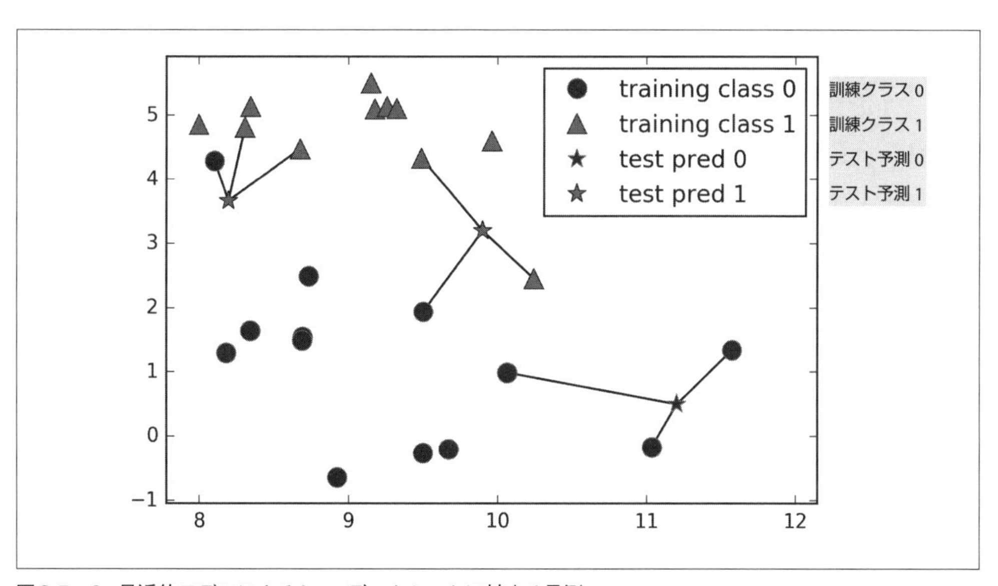

図2-5　3-最近傍モデルによるforgeデータセットに対する予測

ここでも、予測された結果は星印の色で示されている。左上の新しいデータポイントに対する予測は、1つの最近傍点だけを使った場合と異なっている。

ここで示しているのは2クラス分類問題だが、この方法は任意のクラス数に対しても適用できる。クラスがたくさんあるときには、それぞれのクラスに対して近傍点がいくつあるかを数えて、最も多いクラスを予測値とすればよい。

さて、scikit-learnを用いてk-最近傍法アルゴリズムを使用する方法を見てみよう。まず、「**1章　はじめに**」でも述べたように、データを訓練セットとテストセットに分割し、汎化性能を評価できるようにする。

In[11]:

```
from sklearn.model_selection import train_test_split
X, y = mglearn.datasets.make_forge()

X_train, X_test, y_train, y_test = train_test_split(X, y, random_state=0)
```

次に、クラスをインポートして、インスタンスを生成する。この際に、近傍点の数などのパラメータを渡すことができる。ここでは3にしている。

In[12]:

```
from sklearn.neighbors import KNeighborsClassifier
clf = KNeighborsClassifier(n_neighbors=3)
```

次に、訓練セットを用いてクラス分類器を訓練する。KNeighborsClassifierの場合には、データセットを保存するだけだ。保存したデータセットを用いて、予測の際に近傍点を計算する。

In[13]:

```
clf.fit(X_train, y_train)
```

テストデータに対して予測を行うにはpredictメソッドを呼び出す。テストセットのそれぞれのデータポイントに対して、訓練セットの中から最近傍点を計算し、最も多いクラスを見つけ出す。

In[14]:

```
print("Test set predictions: {}".format(clf.predict(X_test)))
```

Out[14]:

```
Test set predictions: [1 0 1 0 1 0 0]
```
テストセットに対する予測

モデルの汎化性能を評価するためには、scoreメソッドをテストデータとテストラベルで呼び出せばよい。

In[15]:

```
print("Test set accuracy: {:.2f}".format(clf.score(X_test, y_test)))
```

Out[15]:

```
Test set accuracy: 0.86
```
テストセットに対する精度

およそ86%の精度であった。つまりこのモデルはテストデータセットのサンプルのうち86%に対して正しくクラスを予測したということだ。

2.3.2.2 KNeighborsClassifierの解析

2次元のデータセットについては、xy平面のすべての点について、予測結果を表示することができる。平面を、そこに点があったとしたら分類されていたであろうクラスに従って色付けする。こうすると、アルゴリズムがクラス0に割り当てる場合と、クラス1に割り当てる場合の**決定境界**（decision boundary）が見える。次のコードはkが1、3、9の場合の決定境界を描画する（**図2-6**）。

In[16]:

```
fig, axes = plt.subplots(1, 3, figsize=(10, 3))

for n_neighbors, ax in zip([1, 3, 9], axes):
    # fitメソッドは自分自身を返すので、1行で
    # インスタンスを生成してfitすることができる。
    clf = KNeighborsClassifier(n_neighbors=n_neighbors).fit(X, y)
    mglearn.plots.plot_2d_separator(clf, X, fill=True, eps=0.5, ax=ax, alpha=.4)
    mglearn.discrete_scatter(X[:, 0], X[:, 1], y, ax=ax)
    ax.set_title("{} neighbor(s)".format(n_neighbors))
    ax.set_xlabel("feature 0")
    ax.set_ylabel("feature 1")
axes[0].legend(loc=3)
```

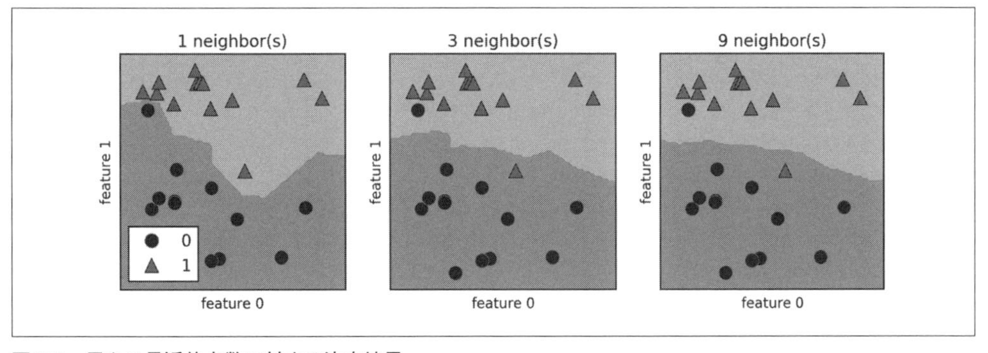

図2-6　異なる最近傍点数に対する決定境界

左の図からわかるように、1つの最近傍点のみを用いると、決定境界は、訓練データに近くなる。より多くの最近傍点を考慮すると、決定境界はよりなめらかになる。なめらかな境界は、単純なモデルに対応する。つまり、最近傍点が少ない場合は複雑度の高いモデル（**図2-1**の右側）に対応し、最近傍点が多い場合は複雑度の低いモデル（**図2-1**の左側）に対応する。極端なケースとして、近傍点数を訓練データセットのすべてのデータポイントの数にしてみよう。すべてのテストデータポイント

は、まったく同じ近傍点（つまりすべての訓練データポイント）を持つことになるので、すべての予測結果は同じ、すなわち訓練セット中で最も多いクラスになる。

ここで、1章で議論したモデルの複雑さと汎化性能の関係が確認できるか調べてみよう。これには実世界のcancerデータセットを用いる。まずデータセットを訓練セットとテストセットに分割し、訓練セットに対する性能とテストセットに対する性能を近傍点の数に対して評価する。結果を**図2-7**に示す。

In[17]:

```
from sklearn.datasets import load_breast_cancer

cancer = load_breast_cancer()
X_train, X_test, y_train, y_test = train_test_split(
    cancer.data, cancer.target, stratify=cancer.target, random_state=66)

training_accuracy = []
test_accuracy = []
# n_neighborsを1から10まで試す
neighbors_settings = range(1, 11)

for n_neighbors in neighbors_settings:
    # モデルを構築
    clf = KNeighborsClassifier(n_neighbors=n_neighbors)
    clf.fit(X_train, y_train)
    # 訓練セット精度を記録
    training_accuracy.append(clf.score(X_train, y_train))
    # 汎化精度を記録
    test_accuracy.append(clf.score(X_test, y_test))

plt.plot(neighbors_settings, training_accuracy, label="training accuracy")
plt.plot(neighbors_settings, test_accuracy, label="test accuracy")
plt.ylabel("Accuracy")
plt.xlabel("n_neighbors")
plt.legend()
```

このグラフでは、y軸に訓練セットおよびテストセットに対する精度を、x軸に考慮する最近傍点の数をプロットしている。実世界のデータなので、なかなかなめらかにはならないのだが、過剰適合と適合不足の特徴は読み取れる（少ない数の最近傍点だけを考慮するほうが複雑なモデルに当たるので、**図2-1**と比べると左右反転していることに注意）。1つの最近傍点のみを考慮する場合には、訓練セットに対する予測は完璧である。より多くの最近傍点を考慮すると、モデルはシンプルになり、訓練精度は低下する。一方、1つの最近傍点のみを考慮する場合のテストセットに対する精度は、より多くの最近傍点を考慮する場合よりも低い。これは、1つの最近傍点ではモデルが複雑すぎるからである。一方、10の最近傍点を考慮すると、モデルはシンプルになりすぎ、性能はさらに低下する。最良の性能はこの間のどこか、6のあたりにある。ただし、このグラフのスケールに注意しておく必要がある。最悪の場合でも88%の精度はあり、場合によってはこれでも十分だ。

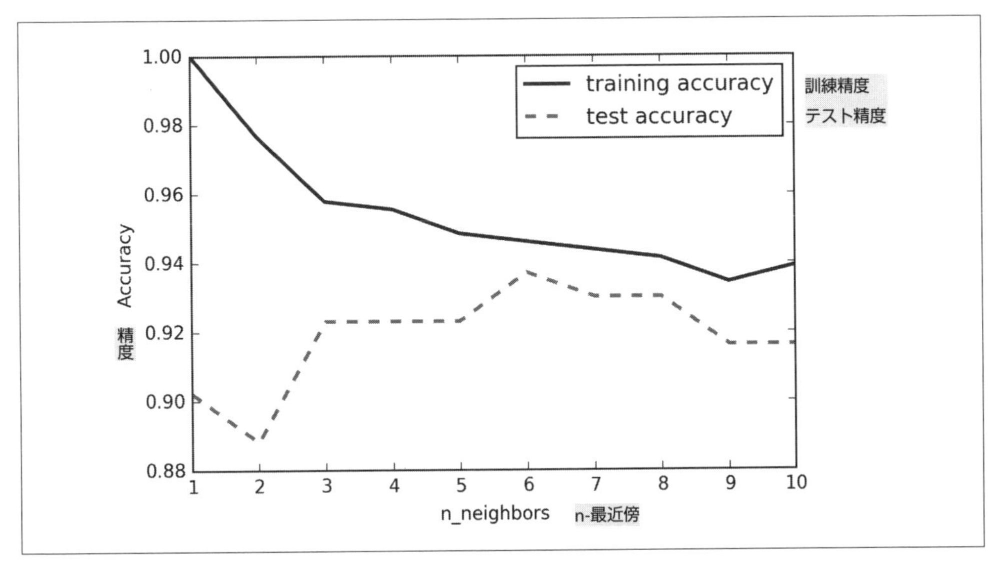

図2-7　最近傍点数に対する訓練精度とテスト精度の比較

2.3.2.3　k-近傍回帰

k-最近傍法には、回帰を行う変種がある。ここでも1最近傍点を用いるものから見ていこう。今回はwaveデータセットを用いる。3つのテストデータポイントを緑色の星印としてx軸上に書いた。1最近傍点を用いる予測では、最近傍点の値をそのまま使う。図2-8の青い星印が予測点である。

In[18]:

```
mglearn.plots.plot_knn_regression(n_neighbors=1)
```

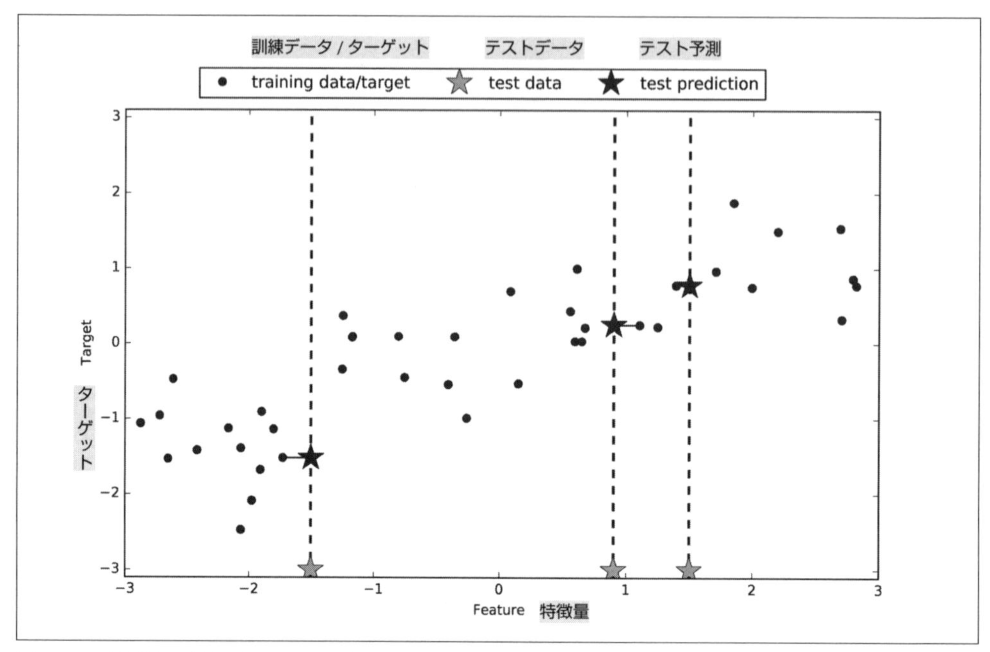

図2-8 1-最近傍回帰を用いたwaveデータセットでの予測

クラス分類の場合と同様に、より多くの最近傍点を用いることもできる。複数の最近傍点を用いる場合には、最近傍点の平均値を用いる（図2-9）。

In[19]:

```
mglearn.plots.plot_knn_regression(n_neighbors=3)
```

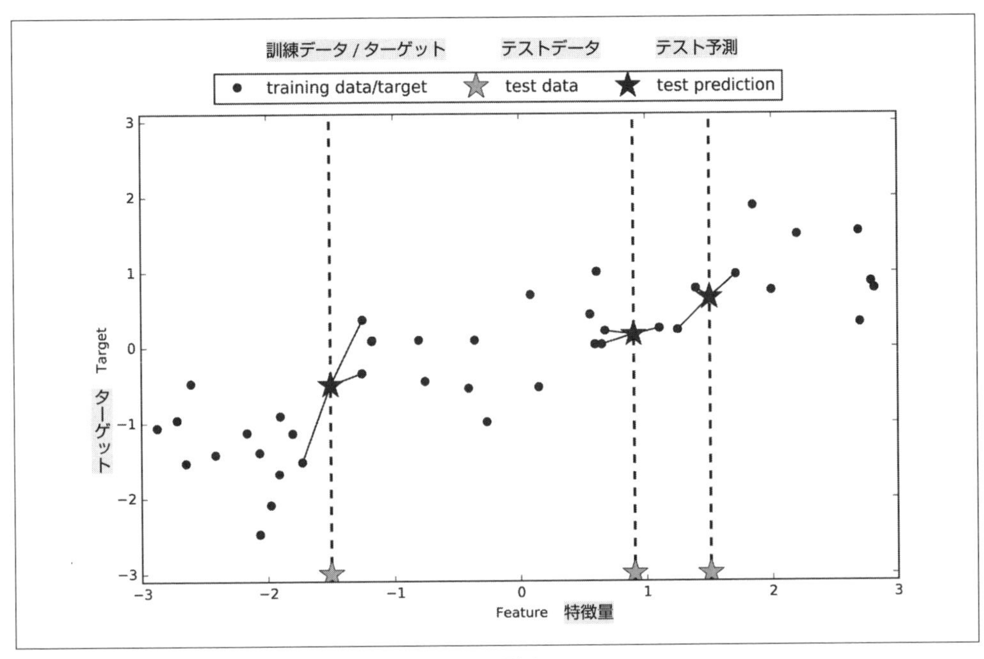

図2-9　3-最近傍回帰を用いたwaveデータセットでの予測

回帰のためのk-最近傍アルゴリズムは、scikit-learnのKNeighborsRegressorクラスに実装されている。KNeighborsClassifierと同様に利用できる。

In[20]:

```
from sklearn.neighbors import KNeighborsRegressor

X, y = mglearn.datasets.make_wave(n_samples=40)

# waveデータセットを訓練セットとテストセットに分割
X_train, X_test, y_train, y_test = train_test_split(X, y, random_state=0)

# 3つの最近傍点を考慮するように設定してモデルのインスタンスを生成
reg = KNeighborsRegressor(n_neighbors=3)
# 訓練データと訓練ターゲットを用いてモデルを学習させる
reg.fit(X_train, y_train)
```

これでテストセットに対して予測を行うことができる。

In[21]:

```
print("Test set predictions:\n{}".format(reg.predict(X_test)))
```

Out[21]:

```
Test set predictions: テストセットに対する精度
[-0.054  0.357  1.137 -1.894 -1.139 -1.631  0.357  0.912 -0.447 -1.139]
```

scoreメソッドを用いてモデルを評価することもできる。このメソッドに対して回帰予測器は、R^2スコアを返す。R^2スコアは決定係数（coefficient of determination）とも呼ばれ、回帰モデルの予測の正確さを測る指標で、0から1までの値を取る。1は完全な予測に対応し、0は訓練セットのレスポンス値（y_train）の平均を返すだけのものに対応する。

In[22]:

```
print("Test set R^2: {:.2f}".format(reg.score(X_test, y_test)))
```

Out[22]:

```
Test set R^2: 0.83 テストセットのR²
```

ここではスコアは0.83となっている。これは比較的良いモデルであることを意味する。

2.3.2.4 KNeighborsRegressorの解析

1次元のデータセットに対して、すべての値に対する予測値がどのようになるかを見てみよう（図2-10）。これには、たくさんのデータポイントを持つデータセットを作ればよい。

In[23]:

```
fig, axes = plt.subplots(1, 3, figsize=(15, 4))
# -3から3までの間に1,000点のデータポイントを作る
line = np.linspace(-3, 3, 1000).reshape(-1, 1)
for n_neighbors, ax in zip([1, 3, 9], axes):
    # 1, 3, 9 近傍点で予測
    reg = KNeighborsRegressor(n_neighbors=n_neighbors)
    reg.fit(X_train, y_train)
    ax.plot(line, reg.predict(line))
    ax.plot(X_train, y_train, '^', color=mglearn.cm2(0), markersize=8)
    ax.plot(X_test, y_test, 'v', color=mglearn.cm2(1), markersize=8)

    ax.set_title(
        "{} neighbor(s)\n train score: {:.2f} test score: {:.2f}".format(
            n_neighbors, reg.score(X_train, y_train),
            reg.score(X_test, y_test)))
    ax.set_xlabel("Feature")
    ax.set_ylabel("Target")
axes[0].legend(["Model predictions", "Training data/target",
                "Test data/target"], loc="best")
```

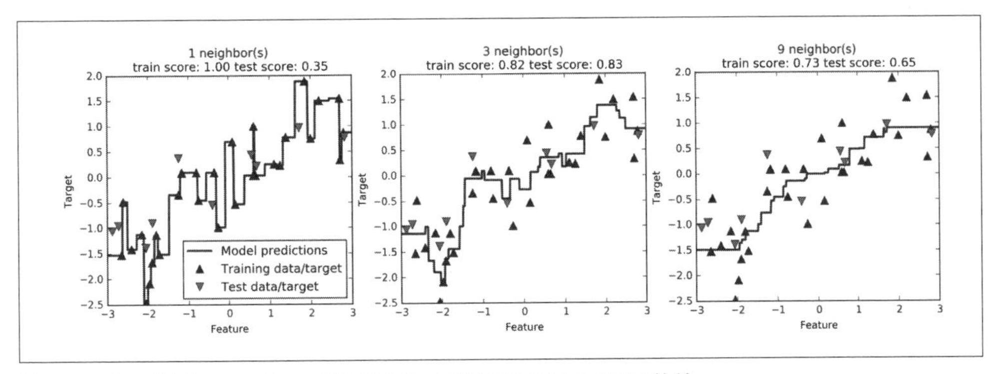

図2-10 さまざまなn_neighborsの値に対する最近傍回帰による予測の比較

このグラフからわかるように、1最近傍点による回帰では訓練セットの個々の点が明らかに予測に影響を与えており、予測はすべての訓練データポイントを通っている。このため予測は非常に不安定になっている。考慮する最近傍点を増やしていくと、予測はスムーズになるが、訓練データに対する適合度は下がる。

2.3.2.5 利点と欠点とパラメータ

理論的には、KNeighbors分類器には2つの重要なパラメータがある。近傍点の数とデータポイント間の距離測度である。実用上は、近傍点の数は3や5程度の小さな数で十分な場合がほとんどだが、このパラメータは調整する必要がある。適切な距離測度の選択はこの本の範囲を若干超える。デフォルトではユークリッド距離を用いるが、ほとんどの場合これでうまくいく。

k-最近傍法の利点の1つはモデルの理解しやすさにある。また、多くの場合あまり調整しなくても十分に高い性能を示す。より高度な技術の利用を考えてみる前に、このアルゴリズムをベースラインとして試してみるとよいだろう。多くの場合、最近傍法のモデル構築は非常に高速だが、訓練セットが大きくなると（特徴量数とサンプルの個数のどちらが大きくなっても）、予測は遅くなる。*k*-最近傍法アルゴリズムを用いる際には、データの前処理を行うことが重要である（**「3章　教師なし学習と前処理」**を参照）。この手法は、多数の特徴量（数百以上）を持つデータセットではうまく機能しない。また、ほとんどの特徴量が多くの場合0となるような（**疎なデータセット**（sparse dataset）と呼ぶ）データセットでは特に性能が悪い。

つまり、*k*-最近傍法アルゴリズムは理解しやすいという特徴はあるが、処理速度が遅く多数の特徴量を扱うことができないため、実際にはほとんど使われていない。次に述べる手法にはこれらの問題点はない。

2.3.3 線形モデル

線形モデル（linear model）は、実用的に広く用いられており、この数十年間のあいだ盛んに研究されたモデルである。その起源は100年前に遡る。線形モデルは入力特徴量の**線形関数**（linear function）を用いて予測を行うものである。以後、説明していく。

2.3.3.1 線形モデルによる回帰

回帰問題では、線形モデルによる一般的な予測式は以下のようになる。

$$\hat{y} = w[0] \times x[0] + w[1] \times x[1] + \cdots + w[p] \times x[p] + b$$

ここで$x[0]$から$x[p]$は、ある1データポイントの特徴量（この例では特徴量の数は$p+1$）を示し、wとbは学習されたモデルのパラメータであり、$\hat{y}$はモデルからの予測である。特徴量が1つしかないデータセットであれば次のようになる。

$$\hat{y} = w[0] \times x[0] + b$$

高校の数学を覚えていれば、この式が直線を表していることがわかるだろう。$w[0]$は傾きを、bはy切片を意味する。もっと特徴量がある場合には、wにはそれぞれの特徴量の軸に対する傾きがはいることになる。別の考え方として、予測されるレスポンスは入力特徴量の重み付き和になると考えることもできる。重みはwで表され、負になることもある。

1次元のwaveデータセットで$w[0]$とbを求めてみると、**図2-11**に示したような線になる。

In[24]:

```
mglearn.plots.plot_linear_regression_wave()
```

Out[24]:

```
w[0]: 0.393906  b: -0.031804
```

線がわかりやすいように座標軸もプロットした。`w[0]`から、傾きがおよそ0.4になることがわかるが、図からも確認できる。y切片は、予測ラインがy軸と交わる点である。この場合0の少し下になっていることが、やはり図から読み取れる。

回帰における線形モデルは、単一の特徴量に対しては予測が直線になる回帰モデルとして特徴付けられる。特徴量が2つなら予測は平面に、高次元において（つまり特徴量が多いときは）は予測は超平面になる。

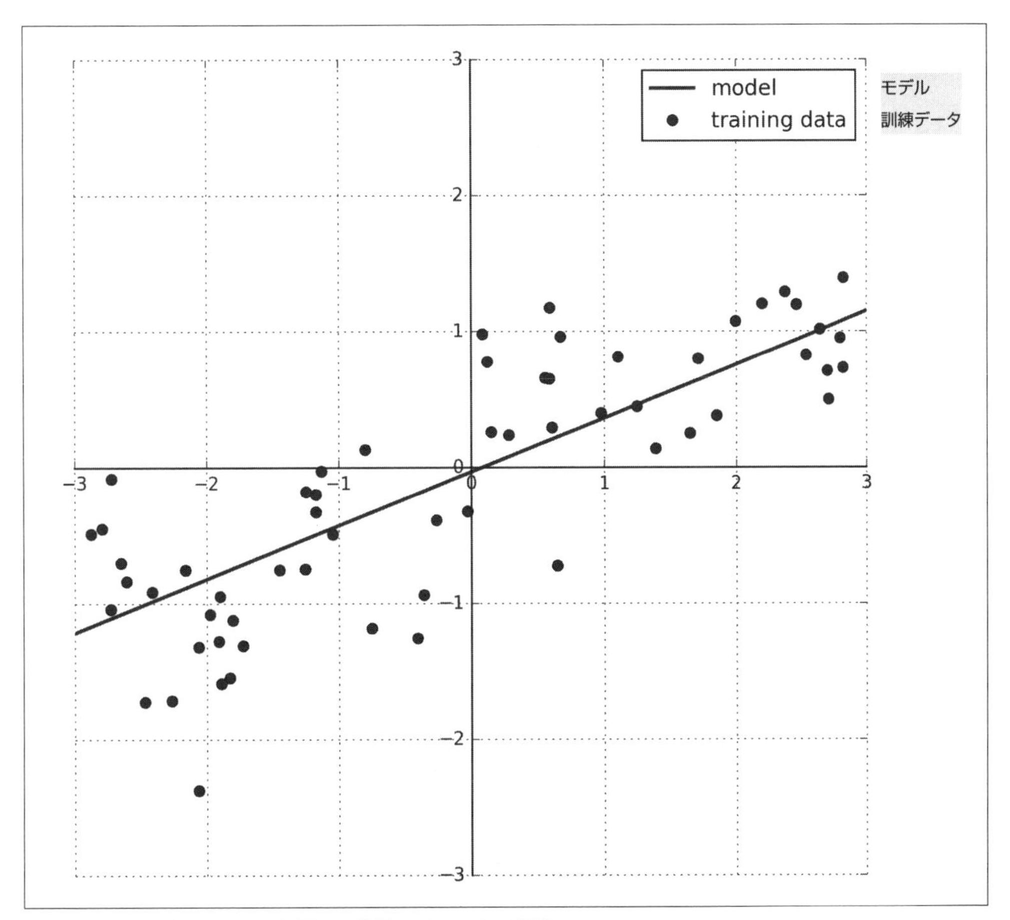

図2-11 waveデータセットを用いた線形モデルによる予測

このモデルで作られる直線と、**図2-10**に示した`KNeighborsRegressor`による予測とを比べると、直線で予測するのは制約が強すぎると感じるかもしれない。データの細かいディテールがすべて失われているように見えるだろう。ある意味でそれは正しい。このモデルは、ターゲットyが、特徴量の線形和で表すことができるという、強い（そして若干非現実的な）仮定を置いているからだ。ただし、1次元のデータを見ただけでは、少し歪んだ見方になっているかもしれない。多数の特徴量を持つデータに対しては、線形モデルは非常に強力なのだ。特に、訓練データのデータポイント数よりも特徴量の数のほうが多い場合には、どのようなyでも完全に訓練データセットの線形関数としてモデル化できる[*1]。

＊1 線形代数を知っていればこれはすぐわかるだろう。

線形モデルを用いた回帰にはさまざまなアルゴリズムがある。これらのモデルの相違点は、パラメータwとbを訓練データから学習する方法とモデルの複雑さを制御する方法にある。次に、最もよく用いられる線形モデルを用いた回帰手法を見ていこう。

2.3.3.2 線形回帰(通常最小二乗法)

線形回帰、もしくは**通常最小二乗法**(ordinary least squares：OLS)は、最も単純で、最も古典的な線形回帰手法である。線形回帰では、訓練データにおいて、予測と真の回帰ターゲットyとの**平均二乗誤差**(mean squared error)が最小になるように、パラメータwとbを求める。平均二乗誤差は、予測と真の値との差を二乗したものの平均値である。線形回帰にはパラメータがない。これは良いことではあるが、モデルの複雑さを制御する方法がないことを意味する。

次のコードは**図2-11**に示したモデルを作成する。

In[25]:

```
from sklearn.linear_model import LinearRegression
X, y = mglearn.datasets.make_wave(n_samples=60)
X_train, X_test, y_train, y_test = train_test_split(X, y, random_state=42)

lr = LinearRegression().fit(X_train, y_train)
```

「傾き」を表すパラメータ(w)は、重み、もしくは**係数**(coefficient)と呼ばれ、`coef_`属性に格納される。オフセットもしくは**切片**(intercept、b)は`intercept_`属性に格納される。

In[26]:

```
print("lr.coef_: {}".format(lr.coef_))
print("lr.intercept_: {}".format(lr.intercept_))
```

Out[26]:

```
lr.coef_: [ 0.394]
lr.intercept_: -0.031804343026759746
```

`coef_`や`intercept_`の最後におかしなアンダースコアが付いていることに気が付いただろうか。`scikit-learn`では、訓練データから得られた属性にはすべて最後にアンダースコアを付ける慣習になっている。これは、ユーザが設定したパラメータと明確に区別するためだ。

`intercept_`属性は常に単独の浮動小数点数だが、`coef_`属性は入力特徴量ごとに1つの要素を持つNumPy配列となる。`wave`データセットでは、特徴量が1つしかないので、`lr.coef_`には1つしか要素がない。

訓練セットとテストセットに対する性能を見てみよう。

In[27]:

```
print("Training set score: {:.2f}".format(lr.score(X_train, y_train)))
print("Test set score: {:.2f}".format(lr.score(X_test, y_test)))
```

Out[27]:

```
Training set score: 0.67  訓練セットスコア
Test set score: 0.66      テストセットスコア
```

R^2が0.66というのはあまり良くないが、訓練セットとテストセットに対する値が非常に近い。これは、おそらくは適合不足であって、過剰適合ではないことを意味する。このような1次元データセットでは、モデルがとても単純なので（もしくは制約されているので）、過剰適合の危険は少ない。しかし、高次元のデータセットに対しては（つまりデータセットが多くの特徴量を持つ場合は）、線形モデルはより強力になるので、過剰適合の可能性が高くなる。LinearRegressionが、boston_housingデータセットのような、より複雑なデータセットに対してどのような挙動を示すかを見てみよう。前述したように、このデータセットには導出された104の特徴量を持つ506のサンプルがある。まず、データセットを読み込み、訓練セットとテストセットに分割する。そして、先ほどと同じように線形回帰モデルを作る。

In[28]:

```
X, y = mglearn.datasets.load_extended_boston()

X_train, X_test, y_train, y_test = train_test_split(X, y, random_state=0)
lr = LinearRegression().fit(X_train, y_train)
```

訓練セットとテストセットのスコアを比べると、訓練データに対しては非常に正確だが、テストセットのR^2値はずっと悪いことがわかる。

In[29]:

```
print("Training set score: {:.2f}".format(lr.score(X_train, y_train)))
print("Test set score: {:.2f}".format(lr.score(X_test, y_test)))
```

Out[29]:

```
Training set score: 0.95  訓練セットスコア
Test set score: 0.61      テストセットスコア
```

このように訓練セットとテストセットで性能が大きく異なるのは、過剰適合が起きている明らかな兆候だ。したがって、複雑度を制御できるモデルを探さなければならない。標準的な線形回帰に代わる最も一般的な手法は、**リッジ回帰**(ridge regression)である。次はこれを見てみよう。

2.3.3.3 リッジ回帰

リッジ回帰は線形モデルによる回帰の1つである。予測に用いられる式は、通常最小二乗法のものと同じである。しかし、リッジ回帰では、係数(w)を、訓練データに対する予測だけでなく、他の制約に対しても最適化する。ここでは、係数の絶対値の大きさを可能な限り小さくしたい。つまり、wの要素をなるべく0に近くしたいのだ。直感的には、予測をうまく行いつつ、個々の特徴量が出力に与える影響をなるべく小さくしたい(つまり傾きを小さくしたい)。この制約条件は、**正則化**(regularization)の一例である。正則化とは、過剰適合を防ぐために明示的にモデルを制約することである。リッジ回帰で用いられている正則化は、L2正則化と呼ばれる[*1]。

リッジ回帰は、`linear_model.Ridge`に実装されている。これを`boston_housing`データセットで試してみよう。

In[30]:

```
from sklearn.linear_model import Ridge

ridge = Ridge().fit(X_train, y_train)
print("Training set score: {:.2f}".format(ridge.score(X_train, y_train)))
print("Test set score: {:.2f}".format(ridge.score(X_test, y_test)))
```

Out[30]:

```
Training set score: 0.89  訓練セットスコア
Test set score: 0.75      テストセットスコア
```

結果からわかる通り、`Ridge`の訓練セットに対するスコアは`LinearRegression`の場合よりも**低く**、テストセットに対するスコアは**高い**。これは、期待された通りである。線形回帰ではデータに対して過剰適合していた。`Ridge`は、制約の強いモデルなので、過剰適合の危険は少ない。複雑度の低いモデルは、訓練セットに対する性能は低いが汎化性能は高い。我々が興味を持っているのは汎化性能だけなので、`LinearRegression`モデルよりも`Ridge`モデルを使ったほうがよい。

`Ridge`モデルでは、モデルの簡潔さ(0に近い係数の数)と、訓練セットに対する性能がトレードオフの関係になる。このどちらに重きを置くかは、ユーザが`alpha`パラメータを用いて指定することができる。先の例では、デフォルトの`alpha=1.0`を用いた。しかし、これが最良のトレードオフであるという理由はない。最良の`alpha`は、データセットに依存する。`alpha`を増やすと、係数はより0に近くなり、訓練セットに対する性能は低下するが、汎化にはそちらのほうがよいかもしれない。例を見てみよう。

---

*1 数学的にいうと、`Ridge`では、係数のL2ノルム、つまりwのユークリッド長に対してペナルティを与える。

In[31]:

```
ridge10 = Ridge(alpha=10).fit(X_train, y_train)
print("Training set score: {:.2f}".format(ridge10.score(X_train, y_train)))
print("Test set score: {:.2f}".format(ridge10.score(X_test, y_test)))
```

Out[31]:

```
Training set score: 0.79  訓練セットスコア
Test set score: 0.64      テストセットスコア
```

alphaを小さくすると、係数の制約は小さくなる。つまり**図2-1**でいうと右の方に行く。alphaが非常に小さい値になると、係数への制約はほとんどなくなり、LinearRegressionと同じような挙動となる。

In[32]:

```
ridge01 = Ridge(alpha=0.1).fit(X_train, y_train)
print("Training set score: {:.2f}".format(ridge01.score(X_train, y_train)))
print("Test set score: {:.2f}".format(ridge01.score(X_test, y_test)))
```

Out[32]:

```
Training set score: 0.93  訓練セットスコア
Test set score: 0.77      テストセットスコア
```

このケースでは、alpha=0.1がうまく行っているように見える。もう少しalphaを減らしたほうがテストセットスコア（汎化性能）は上がるかもしれないが、ここではalphaの値と**図2-1**に示したモデルの複雑さとの関係がわかればよい。パラメータを適切に設定する手法に関しては「**5章　モデルの評価と改良**」で述べる。

alphaパラメータのモデルへの影響を定量的に知るには、さまざまなalphaに対するモデルのcoef_属性を確認するとよい。alphaが大きくなるとモデルがより制約されるので、alphaが大きい場合は小さい場合よりもcoef_の要素の絶対値が小さくなることが期待される。この期待が正しいことは**図2-12**で確認できる。

In[33]:

```
plt.plot(ridge.coef_, 's', label="Ridge alpha=1")
plt.plot(ridge10.coef_, '^', label="Ridge alpha=10")
plt.plot(ridge01.coef_, 'v', label="Ridge alpha=0.1")

plt.plot(lr.coef_, 'o', label="LinearRegression")
plt.xlabel("Coefficient index")
plt.ylabel("Coefficient magnitude")
```

```
plt.hlines(0, 0, len(lr.coef_))
plt.ylim(-25, 25)
plt.legend()
```

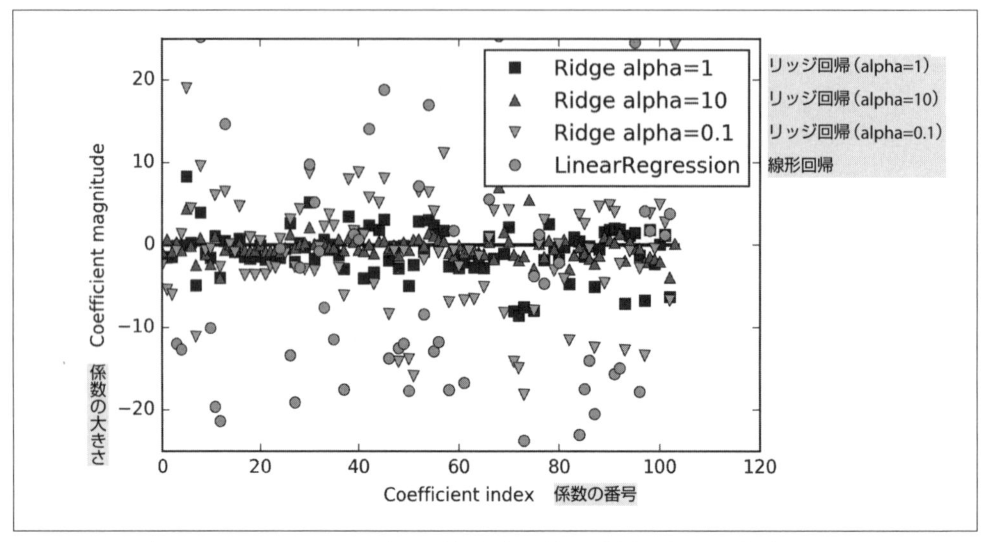

図2-12 さまざまなalphaによるリッジ回帰と、線形回帰に対する係数の大きさの比較

x 軸は`coef_`の要素を表している。`x=0`は最初の特徴量に対する係数、`x=1`は2番目の特徴に対する係数、というようになっており、`x=103`まで続いている。y 軸は、特徴量に対応する係数の数値を表している。この図からわかるのは、`alpha=10`では、ほとんどの係数が-3から3の間にあることだ。`Ridge`モデルの`alpha=1`ではもう少し広い範囲になる。`alpha=0.1`の点は、さらに広い範囲になり、正則化されていない線形回帰の場合（`alpha=0`に対応する）は、さらに広くなってこの図には表示されていないものもある。

正則化の影響を理解するもう1つの方法として、`alpha`の値を固定して、利用できる訓練データの量を変化させてみよう。**図2-13**に示したプロットは、`boston_housing`データセットからサイズを大きくしながらデータを抽出して、`LinearRegression`と`Ridge(alpha=1)`で学習させた結果を評価したものである。この図は、モデルの性能をデータセットサイズの関数として示したもので、**学習曲線**（learning curve）と呼ばれる。

In[34]:

```
mglearn.plots.plot_ridge_n_samples()
```

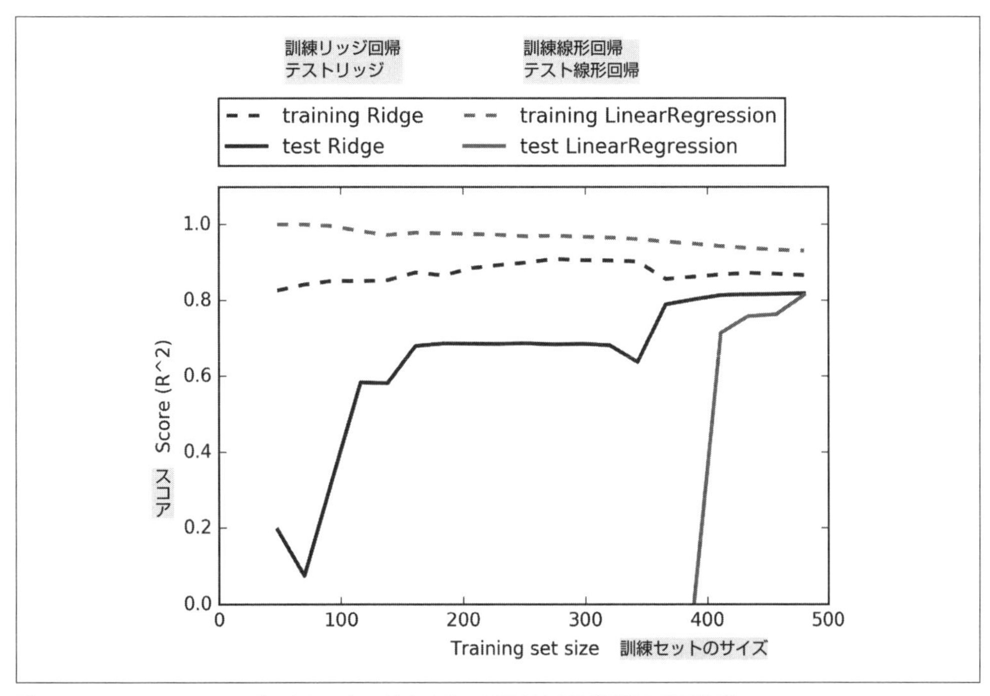

図2-13 boston_housingデータセットに対するリッジ回帰と線形回帰の学習曲線

期待される通り、リッジ回帰でも線形回帰でも、訓練スコアはすべてのデータサイズにおいて、テストスコアよりも高い。リッジ回帰では正則化が行われているため、訓練スコアは線形回帰のものよりも常に低い。しかしテストスコアは、リッジ回帰の方が良い。特にデータサイズが小さいときには顕著だ。400データポイント以下では、線形回帰は何も学習することができていない。データが増えれば増えるほど双方のモデルとも性能は向上し、最後には線形回帰が追いつく。これからわかるのは、十分な訓練データがある場合には、正則化はあまり重要ではなくなるということである。十分なデータがあるならばリッジ回帰と線形回帰は同じ性能を示す（ここでこれがすべてのデータを使ったときに起きているのは偶然だ）。**図2-13**のもう1つの面白い点として、線形回帰では訓練性能が低下していることが挙げられる。データ量が多くなると、モデルが過剰適合すること、もしくはデータを覚えてしまうことが難しくなるのだ。

2.3.3.4 Lasso

`Ridge`に代わる線形回帰として`Lasso`がある。リッジ回帰と同様に、`Lasso`も係数が0になるように制約をかけるのだが、かけかたが少し違い、こちらはL1正則化と呼ばれる[*1]。L1正則化の結果、`Lasso`においては、いくつかの係数が**完全に**0になる。これは、モデルにおいていくつかの特徴量が

＊1 `Lasso`では係数ベクトルのL1ノルム、すなわち係数の絶対値の和にペナルティを与える。

完全に無視されるということになる。自動的に特徴量を選択していると考えても良い。いくつかの係数が0になると、モデルを解釈しやすくなり、どの特徴量が重要なのかが明らかになる。

Lassoをboston_housingデータセットに適用してみよう。

In[35]:

```
from sklearn.linear_model import Lasso

lasso = Lasso().fit(X_train, y_train)
print("Training set score: {:.2f}".format(lasso.score(X_train, y_train)))
print("Test set score: {:.2f}".format(lasso.score(X_test, y_test)))
print("Number of features used: {}".format(np.sum(lasso.coef_ != 0)))
```

Out[35]:

```
Training set score: 0.29        訓練セットスコア
Test set score: 0.21            テストセットスコア
Number of features used: 4      使用された特徴量の数
```

この通り、Lassoの性能は訓練セットに対しても、テストセットに対しても、非常に悪い。これは適合不足であることを示唆する。さらに、104の特徴量のうちのわずか4つしか使っていない。Ridgeと同じようにLassoにも、係数を0に向かわせる強さを制御する正則化パラメータalphaがある。上の例ではデフォルトのalpha=1.0となっていた。適合不足の度合いを減らすためには、alphaを減らせばよい。この際、max_iter（最大の繰り返し回数）をデフォルト値から増やしてやる必要がある。

In[36]:

```
# "max_iter"の値を増やしている。
# こうしておかないとモデルが、"max_iter"を増やすように警告を発する
lasso001 = Lasso(alpha=0.01, max_iter=100000).fit(X_train, y_train)
print("Training set score: {:.2f}".format(lasso001.score(X_train, y_train)))
print("Test set score: {:.2f}".format(lasso001.score(X_test, y_test)))
print("Number of features used: {}".format(np.sum(lasso001.coef_ != 0)))
```

Out[36]:

```
Training set score: 0.90        訓練セットスコア
Test set score: 0.77            テストセットスコア
Number of features used: 33     使用された特徴量の数
```

alphaを小さくすると、より複雑なモデルに適合するようになり、訓練データに対してもテストデータに対しても良い結果が得られている。性能はRidgeよりも少しだけ良いぐらいだが、104の特徴量のうち、わずか33しか使っていない。これによってモデルは潜在的には理解しやすくなっている。

alphaを小さくしすぎると、リッジの場合と同様に正則化の効果が薄れ、過剰適合が発生し、性能はLinearRegressionと似たようなものになる。

In[37]:

```
lasso00001 = Lasso(alpha=0.0001, max_iter=100000).fit(X_train, y_train)
print("Training set score: {:.2f}".format(lasso00001.score(X_train, y_train)))
print("Test set score: {:.2f}".format(lasso00001.score(X_test, y_test)))
print("Number of features used: {}".format(np.sum(lasso00001.coef_ != 0)))
```

Out[37]:

```
Training set score: 0.95        訓練セットスコア
Test set score: 0.64            テストセットスコア
Number of features used: 94     使用された特徴量の数
```

図2-12と同様に、これらのモデルに対して係数をプロットしてみよう（図2-14）。

In[38]:

```
plt.plot(lasso.coef_, 's', label="Lasso alpha=1")
plt.plot(lasso001.coef_, '^', label="Lasso alpha=0.01")
plt.plot(lasso00001.coef_, 'v', label="Lasso alpha=0.0001")

plt.plot(ridge01.coef_, 'o', label="Ridge alpha=0.1")
plt.legend(ncol=2, loc=(0, 1.05))
plt.ylim(-25, 25)
plt.xlabel("Coefficient index")
plt.ylabel("Coefficient magnitude")
```

alpha=1の場合には、ほとんどの係数がゼロである（これは既に見た）だけでなく、残りの係数の絶対値もかなり小さいことがわかる。alphaを0.01に減らした場合の結果が上向きの三角である。ここでも、ほとんどの特徴量に対する係数はゼロである。alpha=0.0001にすると、正則化がかなりゆるみ、多くの係数がゼロでなくなり、絶対値も大きくなる。比較のために、最適な場合のRidgeの係数を丸で示す。alpha=0.1のときのRidgeは、alpha=0.01のときのLassoと同じような予測性能を示すが、Ridgeではすべての係数がゼロではない。

実際に使う場合には、この2つのうちではリッジ回帰をまず試してみるとよいだろう、しかし、特徴量がたくさんあって、そのうち重要なものはわずかしかないことが予測されるのであれば、Lassoのほうが向いているだろう。同様に、解釈しやすいモデルがほしいのなら、重要な特徴量のサブセットを選んでくれるLassoのほうが理解しやすいモデルが得られるだろう。scikit-learnには、LassoとRidgeのペナルティを組み合わせたElasticNetクラスがある。実用上は、この組合せが最良の結果をもたらすが、それにはL1正則化のパラメータとL2正則化のパラメータの2つを調整するというコストがかかる。

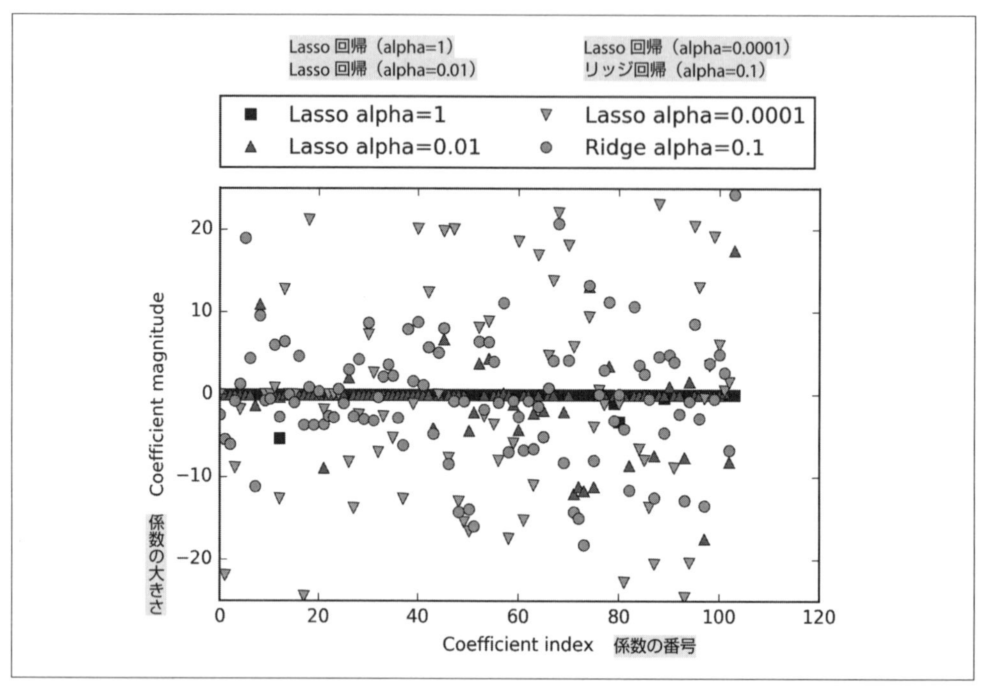

図2-14 Lasso回帰のalphaを変えた場合とリッジ回帰の係数の大きさの比較

2.3.3.5 クラス分類のための線形モデル

線形モデルはクラス分類にも多用されている。まず、2クラス分類を見てみよう。この場合は、次の式で予測を行う。

$$\hat{y} = w[0] \times x[0] + w[1] \times x[1] + \cdots + w[p] \times x[p] + b > 0$$

この式は、線形回帰の場合とよく似ているが、特徴量の重み付き和を単に返すのではなく、予測された値が0を超えるかどうかで分割している。この関数の値が0より小さければ、クラスは-1になる。0より大きければ、クラスは+1になる。この予測のルールはすべての線形モデルによるクラス分類に共通している。ここでも、係数 (w) と切片 (b) を求めるにはさまざまな方法がある。

線形モデルによる回帰では、出力 $\hat{y}$ は特徴量の線形関数になる。つまり直線や平面、高次元では超平面になる。線形モデルによるクラス分類では、**決定境界**が入力の線形関数になる。言い換えると線形の2クラス分類器は、2つのクラスを直線や平面や超平面で分割するということだ。本節でこの例を示す。

線形モデルを学習するにはさまざまなアルゴリズムがある。これらのアルゴリズムは以下の2点で区別される。

- 係数と切片の特定の組合せと訓練データの適合度を測る尺度
- 正規化を行うか。行うならどの方法を使うか

「訓練データへ適合度」を測る尺度は、アルゴリズムによって異なる。アルゴリズムによるクラス分類ミスを最小化するように w と b を調整したいと思うかもしれないが、技術的、数学的な理由からそれはできない。我々の目的には、そして多くのアプリケーションにとっては、上のリストの1番目のアイテム（ロス関数（loss function）と呼ばれる）はあまり意味がない。

`linear_model.LogisticRegression`に実装されている**ロジスティック回帰**（logistic regression）と、`svm.LinearSVC`に実装されている**線形サポートベクタマシン**（linear support vector machines：SVM）は、最も一般的な線形クラス分類アルゴリズムだ（SVCはサポートベクタクラス分類器（support vector classifier）を意味する）。名前に反してロジスティック回帰は、回帰アルゴリズムではなくクラス分類アルゴリズムである。線形回帰と混同しないように気を付けよう。

`LogisticRegression`モデルと`LinearSVC`モデルを`forge`データセットに適用して、決定境界を可視化してみよう（**図2-15**）。

In[39]:

```
from sklearn.linear_model import LogisticRegression
from sklearn.svm import LinearSVC

X, y = mglearn.datasets.make_forge()

fig, axes = plt.subplots(1, 2, figsize=(10, 3))

for model, ax in zip([LinearSVC(), LogisticRegression()], axes):
    clf = model.fit(X, y)
    mglearn.plots.plot_2d_separator(clf, X, fill=False, eps=0.5,
                                    ax=ax, alpha=.7)
    mglearn.discrete_scatter(X[:, 0], X[:, 1], y, ax=ax)
    ax.set_title("{}".format(clf.__class__.__name__))
    ax.set_xlabel("Feature 0")
    ax.set_ylabel("Feature 1")
axes[0].legend()
```

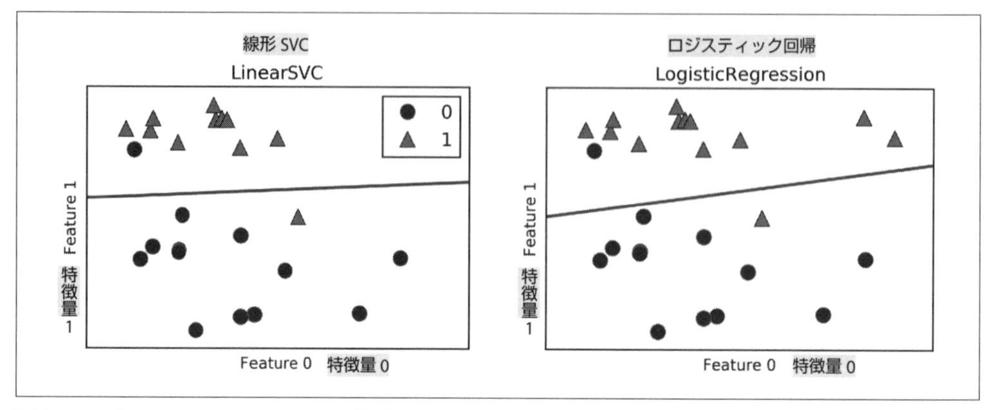

図2-15 デフォルトパラメータによる線形SVMとロジスティック回帰によるforgeデータセットの決定境界

この図は、以前と同じようにforgeデータセットの第1特徴量をx軸に、第2特徴量をy軸に取り、LinearSVCとLogisticRegressionで見つけた決定境界を直線で表示している。直線の下がクラス0、上がクラス1になる。つまり、黒い線よりも上にあるデータポイントはクラス分類器によってクラス1に分類され、下にあるデータポイントはクラス0に分類される。2つのモデルによる決定境界はよく似ている。両方のモデルはともに、2つのポイントを他方のクラスに分類している。デフォルトではこれらのモデルは、Ridgeが回帰で行ったのと同じように、L2正則化を行う。

LogisticRegressionとLinearSVCにおける正則化の強度を決定するトレードオフパラメータはCと呼ばれ、Cが大きくなると正則化は**弱く**なる。つまり、パラメータCを大きくすると、LogisticRegressionとLinearSVCは訓練データに対しての適合度を上げようとするが、パラメータCを小さくすると係数ベクトル(w)を0に近づけることを重視するようになる。

Cの影響にはもう1つ面白い側面がある。小さいCを用いると、データポイントの「大多数」に対して適合しようとするが、大きいCを用いると、個々のデータポイントを正確にクラス分類することを重視するようになる。LinearSVCの場合の様子を見てみよう(**図2-16**)。

In[40]:

```
mglearn.plots.plot_linear_svc_regularization()
```

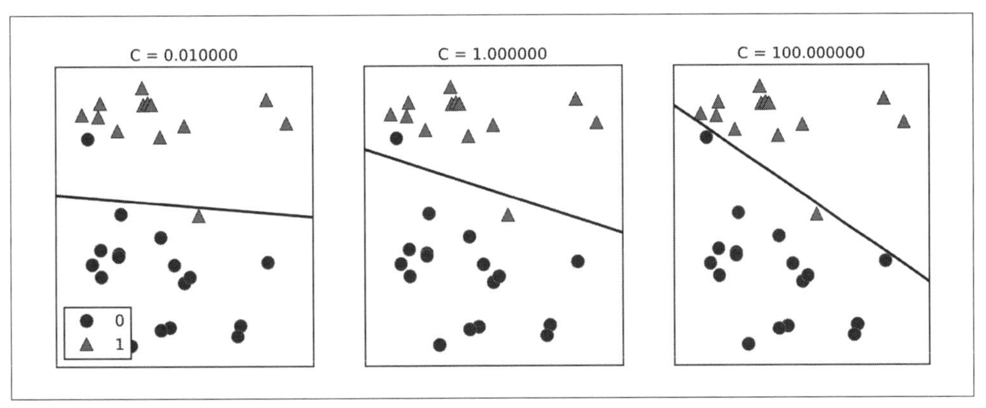

図2-16 forgeデータセットを用いた場合の異なるCに対する決定境界

左のプロットは小さいCを用いていて強力な正則化を行う場合に対応する。クラス0のほとんどの点が線の下に、クラス1のほとんどの点が線の上に来ている。この強力に正則化が効いたモデルは水平に近く、2つの点のクラス分類に失敗している。Cが少し大きい場合に対応する真ん中のグラフでは、モデルは2点の分類に失敗したサンプルに着目するので、決定境界が傾いている。最後に、Cがとても大きい場合に対応する右のグラフでは、決定境界の傾きはさらに急になり、クラス0のすべての点を正しくクラス分類するようになる。クラス1の点の1つはまだ失敗しているが、これは、このデータセットを直線で分類する場合には、すべての点を正しく分類することは不可能だからだ。この右側のモデルはすべての点を正しくクラス分類することに注力するあまり、クラス全体としてのレイアウトを捉えきれていない。つまり、このモデルはおそらく過剰適合している。

回帰の場合と同様に、線形モデルによるクラス分類は、低次元空間においては制約が強すぎるように思えるかもしれない。決定平面が直線や平面にしかならないからだ。しかし、高次元の場合には線形モデルによるクラス分類は非常に強力になるので、特徴量の数が多い場合には過剰適合を回避する方法が重要になってくる。

LogisticRegressionをcancerデータセットを用いてより詳しく解析してみよう。

In[41]:

```
from sklearn.datasets import load_breast_cancer
cancer = load_breast_cancer()
X_train, X_test, y_train, y_test = train_test_split(
    cancer.data, cancer.target, stratify=cancer.target, random_state=42)
logreg = LogisticRegression().fit(X_train, y_train)
print("Training set score: {:.3f}".format(logreg.score(X_train, y_train)))
print("Test set score: {:.3f}".format(logreg.score(X_test, y_test)))
```

Out[41]:

```
Training set score: 0.953 訓練セットスコア
Test set score: 0.958 テストセットスコア
```

デフォルトのC=1は、訓練セットとテストセットの双方で95%と、とても良い性能を示している。しかし、訓練セットとテストセットの精度がとても近いということは、適合不足の可能性が高い。Cを増やしてより柔軟なモデルにしてみよう。

In[42]:

```
logreg100 = LogisticRegression(C=100).fit(X_train, y_train)
print("Training set score: {:.3f}".format(logreg100.score(X_train, y_train)))
print("Test set score: {:.3f}".format(logreg100.score(X_test, y_test)))
```

Out[42]:

```
Training set score: 0.972 訓練セットスコア
Test set score: 0.965 テストセットスコア
```

C=100にすると、訓練セット精度が向上し、テストセット精度もわずかに向上する。複雑なモデルのほうが性能が高いはずだという直観は裏付けられた。

さらに強力に正則化したモデルを試してみよう。デフォルトのC=1をC=0.01にしてみる。

In[43]:

```
logreg001 = LogisticRegression(C=0.01).fit(X_train, y_train)
print("Training set score: {:.3f}".format(logreg001.score(X_train, y_train)))
print("Test set score: {:.3f}".format(logreg001.score(X_test, y_test)))
```

Out[43]:

```
Training set score: 0.934 訓練セットスコア
Test set score: 0.930 テストセットスコア
```

予想通り、既に適合不足だったモデルから**図2-1**のさらに左側に寄ってしまい、訓練セット精度もテストセット精度もデフォルトパラメータより悪くなっている。

最後に、3つの正則化パラメータCに対して学習された係数を見てみよう(**図2-17**)。

In[44]:

```
plt.plot(logreg.coef_.T, 'o', label="C=1")
plt.plot(logreg100.coef_.T, '^', label="C=100")
plt.plot(logreg001.coef_.T, 'v', label="C=0.01")
plt.xticks(range(cancer.data.shape[1]), cancer.feature_names, rotation=90)
plt.hlines(0, 0, cancer.data.shape[1])
```

```
plt.ylim(-5, 5)
plt.xlabel("Feature")
plt.ylabel("Coefficient magnitude")
plt.legend()
```

LogisticRegressionではデフォルトでL2正則化が行われる。結果は**図2-12**のRidgeによるものと似ている。正則化を強くすると、係数はより0近くへと押し込まれるが、ぴったり0には決してならない。グラフをより詳細に見てみると、3番目の特徴量「mean perimeter」に対する係数が興味深い挙動を示しているのがわかる。C=100とC=1に対しては係数は負だが、C=0.01に対しては正になっている。このようなモデルを解釈する際には、どの係数がクラス分類に影響を与えているのかを考察する。例えば、特徴量「texture error」が大きいことと、「悪性（malignant）」とに関係があるのではないか、などと考える。しかし、「mean perimeter」のように、モデルによって係数の正負が変わってしまうと、どのモデルを見るかによって、「mean perimeter」が大きいことが「良性」を示唆しているのか「悪性」を示唆しているのかが変わってしまう。このことからも、線形モデルの係数の解釈には常に眉にツバを付けて聞かないといけないことがわかる。

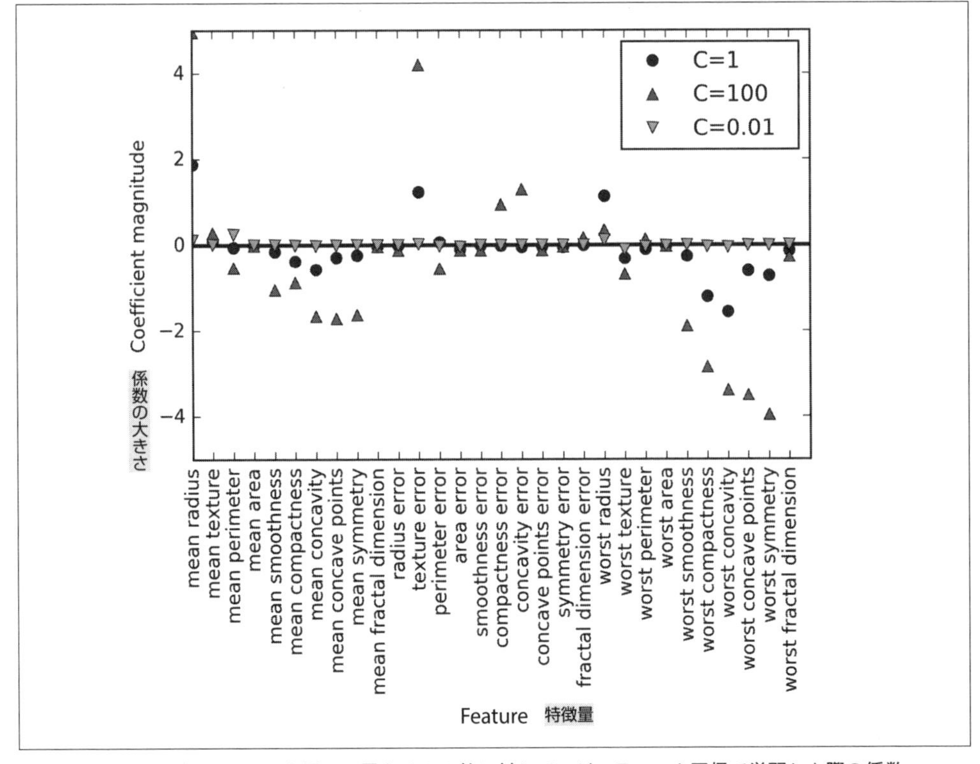

図2-17 cancerデータセットを用いて異なるCの値に対してロジスティック回帰で学習した際の係数

より解釈しやすいモデルが欲しいのなら、L1正則化を使うと良いかもしれない。この正則化はわずかな特徴量しか使わないように制限するからだ。L1正則化を行ったときの分類精度をプロットしたものを**図2-18**に示す。

In[45]:

```
for C, marker in zip([0.001, 1, 100], ['o', '^', 'v']):
    lr_l1 = LogisticRegression(C=C, penalty="l1").fit(X_train, y_train)
    print("Training accuracy of l1 logreg with C={:.3f}: {:.2f}".format(
          C, lr_l1.score(X_train, y_train)))
    print("Test accuracy of l1 logreg with C={:.3f}: {:.2f}".format(
          C, lr_l1.score(X_test, y_test)))
    plt.plot(lr_l1.coef_.T, marker, label="C={:.3f}".format(C))

plt.xticks(range(cancer.data.shape[1]), cancer.feature_names, rotation=90)
plt.hlines(0, 0, cancer.data.shape[1])
plt.xlabel("Feature")
plt.ylabel("Coefficient magnitude")

plt.ylim(-5, 5)
plt.legend(loc=3)
```

Out[45]:

```
Training accuracy of l1 logreg with C=0.001: 0.91  l1 ロジスティック回帰の訓練精度
Test accuracy of l1 logreg with C=0.001: 0.92     l1 ロジスティック回帰のテスト精度
Training accuracy of l1 logreg with C=1.000: 0.96
Test accuracy of l1 logreg with C=1.000: 0.96
Training accuracy of l1 logreg with C=100.000: 0.99
Test accuracy of l1 logreg with C=100.000: 0.98
```

この図からもわかる通り、2クラス分類のための線形モデル群と回帰のための線形モデル群の間には対応関係がある。回帰のときと同じように、モデル間の主な違いは`penalty`パラメータにある。このパラメータがモデルの正則化と、特徴量をすべて使うか一部しか使わないかに影響を与える。

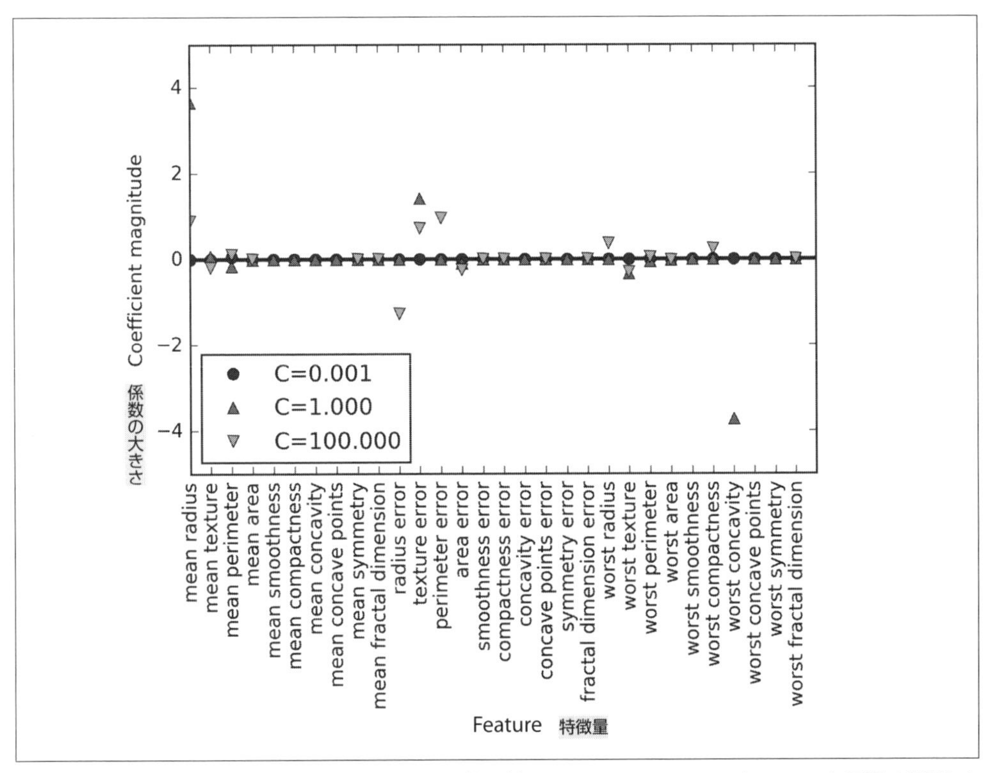

図2-18　cancerデータセットを用いて異なるCの値に対してL1ペナルティでロジスティック回帰で学習した際の係数

2.3.3.6　線形モデルによる多クラス分類

多くの線形クラス分類モデルは、2クラス分離にしか適用できず、自然に多クラスの場合に拡張できるものではない（ロジスティック回帰は例外）。2クラス分類アルゴリズムを多クラス分類アルゴリズムに拡張する一般的な手法として**1対その他**（one-vs.-rest）アプローチがある。1対その他アプローチでは、各クラスに対してそのクラスと他のすべてのクラスを分類する2クラス分類モデルを学習する。クラスがたくさんある場合にはたくさんの2クラス分類モデルを使うことになる。予測の際にはすべての2クラス分類器をテストデータポイントに対して実行する。一番高いスコアのクラス分類器が「勝ち」、その分類器に対応するクラスが予測結果となる。

1クラスにつき1つの2クラス分類器があるということは、クラスごとに係数ベクトル（w）と切片（b）があるということになる。下に示す確信度を表す式の値が最も大きいクラスが、クラスラベルとして割り当てられる。

$$w[0] \times x[0] + w[1] \times x[1] + \cdots + w[p] \times x[p] + b$$

多クラスロジスティック回帰の背後にある数学は、1対その他アプローチとは少し異なるが、結局1クラスあたり係数ベクトルと切片ができるのは同じで、同じ方法で予測を行うことができる。

単純な3クラス分類データセットに対して、1対その他手法を適用してみよう。ここでは各クラスをガウス分布でサンプリングした2次元データセットを用いる（図2-19）。

In[46]:

```
from sklearn.datasets import make_blobs

X, y = make_blobs(random_state=42)
mglearn.discrete_scatter(X[:, 0], X[:, 1], y)
plt.xlabel("Feature 0")
plt.ylabel("Feature 1")
plt.legend(["Class 0", "Class 1", "Class 2"])
```

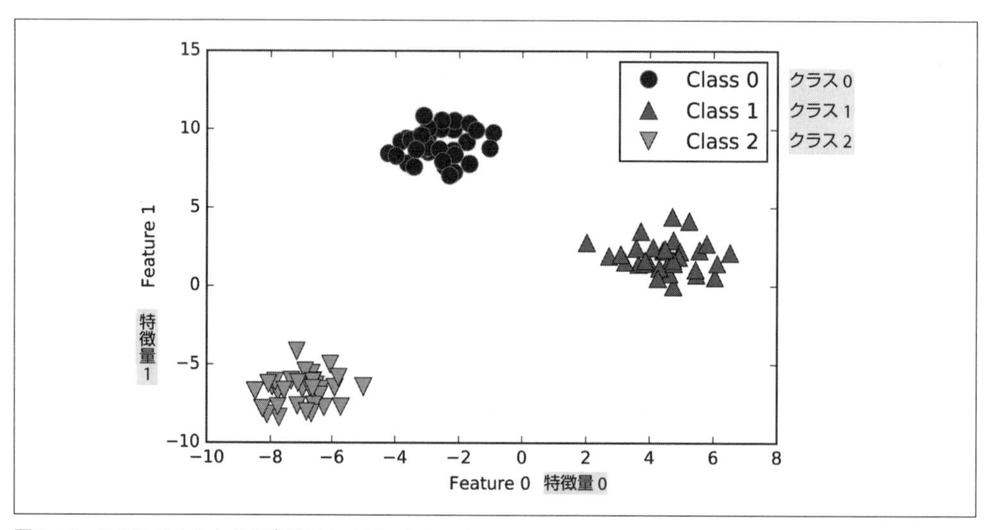

図2-19　3クラスからなる2次元のトイデータセット

さて、LinearSVCクラス分類器をこのデータセットで学習させてみよう。

In[47]:

```
linear_svm = LinearSVC().fit(X, y)
print("Coefficient shape: ", linear_svm.coef_.shape)
print("Intercept shape: ", linear_svm.intercept_.shape)
```

Out[47]:

```
Coefficient shape:  (3, 2)
Intercept shape:  (3,)
```

係数配列の形状
切片配列の形状

coef_配列の形は(3, 2)になっている。つまりcoef_の各行には各クラスに対応する係数ベクトルが入っており、各列には個々の特徴量（このデータセットの場合は2つ）に対する係数が格納される。intercept_はこの場合は1次元配列になっていて、各クラスに対する切片が格納されている。

3つのクラス分類器による直線を可視化してみよう（図2-20）。

In[48]:

```
mglearn.discrete_scatter(X[:, 0], X[:, 1], y)
line = np.linspace(-15, 15)
for coef, intercept, color in zip(linear_svm.coef_, linear_svm.intercept_,
                                  ['b', 'r', 'g']):
    plt.plot(line, -(line * coef[0] + intercept) / coef[1], c=color)
plt.ylim(-10, 15)
plt.xlim(-10, 8)
plt.xlabel("Feature 0")
plt.ylabel("Feature 1")
plt.legend(['Class 0', 'Class 1', 'Class 2', 'Line class 0', 'Line class 1',
            'Line class 2'], loc=(1.01, 0.3))
```

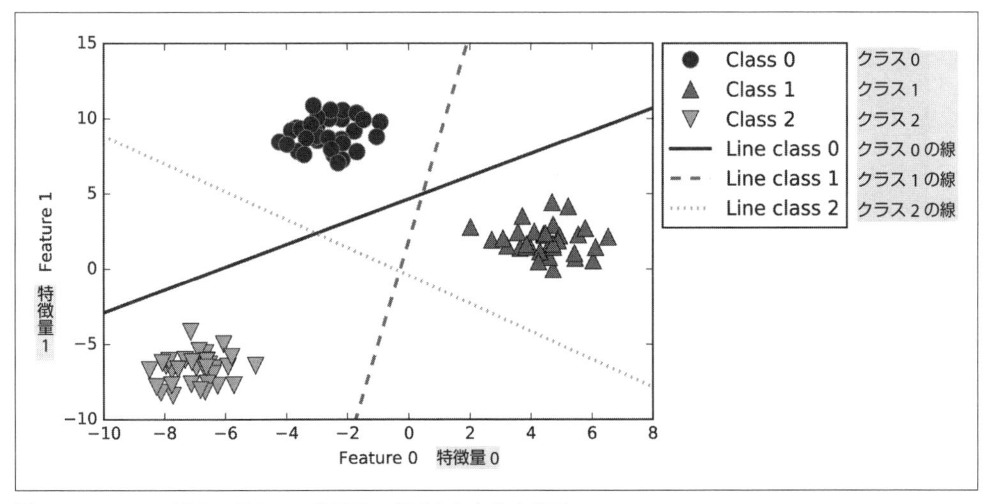

図2-20　3つの1対その他クラス分類器で学習された決定境界

訓練データ中のクラス0に属するすべての点がクラス0に対応する直線よりも上にある。これはこのクラス分類器で、「クラス0」の側に分類されたことを意味する。クラス0に属する点群は、クラス2に対応する線よりも上にある。これは、クラス2に対応するクラス分類器で「その他」の方に分類されたことを意味する。クラス0に属する点群は、クラス1に対応する線よりも左にある。これは、クラス1に対応するクラス分類器で「その他」の方に分類されたことを意味する。したがって、この領域にあるすべての点は、最終的な分類器によってクラス0に分類される（クラス分類確信度の式がクラス0の分類器では0より大きくなり、他の分類器では0より小さくなる)。

しかし、このグラフの中央の三角形の部分はどうなるのだろうか? 3つのクラス分類器はすべて、この領域の点を「その他」と分類する。この領域の点をどこに分類すればよいのだろうか? その答えは、「クラス分類式の値が一番大きいクラス」、つまりその点に最も近い線を持つクラスである。

下に示す例は、2次元空間すべての点に対する予測を描画したものだ(図2-21)。

In[49]:

```
mglearn.plots.plot_2d_classification(linear_svm, X, fill=True, alpha=.7)
mglearn.discrete_scatter(X[:, 0], X[:, 1], y)
line = np.linspace(-15, 15)
for coef, intercept, color in zip(linear_svm.coef_, linear_svm.intercept_,
                                  ['b', 'r', 'g']):
    plt.plot(line, -(line * coef[0] + intercept) / coef[1], c=color)
plt.legend(['Class 0', 'Class 1', 'Class 2', 'Line class 0', 'Line class 1',
            'Line class 2'], loc=(1.01, 0.3))
plt.xlabel("Feature 0")
plt.ylabel("Feature 1")
```

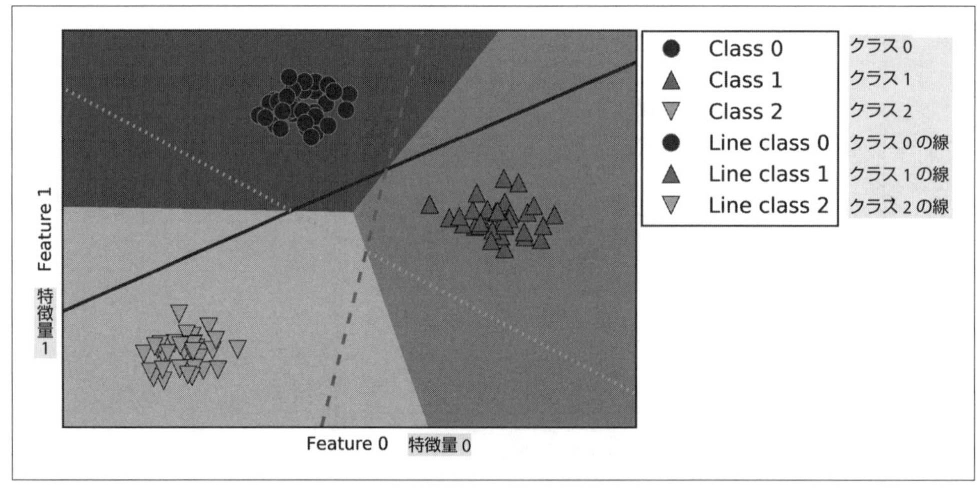

図2-21 3つの1対その他クラス分類器による多クラス分類の決定境界

2.3.3.7 利点、欠点、パラメータ

線形モデルの主要なパラメータは、回帰モデルではalpha、LinearSVCとLogisticRegressionではCと呼ばれる正則化パラメータである。alphaが大きい場合、Cが小さい場合は単純なモデルに対応する。特に回帰モデルの場合、このパラメータの調整は非常に重要になる。通常、Cやalphaを調整する際には、対数スケールで値を変更する。もう1つ決めなければならないことはL1正則化を

使うか、L2正則化を使うかである。一部の特徴量だけが重要だと思うならば、L1を使うべきだ。そうでなければ、デフォルトとしてはL2を使ったほうがよいだろう。L1はモデルの解釈しやすさが重要な場合にも有用である。L1を使うと少数の特徴量しか使わなくなるので、どの特徴量がそのモデルにとって重要なのか、その特徴量がどのような効果を持つのかを説明しやすい。

線形モデルの訓練は非常に高速で、さらに予測も高速である。非常に大きいデータセットにも適用できるし、疎なデータに対してもうまく機能する。サンプル点が10万点、100万点もあるようなデータに対しては、`LogisticRegression`と`Ridge`に`solver='sag'`オプションを使うことを検討したほうがよいだろう。このオプションを使うと、大きなデータセットに対して、デフォルトの場合よりも高速な場合がある。もう1つの方法としては`SGDClassifier`クラスと`SGDRegressor`クラスを使う方法がある。これらのクラスは、ここで述べたモデルよりもさらに大規模なデータに適した線形モデルを実装している。

線形モデルのもう1つの利点は、予測手法が比較的理解しやすいということである。回帰予測や分類予測は先に示した式によって行われる。しかし、残念なことに、係数がどうしてその値になっているのかは、それほど明らかではない。特にデータセット中に、強く相関した特徴量がある場合はわかりにくい。このような場合には係数の意味を理解するのは難しい。

線形モデルは、特徴量の数がサンプルの個数よりも多いときに性能を発揮する。大きなデータセットに対して適用されることも多いが、これは単に他のモデルでは学習できないからである。しかし、低次元空間では、他のモデルのほうが良い汎化性能を示すこともある。「**2.3.7　カーネル法を用いたサポートベクタマシン**」で、線形モデルではうまくいかない例を示す。

メソッドチェーン

すべての`scikit-learn`モデルの`fit`メソッドは`self`を返す。これによって、既に本章で何度も登場している、次のような書き方が可能になる。

In[50]:

```
# 1行でモデルのインスタンスを生成して、訓練する
logreg = LogisticRegression().fit(X_train, y_train)
```

ここで、我々は`fit`メソッドの返り値（つまり`self`）を訓練済みのモデルである変数`logreg`に割り当てている。このように複数のメソッド呼び出し（ここでは`__init__`と`fit`）を続けて書くことを、**メソッドチェーン**（method chaining）と呼ぶ。`scikit-learn`では、`fit`と`predict`に対してメソッドチェーンがよく使われる。

In[51]:

```
logreg = LogisticRegression()
y_pred = logreg.fit(X_train, y_train).predict(X_test)
```

さらに、モデルのインスタンスの生成と訓練と予測を1行で書くこともできる。

In[52]:

```
y_pred = LogisticRegression().fit(X_train, y_train).predict(X_test)
```

こうするとかなり短くなるが、あまり理想的ではない。1行であまりに多くのことが行われるので、コードが読みにくくなる。さらに、訓練したロジスティック回帰のモデルはどこにも格納されない。したがって、それを使って別のデータの予測をすることもできない。

2.3.4 ナイーブベイズクラス分類器

ナイーブベイズクラス分類器は、前節で述べた線形モデルによく似たクラス分類器の一族だ。訓練が線形モデルよりもさらに高速なのが特徴だ。この速度の代償として、ナイーブベイズモデルの汎化性能は、LogisticRegressionやLinearSVCよりもわずかに劣る場合が多い。

ナイーブベイズがこれほどに高速なのは、クラスに対する統計値を個々の特徴量ごとに集めて、パラメータを学習するからである。scikit-learnには3種のナイーブベイズクラス分類器、GaussianNB、BernoulliNB、MultinomialNBが実装されている。GaussianNBは任意の連続値データに適用できるが、BernoulliNBは2値データを仮定しており、MultinomialNBはカウントデータを仮定している。カウントデータとは、例えば文中に出てくる単語の出現数などの、個々の特徴量が何らかの整数カウントを表現しているデータである。BernoulliNBやMultinomialNBはほとんどの場合データのクラス分類に用いられる。

BernoulliNBクラス分類器は個々のクラスに対して、特徴量ごとに非ゼロである場合をカウントする。これは例を見れば理解しやすい。

In[53]:

```
X = np.array([[0, 1, 0, 1],
              [1, 0, 1, 1],
              [0, 0, 0, 1],
              [1, 0, 1, 0]])
y = np.array([0, 1, 0, 1])
```

それぞれ4つの2値特徴量を持つ4つのデータポイントがある。2つのクラス0と1がある。クラス0のデータポイント（最初のと3番目）に対して最初の特徴量はゼロが2回非ゼロが0回出てくる。2

番目の特徴量はゼロが1回、非ゼロが1回である2番目のクラスに対しても同様に計算する。クラスごとに非ゼロの要素をカウントするには下に示すようにすればよい。

In[54]:

```
counts = {}
for label in np.unique(y):
    # クラスに対してループ
    # それぞれの特徴量ごとに非ゼロの数を（加算で）数える
    counts[label] = X[y == label].sum(axis=0)
print("Feature counts:\n{}".format(counts))
```

Out[54]:

```
Feature counts:  非ゼロ特徴量の数
{0: array([0, 1, 0, 2]), 1: array([2, 0, 2, 1])}
```

残り2つのナイーブベイズモデル、MultinomialNBとGaussianNBは、計算する統計量が若干異なる。MultinomialNBではクラスごとの、個々の特徴量の平均値を考慮に入れる。GaussianNBでは平均値だけでなく標準偏差も格納する。

予測の際には、個々のクラスの統計量とデータポイントが比較され、最もよく適合したクラスが採用される。面白いことにMultinomialNBやBernoulliNBでは、線形モデルの場合と同じ形の予測式になる（「**2.3.3.5 クラス分類のための線形モデル**」を参照）。残念ながら、ナイーブベイズモデルのcoef_は、線形モデルの場合と若干意味が異なる。ナイーブベイズのcoef_はwと同じではない。

2.3.4.1 利点、欠点、パラメータ

MultinomialNBとBernoulliNBにはパラメータが1つだけある。モデルの複雑さを制御するalphaである。パラメータalphaの働きは以下のようになる。アルゴリズムは、すべての特徴量に対して正の値を持つ仮想的なデータポイントがalphaの大きさに応じた量だけ追加されたかのように振る舞う。alphaが大きくなるとスムーズになり、モデルの複雑さは減少する。アルゴリズムの性能はalphaの値に対して比較的頑健である。つまり、alphaの値がアルゴリズムの性能に致命的な違いをもたらすことはない。しかし、多くの場合この値を調整することで、いくらか精度を上げることができる。

GaussianNBは多くの場合、高次元データに対して用いられるが、他の2つはテキストのような疎なカウントデータに対して用いられる。一般にMultinomialNBのほうがBernoulliNBよりも若干性能が良いが、特に比較的多数の非ゼロ特徴量がある場合（大きなドキュメントなど）には、MultinomialNBが有効である。

ナイーブベイズモデルの利点と欠点の多くは線形モデルと共通する。訓練も予想も非常に高速で、訓練の過程も理解しやすい。高次元の疎なデータに対してもうまく機能するし、パラメータの設定に

対しても比較的頑健である。ナイーブベイズモデルは、線形モデルですら時間がかかりすぎるような大規模なデータセットに対するベースラインモデルとして非常に有用である。

2.3.5 決定木

決定木は、クラス分類と回帰タスクに広く用いられているモデルである。決定木では、Yes/Noで答えられる質問で構成された階層的な木構造を学習する。

質問は、「20の質問」ゲームで用いられるような質問である。例えば、4種類の動物、熊、鷹、ペンギン、イルカを区別したいとしよう。目的は、なるべく少ない質問で正しい答えにたどり着くことである。例えば、「その動物に羽毛があるか？」という質問から始めてみよう。この質問によって、可能な動物は2つになる。もし答えがYesだったなら、今度は鷹とペンギンを区別する質問をすればよい。例えば、「その動物は飛べるか？」という質問が考えられる。もし動物に羽毛がないなら、可能性のある動物はイルカか熊ということになるので、この2つを区別する質問をすればよい。例えば、「その動物にヒレはあるか？」というような。

この一連の質問を決定木として表現することができる（図2-22）。

In[55]:

```
mglearn.plots.plot_animal_tree()
```

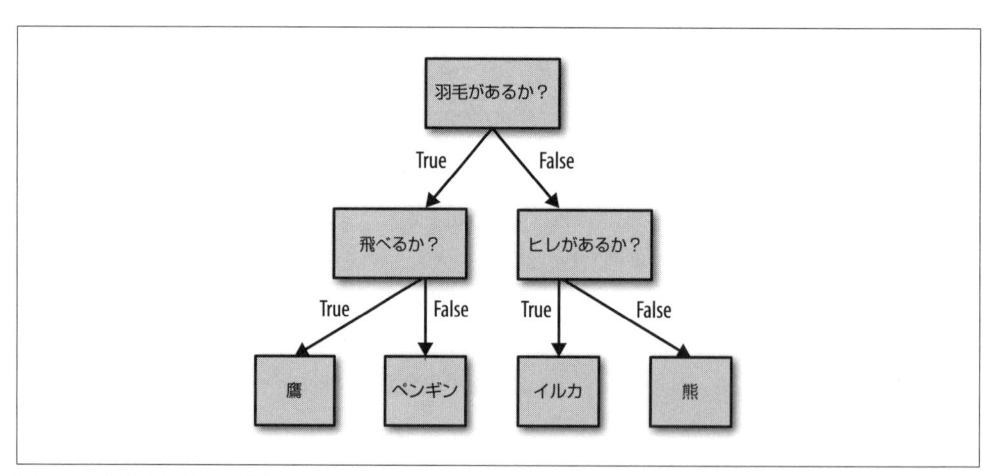

図2-22　動物を区別する決定木

この図からわかるように、木のノードは質問を表しているか、答えを表す終端ノード（**葉**（leaf）とも呼ばれる）かである。質問への返答を示すエッジの先が、次にする質問ということになる。

機械学習の用語で言えば、4クラスの動物（鷹、ペンギン、イルカ、熊）を3つの特徴量（羽毛はあるか？ 飛べるか？ ヒレはあるか？）で識別するモデルを作ったことになる。このようなモデルを手で作るのではなく、データから教師あり学習によって作ることができる。

2.3.5.1 決定木の構築

図2-23に示す2次元クラス分類データセットを用いて、決定木の構築過程を見てみよう。このデータセットはそれぞれ50データポイントからなる2つの半月形を組み合わせたような形になっている。このデータセットを`two_moons`と呼ぶ。

決定木における学習は、正解に最も早くたどり着けるような一連のYes/No型の質問の学習を意味する。機械学習では、これらの質問は**テスト**（test）と呼ばれる（モデルの汎化性能を測るためのテストセットと混同しないように）。動物の例では特徴量はYes/No型となっていたが、通常のデータの特徴量は、**図2-23**に示す2次元データセットのように連続値になっている。連続値に対するテストは「特徴量iは値aよりも大きいか？」という形をとる。

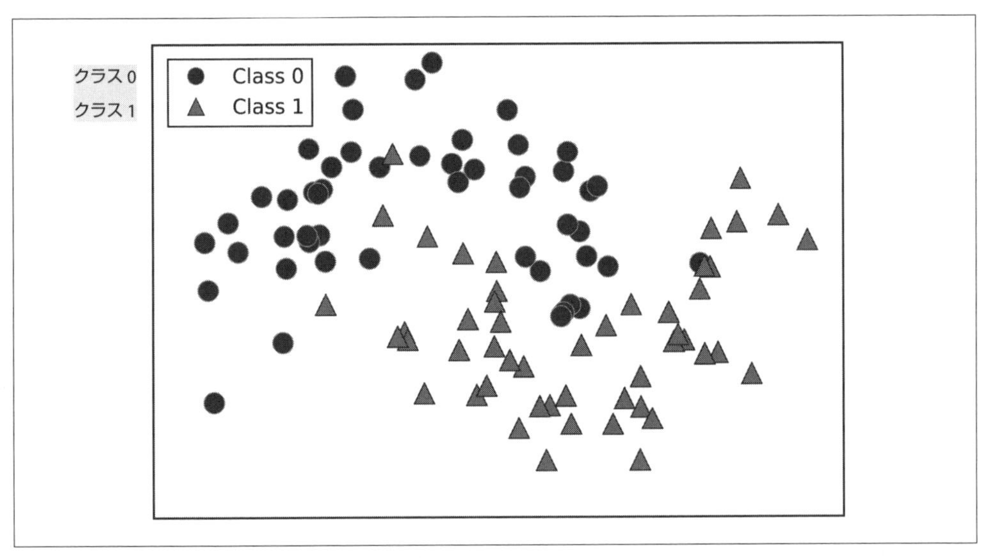

図2-23　決定木の構築に用いるtwo-moonsデータセット

決定木を構築する際、アルゴリズムはすべての可能なテストの中から、目的変数に対して最も情報の量の多いものを選ぶ。**図2-24**に選択された最初のテストを示す。`x[1]=0.0596`で水平にデータセットを分割することが最も情報の量が多く、クラス0とクラス1を最もよく分割する。頂点ノード（**ルート**（root）とも呼ばれる）はデータセット全体、つまりクラス0に属する50点とクラス1に属する50点を示す。`x[1] <= 0.0596`による分割は黒い線で示されている。あるデータポイントがこのテストに対して真の場合、左側のノードに割り当てられる。左側のノードにはクラス0が2点、クラス1が32点ある。テストが偽なら右ノードに割り当てられる。こちらにはクラス0が48点、クラス1が18点ある。これらのノードは**図2-24**の上の領域と下の領域に対応する。最初の分割はかなりうま

く2つのクラスを分類しているが、下の領域にもクラス0に属する点があり、上の領域にもクラス1に属する点がある。このプロセスをそれぞれの領域に対して繰り返していくことにより、より正確なモデルを作ることができる。**図2-25**に、x[0]の値に対する最も情報の量が多い、次の分割を示す。

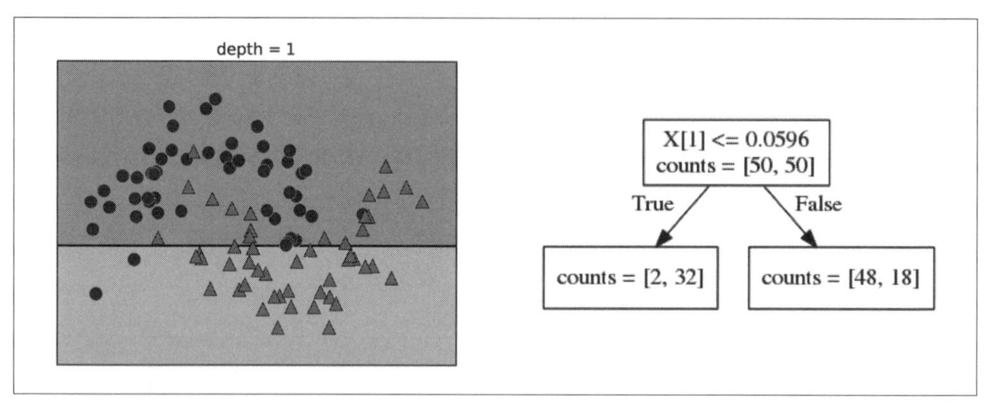

図2-24 深さ1の決定木による決定境界（左）と対応する決定木（右）

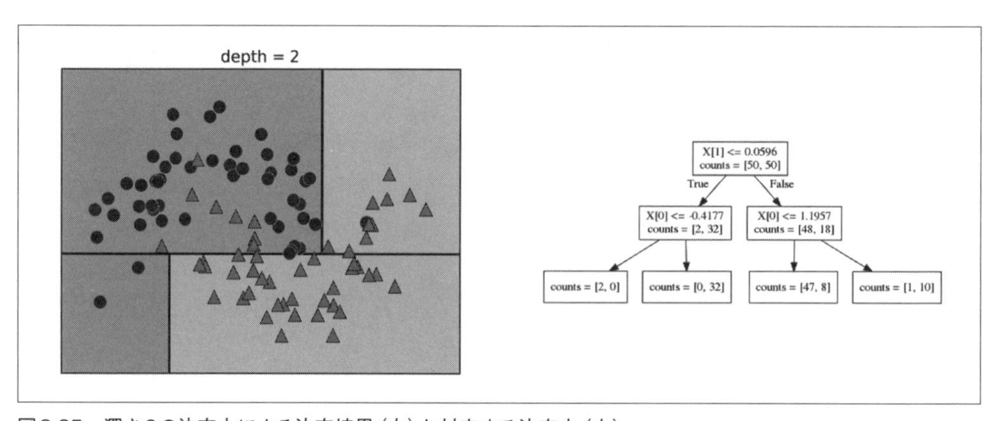

図2-25 深さ2の決定木による決定境界（左）と対応する決定木（右）

このプロセスを再帰的に繰り返すと、2分木による決定木が得られる。個々のノードはテストに対応する。個々のテストは対象としている範囲のデータを、いずれかの軸に沿って分割していると考えることもできる。この見方では、アルゴリズムが階層的な分割を行っていることになる。個々のテストは1つの特徴量しか考えないので、分割された領域は常に軸に平行な境界を持つ。

データの再帰分割は、対象の領域（決定木の葉）に1つの対象値（1クラス、もしくは1つの回帰値）しか含まれなくなるまで繰り返される。1つの対象値のデータポイントしか含まないような決定木の葉を**純粋**（pure）と呼ぶ。このデータセットに対する最終的な分割を**図2-26**に示す。

新しいデータポイントに対する予測は、そのデータポイントが属する特徴量空間上の分割領域によって行われる。その領域に含まれるデータポイントの多数が持つターゲット値が用いられる（純粋な葉の場合にはその領域に対応するターゲット値は1つしかない)。データポイントが属する領域を探すには決定木を上から下に向かって、テストの真偽で左右を決めながらたどればよい。

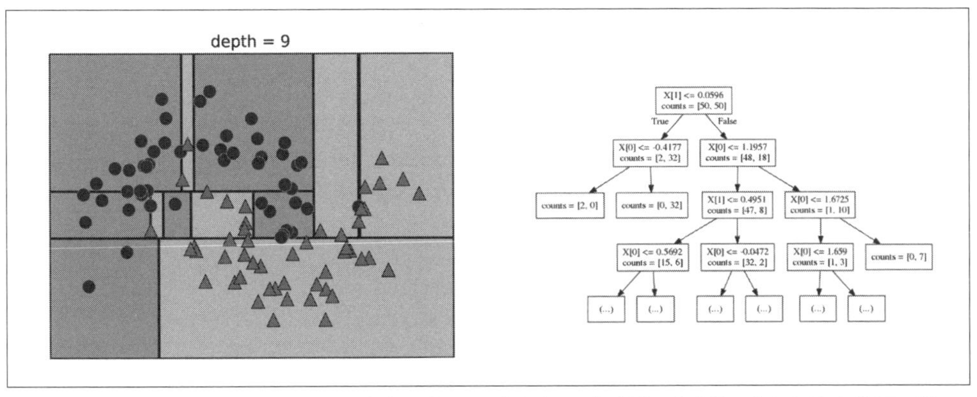

図2-26　深さ9の決定木による決定境界(左)と対応する決定木の一部(右)。木全体は大きすぎて可視化は難しい

決定木はまったく同じようにして回帰タスクに利用することもできる。予測を行うには、テストに基づいてノードをたどり、そのデータポイントが属する葉を求める。データポイントに対する出力は、その葉の中にある訓練データポイントの平均ターゲット値になる。

2.3.5.2　決定木の複雑さの制御

一般に、上で述べたような方法で、葉が純粋になるまで分割を続けると、モデルは複雑になりすぎ、訓練データに対して大幅に過剰適合してしまう。葉が純粋になっているということは、訓練セットに対しては100%の精度になっているということである。訓練セットのデータポイントは、属する葉の中で常に正しい多数派クラスになっているからだ。**図2-26**を見れば過剰適合が起きていることがわかる。クラス0の領域の中にクラス1に属する領域がある。一方で右の方には、クラス1に囲まれた中にクラス0の細い線のような領域がある。これは多くの人が期待する決定境界とは異なるだろう。この決定境界は、そのクラスに属する他の点からかけ離れた場所に1つだけある外れ値を重視しすぎている。

過剰適合を防ぐには2つの戦略がある。構築過程で木の生成を早めに止める**事前枝刈り**(pre-pruning)と、一度木を構築してから、情報の少ないノードを削除する**事後枝刈り**(post-pruning)(ただの**枝刈り**(pruning)とも呼ばれる)である。事前枝刈りの方法としては、木の深さを制限する方法や、葉の最大値を制限する方法、分割する際にその中に含まれている点の最小数を決めておく方法がある。

`scikit-learn`では、決定木は`DecisionTreeRegressor`クラスと`DecisionTreeClassifier`クラスに実装されている。`scikit-learn`には事前枝刈りしか実装されていない。事前枝刈りの効果を、`cancer`データセットを用いてより詳しく見てみよう。いつものように、データセットを読み込んで訓練セットとデータセットに分割する。次にデフォルトの設定で完全な木を構築する（葉が純粋になるまで木を育てる）。ここでは、内部でタイブレークに使われるrandom_stateを固定している。

In[56]:

```
from sklearn.tree import DecisionTreeClassifier

cancer = load_breast_cancer()
X_train, X_test, y_train, y_test = train_test_split(
    cancer.data, cancer.target, stratify=cancer.target, random_state=42)
tree = DecisionTreeClassifier(random_state=0)
tree.fit(X_train, y_train)
print("Accuracy on training set: {:.3f}".format(tree.score(X_train, y_train)))
print("Accuracy on test set: {:.3f}".format(tree.score(X_test, y_test)))
```

Out[56]:

```
Accuracy on training set: 1.000  訓練セットの精度
Accuracy on test set: 0.937      テストセットの精度
```

予想通り、訓練セットの精度は100%である。これは葉が純粋で、訓練データのすべてのラベルを覚えるのに十分なほど木が育っているからだ。テストセットに対する精度は、以前見た線形モデルより少し悪く95%程度になっている。

決定木の深さに制約を与えないと、決定木はいくらでも深く、複雑になる。したがって、枝刈りされていない木は過剰適合になりやすく、新しいデータに対する汎化性能が低い傾向にある。ここで、事前枝刈りを適用して、木が完全に訓練データに適合する前に木の成長を止めてみよう。1つの方法は、木がある深さに達したらそこで止めるという方法だ。ここではmax_depth=4としている。こうすると質問の列は4つまで、ということになる（**図2-24**、**図2-26**）。木の深さを制限することで過剰適合が抑制される。これによって、訓練セットに対する精度は下がるが、テストセットに対する精度は向上する。

In[57]:

```
tree = DecisionTreeClassifier(max_depth=4, random_state=0)
tree.fit(X_train, y_train)

print("Accuracy on training set: {:.3f}".format(tree.score(X_train, y_train)))
print("Accuracy on test set: {:.3f}".format(tree.score(X_test, y_test)))
```

Out[57]:

```
Accuracy on training set: 0.988  訓練セットに対する精度
Accuracy on test set: 0.951      テストセットの精度
```

2.3.5.3 決定木の解析

treeモジュールのexport_graphviz関数を使って木を可視化することができる。この関数は、グラフを格納するテキストファイル形式である.dotファイル形式でファイルを書き出す。ノードにそのノードでの多数派のクラスに応じた色を付けるようにオプションで指定し、木に適切なラベルが付くようにクラスの名前と特徴量の名前を渡している。

In[58]:

```
from sklearn.tree import export_graphviz
export_graphviz(tree, out_file="tree.dot", class_names=["malignant", "benign"],
                feature_names=cancer.feature_names, impurity=False, filled=True)
```

このファイルを読み込んで、graphvizモジュールを用いて可視化することができる（.dotファイルを読み込めるプログラムなら他のものでも構わない）。

In[59]:

```
import graphviz

with open("tree.dot") as f:
    dot_graph = f.read()
graphviz.Source(dot_graph)
```

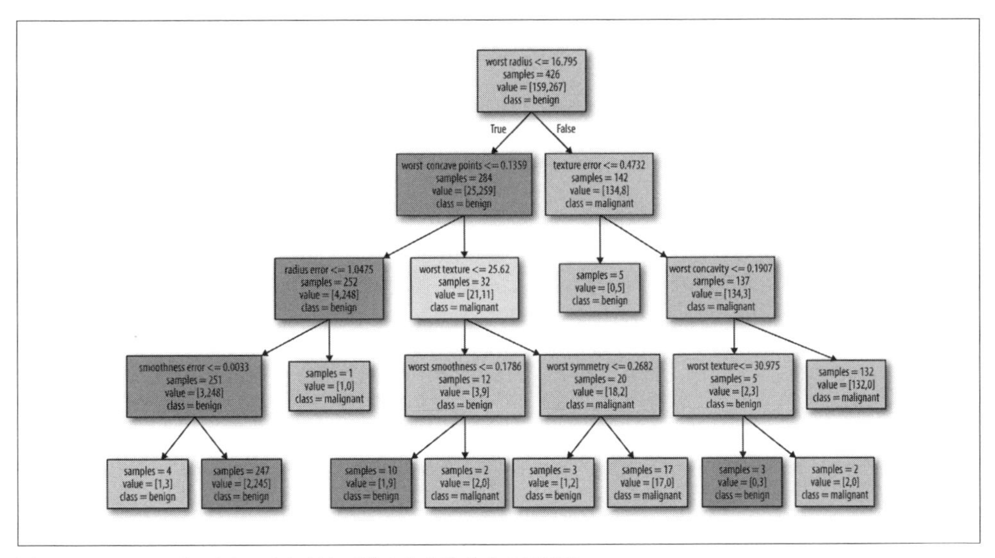

図2-27 cancerデータセットに対して作られた決定木の可視化

決定木を可視化したものを見ると、このアルゴリズムの予測過程をより深く知ることができる。専門家以外にも簡単に説明できる機械学習アルゴリズムの良い例となっている。しかし、ここで見ている深さ4の決定木でも少し圧倒される。もっと深い決定木（深さ10になることも珍しくない）はさらに理解しにくい。決定木を検証するよい方法の1つは、大多数のデータがたどるパスを見つけることである。**図2-27**のsamplesは、そのノードにあるサンプルの個数を示し、valueはクラスごとのサンプルの個数を示している。ルートから右の枝をたどると、worst radius > 16.795によって作られるノードには、8の良性（benign）と134の悪性（malignant）しかない。こちら側の決定木の残りはより細かい識別を行って、良性の8つのサンプルを分離するために費やされている。最初の分岐で右に行った142のサンプルのうち、そのほとんど（132）が一番右の葉に行きつく。

ルートから左に行った場合、つまりworst radius <= 16.795の場合になるのは、悪性（malignant）25点、良性（benign）259点である。ほとんどすべての良性のサンプル点は左から2番目の葉に行き着き、その他の葉にはごくわずかのサンプル点しかない。

2.3.5.4 決定木の特徴量の重要性

決定木全体を見るのは大変なので、決定木から導出できる、決定木の挙動を要約する特性値を見てみよう。要約に最もよく使われるのは、**特徴量の重要度**（feature importance）と呼ばれる、決定木が行う判断にとって、個々の特徴量がどの程度重要かを示す割合である。それぞれの特徴量に対する0と1の間の数で、0は「まったく使われていない」、1は「完全にターゲットを予想できる」を意味する。特徴量の重要度の和は常に1になる。

In[60]:

```
print("Feature importances:\n{}".format(tree.feature_importances_))
```

Out[60]:

```
Feature importances: 特徴量の重要度
[ 0.     0.     0.     0.     0.     0.     0.     0.     0.     0.     0.01
  0.048  0.     0.     0.002  0.     0.     0.     0.     0.     0.727  0.046
  0.     0.     0.014  0.     0.018  0.122  0.012  0.    ]
```

線形モデルで係数を見たときと同じような方法で、特徴量の重要度を可視化することができる（**図2-28**）。

In[61]:

```
def plot_feature_importances_cancer(model):
    n_features = cancer.data.shape[1]
    plt.barh(range(n_features), model.feature_importances_, align='center')
    plt.yticks(np.arange(n_features), cancer.feature_names)
    plt.xlabel("Feature importance")
```

```
    plt.ylabel("Feature")

plot_feature_importances_cancer(tree)
```

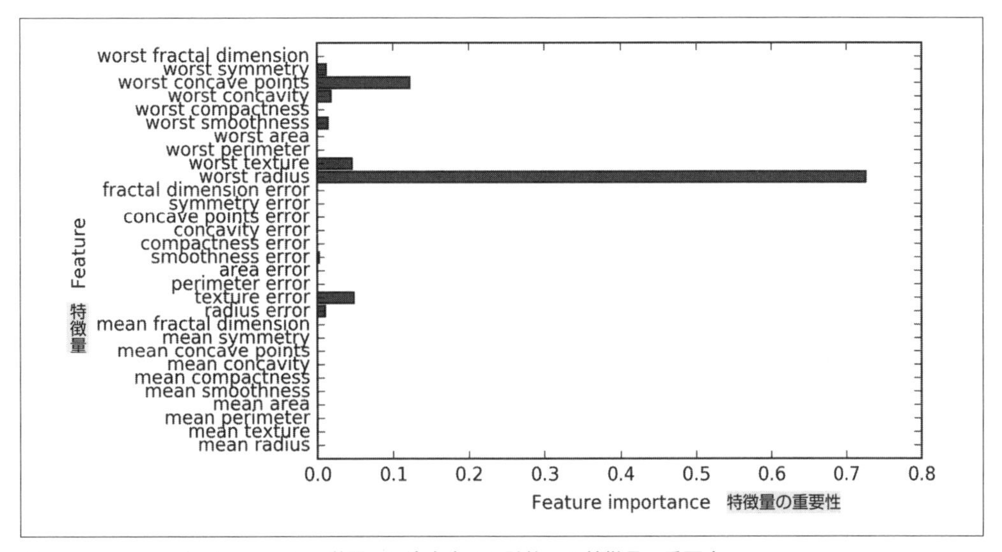

図2-28 cancerデータセットから学習した決定木から計算した特徴量の重要度

最初の分岐に用いた特徴量（「worst radius」）が群を抜いて重要な特徴量だということがわかる。これは、決定木を解析した際の、最初のレベルで2つのクラスがかなりきれいに分離できている、という観察結果と一致する。

しかし、ある特徴量の重要度（feature_importance_）の値が低いからといって、その特徴量の持つ情報が少ないとは限らない。単にその決定木で採用されなかった、というだけだ。別の特徴量に同じ情報がエンコードされていることはよくあるので、たまたま採用されないことがあるのだ。

線形モデルの係数と異なり、特徴量の重要度は常に正であり、特徴量がどのクラスを示しているかをエンコードしているわけではない。特徴量の重要度は、サンプルが良性か悪性かを判断する上で、「worst radius」が重要だということを教えてくれるが、この値が大きいと良性になるのか悪性になるのかを教えてくれるわけではない。実際、次の例で示すように、特徴量とクラスの関係はそれほど単純ではない（**図2-29**、**図2-30**）。

In[62]:

```
tree = mglearn.plots.plot_tree_not_monotone()
display(tree)
```

Out[62]:

```
Feature importances: [ 0.  1.]
```
特徴量の重要性

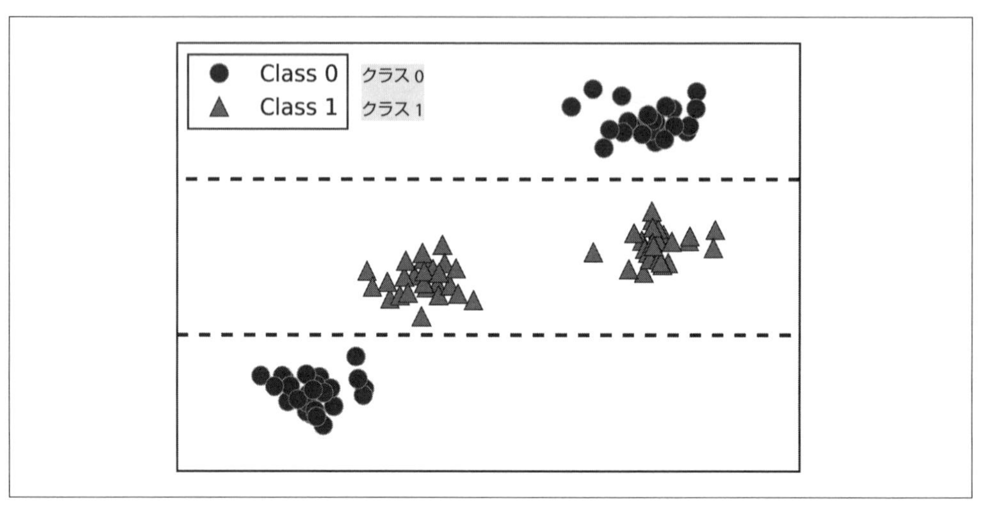

図2-29 y軸に対してクラスラベルと単調な関係を持たない2次元データセットと決定木による決定境界

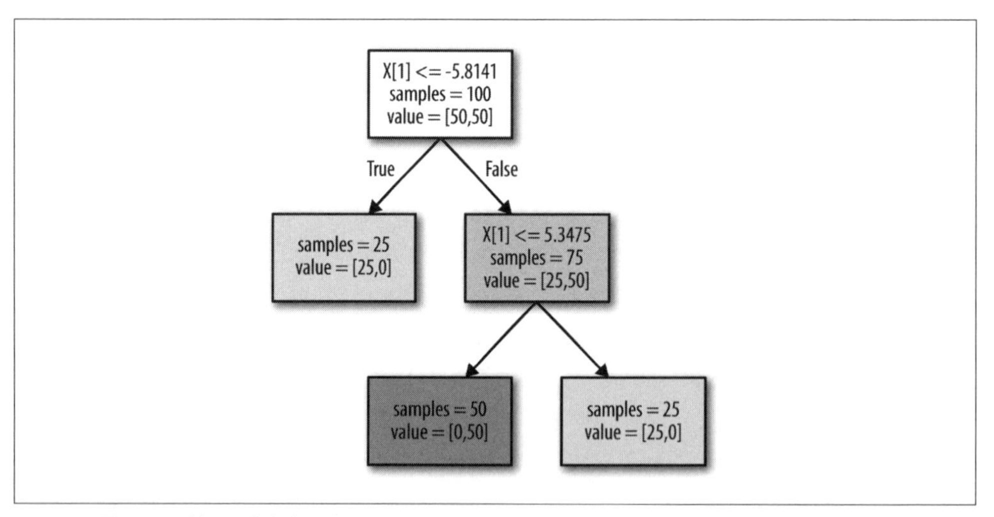

図2-30 図2-29に対する決定木

2つの特徴量を持つ2つのクラスからなるデータセットを示している。ここではすべての情報はX[1]にありX[0]は使われていない。しかし、X[1]と出力クラスの関係は単調ではない。つまり、「X[1]の値が大きいとクラス0になり、小さいとクラス1になる（もしくはその逆）」ようなことは言えないわけだ。

ここでは、クラス分類に用いる決定木についてのみ議論してきたが、ここで述べたことは、DecisionTreeRegressorに実装されている決定木による回帰を用いる場合にも同様に当てはまる。回帰決定木の使い方も解析も、クラス分類決定木のそれとほとんど同じだ。ただし、1つだけ決定木によるモデルを回帰に使う際に注意しなければならないことがある。DecisionTreeRegressorは（そしてすべての決定木による回帰モデルは）、**外挿**（extrapolate）ができない、つまり訓練データのレンジの外側に対しては予測ができないのだ。

計算機のメモリ（RAM）価格の履歴データセットを使って、詳しく見てみよう。**図2-31**にこのデータセットを示す。x軸は年を、y軸はメガバイトあたりのRAM価格を示している。

In[63]:

```
import os
ram_prices = pd.read_csv(os.path.join(mglearn.datasets.DATA_PATH,
                                      "ram_price.csv"))

plt.semilogy(ram_prices.date, ram_prices.price)
plt.xlabel("Year")
plt.ylabel("Price in $/Mbyte")
```

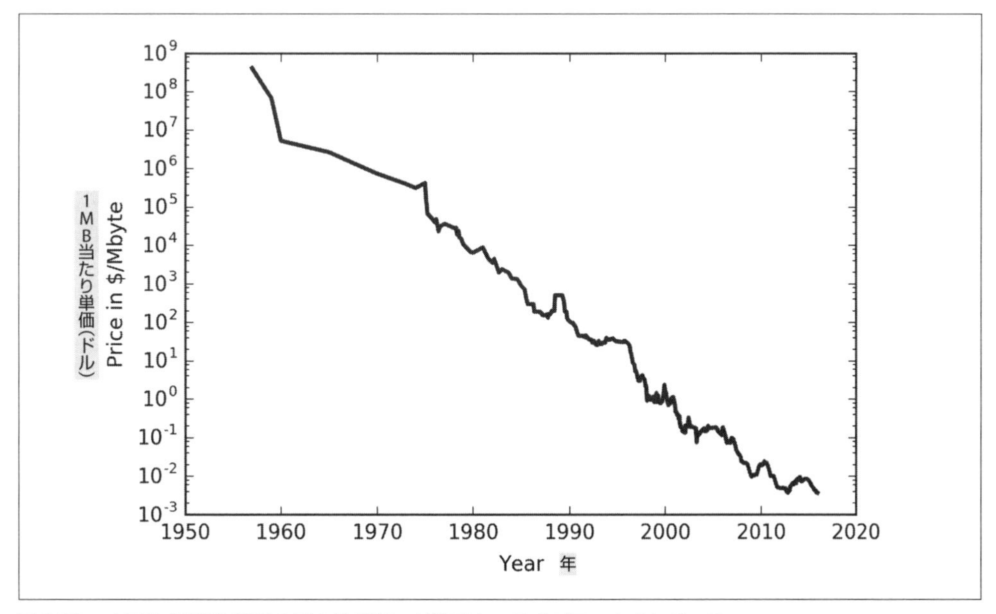

図2-31　メモリ（RAM）価格の歴史的推移。対数スケールでプロットされている。

y軸が対数スケールになっていることに注意しよう。対数でプロットすると、この関係は多少のデコボコはあるがおおよそ直線になり、予測がしやすくなる。

2000年までのデータを使って、それ以降を予測してみよう。2つの簡単なモデル、DecisionTreeRegressorとLinearRegressionを比較してみよう。価格は対数スケールに直して、関係が比較的線形になるようにしている。これは、DecisionTreeRegressorにはあまり関係ないが、LinearRegressionでは非常に重要になる(これについては「**4章 データの表現と特徴量エンジニアリング**」で議論する)。これらのモデルを訓練して予測してみる。結果の値を見るには対数変換をキャンセルするために、指数変換する必要がある。ここでは可視化の都合で、すべてのデータセットに対して予測を行っているが、定量的評価にはテストデータセットだけを考えればよい。

In[64]:

```
from sklearn.tree import DecisionTreeRegressor
# 過去のデータを用いて2000年以降の価格を予想する
data_train = ram_prices[ram_prices.date < 2000]
data_test = ram_prices[ram_prices.date >= 2000]

# 日付に基づいて価格を予測
X_train = data_train.date[:, np.newaxis]
# データとターゲットの関係を単純にするために対数変換
y_train = np.log(data_train.price)

tree = DecisionTreeRegressor().fit(X_train, y_train)
linear_reg = LinearRegression().fit(X_train, y_train)

# すべての価格を予想
X_all = ram_prices.date[:, np.newaxis]

pred_tree = tree.predict(X_all)
pred_lr = linear_reg.predict(X_all)

# 対数変換をキャンセルするために逆変換
price_tree = np.exp(pred_tree)
price_lr = np.exp(pred_lr)
```

図2-32は、決定木モデルと線形回帰モデルの予測結果と、実際のデータを比較している[*1]。

In[65]:

```
plt.semilogy(data_train.date, data_train.price, label="Training data")
plt.semilogy(data_test.date, data_test.price, label="Test data")
plt.semilogy(ram_prices.date, price_tree, label="Tree prediction")
plt.semilogy(ram_prices.date, price_lr, label="Linear prediction")
plt.legend()
```

＊1 訳注：上のコードではpandasが次期メジャーバージョンで無効にする機能が使われているため警告が出力される。サポートページを参照してほしい。

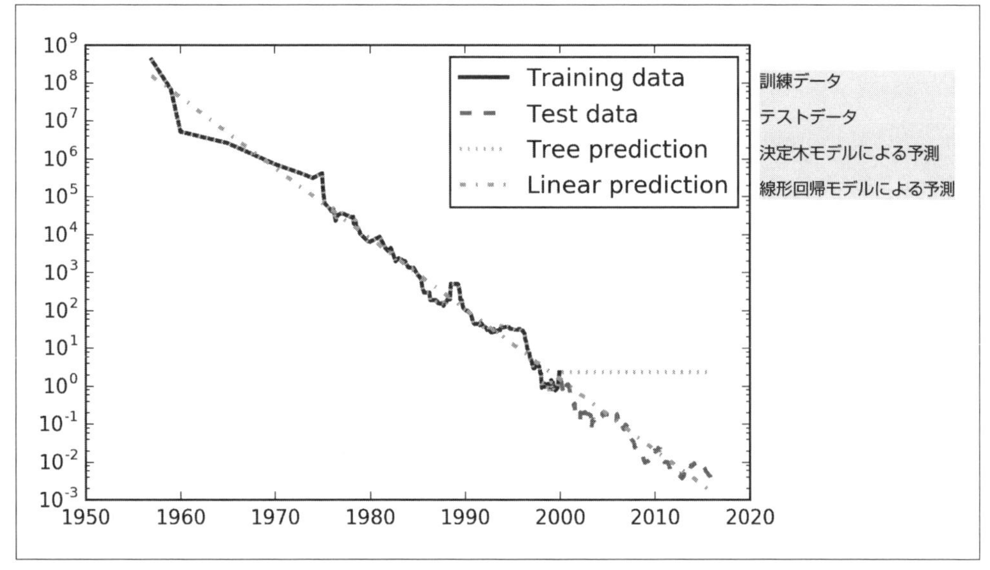

図2-32 RAM価格データに対する線形回帰モデルによる予測と決定木モデルによる予測の比較

2つのモデルの違いには驚くべきものがある。線形モデルは、我々が知る通りデータを直線で近似する。この直線は、訓練データとテストデータの双方において細かい変異を取りこぼしているものの、テストデータ(2000年以降のデータ)に対してかなり良い予測を与えている。一方、決定木のほうは、訓練データに対しては完全な予測を行う。複雑さを制約していないので、データセットを完全に覚えているからだ。しかし、モデルがデータを持っていない領域になると、決定木は知っている最後の点を返してくるだけになる。決定木は、訓練データにない領域に関しては、「新しい」答えを生成することができないのだ。この欠点は、決定木に基づくすべてのモデルに共通する[*1]。

2.3.5.5 長所、短所、パラメータ

これまでに見た通り、決定木におけるモデルの複雑さを制御するパラメータは、決定木が完全に成長する前に構築を停止する事前枝刈りパラメータだ。多くの場合、過剰適合を防ぐには事前枝刈り戦略を指定する`max_depth`、`max_leaf_nodes`、`min_samples_leaf`のどれか1つを選ぶだけで十分だ。

決定木にはこれまで見てきたアルゴリズムと比較して、2つの長所がある。結果のモデルが容易に可視化可能で、(少なくとも小さい決定木であれば) 専門家でなくても理解可能であることと、データのスケールに対して完全に不変であることである。個々の特徴量は独立に処理され、データの分

＊1 実際には、決定木を用いたモデルで将来の予測を行うことは可能である(例えば、物の値段が上がるか下がるかを予測するなど)。ここでのポイントは、決定木は時系列データを予測するのに適していないということではなく、決定木による予測方法の特性だ。

割はスケールに依存しないので、決定木においては特徴量の正規化や標準化は必要ないのだ。決定木は、特徴量ごとにスケールが大きく異なるような場合でも2値特徴量と連続値特徴量が混ざっているような場合でも、問題なく機能する。

決定木の最大の問題点は、事前枝刈りを行ったとしても、過剰適合しやすく、汎化性能が低い傾向があることだ。このため、ほとんどのアプリケーションにおいては、決定木を単体で使うのではなく、次に見るアンサンブル法が用いられる。

2.3.6 決定木のアンサンブル法

アンサンブル法（Ensembles）とは、複数の機械学習モデルを組み合わせることで、より強力なモデルを構築する手法だ。機械学習の文献にはこのカテゴリの手法がたくさん存在するが、さまざまなデータセットに対するクラス分類や回帰に関して有効であることがわかっているアンサンブル法が2つある。ランダムフォレストと勾配ブースティング決定木である。

2.3.6.1 ランダムフォレスト

先に述べた通り、決定木の最大の問題点は訓練データに対して過剰適合してしまうことにある。ランダムフォレストはこの問題に対応する方法の1つである。ランダムフォレストとは、要するに少しずつ異なる決定木をたくさん集めたものだ。ランダムフォレストは、個々の決定木は比較的うまく予測できているが、一部のデータに対して過剰適合してしまっていると言う考えに基づいている。それぞれ異なった方向に過剰適合した決定木をたくさん作れば、その結果の平均を取ることで過剰適合の度合いを減らすことができる。決定木の予測性能を維持したまま、過剰適合が解決できることは厳密な数学で示すことができる。

この戦略を実装するには、たくさんの決定木を作らなければならない。それぞれの決定木は、ある程度ターゲット値を予測できていて、さらにお互いに違っていなければならない。ランダムフォレストという名前は、個々の決定木が互いに異なるように、決定木の構築過程で乱数を導入していることから付いている。ランダムフォレストに乱数を導入する方法は2つある。決定木を作るためのデータポイントを選択する方法と、分枝テストに用いる特徴を選択する方法の2つだ。以下で詳しく見ていく。

ランダムフォレストの構築

ランダムフォレストモデルを構築するには、構築する決定木の数を決めなければならない（RandomForestRegressor、RandomForestClassifierのn_estimatorsパラメータ）。10個の決定木を作るとしよう。これらの木は互いに完全に独立に構築される。これらの決定木がそれぞれ異なる木になるように、アルゴリズムはそれぞれに対して異なる乱数選択を行う。決定木を作るには、まずデータから**ブートストラップサンプリング**（bootstrap sample）と呼ばれるものを行う。これは、n_samples個のデータポイントから、交換ありで（つまり、同じサンプルが何度も選ばれる可能性がある）データポイントをランダムにn_samples回選び出す手法だ（復元抽出）。これによって、もとのデータセットと同じ大きさだが、データの一部（だいたい3分の1）が欠け、一部が何度か現れているデータセットが得られる。

例えば、リスト['a', 'b', 'c', 'd']からブートストラップサンプリングしてみよう。['b', 'd', 'd', 'c']や['d', 'a', 'd', 'a']が得られる。

次に、この新しいデータセットを用いて決定木を作る。ただし、決定木を作るアルゴリズムを少しだけ変更する。個々のノードで最適なテストを選ぶのではなく、特徴量のサブセットをランダムに選び、その特徴量を使うものの中から最適なテストを選ぶ。特徴量サブセットの大きさは、パラメータmax_featuresで制御できる。この特徴量のサブセットの選択は、個々のノードで独立に繰り返し行われる。これによって、決定木の個々のノードが異なる特徴量のサブセットを使って決定を行うようになる。

ブートストラップサンプリングによって、ランダムフォレストの中の個々の決定木が少しずつ違うデータセットに対して構築されることになる。さらに、個々のノードでの特徴量の選択によって、それぞれの決定木は異なる特徴量のサブセットに対して分割を行うことになる。これらの機構が組み合わされることで、ランダムフォレスト中の個々の決定木が異なるものになるわけだ。

この過程で重要なパラメータがmax_featuresだ。max_featuresをn_featuresに設定すると、それぞれの分岐でデータセット中のすべての特徴量を見ることになり、特徴量選択時の乱数性はなくなる（ブートストラップサンプリングによる乱数性は残る）。max_featuresを1にすると、分岐時に使う特徴量選択にはまったく選択肢がないことになり、ランダムに選ばれたある特徴量に対してスレッショルドを探すだけになる。したがって、max_featuresを大きくすると、ランダムフォレスト中の決定木が似たようなものになり、最も識別性の高い特徴量を使うので、訓練データに容易に適合できる。max_featuresを小さくすると、ランダムフォレスト中の決定木は相互に大幅に異なるものとなるが、それぞれの決定木をかなり深く作らないと、データに適合できない。

ランダムフォレストを用いて予測を行う際は、まずすべての決定木に対して予測を行う。回帰の場合には、これらの結果の平均値を最終的な予測として用いる。クラス分類の場合には、「ソフト投票」戦略が用いられる。これは、それぞれの決定木が「ソフト」な予想を行い、個々の出力ラベルに対して確率を出力する。すべての決定木による確率予測を平均し、最も確率が高いラベルが予測値となる。

ランダムフォレストの解析

ランダムフォレストを、前に見たtwo_moonsデータセットに適用してみよう。

In[66]:

```
from sklearn.ensemble import RandomForestClassifier
from sklearn.datasets import make_moons
```

```
X, y = make_moons(n_samples=100, noise=0.25, random_state=3)
X_train, X_test, y_train, y_test = train_test_split(X, y, stratify=y,
                                                    random_state=42)

forest = RandomForestClassifier(n_estimators=5, random_state=2)
forest.fit(X_train, y_train)
```

ランダムフォレストの一部として構築された決定木はestimator_属性に格納されている。それぞれの決定木で学習された決定境界と、ランダムフォレストによって行われる集合的な予測を可視化してみよう（図2-33）。

In[67]:

```
fig, axes = plt.subplots(2, 3, figsize=(20, 10))
for i, (ax, tree) in enumerate(zip(axes.ravel(), forest.estimators_)):
    ax.set_title("Tree {}".format(i))
    mglearn.plots.plot_tree_partition(X_train, y_train, tree, ax=ax)

mglearn.plots.plot_2d_separator(forest, X_train, fill=True, ax=axes[-1, -1],
                                alpha=.4)
axes[-1, -1].set_title("Random Forest")
mglearn.discrete_scatter(X_train[:, 0], X_train[:, 1], y_train)
```

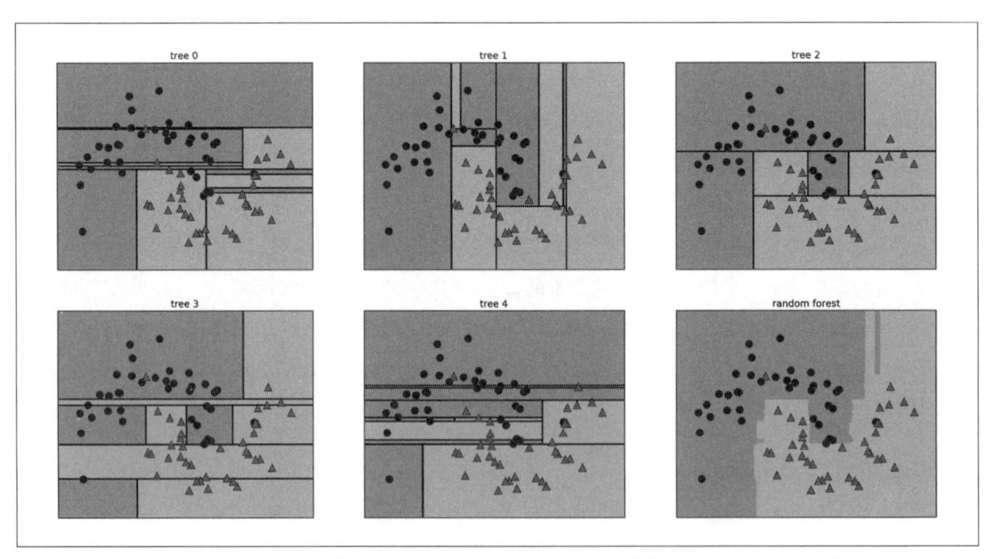

図2-33　5つのランダム化された決定木による決定境界と、それらを平均して得られた決定境界

5つの決定木が学習した決定境界は明らかに相互に異なることがわかる。それぞれの決定木は、一部の点について分類に失敗している。これは、ブートストラップサンプリングの結果、ここに表示されている訓練セットのデータポイントの一部が、それぞれの決定木が学習した際の訓練セットに含まれていなかったからだ。

ランダムフォレストは個々のどの決定木よりも過剰適合が少なく、直観に合致した決定境界を描いている。実際のアプリケーションに対してはもっと多くの決定木（数百から数千にもなる）を使うので、決定境界はさらになめらかになる。

もう1つの例として、cancerデータセットに対して100個の決定木を用いたランダムフォレストを適用してみよう。

In[68]:

```
X_train, X_test, y_train, y_test = train_test_split(
    cancer.data, cancer.target, random_state=0)
forest = RandomForestClassifier(n_estimators=100, random_state=0)
forest.fit(X_train, y_train)

print("Accuracy on training set: {:.3f}".format(forest.score(X_train, y_train)))
print("Accuracy on test set: {:.3f}".format(forest.score(X_test, y_test)))
```

Out[68]:

```
Accuracy on training set: 1.000  訓練セットに対する精度
Accuracy on test set: 0.972     テストセットに対する精度
```

このランダムフォレストは、パラメータをまったく調整していないにも関わらず、97%の精度を示している。これは線形モデルや個別の決定木よりも高い。max_featuresパラメータや、個々の決定木に対して事前枝刈りを行うことでさらにチューニングすることもできる。しかし多くの場合、ランダムフォレストはデフォルトのパラメータで、十分よく機能する。

決定木と同様に、ランダムフォレストでも特徴量の重要度を見ることができる。これは、個々の決定木の特徴量の重要度を平均したものである。多くの場合、ランダムフォレストによる特徴量の重要度は、個々の決定木のそれよりも信頼できる。**図2-34**を見てみよう。

In[69]:

```
plot_feature_importances_cancer(forest)
```

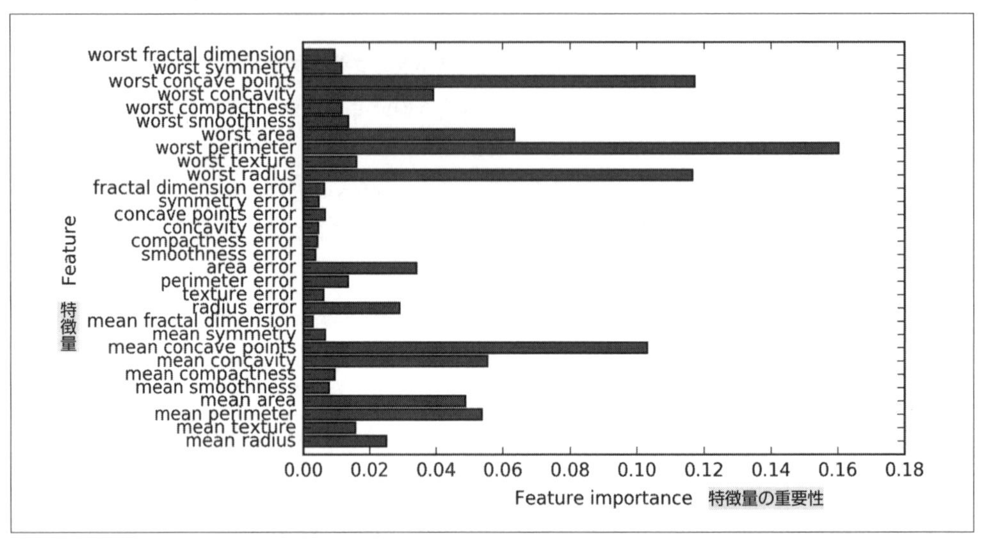

図2-34 cancerデータセットを学習したランダムフォレストで算出した特徴量の重要度

ランダムフォレストでは、決定木の場合よりもはるかに多くの特徴量に対して0以上の重要度を与えている。1つの決定木の場合と同じように、「worst radius」特徴量に高い重要度を与えているが、全体としては「worst perimeter」特徴量が最も重要となっている。ランダムフォレストを構築する際の乱数性によって、アルゴリズムは多くの可能な説明を考慮するようになるので、ランダムフォレストの結果は、個々の決定木の結果よりも広い視野で見た全体像を捉えることができるのだ。

長所、短所、パラメータ

回帰でもクラス分類でも、ランダムフォレストが現在最も広く使われている機械学習手法である。非常に強力である上、多くの場合それほどパラメータチューニングをせずに使えるし、データのスケール変換をする必要もない。

本質的に、ランダムフォレストは決定木の利点の多くを残したまま、決定木の欠点の一部を補っている。それでも決定木を使う理由があるとしたら、決定プロセスの簡潔な表現がほしい場合ぐらいだろう。何十、何百もの決定木を詳細に解釈することは不可能だし、ランダムフォレスト中の決定木は、(特徴量のサブセットを使うので) 単独の場合よりも深い傾向にある。したがって、もし予測の過程を専門家でない人にもわかるように可視化したいのであれば、単独の決定木を使ったほうがよいだろう。大きいデータセットに対してランダムフォレストを作るのには時間がかかるが、計算機上の複数のCPUコアを使って簡単に並列化できる。もし計算機に複数のCPUコアがあるなら (ほとんどすべての今日の計算機はそうだが) `n_jobs`パラメータを使って使用するコア数を指定できる。CPUコア数を増やすと線形に速度が向上する (2コアを使うとランダムフォレストの訓練時間が半分になる) が、コア数以上に`n_jobs`を設定しても意味はない。`n_jobs=-1`とすると、計算機上のすべてのコアを使うようになる。

ランダムフォレストは本質的にランダムであり、乱数のシード（random_state）を変更すると（もしくはrandom_stateを設定しないと）構築されるモデルが大きく変わる可能性があることを覚えておこう。ランダムフォレスト中の決定木の数が増えると、乱数シードの選択の影響を受けにくくなる。結果を再現可能にしたいのであればrandom_stateを固定する必要がある。

ランダムフォレストは、テキストデータなどの、非常に高次元で疎なデータに対してはうまく機能しない傾向にある。このようなデータに対しては線形モデルのほうが適している。一般にランダムフォレストは、非常に大きいデータセットに対しても機能するし、強力な計算機では複数のCPUを用いて簡単に並列化できる。しかし、ランダムフォレストは線形モデルよりも、多くのメモリを消費するし、訓練も予測も遅い。実行時間やメモリが重要なアプリケーションでは、線形モデルを使ったほうがよいだろう。

調整すべき重要なパラメータは、n_estimators、max_featuresと、max_depthなどの事前枝刈りパラメータである。n_estimatorsは大きければ大きい方がよい。より多くの決定木の平均を取ると、過剰適合が低減されアンサンブルが頑健になるからだ。しかし、増やすことによる利益は徐々に減っていくし、メモリの量も訓練にかかる時間も増大する。簡単なルールとしては、「時間とメモリのある限り大きくする」ということになる。

上に述べたように、max_featuresは個々の決定木の乱数性を決定するとともに、max_featuresが小さくなると過剰適合が低減する。一般にはデフォルト値を使うとよいだろう。クラス分類についてはmax_features=sqrt(n_features)、回帰についてはmax_features=n_featuresとなっている。max_featuresやmax_leaf_nodesを追加すると性能が上がることがある。また、訓練や予測にかかる時間を大幅に縮まる場合もある。

2.3.6.2　勾配ブースティング回帰木（勾配ブースティングマシン）

勾配ブースティング回帰木は、複数の決定木を組み合わせてより強力なモデルを構築するもう1つのアンサンブル手法である。名前に「回帰」とついているが、このモデルは回帰にもクラス分類にも利用できる。ランダムフォレストと対象的に、勾配ブースティングでは、1つ前の決定木の誤りを次の決定木が修正するようにして、決定木を順番に作っていく。デフォルトでは、勾配ブースティング回帰木には乱数性はない。その代わりに、強力な事前枝刈りが用いられる。勾配ブースティング回帰木では、深さ1から5ぐらいの非常に浅い決定木が用いられる。これによって、モデルの占めるメモリが小さくなり、予測も速くなる。勾配ブースティングのポイントは、浅い決定木のような、簡単なモデル（このコンテクストでは**弱学習機**（weak learner）と呼ぶ）を多数組み合わせることにある。それぞれの決定木はデータの一部に対してしか良い予測を行えないので、決定木を繰り返し追加していくことで、性能を向上させるのだ。

勾配ブースティング回帰木は、機械学習のコンペティションでしばしば優勝しているし、産業界でも広く使われている。ランダムフォレストに比べるとパラメータ設定の影響を受けやすいが、パラメータさえ正しく設定されていれば、こちらのほうが性能が良い。

勾配ブースティング回帰木には、事前枝刈りとアンサンブルに用いる決定木の数を設定するパラメータの他に、learning_rate（学習率）という重要なパラメータがある。これは、個々の決定木が、それまでの決定木の過ちをどれくらい強く補正しようとするかを制御するパラメータである。学習率を大きくすると、個々の決定木が強く補正を行おうとし、モデルは複雑になる。n_estimatorsを増やすことで、アンサンブル中の決定木の数を増やすと、訓練セットに対する過ちを補正する機会が増えるので、やはりモデルは複雑になる。

GradientBoostingClassifierをcancerデータセットに適用した例を見てみよう。デフォルトでは深さ3の決定木が100個作られ、学習率は0.1となる。

In[70]:

```
from sklearn.ensemble import GradientBoostingClassifier

X_train, X_test, y_train, y_test = train_test_split(
    cancer.data, cancer.target, random_state=0)

gbrt = GradientBoostingClassifier(random_state=0)
gbrt.fit(X_train, y_train)

print("Accuracy on training set: {:.3f}".format(gbrt.score(X_train, y_train)))
print("Accuracy on test set: {:.3f}".format(gbrt.score(X_test, y_test)))
```

Out[70]:

```
Accuracy on training set: 1.000   訓練セットに対する精度
Accuracy on test set: 0.958       テストセットに対する精度
```

訓練セットに対する精度が100%になっているので、おそらくは過剰適合している。過剰適合を低減するためには、深さの最大値を制限してより強力な事前枝刈りを行うか、学習率を下げればよい。

In[71]:

```
gbrt = GradientBoostingClassifier(random_state=0, max_depth=1)
gbrt.fit(X_train, y_train)

print("Accuracy on training set: {:.3f}".format(gbrt.score(X_train, y_train)))
print("Accuracy on test set: {:.3f}".format(gbrt.score(X_test, y_test)))
```

Out[71]:

```
Accuracy on training set: 0.991   訓練セットに対する精度
Accuracy on test set: 0.972       テストセットに対する精度
```

In[72]:

```
gbrt = GradientBoostingClassifier(random_state=0, learning_rate=0.01)
gbrt.fit(X_train, y_train)

print("Accuracy on training set: {:.3f}".format(gbrt.score(X_train, y_train)))
print("Accuracy on test set: {:.3f}".format(gbrt.score(X_test, y_test)))
```

Out[72]:

```
Accuracy on training set: 0.988   訓練セットに対する精度
Accuracy on test set: 0.965       テストセットに対する精度
```

予想通りではあるが、モデルの複雑さを低減するどちらの手法でも、訓練セットに対する精度は下がっている。この場合、決定木の最大深さを制限したほうが、モデル性能は大きく向上している。学習率低減の方では汎化性能はわずかに向上しただけである。

他の決定木ベースのモデルと同様に、特徴量の重要度を可視化してモデルの詳細を見ることができる（図2-35）。とはいえ、100個の木を使っているので、仮にすべてが深さ1だったとしても、すべてを見るのは現実的ではない。

In[73]:

```
gbrt = GradientBoostingClassifier(random_state=0, max_depth=1)
gbrt.fit(X_train, y_train)

plot_feature_importances_cancer(gbrt)
```

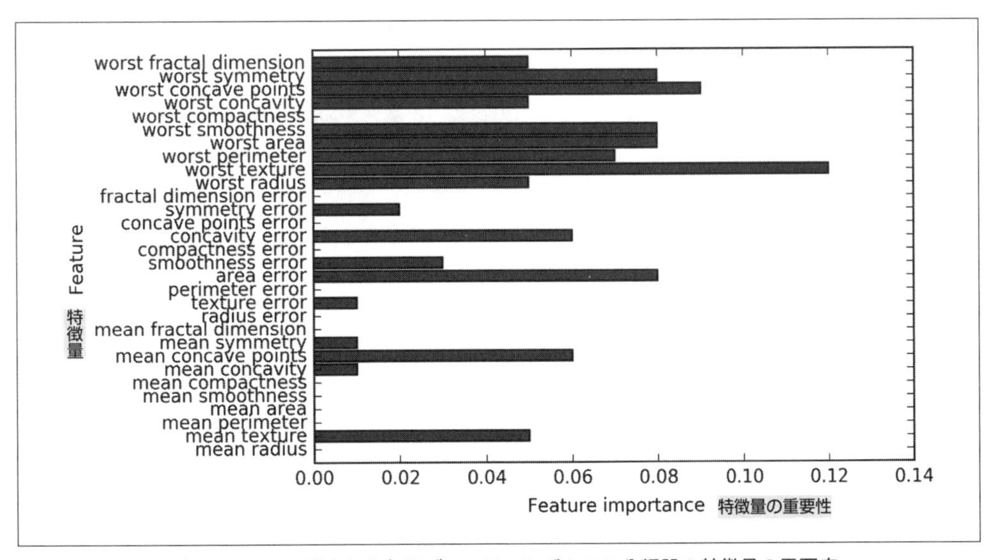

図2-35　cancerデータセットに適合した勾配ブースティングクラス分類器の特徴量の需要度

勾配ブースティング回帰木の特徴量重要度はランダムフォレストの特徴量重要度に似ているが、勾配ブースティングのほうでは、いくつかの特徴量が完全に無視されていることがわかる。

勾配ブースティングとランダムフォレストは、同じようなデータを得意とするので、一般には、ランダムフォレストを先に試した方がいい。こちらのほうが頑健だからだ。ランダムフォレストがうまく行ったとしても、予測時間が非常に重要な場合や、機械学習モデルから最後の1%まで性能を絞り出したい場合には勾配ブースティングを試してみるとよいだろう。

勾配ブースティングを大きい問題に適用したい場合には、xgboostパッケージと、そのPythonインターフェイスを見てみるとよいだろう。本書執筆時点では、こちらのほうがscikit-learnの勾配ブースティングよりも高速で、多くの場合チューニングも容易だ。

長所、短所、パラメータ

勾配ブースティング回帰木は、教師あり学習の中でも最も強力で、広く使われているモデルである。主な短所はパラメータのチューニングに細心の注意が必要であることと、訓練にかかる時間が長いことだ。他の決定木ベースのモデルと同じように、特徴量のスケール変換をする必要はなく、2値特徴量と連続値特徴量が混在していてもうまく機能する。また、やはり高次元の疎なデータに対してはあまりうまく機能しない。

勾配ブースティング回帰木の主要なパラメータは、決定木の数を指定するn_estimatorsと、個々の決定木がそれまでの決定木の誤りを補正する度合いを制御するlearning_rateである。learning_rateを小さくすると、同じ複雑さのモデルを作るにはよりたくさんの決定木が必要になるので、これらのパラメータは強く相関している。ランダムフォレストの場合にはn_estimatorsは大きければ大きいほど良かったが、勾配ブースティングの場合には、n_estimatorsを大きくすると、複雑なモデルを許容することになり、過剰学習を招く。n_estimatorsを時間とメモリ量で決めておいて、learning_rateに対して探索を行う方法がよく用いられる。

もう1つの重要なパラメータは、個々の決定木の複雑さを減らすmax_depth（もしくはmax_leaf_nodes）である。一般に勾配ブースティングでは、max_depthは非常に小さく設定される。深さが5以上になることはあまりない。

2.3.7 カーネル法を用いたサポートベクタマシン

次の教師あり学習モデルは、カーネル法を用いたサポートベクタマシンだ。線形サポートベクタマシンを用いたクラス分類については、「**2.3.3.5 クラス分類のための線形モデル**」で説明した。カーネル法を用いたサポートベクタマシン（ただのSVMとも呼ばれる）は、入力空間の超平面のような簡単なモデルでなく、より複雑なモデルを可能にするために線形サポートベクタマシンを拡張したものである。サポートベクタマシンは、クラス分類にも回帰にも利用できるが、ここではSVCとして実装されているクラス分類についてだけ議論する。同じ議論が、SVRとして実装されているサポートベクタを用いた回帰にも適用できる。

カーネル法を用いたサポートベクタマシンの背後にある数学はかなり難しく、本書の範囲を超える。詳細が知りたければ、Hastie、Tibshirani、Friedmanの『*The Elements of Statistical Learning*』(http://statweb.stanford.edu/~tibs/ElemStatLearn/、邦題『統計的学習の基礎』共立出版)の12章を参照してほしい。とはいえ、ここでこの手法の背後にある考え方だけでも伝えること試みよう。

2.3.7.1 線形モデルと非線形特徴量

図2-15で説明したように、低次元における線形モデルは非常に制約が強い。直線や超平面が柔軟性を制限するからだ。線形モデルを柔軟にする方法の1つが、特徴量を追加することだ。例えば、入力特徴量の交互作用(積)や多項式項を加えることが考えられる。

「**2.3.5.4 決定木の特徴量の重要性**」で用いた合成データセットを見てみよう(**図2-29**)。

In[74]:

```
X, y = make_blobs(centers=4, random_state=8)
y = y % 2

mglearn.discrete_scatter(X[:, 0], X[:, 1], y)
plt.xlabel("Feature 0")
plt.ylabel("Feature 1")
```

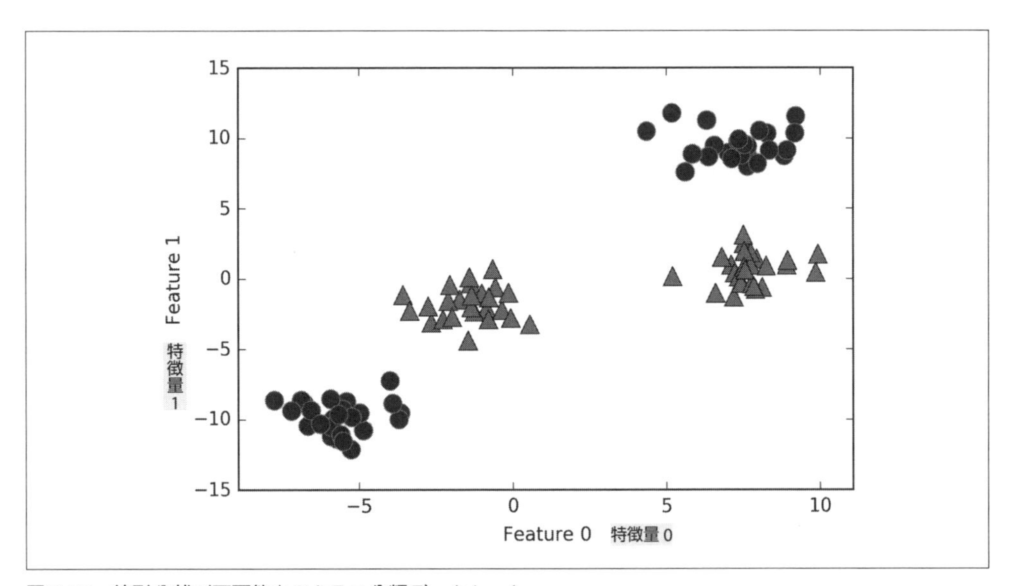

図2-36 線形分離が不可能な2クラス分類データセット

線形モデルによるクラス分類では、直線で分離することしかできないので、このようなデータセットではうまくいかない(**図2-37**)。

In[75]:

```
from sklearn.svm import LinearSVC
linear_svm = LinearSVC().fit(X, y)

mglearn.plots.plot_2d_separator(linear_svm, X)
mglearn.discrete_scatter(X[:, 0], X[:, 1], y)
plt.xlabel("Feature 0")
plt.ylabel("Feature 1")
```

ここで入力特徴量を拡張してみよう。例えば、`feature1 ** 2`、つまり2番目の特徴量の2乗を新しい特徴量として加えてみる。これで、データポイントは(`feature0, feature1`)の2次元の点ではなく、(`feature0, feature1, feature1 ** 2`)の3次元の点になる[*1]。新しい表現を3次元散布図にしたものを**図2-38**に示す。

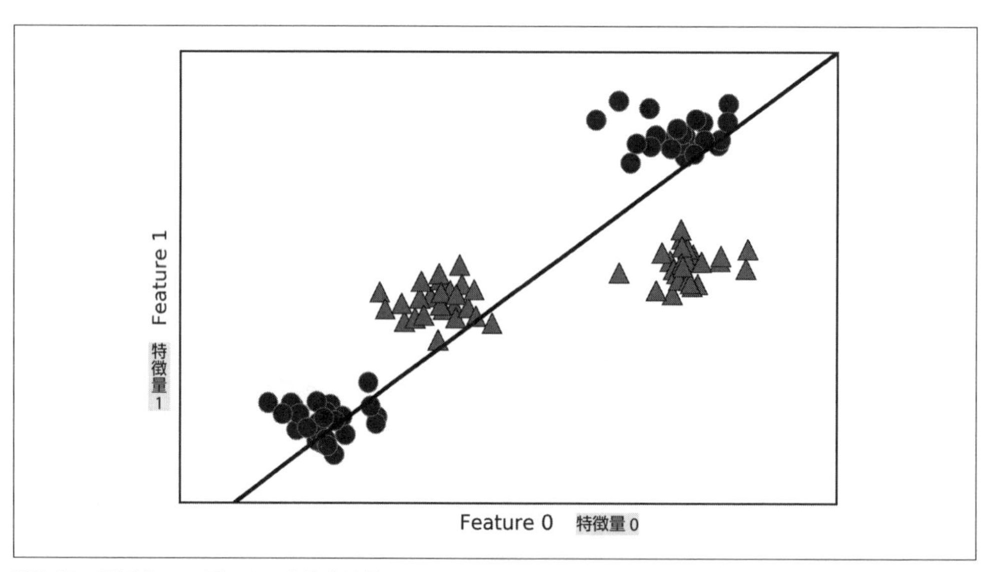

図2-37 線形SVMで見つかった決定境界

In[76]:

```
# 2番目の特徴量の2乗を追加
X_new = np.hstack([X, X[:, 1:] ** 2])

from mpl_toolkits.mplot3d import Axes3D, axes3d
figure = plt.figure()
# 3Dで可視化
```

＊1 ここでこの特徴量を選んだのは、単に説明上の都合である。この特徴量の選択はそれほど重要ではない。

```
ax = Axes3D(figure, elev=-152, azim=-26)
# y == 0の点をプロットしてからy == 1の点をプロット
mask = y == 0
ax.scatter(X_new[mask, 0], X_new[mask, 1], X_new[mask, 2], c='b',
           cmap=mglearn.cm2, s=60)
ax.scatter(X_new[~mask, 0], X_new[~mask, 1], X_new[~mask, 2], c='r', marker='^',
           cmap=mglearn.cm2, s=60)
ax.set_xlabel("feature0")
ax.set_ylabel("feature1")
ax.set_zlabel("feature1 ** 2")
```

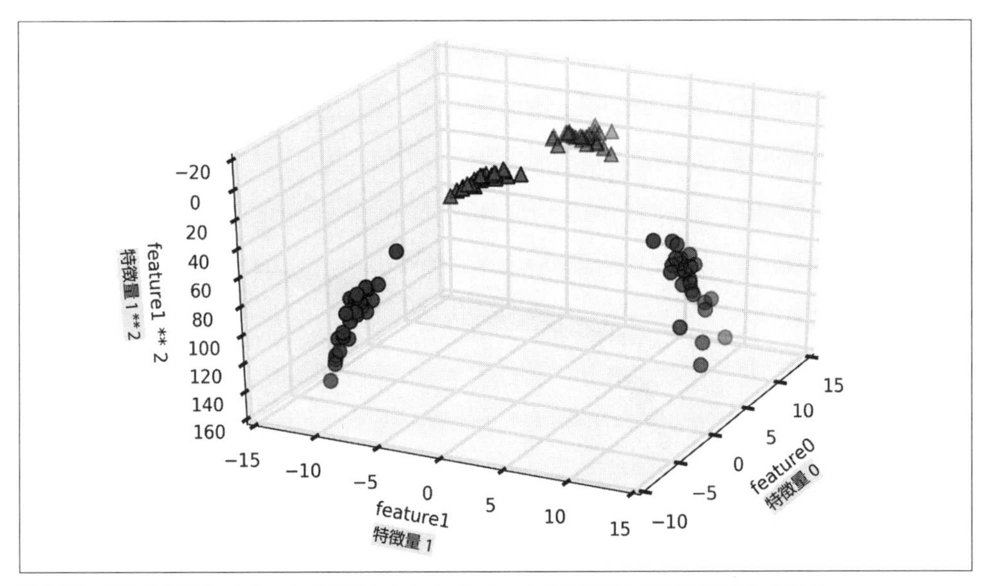

図2-38　図2-37のデータセットを拡張したもの。feature1から3番目の特徴量を作っている

この新しい表現では、2つのクラスを線形モデルで、つまり3次元空間内の平面を用いて分離することが可能になっている。この拡張されたデータセットに対して線形モデルを適用すればわかる（図2-39）。

In[77]:

```
linear_svm_3d = LinearSVC().fit(X_new, y)
coef, intercept = linear_svm_3d.coef_.ravel(), linear_svm_3d.intercept_

# 線形決定境界を描画
figure = plt.figure()
ax = Axes3D(figure, elev=-152, azim=-26)
xx = np.linspace(X_new[:, 0].min() - 2, X_new[:, 0].max() + 2, 50)
```

```
yy = np.linspace(X_new[:, 1].min() - 2, X_new[:, 1].max() + 2, 50)

XX, YY = np.meshgrid(xx, yy)
ZZ = (coef[0] * XX + coef[1] * YY + intercept) / -coef[2]
ax.plot_surface(XX, YY, ZZ, rstride=8, cstride=8, alpha=0.3)
ax.scatter(X_new[mask, 0], X_new[mask, 1], X_new[mask, 2], c='b',
           cmap=mglearn.cm2, s=60)
ax.scatter(X_new[~mask, 0], X_new[~mask, 1], X_new[~mask, 2], c='r', marker='^',
           cmap=mglearn.cm2, s=60)

ax.set_xlabel("feature0")
ax.set_ylabel("feature1")
ax.set_zlabel("feature1 ** 2")
```

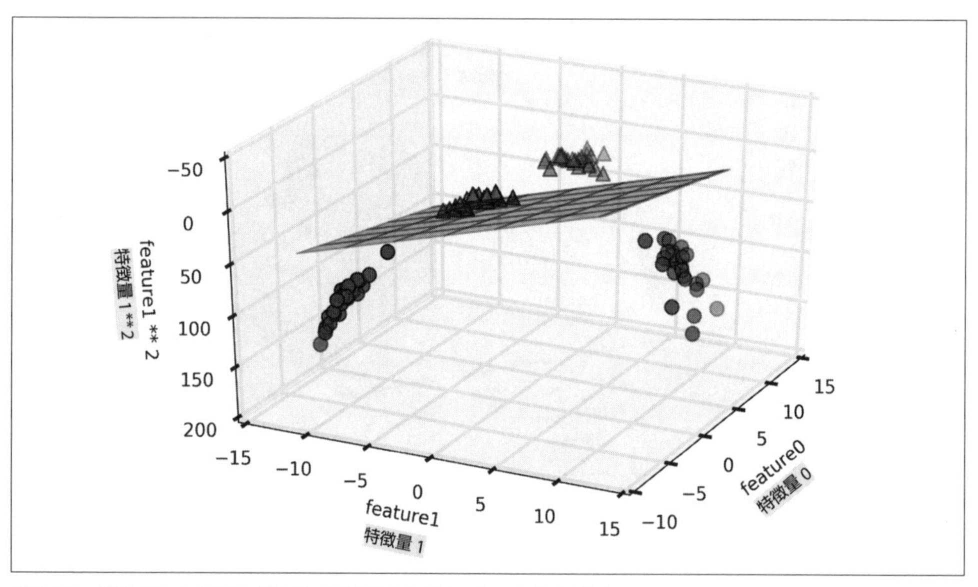

図2-39 拡張された3次元空間で、線形SVMで見つかった決定境界

もとの特徴量の関数として見ると、線形SVMモデルは線形ではなくなっている。**図2-40**からわかるように、直線ではなく楕円に近くなっている。

In[78]:

```
ZZ = YY ** 2
dec = linear_svm_3d.decision_function(np.c_[XX.ravel(), YY.ravel(), ZZ.ravel()])
plt.contourf(XX, YY, dec.reshape(XX.shape), levels=[dec.min(), 0, dec.max()],
             cmap=mglearn.cm2, alpha=0.5)
mglearn.discrete_scatter(X[:, 0], X[:, 1], y)
```

```
plt.xlabel("Feature 0")
plt.ylabel("Feature 1")
```

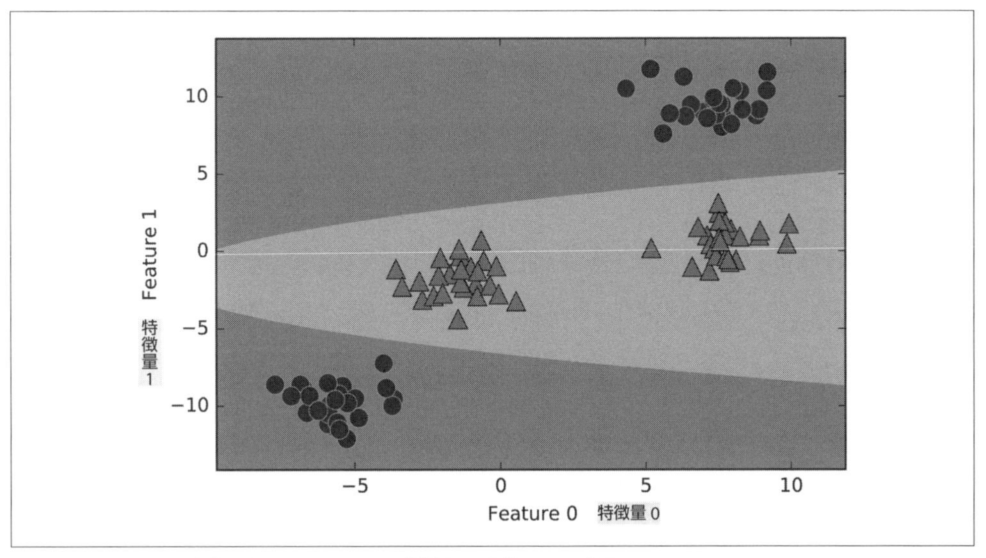

図2-40 図2-39の決定境界をもとの2つの特徴量の関数として表示

2.3.7.2 カーネルトリック

これでわかるのは、非線形の特徴量をデータ表現に加えることで、線形モデルがはるかに強力になるということだ。しかし、実際にはどの特徴量を加えたらよいかわからない。たくさんの特徴量を加える（100次元の特徴量に対してすべての可能な積を加えるなど）と、計算量が大きくなりすぎる。幸運なことに、非常に大きくなりうる表現を実際に計算せずに、高次元空間でのクラス分類器を学習させる巧妙な数学的トリックがある。これが**カーネルトリック**（kernel trick）と呼ばれるもので、拡張された特徴表現上でのデータポイント間の距離を、実際にデータポイントの拡張を計算せずに、直接計算する方法である。

サポートベクタマシンで広く用いられている高次元空間へのマップ方法が2つある。もとの特徴量の特定の次数までのすべての多項式（`feature1 ** 2 * feature2 ** 5`など）を計算する多項式カーネル（polynomial kernel）と、放射基底関数（radial basis function：RBF）カーネルとも呼ばれるガウシアンカーネルである。ガウシアンカーネルは、無限次元の特徴空間に対応するので説明が難しい。直観的には、ガウシアンカーネルではすべての次数のすべての多項式を考えるが、次数が高くなるにつれてその特徴量の重要性を小さくしている[*1]。

しかし、カーネル法を用いたSVMの背後にある数学の詳細は、実用上重要ではない。RBFカーネ

＊1 これは指数マップのテイラー展開と同じである。

ルを用いたSVMによる決定の様子を見るのは簡単だ。次の節で見ていこう。

2.3.7.3 SVMを理解する

訓練の過程で、SVMは個々のデータポイントが、2つのクラスの決定境界を表現するのにどの程度重要かを学習する。多くの場合、2つのクラスの境界に位置するごく一部の訓練データポイントだけが決定境界を決定する。これらのデータポイントを**サポートベクタ** (support vector) と呼ぶ。これがサポートベクタマシンの名前の由来である。

新しいデータポイントに対して予測を行う際に、サポートベクタとデータポイントとの距離が測定される。クラス分類は、このサポートベクタとの距離と、訓練過程で学習された個々のサポートベクタの重要性 (SVCの`dual_coef_`属性に格納されている) によって決定される。

データポイント間の距離は次のように定義されるガウシアンカーネルで測られる。

$$k_{\mathrm{rbf}}(x_1, x_2) = \exp(-\gamma \|x_1 - x_2\|^2)$$

ここで、x_1とx_2はデータポイントである。$\|x_1 - x_2\|$はユークリッド距離を表し、γ (ガンマ) はガウシアンカーネルの幅を制御するパラメータである。

図2-41に、2次元2クラス分類データセットに対してサポートベクタマシンを学習させた結果を示す。決定境界は黒で描かれており、サポートベクタは大きく縁取りされた点で描かれている。このプロットを`forge`データセットに対してSVMを訓練して描画するコードを下に示す。

In[79]:

```
from sklearn.svm import SVC
X, y = mglearn.tools.make_handcrafted_dataset()
svm = SVC(kernel='rbf', C=10, gamma=0.1).fit(X, y)
mglearn.plots.plot_2d_separator(svm, X, eps=.5)
mglearn.discrete_scatter(X[:, 0], X[:, 1], y)
# サポートベクタをプロットする
sv = svm.support_vectors_
# サポートベクタのクラスラベルはdual_coef_の正負によって与えられる
sv_labels = svm.dual_coef_.ravel() > 0
mglearn.discrete_scatter(sv[:, 0], sv[:, 1], sv_labels, s=15, markeredgewidth=3)
plt.xlabel("Feature 0")
plt.ylabel("Feature 1")
```

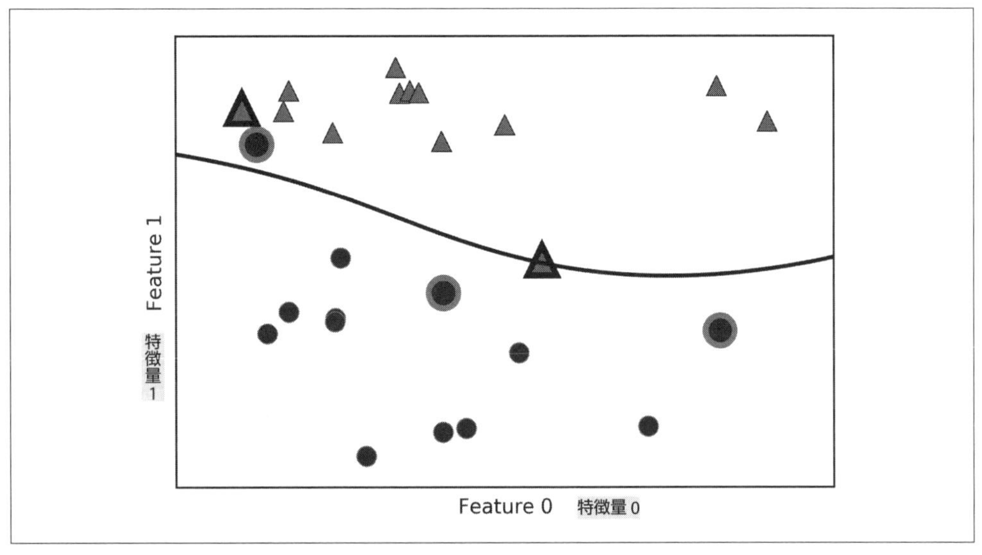

図2-41 RBFカーネル法を用いたSVMによる決定境界とサポートベクタ

この場合、SVMによる境界は非常になめらかで、非線形（直線ではない）である。ここでは、Cとgammaの2つのパラメータを調整している。これらについては次に述べる。

2.3.7.4 SVMパラメータの調整

gammaパラメータは、前節の式に出てきたもので、ガウシアンカーネルの幅を調整する。このパラメータが、点が近いということを意味するスケールを決定する。Cパラメータは、線形モデルで用いられたのと同様の正則化パラメータである。個々のデータポイントの重要度（より詳しく言うとデータポイントのdual_coef_）を制限する。

これらのパラメータを変化させると何が起こるか見てみよう（図2-42）。

In[80]:

```
fig, axes = plt.subplots(3, 3, figsize=(15, 10))

for ax, C in zip(axes, [-1, 0, 3]):
    for a, gamma in zip(ax, range(-1, 2)):
        mglearn.plots.plot_svm(log_C=C, log_gamma=gamma, ax=a)

axes[0, 0].legend(["class 0", "class 1", "sv class 0", "sv class 1"],
                  ncol=4, loc=(.9, 1.2))
```

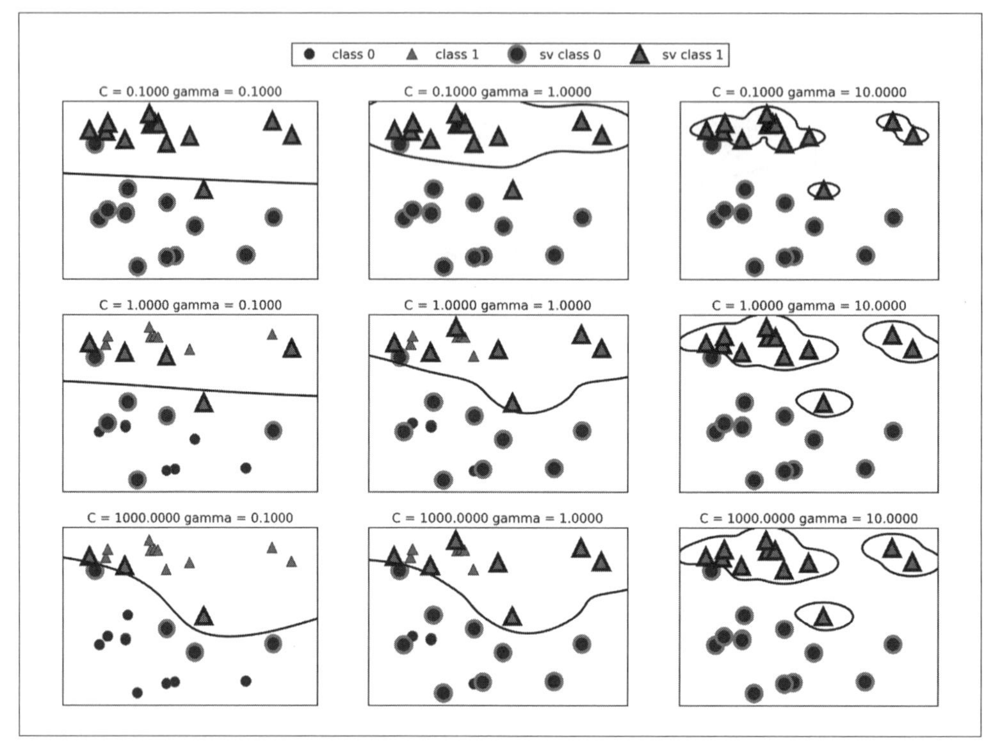

図2-42 さまざまなCとgammaに対する決定境界とサポートベクタ

左から右へ、パラメータgammaを0.1から10に変化させている。gammaが小さいと、ガウシアンカーネルの直径が大きくなり、多くの点を近いと判断するようになる。これによって、左のほうでは決定境界がなめらかになり、右に行くにつれて個々のデータポイントをより重視するようになっている。gammaが小さい場合には、決定境界はゆっくりとしか変化せず、モデルの複雑さは小さくなる。gammaが大きくなるとモデルはより複雑になる。

上から下に、パラメータCを0.1から1000に変化させている。線形モデルの場合と同様に、小さいCは制限されたモデルに対応し、個々のデータポイントの与える影響は限定される。左上の決定境界を見るとほとんど直線であることからもこれがわかる。クラス分類に失敗したデータポイントもあるが、決定境界にはまったく影響を与えていない。Cを大きくすると、左下のグラフからもわかるように、これらのデータポイントがより強い影響を持つことになり、正しくクラス分類されるように決定境界を曲げている。

RBFカーネル法を用いたSVMをcancerデータセットに適用してみよう。デフォルトパラメータは、C=1、gamma=1/n_featuresとなっている。

In[81]:

```
X_train, X_test, y_train, y_test = train_test_split(
    cancer.data, cancer.target, random_state=0)

svc = SVC()
svc.fit(X_train, y_train)

print("Accuracy on training set: {:.2f}".format(svc.score(X_train, y_train)))
print("Accuracy on test set: {:.2f}".format(svc.score(X_test, y_test)))
```

Out[81]:

```
Accuracy on training set: 1.00  訓練セットに対する精度
Accuracy on test set: 0.63      テストセットに対する精度
```

訓練セット精度は100%で、テストセット精度は63%ということから、強く過剰適合していることがわかる。SVMはうまく動く場合が多いのだが、パラメータの設定と、データのスケールに敏感であるという問題がある。特に、すべての特徴量の変位が同じスケールであることを要求する。個々の特徴量の最大値と最小値を、対数でプロットしたものを見てみよう（**図2-43**）。

In[82]:

```
plt.boxplot(X_train, manage_xticks=False)
plt.yscale("symlog")
plt.xlabel("Feature index")
plt.ylabel("Feature magnitude")
```

cancerデータセットの特徴量は相互に桁違いにサイズが違うことがわかる。これは他のモデル（線形モデルなど）でも問題になるが、カーネル法を用いたSVMでは破壊的な影響をもたらす。この問題を解決する方法を見てみよう。

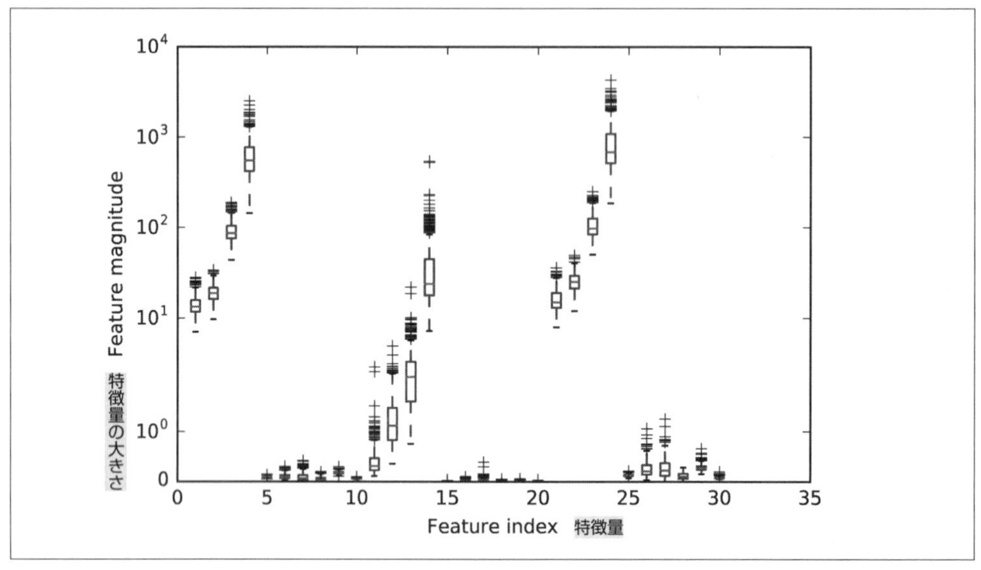

図2-43　cancerデータセットの特徴量のレンジ（y軸は対数スケールであることに注意）

2.3.7.5　SVMのためのデータの前処理

この問題を解決する方法の1つが、すべての特徴量がだいたい同じスケールになるように、それぞれスケール変換する方法である。カーネル法を用いたSVMでよく使われる方法は、すべての特徴量が0から1の間になるようにスケール変換する方法だ。これをMinMaxScalerで行う方法は、このテーマを詳しく取り扱う「**3章　教師なし学習と前処理**」で見る。ここでは「手で」やってみよう。

In[83]:

```
# 訓練セットの特徴量ごとに最小値を計算
min_on_training = X_train.min(axis=0)
# 訓練セットの特徴量ごとにレンジ（最大値 - 最小値）を計算
range_on_training = (X_train - min_on_training).max(axis=0)

# 最小値を引いてレンジで割る
# 個々の特徴量はmin=0、max=1となる
X_train_scaled = (X_train - min_on_training) / range_on_training
print("Minimum for each feature\n{}".format(X_train_scaled.min(axis=0)))
print("Maximum for each feature\n {}".format(X_train_scaled.max(axis=0)))
```

Out[83]:

```
Minimum for each feature 個々の特徴量の最小値
[ 0.  0.  0.  0.  0.  0.  0.  0.  0.  0.  0.  0.  0.  0.  0.  0.  0.  0.
  0.  0.  0.  0.  0.  0.  0.  0.  0.  0.  0.  0.]
```

```
Maximum for each feature 個々の特徴量の最大値
 [ 1.  1.  1.  1.  1.  1.  1.  1.  1.  1.  1.  1.  1.  1.  1.  1.  1.  1.
   1.  1.  1.  1.  1.  1.  1.  1.  1.  1.  1.  1.]
```

In[84]:

```
# テストセットに対しても、まったく同じ変換を行う
# 訓練セットの最小値とレンジを用いる（詳細は4章を参照）
X_test_scaled = (X_test - min_on_training) / range_on_training
```

In[85]:

```
svc = SVC()
svc.fit(X_train_scaled, y_train)

print("Accuracy on training set: {:.3f}".format(
    svc.score(X_train_scaled, y_train)))
print("Accuracy on test set: {:.3f}".format(svc.score(X_test_scaled, y_test)))
```

Out[85]:

```
Accuracy on training set: 0.948 訓練セットに対する精度
Accuracy on test set: 0.951     テストセットに対する精度
```

データをスケールしたら、結果が一変した。いまは、訓練セット精度とテストセットがだいたい同じで、100%からは遠いという、適合不足の領域に入っている。ここからCやgammaを増やして、より複雑なモデルにしていこう。例えば以下のようにする。

In[86]:

```
svc = SVC(C=1000)
svc.fit(X_train_scaled, y_train)

print("Accuracy on training set: {:.3f}".format(
    svc.score(X_train_scaled, y_train)))
print("Accuracy on test set: {:.3f}".format(svc.score(X_test_scaled, y_test)))
```

Out[86]:

```
Accuracy on training set: 0.988 訓練セットに対する精度
Accuracy on test set: 0.972     テストセットに対する精度
```

ここではCを大きくすることで、モデルは大きく改良され、精度が97.2%となった。

2.3.7.6 利点、欠点、パラメータ

カーネル法を用いたサポートベクタマシン（SVM）は、さまざまなデータセットに対してうまく機

能する強力なモデルである。SVMを用いると、データにわずかな特徴量しかない場合にも複雑な決定境界を生成することができる。低次元のデータでも高次元のデータでも（つまり特徴量が少なくても多くても）、うまく機能するが、サンプルの個数が大きくなるとうまく機能しない。SVMは10,000サンプルぐらいまではうまく機能するが、100,000サンプルぐらいになると、実行時やメモリ使用量の面で難しくなってくる。

SVMの問題点は、注意深くデータの前処理とパラメータ調整を行う必要があることだ。いまのところ多くのアプリケーションで、勾配ブースティングなどの（ほとんど、もしくはまったく前処理が不要な）決定木ベースのモデルのほうが用いられているのはこのためだ。さらに、SVMのモデルは検証が難しい。ある予測がされた理由を理解することが難しく、モデルを専門家以外に説明するのも大変だ。

しかし、特徴量が似た測定器の測定結果（例えばカメラのピクセルなど）のように、同じスケールになる場合には、SVMを試してみる価値がある。

カーネル法を用いたSVMで重要なパラメータは、正則化パラメータ`C`と、カーネルの選択と、カーネル固有のパラメータである。ここでは、RBFカーネルについて注目したが、`scikit-learn`には他のカーネルも用意されている。RBFカーネルのパラメータは、ガウシアンカーネルの幅の逆数を表す`gamma`だけである。`gamma`と`C`は両方ともモデルの複雑さを制御するパラメータで、大きくするとより複雑なモデルになる。したがって、2つのパラメータの設定は強く相関するため、`C`と`gamma`は同時に調整する必要がある。

2.3.8 ニューラルネットワーク（ディープラーニング）

ニューラルネットワークというアルゴリズムが、最近「ディープラーニング」という名前で再度注目を集めている。ディープラーニングは、多くの機械学習アプリケーションに対して期待できる結果を示しているが、ディープラーニングアルゴリズムの多くは特定のアプリケーションに向けて注意深く作られたものだ。ここでは、比較的簡単な**多層パーセプトロン**（multilayer perceptron：MLP）によるクラス分類と回帰についてだけ議論する。これらは、より複雑なディープラーニングを理解する上で、良い入口になるはずだ。多層パーセプトロンは、フィードフォワード・ニューラルネットワークもしくはただニューラルネットワークと呼ばれる。

2.3.8.1 ニューラルネットワークモデル

MLPは線形モデルを一般化し、決定までに複数のステージで計算するものと見ることができる。

線形回帰では予測を次の式で行うことを思い出そう。

$$\hat{y} = w[0] \times x[0] + w[1] \times x[1] + \cdots + w[p] \times x[p] + b$$

普通の言葉で言い換えると、$\hat{y}$は、入力特徴量$x[0]$から$x[p]$までの重み付き和で、重みは学習され

た係数 $w[0]$ から $w[p]$ までで与えられる。これを図示すると**図2-44**のようになる。

In[87]:

```
display(mglearn.plots.plot_logistic_regression_graph())
```

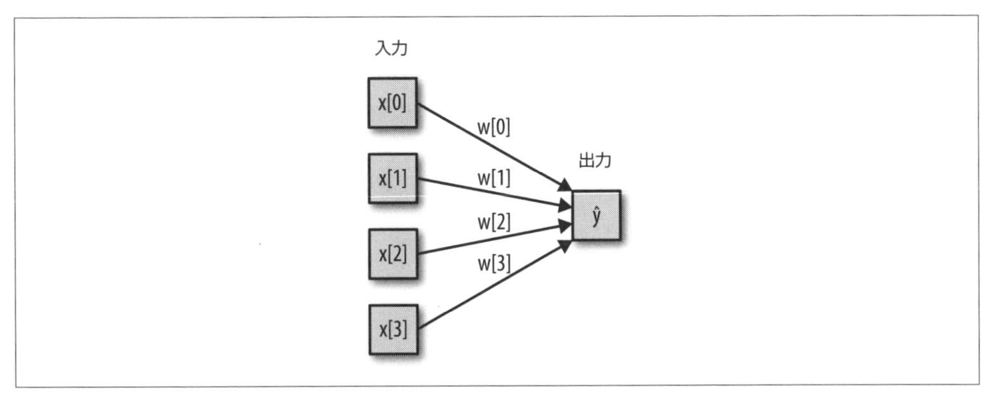

図2-44 線形回帰を図示したもの。入力特徴量と予測がノードとして与えられており、係数がノードを結んでいる。

ここで、左側のノード群は入力特徴量を表し、接続している線が学習された係数を、右側のノードが出力を表す。出力は、入力に対する重み付き和になっている。

MLPではこの重み付き和の計算が繰り返し行われる。まず中間処理ステップを表す**隠れユニット**(hidden units) の計算で重み付き和が行われ、次に、この隠れユニットの値に対して重み付き和が行われて、最後の結果が算出される。(**図2-39**)。

In[88]:

```
display(mglearn.plots.plot_single_hidden_layer_graph())
```

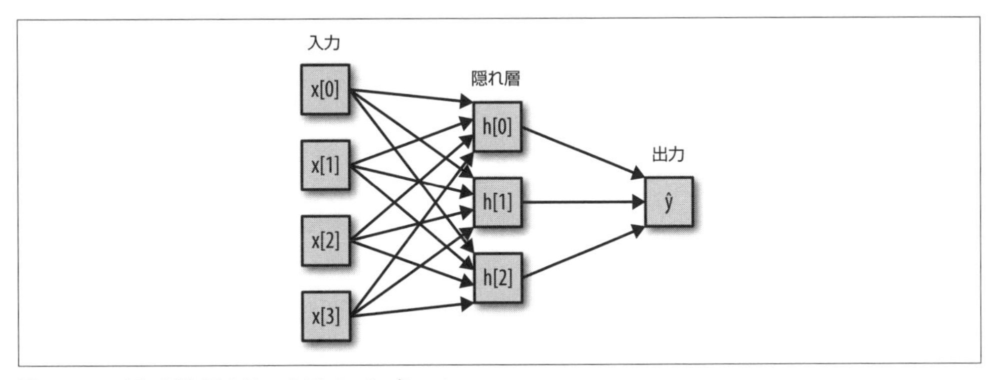

図2-45 一層の隠れ層を持つ多層パーセプトロン

このモデルには学習しなければならない係数（重みとも呼ばれる）がたくさんある。すべての入力ノードと（隠れ層を構成する）すべての隠れユニットの間に1つずつあり、すべての隠れ層のユニットと出力ノードの間にも1つずつある。

一連の重み付き和を計算することは、数学的には1つの重み付き和を計算することと同じなので、このモデルを線形モデルよりも強力にするためには、もう少し仕掛けを加える必要がある。個々の隠れユニットの重み付き和を計算したら、その結果に対して非線形関数を適用するのだ。多くの場合、relu（rectified linear unit：正規化線形関数）やtanh（hyperbolic tangent：双曲正接関数）が用いられる。この関数の結果が出力$\hat{y}$のための重み付き和に用いられる。これらの関数を図2-46に示す。reluは、ゼロ以下の値を切り捨てている。tanhは小さい値に対しては−1に、大きい値に対しては+1に飽和する。いずれの非線形関数も、ニューラルネットワークが線形モデルよりもはるかに複雑な関数を学習することを可能にする。

In[89]:

```
line = np.linspace(-3, 3, 100)
plt.plot(line, np.tanh(line), label="tanh")
plt.plot(line, np.maximum(line, 0), label="relu")
plt.legend(loc="best")
plt.xlabel("x")
plt.ylabel("relu(x), tanh(x)")
```

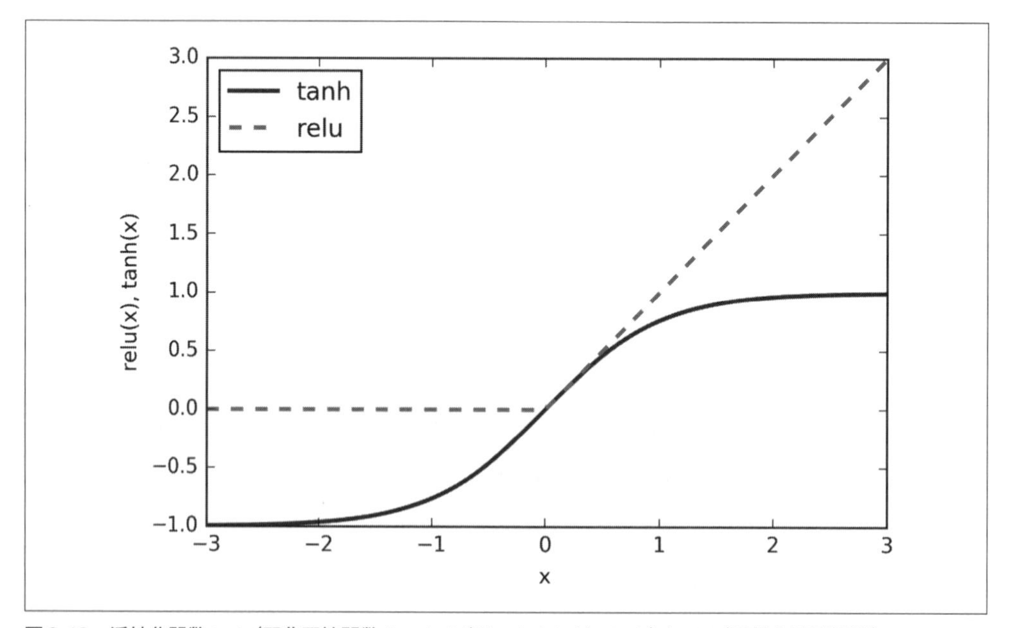

図2-46 活性化関数tanh（双曲正接関数／ハイパボリックタンジェント）とrelu（正規化線形関数）

図2-45に示した小さいニューラルネットワークで回帰を行う場合の$\hat{y}$を計算する式は次のようになる（tanhを非線形関数に使う場合）。

$$h[0] = \tanh(w[0, 0] \times x[0] + w[1, 0] \times x[1] + w[2, 0] \times x[2] + w[3, 0] \times x[3] + b[0])$$
$$h[1] = \tanh(w[0, 1] \times x[0] + w[1, 1] \times x[1] + w[2, 1] \times x[2] + w[3, 1] \times x[3] + b[1])$$
$$h[2] = \tanh(w[0, 2] \times x[0] + w[1, 2] \times x[1] + w[2, 2] \times x[2] + w[3, 2] \times x[3] + b[2])$$
$$\hat{y} = v[0] \times h[0] + v[1] \times h[1] + v[2] \times h[2] + b$$

ここで、wは入力xと隠れ層hの間の重み、vは隠れ層hと出力$\hat{y}$の間の重みである。vとwはデータから学習される重みで、xは入力特徴量、$\hat{y}$は計算された結果で、hは計算の途中結果である。ユーザが設定するべき重要なパラメータとして、隠れ層のノード数がある。これは、小さくて単純なデータセットでは10ぐらいだが、非常に複雑なデータでは10,000にもなる。さらに、**図2-47**のように隠れ層を追加することもできる。

In[90]:

```
mglearn.plots.plot_two_hidden_layer_graph()
```

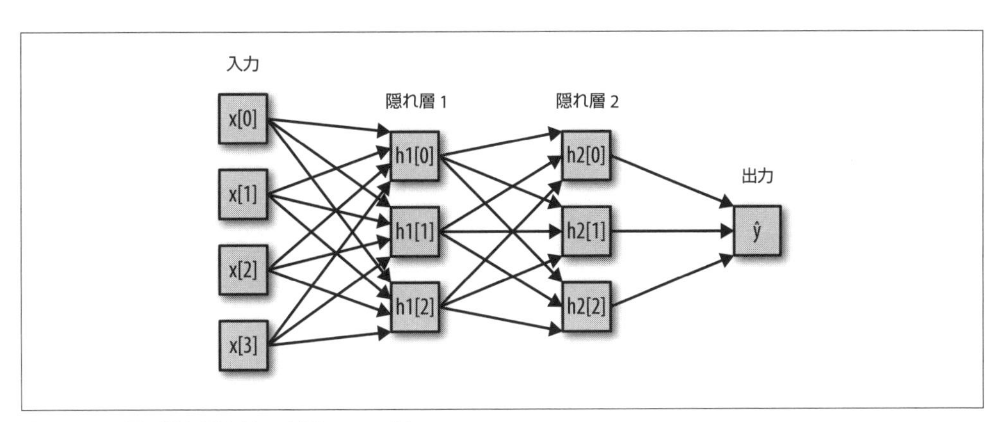

図2-47　2層の隠れ層を持つ多層パーセプトロン

このような計算層をたくさん持つ大きなニューラルネットから、「ディープラーニング」という言葉が生まれた。

2.3.8.2　ニューラルネットワークのチューニング

`MLPClassifier`を、これまでも使ってきた`two_moons`データセットに適用して、MLPが動く様子を見てみよう。結果を**図2-48**に示す。

In[91]:

```
from sklearn.neural_network import MLPClassifier
```

```
from sklearn.datasets import make_moons

X, y = make_moons(n_samples=100, noise=0.25, random_state=3)

X_train, X_test, y_train, y_test = train_test_split(X, y, stratify=y,
                                                    random_state=42)

mlp = MLPClassifier(solver='lbfgs', random_state=0).fit(X_train, y_train)
mglearn.plots.plot_2d_separator(mlp, X_train, fill=True, alpha=.3)
mglearn.discrete_scatter(X_train[:, 0], X_train[:, 1], y_train)
plt.xlabel("Feature 0")
plt.ylabel("Feature 1")
```

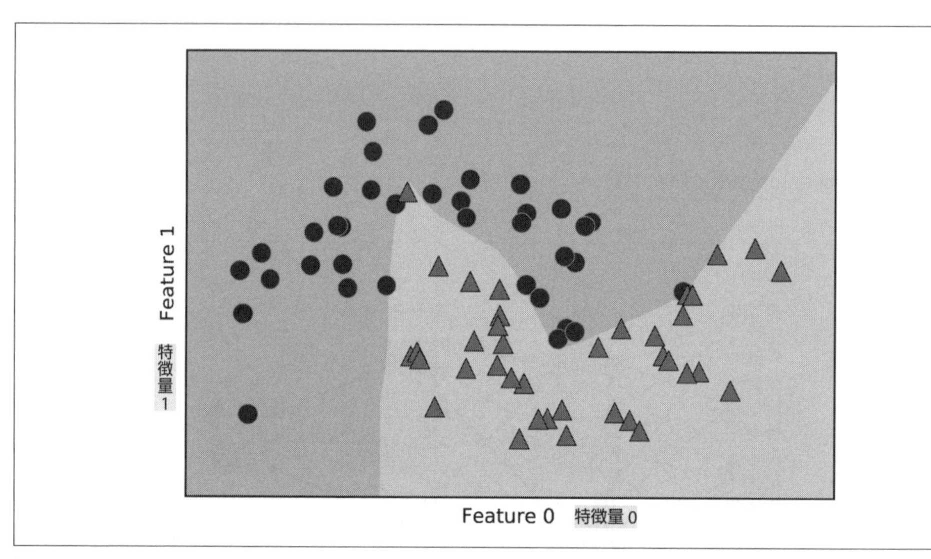

図2-48 隠れ層に100ユニットを持つニューラルネットワークによる、two_moonsデータセットの決定境界

ニューラルネットワークは、まったく線形ではないが、比較的なめらかな決定境界を学習している。ここでは`solver='lbfgs'`としているが、これについては後で議論する。

デフォルトでは、MLPは100隠れユニットを用いる。これはこの小さいデータセットに対しては明らかに大きすぎる。この数を減らし、モデルの複雑さを減らしても良い結果が得られる（**図2-49**）。

In[92]:

```
mlp = MLPClassifier(solver='lbfgs', random_state=0, hidden_layer_sizes=[10])
mlp.fit(X_train, y_train)
mglearn.plots.plot_2d_separator(mlp, X_train, fill=True, alpha=.3)
mglearn.discrete_scatter(X_train[:, 0], X_train[:, 1], y_train)
plt.xlabel("Feature 0")
```

```
plt.ylabel("Feature 1")
```

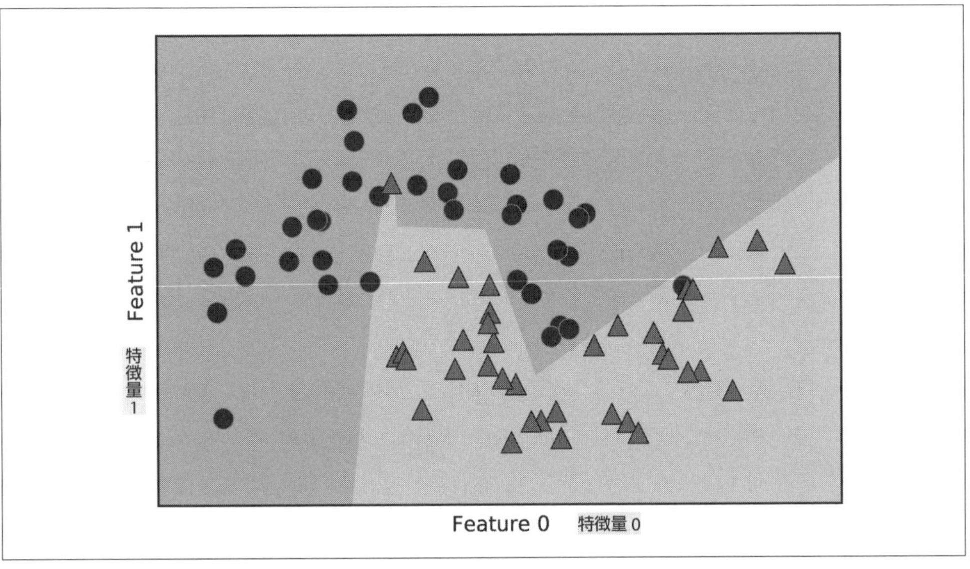

図2-49 隠れ層に10ユニットを持つニューラルネットワークによる、two_moonsデータセットの決定境界

隠れ層のユニット数をたった10にすると、決定境界は少しギザギザになる。デフォルトでは、非線形化に**図2-46**に示したreluを用いる。隠れ層が1層の場合には、reluを使うと、決定曲線は10の線分から構成されることになる。決定境界をもう少しなめらかにしたければ、隠れ層のユニット数を増やす（**図2-48**のように）か、隠れ層を増やす（**図2-50**）か、非線形活性化関数にtanhを用いればよい（**図2-51**）。

In[93]:

```
# それぞれ10ユニットの隠れ層を2層使う
mlp = MLPClassifier(solver='lbfgs', random_state=0,
                    hidden_layer_sizes=[10, 10])
mlp.fit(X_train, y_train)
mglearn.plots.plot_2d_separator(mlp, X_train, fill=True, alpha=.3)
mglearn.discrete_scatter(X_train[:, 0], X_train[:, 1], y_train)
plt.xlabel("Feature 0")
plt.ylabel("Feature 1")
```

In[94]:

```
# それぞれ10ユニットの隠れ層を2層使う。さらに非線形活性化関数にtanhを使う
mlp = MLPClassifier(solver='lbfgs', activation='tanh',
                    random_state=0, hidden_layer_sizes=[10, 10])
```

```
mlp.fit(X_train, y_train)
mglearn.plots.plot_2d_separator(mlp, X_train, fill=True, alpha=.3)
mglearn.discrete_scatter(X_train[:, 0], X_train[:, 1], y_train)
plt.xlabel("Feature 0")
plt.ylabel("Feature 1")
```

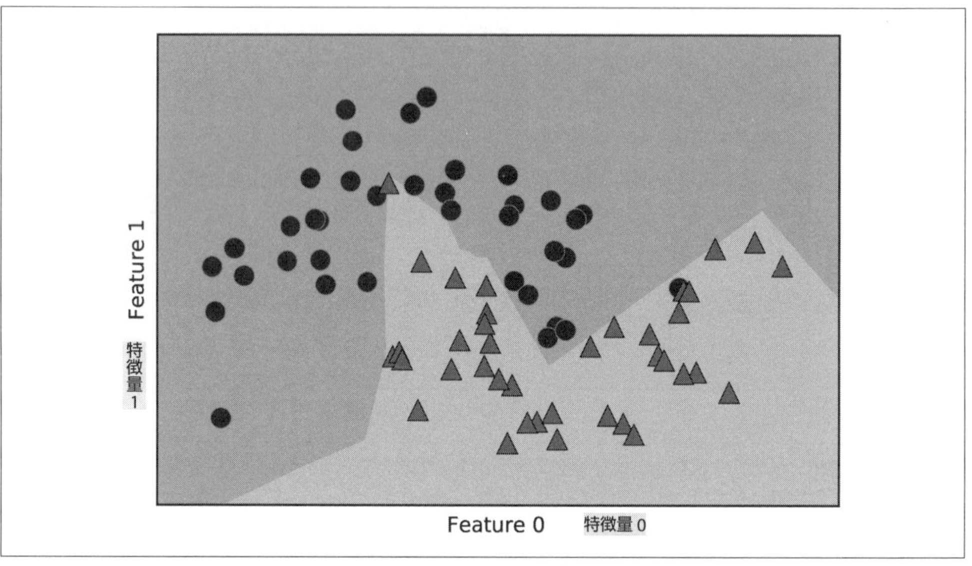

図2-50 10ユニット2層の隠れ層を用いたニューラルネットワークによる決定境界。活性化関数はrelu。

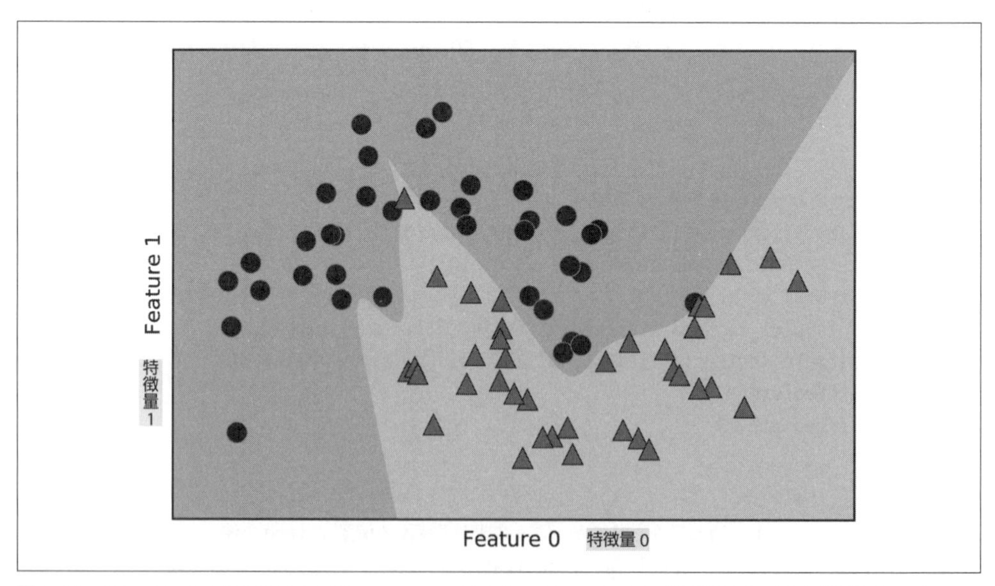

図2-51 10ユニット2層の隠れ層を用いたニューラルネットワークによる決定境界。活性化関数はtanh。

さらに、ニューラルネットワークの複雑さを、リッジ回帰や線形クラス分類器で行ったのと同様に、l2ペナルティで重みを0に近づけることで、制御することができる。MLPClassifierでは、このパラメータは（線形回帰モデルと同じ）alphaで、デフォルトでは非常に小さい値（弱い正則化）に設定されている。図2-52に、10ユニットもしくは100ユニットの2層の隠れ層を持つニューラルネットをtwo_moonsデータセットに適用した場合の、パラメータalphaの効果を示す。

In[95]:

```
fig, axes = plt.subplots(2, 4, figsize=(20, 8))
for axx, n_hidden_nodes in zip(axes, [10, 100]):
    for ax, alpha in zip(axx, [0.0001, 0.01, 0.1, 1]):
        mlp = MLPClassifier(solver='lbfgs', random_state=0,
                            hidden_layer_sizes=[n_hidden_nodes, n_hidden_nodes],
                            alpha=alpha)
        mlp.fit(X_train, y_train)
        mglearn.plots.plot_2d_separator(mlp, X_train, fill=True, alpha=.3, ax=ax)
        mglearn.discrete_scatter(X_train[:, 0], X_train[:, 1], y_train, ax=ax)
        ax.set_title("n_hidden=[{}, {}]\nalpha={:.4f}".format(
                      n_hidden_nodes, n_hidden_nodes, alpha))
```

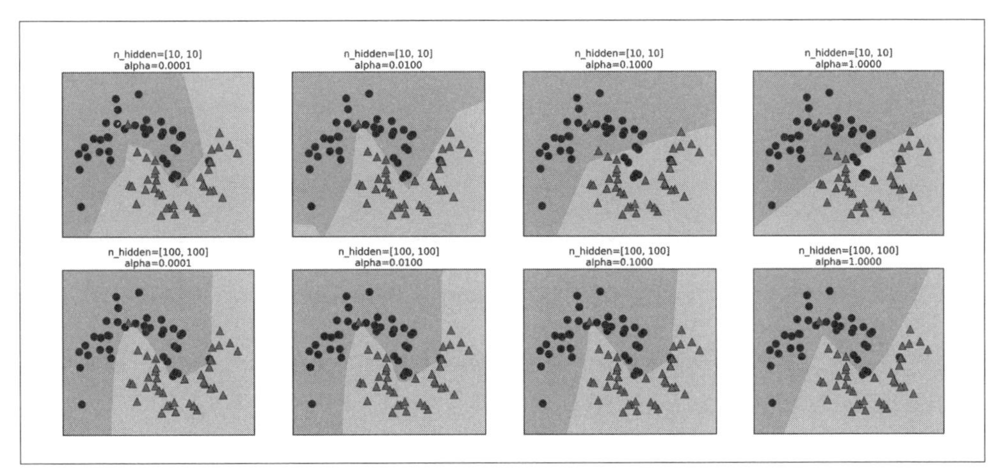

図2-52　さまざまな隠れユニット数とalphaパラメータに対する決定境界

ニューラルネットワークには複雑さを制御する方法が、隠れ層の数、隠れ層のユニット数、正則化（alpha）と、たくさんあることが理解できただろう。実際には他にもあるのだが、ここでは立ち入らない。

ニューラルネットワークは学習を開始する前に重みを乱数で割り当てる。この乱数による初期化の影響が、学習されるモデルに影響を与えることは、ニューラルネットワークの重要な性質の1つだ。

これは、まったく同じパラメータを用いても、異なる乱数シードを用いると、まったく異なったモデルが得られることを意味する。ネットワークが大きくなると、複雑さを適切に設定しさえすれば、精度にはそれほど大きい影響を与えないはずだが、(特に小さいネットワークでは)このことを留意すべきだ。図2-53に示したさまざまなモデルは、同じパラメータセットで学習したものだ。

In[96]:

```
fig, axes = plt.subplots(2, 4, figsize=(20, 8))
for i, ax in enumerate(axes.ravel()):
    mlp = MLPClassifier(solver='lbfgs', random_state=i,
                        hidden_layer_sizes=[100, 100])
    mlp.fit(X_train, y_train)
    mglearn.plots.plot_2d_separator(mlp, X_train, fill=True, alpha=.3, ax=ax)
    mglearn.discrete_scatter(X_train[:, 0], X_train[:, 1], y_train, ax=ax)
```

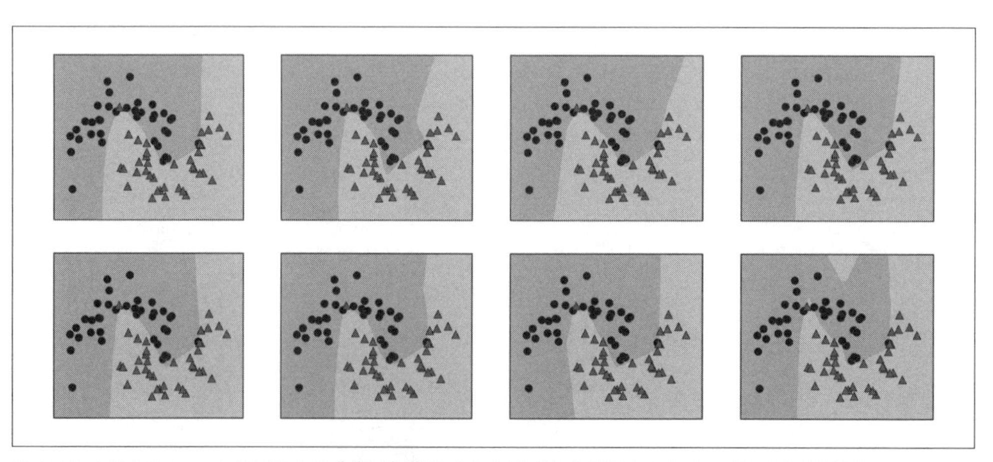

図2-53　同じパラメータだが異なる乱数で初期化された状態から学習されたさまざまな決定境界

実データに対するニューラルネットワークを理解するために、cancerデータセットに対してMLPClassifierを適用してみよう。まずは、デフォルトパラメータで試してみよう。

In[97]:

```
print("Cancer data per-feature maxima:\n{}".format(cancer.data.max(axis=0)))
```

Out[97]:

cancerデータセットの各特徴量の最大値

```
Cancer data per-feature maxima:
[   28.110    39.280   188.500  2501.000      0.163      0.345      0.427
     0.201     0.304     0.097     2.873      4.885     21.980    542.200
     0.031     0.135     0.396     0.053      0.079      0.030     36.040
```

```
  49.540   251.200  4254.000    0.223     1.058     1.252     0.291
   0.664     0.207]
```

In[98]:

```
X_train, X_test, y_train, y_test = train_test_split(
    cancer.data, cancer.target, random_state=0)

mlp = MLPClassifier(random_state=42)
mlp.fit(X_train, y_train)

print("Accuracy on training set: {:.2f}".format(mlp.score(X_train, y_train)))
print("Accuracy on test set: {:.2f}".format(mlp.score(X_test, y_test)))
```

Out[98]:

```
Accuracy on training set: 0.92  訓練セットに対する精度
Accuracy on test set: 0.90     テストセットに対する精度
```

MLPの精度はかなり良いが、他のモデルほどではない。SVCの例でも見たように、これはデータのスケールの問題だ。ニューラルネットワークも、すべての入力特徴量が同じ範囲に収まっていることを仮定している。理想的には平均が0で分散が1であるのが望ましい。この条件を満たすようにデータセットをスケール変換しなければならない。ここでも、「手で」スケール変換するが、「**3章 教師なし学習と前処理**」で紹介する`StandardScaler`を用いれば自動でできる。

In[99]:

```
# 訓練セットの特徴量ごとの平均値を算出
mean_on_train = X_train.mean(axis=0)
# 訓練セットの特徴量ごとの標準偏差を算出
std_on_train = X_train.std(axis=0)

# 平均を引き、標準偏差の逆数でスケール変換する
# これでmean=0、std=1になる
X_train_scaled = (X_train - mean_on_train) / std_on_train
# まったく同じ変換(訓練データの平均と標準偏差を使って)をテストセットに施す
X_test_scaled = (X_test - mean_on_train) / std_on_train

mlp = MLPClassifier(random_state=0)
mlp.fit(X_train_scaled, y_train)

print("Accuracy on training set: {:.3f}".format(
    mlp.score(X_train_scaled, y_train)))
print("Accuracy on test set: {:.3f}".format(mlp.score(X_test_scaled, y_test)))
```

Out[99]:

```
Accuracy on training set: 0.991
Accuracy on test set: 0.965

ConvergenceWarning: 収束警告：
    Stochastic Optimizer: Maximum iterations reached and the optimization
    hasn't converged yet.  確率的最適化器：繰り返し回数が上限に達したが、最適化が収束していない
```

スケール変換を行うと、結果ははるかに良くなり、他のアルゴリズムに並ぶ。このモデルに対しては、学習繰り返しの回数が最大値に達したという警告が出ている。これはモデルの学習に使っているadamアルゴリズムの機能で、学習繰り返しの回数を増やすべきだと言っているのだ。

In[100]:

```
mlp = MLPClassifier(max_iter=1000, random_state=0)
mlp.fit(X_train_scaled, y_train)

print("Accuracy on training set: {:.3f}".format(
    mlp.score(X_train_scaled, y_train)))
print("Accuracy on test set: {:.3f}".format(mlp.score(X_test_scaled, y_test)))
```

Out[100]:

```
Accuracy on training set: 0.995 訓練セットに対する精度
Accuracy on test set: 0.965    テストセットに対する精度
```

繰り返し回数を増やしても、訓練セットに対する性能が上がっただけで、汎化性能は上がっていない。それでも、モデルの性能はかなり高いと言える。訓練性能とテスト性能に差があるということは、モデルの複雑さを下げれば、汎化性能が上がる可能性があることを意味する。ここで、少し乱暴だがalphaパラメータを0.0001から1に上げて、重みに対する正則化を強化してみよう。

In[101]:

```
mlp = MLPClassifier(max_iter=1000, alpha=1, random_state=0)
mlp.fit(X_train_scaled, y_train)

print("Accuracy on training set: {:.3f}".format(
    mlp.score(X_train_scaled, y_train)))
print("Accuracy on test set: {:.3f}".format(mlp.score(X_test_scaled, y_test)))
```

Out[101]:

```
Accuracy on training set: 0.988 訓練セットに対する精度
Accuracy on test set: 0.972    テストセットに対する精度
```

こうすると、これまでのモデルでもベストの性能が出る[*1]。

ニューラルネットワークが学習した内容を解析することは可能ではある、が線形モデルや決定木を用いたモデルの解析よりも難しい。何が学習されたのかを見る1つの方法は、モデル内部の重みを見てみることだ。scikit-learnサンプルギャラリー（http://scikit-learn.org/stable/auto_examples/neural_networks/plot_mnist_filters.html）にこの例がある。あまりわかりやすいとは言えないが、cancerデータセットに対して試してみよう。**図2-54**は、入力と第一隠れ層をつないでいる重みが学習されたものである。この図の行は30の入力特徴量を表し、列は100の隠れユニットに相当する。明るい色が大きな正の値、暗い色が負の値である。

In[102]:

```
plt.figure(figsize=(20, 5))
plt.imshow(mlp.coefs_[0], interpolation='none', cmap='viridis')
plt.yticks(range(30), cancer.feature_names)
plt.xlabel("Columns in weight matrix")
plt.ylabel("Input feature")
plt.colorbar()
```

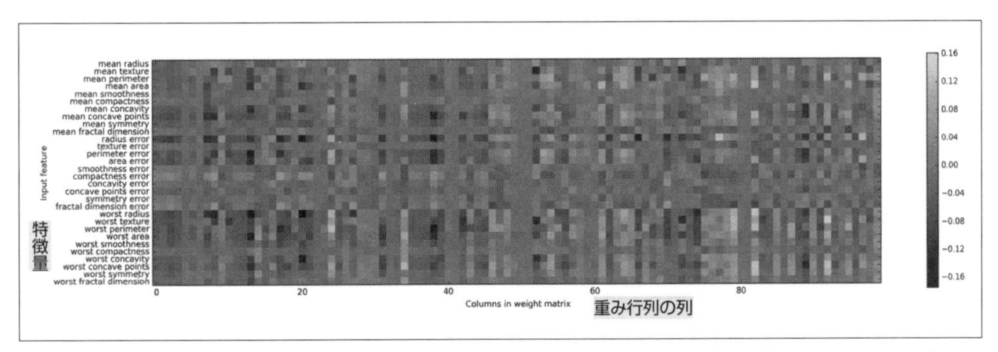

図2-54　cancerデータセットを学習したニューラルネットワークの第一層の重みを表したヒートマップ

1つの推論としては、すべての隠れユニットに対して重みがとても小さい特徴量は、このモデルにとって「重要ではない」と言えるだろう。「mean smoothness」と「mean compactness」、さらに「smoothness error」から「fractal dimension error」までの特徴量は、他の特徴量と比較すると重みが小さい。これは、これらの特徴量が重要でないか、または、我々がこれらの特徴量をニューラルネットワークが使えるように表現できていなかったのかどちらかだ。

隠れ層から出力層への重みも可視化することができるが、こちらはさらにわかりにくい。

MLPClassifierとMLPRegressorは、一般的なニューラルネットワークアーキテクチャを簡単な

＊1　性能が良いモデルの精度が常に0.972であることに気が付いただろうか？これは、これらのモデルがまったく同じ数、4つの点のクラス分類を誤っているということを意味する。実際の予測結果を比べてみると、まったく同じ間違いを犯していることがわかる。これは、データセットが非常に小さいせいかもしれないし、間違う4つのデータポイントが、残りのデータポイントからかけ離れているからかもしれない。

インターフェイスで利用できるようにしてくれるが、ニューラルネットワークで可能なことのごく一部しかカバーしていない。より柔軟な、もしくはより大きなモデルを使いたいなら、scikit-learnではなく、たくさんある素晴らしきディープラーニングライブラリを試すことをお勧めする。Pythonユーザであれば、最も広く使われているライブラリは、keras、lasagna、tensor-flowである[*1]。lasagnaは、theanoを用いて構築されているが、kerasはtensor-flowとtheanoのどちらも利用できる。これらのライブラリは、ニューラルネットワークを構築し、急速に進歩するディープラーニング研究についていくための、はるかに柔軟なインターフェイスを提供している。人気のあるディープラーニングライブラリはどれも、高性能なGPU（グラフィック処理ユニット）を使うことができる。scikit-learnは、GPUをサポートしていない。GPUを用いると計算を10倍から100倍高速にすることができる。これは大規模なデータセットに対してディープラーニングを用いるには本質的に重要なことだ。

2.3.8.3　長所、短所、パラメータ

ニューラルネットワークは、機械学習の多くのアプリケーションにおいて、最先端のモデルとして蘇った。ニューラルネットワークの最大の利点は、大量のデータに含まれているデータを費やし、信じられないほど複雑なモデルを構築できることだ。十分な計算時間とデータをかけ、慎重にパラメータを調整すれば、他の機械学習アルゴリズムに勝てることが多い。（クラス分類でも回帰タスクでも）

これは裏返せば欠点にもなる。ニューラルネットワークは、特に大きくて強力なものは、訓練に時間がかかる。さらに、ここでも見たように、データを慎重に前処理する必要がある。SVMと同様に、データが「同質」な場合、つまりすべての特徴量が同じ意味を持つ場合に、最も良く機能する。さまざまな種類の特徴量を持つデータに関しては、決定木に基づくモデルのほうが性能が良いだろう。ニューラルネットワークのパラメータのチューニングは、それ自体が1つの技芸となっている。ここでは、ニューラルネットワークのさまざまな調整方法と訓練方法のごくごく一部を紹介したにすぎない。

ニューラルネットワークの複雑さ推定

最も重要なパラメータは、隠れ層の数と層あたりの隠れユニットの数である。隠れ層は1つか2つで始め、あとから拡張していけばよいだろう。隠れ層あたりのノードの数は、入力層と同じぐらいにすることが多いが、数千より大きくなることはあまりない。

ニューラルネットワークのモデルの複雑さを考える上で学習すべき重み、もしくは係数の数が1つの尺度となる。100特徴量を持つ2クラス分類データセットがあったとしよう。隠れ層に100のユニットがあったとすると、入力と隠れ層の間の重みの数は、$100 \times 100 = 10{,}000$である。隠れ層と出力層の間の重みの数は、$100 \times 1 = 100$なので、合わせて10,100の重みがあることになる。100の隠れユニットを持つ第2隠れ層を追加すると、第1隠れ層と第2隠れ層の間に$100 \times 100 = 10{,}000$の重みが

＊1　訳注：2022年現在ではPyTorch（https://pytorch.org/）が広く使われている。

できるので、合わせて20,100となる。一方、1,000のユニットがある隠れ層が1層の場合には、入力と隠れ層の間の重みの数は、100×1,000 = 100,000である。隠れ層と出力層の間の重みの数は、1,000×1 = 1,000なので、合わせて101,000となる。ここにさらに1,000ユニットを持つ第2隠れ層を追加すると、1,000×1,000 = 1,000,000の重みが追加される。全部で1,101,000となる。これは、100ユニット2層の場合よりも50倍も大きい。

ニューラルネットワークのパラメータを調整する一般的なやり方は次のようになる。まずは過剰適合できるように大きいネットワークを作って、タスクがそのネットワークで訓練データを学習できることを確認する。次に、ネットワークを小さくするか、alphaを増やして正則化を強化して、汎化性能を向上させる。

ここでの実験では、モデルの定義に着目した。層の数、層あたりのノードの数、正則化、非線形活性化関数がどのようなモデルを学習するかを定義する。しかし、この他に**どのように**モデルを学習するか、つまりパラメータを学習する際に用いるアルゴリズムも考えなければならない。簡単に使えるアルゴリズムが2つある。デフォルトの'adam'は、ほとんどのケースでよく機能するが、データのスケールにはとても敏感である（したがって、データを平均0、分散1にしておくことが重要になる）。もう1つは'lbfgs'で、こちらは頑健だが、モデルが大きい場合や、大規模なデータセットに対しては、訓練に時間がかかる。より高度な'sgd'という選択肢もあり、これはディープラーニングの研究者がよく使っている。'sgd'にはさらに多くの設定パラメータがあり、最良の結果を得るにはこれらを調整しなければならない。これらのパラメータと定義はユーザガイドにすべて書かれている。しかし、MLPの初心者は'adam'と'lbfgs'を使っておけばよい。

fitはモデルをリセットする

scikit-learnのモデルの重要な特性として、fitメソッドを呼ぶとモデルがそれまでに学習した内容がすべてリセットされることが挙げられる。あるデータセットに対してモデルを構築してから、別のデータセットに対してもう一度fitを呼び出すと、モデルは最初のデータセットから学習したことをすべて「忘れ」てしまう。1つのモデルに対してfitを何度でも呼び出すことができ、その結果は、新しいモデルに対してfitを呼び出した場合と同じになる。

2.4　クラス分類器の不確実性推定

これまで触れなかったscikit-learnインターフェイスの有用な機能の1つとして、クラス分類器の予測に対する不確実性推定機能がある。あるテストポイントに対して、クラス分類器が出力する予測クラスだけでなく、その予測がどのくらい確かなのかを知りたいことがよくある。実世界のアプリケーションでは、間違いの種類によって結果が大きく異なることがある。例えば癌かどうかを調べる医療アプリケーションを考えてみよう。偽陽性（false positive）の場合は患者が余計な検査を受けるだけだが、偽陰性（false negative）の場合には深刻な病気が治療されないことになってしまう。このトピックに関しては「**6章 アルゴリズムチェーンとパイプライン**」で詳しく述べる。

scikit-learnには、クラス分類器の不確実性推定に利用できる関数が2つある。decision_functionとpredict_probaである。scikit-learnのクラス分類器のほとんどは（すべてではない）少なくともどちらかを実装しており、多くは両方を実装している。合成2次元データセットをGradientBoostingClassifierで分類した際のこれらの関数の動作を見ていこう。GradientBoostingClassifierはdecision_functionとpredict_probaの双方を実装している。

In[103]:

```
from sklearn.ensemble import GradientBoostingClassifier
from sklearn.datasets import make_circles
X, y = make_circles(noise=0.25, factor=0.5, random_state=1)

# わかりやすいようにクラスを"blue"と"red"にする
y_named = np.array(["blue", "red"])[y]

# train_test_splitは任意の数の配列に適用できる。
# すべての配列は整合するように分割される
X_train, X_test, y_train_named, y_test_named, y_train, y_test = \
    train_test_split(X, y_named, y, random_state=0)

# 勾配ブースティングモデルを構築
gbrt = GradientBoostingClassifier(random_state=0)
gbrt.fit(X_train, y_train_named)
```

2.4.1 決定関数（Decision Function）

2クラス分類の場合、decision_functionの結果の配列は(n_samples,)の形になり、サンプルごとに1つの浮動小数点が返される。

In[104]:

```
print("X_test.shape: {}".format(X_test.shape))
print("Decision function shape: {}".format(
    gbrt.decision_function(X_test).shape))
```

Out[104]:

```
X_test.shape: (25, 2)
Decision function shape: (25,)
```

この値には、あるデータポイントが「陽性」（この場合はクラス1）であると、モデルが信じている度合いがエンコードされている。正であれば陽性クラスを、負であれば「陰性」（つまり陽性以外）クラスを意味する。

In[105]:

```
# decision_functionの最初のいくつかを表示
print("Decision function:\n{}".format(gbrt.decision_function(X_test)[:6]))
```

Out[105]:

```
Decision function:  決定関数
[ 4.136 -1.683 -3.951 -3.626  4.29   3.662]
```

決定関数の符号だけ見れば、予測クラスがわかる。

In[106]:

```
print("Thresholded decision function:\n{}".format(
    gbrt.decision_function(X_test) > 0))
print("Predictions:\n{}".format(gbrt.predict(X_test)))
```

Out[106]:

```
Thresholded decision function:  決定関数の値に閾値を適用して真偽に分離したもの
[ True False False False  True  True False  True  True  True False  True
  True False  True False False False  True  True  True  True  True False
  False]
Predictions:  予測結果
['red' 'blue' 'blue' 'blue' 'red' 'red' 'blue' 'red' 'red' 'red' 'blue'
 'red' 'red' 'blue' 'red' 'blue' 'blue' 'blue' 'red' 'red' 'red' 'red'
 'red' 'blue' 'blue']
```

2クラス分類では、「陰性」クラスがclasses_属性の第1エントリに、「陽性」クラスが第2エントリになる。完全にpredictと同じ結果を再現したければ、classes_属性を使えばよい。

In[107]:

```
# True/Falseを0/1に
greater_zero = (gbrt.decision_function(X_test) > 0).astype(int)
# 0/1をclasses_のインデックスに使う
pred = gbrt.classes_[greater_zero]
# predはgbrt.predictの出力と同じになる
print("pred is equal to predictions: {}".format(
    np.all(pred == gbrt.predict(X_test))))
```

Out[107]:

```
pred is equal to predictions: True  predとpredictionが一致
```

decision_functionのレンジは決まっておらず、データとモデルパラメータに依存する。

In[108]:

```
decision_function = gbrt.decision_function(X_test)
print("Decision function minimum: {:.2f} maximum: {:.2f}".format(
    np.min(decision_function), np.max(decision_function)))
```

Out[108]:

```
Decision function minimum: -7.69 maximum: 4.29 決定関数の最小値 最大値
```

このように、decision_functionの結果は、どのようなスケールで表示されるかわからないので、解釈が難しい。

図2-55に示すプロットは、決定境界と、2次元平面上のすべての点に対するdecision_functionの値で色を付けた図を並べたものである。訓練データポイントは円で、テストデータポイントは三角で表している。

In[109]:

```
fig, axes = plt.subplots(1, 2, figsize=(13, 5))
mglearn.tools.plot_2d_separator(gbrt, X, ax=axes[0], alpha=.4,
                                fill=True, cm=mglearn.cm2)
scores_image = mglearn.tools.plot_2d_scores(gbrt, X, ax=axes[1],
                                            alpha=.4, cm=mglearn.ReBl)

for ax in axes:
    # 訓練データポイントとテストデータポイントをプロット
    mglearn.discrete_scatter(X_test[:, 0], X_test[:, 1], y_test,
                             markers='^', ax=ax)
    mglearn.discrete_scatter(X_train[:, 0], X_train[:, 1], y_train,
                             markers='o', ax=ax)
    ax.set_xlabel("Feature 0")
    ax.set_ylabel("Feature 1")
cbar = plt.colorbar(scores_image, ax=axes.tolist())
axes[0].legend(["Test class 0", "Test class 1", "Train class 0",
                "Train class 1"], ncol=4, loc=(.1, 1.1))
```

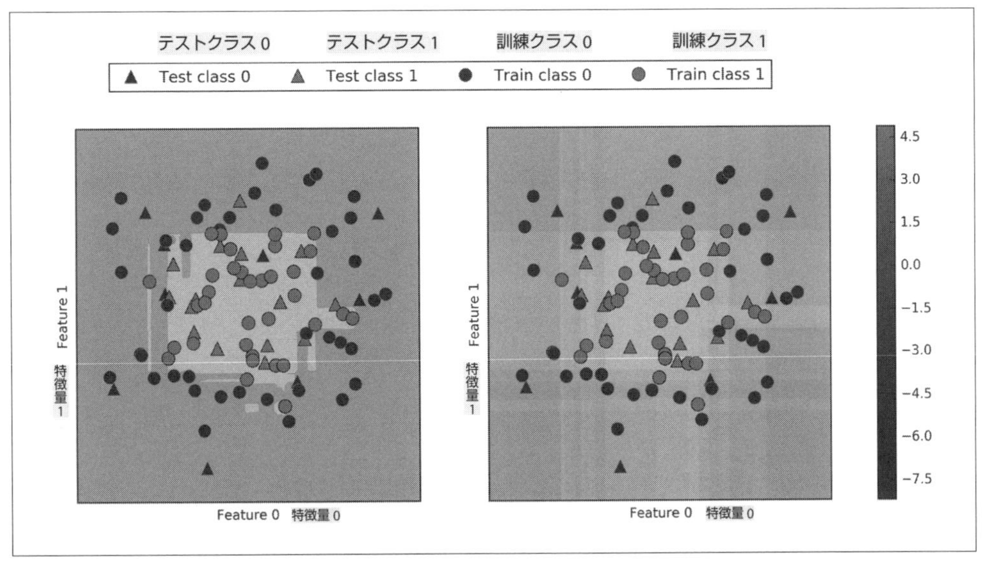

図2-55 簡単な2次元データセットに対する勾配ブースティングモデルの決定境界（左）と決定関数（右）

予測された結果だけではなく、確信度についても表現されている。しかし、このように可視化しても2つのクラスの境界はわかりにくい。

2.4.2 確率の予測

predict_probaの出力は、それぞれのクラスに属する確率で、decision_functionの出力よりも理解しやすい。出力配列の形は、2クラス分類問題では、常に(n_samples, 2)になる。

In[110]:

```
print("Shape of probabilities: {}".format(gbrt.predict_proba(X_test).shape))
```

Out[110]:

```
Shape of probabilities: (25, 2)
```
確率配列の形

各行の第1エントリは第1クラスの予測確率で、第2エントリは第2クラスの予測確率である。確率なので、predict_probaの出力は常に0から1であり、双方の和は常に1になっている。

In[111]:

```
# predict_probaの出力の最初の数行を見る
print("Predicted probabilities:\n{}".format(
    gbrt.predict_proba(X_test[:6])))
```

Out[111]:

```
Predicted probabilities: 予測確率
[[ 0.016  0.984]
 [ 0.843  0.157]
 [ 0.981  0.019]
 [ 0.974  0.026]
 [ 0.014  0.986]
 [ 0.025  0.975]]
```

2つのクラスの確率の和が1なので、どちらかが50%以上の確率（確信度）になっているはずだ。そのクラスが予測クラスになる*1。

上に示した出力を見ると、このクラス分類器は多くの点について比較的確信度が高いことがわかる。出力される確信度が、実際のデータポイントに対する正答率を反映しているかは、モデルやパラメータに依存する。過剰適合したモデルは、間違っている場合でさえ、高い確信度で予測する傾向にある。複雑さが低いモデルの予測は確信度が低い。あるモデルが報告する確信度が、実際の正答率と一致している場合、**較正されている**（calibrated）という。例えば、確信度が70%のデータポイントに対して、70%の確率で正答できる場合に、そのモデルは較正されている。

図2-56に、データセットの決定境界とクラス1になる確率を示す。

In[112]:

```
fig, axes = plt.subplots(1, 2, figsize=(13, 5))

mglearn.tools.plot_2d_separator(
    gbrt, X, ax=axes[0], alpha=.4, fill=True, cm=mglearn.cm2)
scores_image = mglearn.tools.plot_2d_scores(
    gbrt, X, ax=axes[1], alpha=.5, cm=mglearn.ReBl, function='predict_proba')

for ax in axes:
    # 訓練データポイントとテストデータポイントをプロット
    mglearn.discrete_scatter(X_test[:, 0], X_test[:, 1], y_test,
                             markers='^', ax=ax)
    mglearn.discrete_scatter(X_train[:, 0], X_train[:, 1], y_train,
                             markers='o', ax=ax)
    ax.set_xlabel("Feature 0")
    ax.set_ylabel("Feature 1")
cbar = plt.colorbar(scores_image, ax=axes.tolist())
axes[0].legend(["Test class 0", "Test class 1", "Train class 0",
                "Train class 1"], ncol=4, loc=(.1, 1.1))
```

*1 確率は浮動小数点数なので、両方の確率がちょうど0.500になることはほとんどない。ちょうど0.500になった場合には予測クラスはランダムに選ばれる。

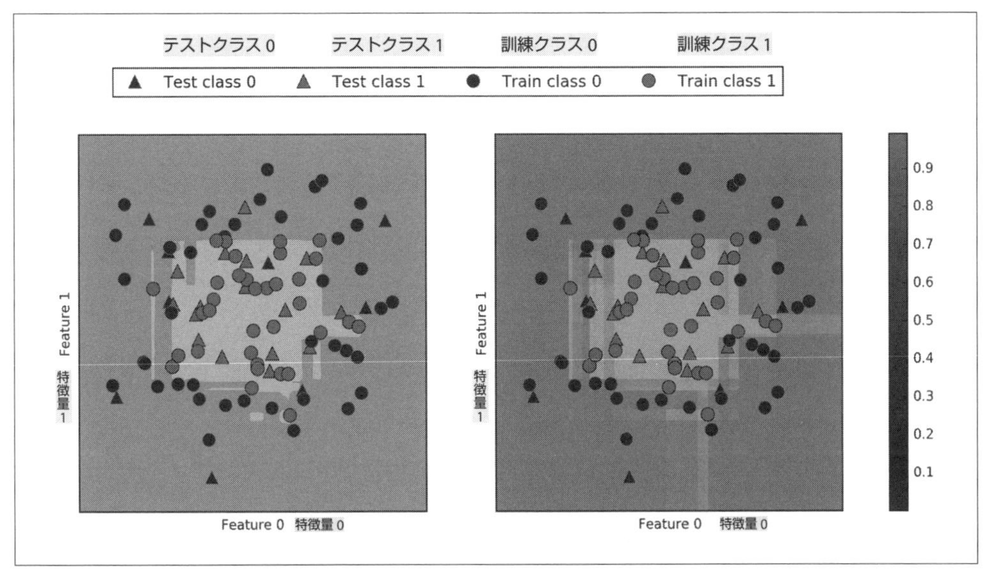

図2-56 図2-55に示した勾配ブースティングモデルの決定境界（左）と予測確率（右）

この図では境界がはっきりしており、わずかに存在する確信度が低い領域もはっきりわかる。

scikit-learnのWebサイト（http://scikit-learn.org/stable/auto_examples/classification/plot_classifier_comparison.html）では、さまざまなモデルによる不確実性推定の結果が比較されている。**図2-57**にも掲載したが、このサイトも見てほしい。

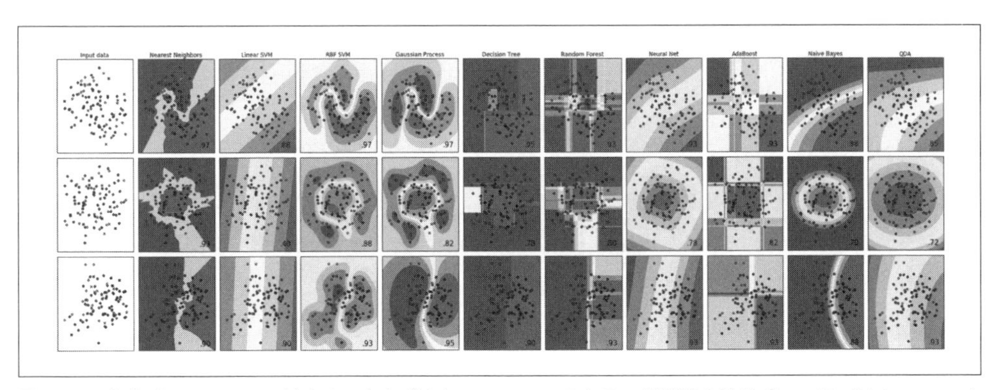

図2-57 合成データセットに対する、さまざまなscikit-learnのクラス分類器の比較（http://scikit-learn.orgより引用）

2.4.3　多クラス分類の不確実性

ここまで2クラス分類の不確実性推定だけを見てきた。しかし、decision_functionメソッドとpredict_probaメソッドは、多クラス分類に対しても利用できる。3クラス分類問題であるirisデータセットに適用してみよう。

In[113]:

```
from sklearn.datasets import load_iris

iris = load_iris()
X_train, X_test, y_train, y_test = train_test_split(
    iris.data, iris.target, random_state=42)

gbrt = GradientBoostingClassifier(learning_rate=0.01, random_state=0)
gbrt.fit(X_train, y_train)
```

In[114]:

```
print("Decision function shape: {}".format(gbrt.decision_function(X_test).shape))
# 決定関数の最初のいくつかを表示
print("Decision function:\n{}".format(gbrt.decision_function(X_test)[:6, :]))
```

Out[114]:

```
Decision function shape: (38, 3)  決定関数配列の形状
Decision function:                決定関数
[[-0.529  1.466 -0.504]
 [ 1.512 -0.496 -0.503]
 [-0.524 -0.468  1.52 ]
 [-0.529  1.466 -0.504]
 [-0.531  1.282  0.215]
 [ 1.512 -0.496 -0.503]]
```

多クラス問題の場合には、decision_functionの結果は、(n_samples, n_classes)の形の配列になる。各列は個々のクラスに対する「確信度スコア」で、大きいとそのクラスである可能性が高く、小さくなると可能性が低くなる。各データポイントに対して、確信度スコアが最大になるクラスを選ぶことで予測クラスが得られる。

In[115]:

```
print("Argmax of decision function:\n{}".format(
      np.argmax(gbrt.decision_function(X_test), axis=1)))
print("Predictions:\n{}".format(gbrt.predict(X_test)))
```

Out[115]:

```
Argmax of decision function: 決定関数のArgmax
[1 0 2 1 1 0 1 2 1 1 2 0 0 0 0 1 2 1 1 2 0 2 0 2 2 2 2 2 0 0 0 0 1 0 0 2 1 0]
Predictions: 予測値
[1 0 2 1 1 0 1 2 1 1 2 0 0 0 0 1 2 1 1 2 0 2 0 2 2 2 2 2 0 0 0 0 1 0 0 2 1 0]
```

predict_probaの出力も、同じ(n_samples, n_classes)の形の配列となる。各クラスになる確率の和は1となる。

In[116]:

```
# predict_probaの結果の最初の数行を表示
print("Predicted probabilities:\n{}".format(gbrt.predict_proba(X_test)[:6]))
# 各行の和が1になることを確認
print("Sums: {}".format(gbrt.predict_proba(X_test)[:6].sum(axis=1)))
```

Out[116]:

```
Predicted probabilities: 予測確率
[[ 0.107  0.784  0.109]
 [ 0.789  0.106  0.105]
 [ 0.102  0.108  0.789]
 [ 0.107  0.784  0.109]
 [ 0.108  0.663  0.228]
 [ 0.789  0.106  0.105]]
Sums: [ 1.  1.  1.  1.  1.  1.]
```

predict_probaのargmaxを取ることで、予測クラスを再現してみよう。

In[117]:

```
print("Argmax of predicted probabilities:\n{}".format(
    np.argmax(gbrt.predict_proba(X_test), axis=1)))
print("Predictions:\n{}".format(gbrt.predict(X_test)))
```

Out[117]:

```
Argmax of predicted probabilities: 予測確率のArgmax
[1 0 2 1 1 0 1 2 1 1 2 0 0 0 0 1 2 1 1 2 0 2 0 2 2 2 2 2 0 0 0 0 1 0 0 2 1 0]
Predictions: 予測値
[1 0 2 1 1 0 1 2 1 1 2 0 0 0 0 1 2 1 1 2 0 2 0 2 2 2 2 2 0 0 0 0 1 0 0 2 1 0]
```

要するに、predict_probaとdecision_functionの結果は(n_samples, n_classes)の形の配列になるのだが、2クラス分類の場合のdecision_functionだけが例外なのだ。2クラス分類の場合のdecision_functionには「陽性」クラスであるclasses_[1]に対応する1列しかない。これは、歴史的な経緯によるものである。

クラスの数だけ列がある場合には、列に対してargmaxを計算すれば、予測を再現できる。ただし、クラスが文字列だったり、0から始まる整数で表現されていない場合には、注意が必要だ。predictで得られた結果を、decision_functionやpredict_probaで得られた結果と比較する際には、クラス分類器のclasses_属性を使って、実際のクラス名を使うようにしなければならない。

In[118]:

```
logreg = LogisticRegression()

# irisデータセットのクラス名で表示する
named_target = iris.target_names[y_train]
logreg.fit(X_train, named_target)
print("unique classes in training data: {}".format(logreg.classes_))
print("predictions: {}".format(logreg.predict(X_test)[:10]))
argmax_dec_func = np.argmax(logreg.decision_function(X_test), axis=1)
print("argmax of decision function: {}".format(argmax_dec_func[:10]))
print("argmax combined with classes_: {}".format(
        logreg.classes_[argmax_dec_func][:10]))
```

Out[118]:

```
unique classes in training data: ['setosa' 'versicolor' 'virginica']  訓練データ中のクラス
predictions: ['versicolor' 'setosa' 'virginica' 'versicolor' 'versicolor'  予測値
 'setosa' 'versicolor' 'virginica' 'versicolor' 'versicolor']
argmax of decision function: [1 0 2 1 1 0 1 2 1 1]  決定関数のargmax
argmax combined with classes_: ['versicolor' 'setosa' 'virginica' 'versicolor'
 'versicolor' 'setosa' 'versicolor' 'virginica' 'versicolor' 'versicolor']
                                        決定関数のargmaxをクラス名にしたもの
```

2.5 まとめと展望

本章では、まずモデルの複雑さについて議論し、次に**汎化**について議論した。汎化とは新しい見たことのないデータに対してうまく機能するようにモデルを学習することだ。この汎化という考え方から、訓練データに現れている変異をモデルが捉えきれていない状態を表す適合不足という概念と、逆に訓練データに適合しすぎてしまい、新しいデータに汎化できない状態を表す過剰適合という概念に至った。

次に、クラス分類と回帰を行うさまざまな機械学習モデルについて、それらの利点と欠点、モデルの複雑さを制御する方法を述べた。多くのアルゴリズムでは、性能を得るためには正しいパラメータを選択することが重要だということを説明した。また、アルゴリズムによって、入力データの表現、特に特徴量のスケールに敏感であることも示した。したがって、モデルがおいている仮定やパラメータの意味を理解せずに、適当なデータセットに適当なアルゴリズムを適用するだけでは正確なモデルを得ることはできない。

本章にはさまざまなアルゴリズムに関する情報が大量に含まれている。以降の章を読む上で、本章の内容すべてを詳細に覚えておく必要はないが、本章で述べたモデルに関する知識と、どのようなときにどのアルゴリズムを使うべきかは、実際に機械学習を利用する上で重要である。それぞれのモデルを簡単にまとめておこう。

最近傍法

小さいデータに関しては良いベースラインとなる。説明が容易。

線形モデル

最初に試してみるべきアルゴリズム。非常に大きいデータセットに適する。非常に高次元のデータに適する。

ナイーブベイズ

クラス分類にしか使えない。線形モデルよりもさらに高速。非常に大きいデータセット、高次元データに適する。線形モデルより精度が劣ることが多い。

決定木

非常に高速。データのスケールを考慮する必要がない。可視化が可能で説明しやすい。

ランダムフォレスト

ほとんどの場合単一の決定木よりも高性能で、頑健で、強力。データのスケールを考慮する必要がない。高次元の疎なデータには適さない。

勾配ブースティング決定木

多くの場合ランダムフォレストよりも少し精度が高い。ランダムフォレストよりも訓練に時間がかかるが、予測はこちらのほうが速く、メモリ使用量も小さい。ランダムフォレストよりもパラメータに敏感。

サポートベクタマシン

同じような意味を持つ特徴量からなる中規模なデータセットに対しては強力。データのスケールを調整する必要がある。パラメータに敏感。

ニューラルネットワーク

非常に複雑なモデルを構築できる。特に大きなデータセットに有効。データのスケールを調整する必要がある。パラメータに敏感。大きいモデルは訓練に時間がかかる。

新しいデータセットを扱う場合は、線形モデルやナイーブベイズや最近傍法などの、簡単なモデルでどのくらい精度が得られるか試すべきだ。データをより深く理解できたら、ランダムフォレストや勾配ブースティング、SVM、ニューラルネットワークなどの、より複雑なモデルに移行することを考えるとよいだろう。

ここまで読めば、これまで述べたモデルについて、利用し、パラメータをチューニングし、解析する方法がだいたいわかったことと思う。本章では、主に2クラス分類を取り扱ったが、これは理解が容易だからだ。ここで述べたアルゴリズムのほとんどが、クラス分類にも回帰にも利用できるし、クラス分類のアルゴリズムは多クラス分類をサポートしている。scikit-learnに組み込まれているデータセットに対して、アルゴリズムを適用してみよう。回帰にはboston_housingやdiabetesデータセットが、多クラス分類にはdigitsデータセットがよいだろう。さまざまなデータセットに対して、さまざまなアルゴリズムを適用してみれば、モデルの解析が簡単か、データの表現に対して敏感かがわかるだろう。

これまでに、それぞれのアルゴリズムに対するパラメータ設定の影響を解析してきたが、実運用環境で新しいデータに対して実際にうまく汎化できるモデルを作るのはさらに面倒だ。パラメータを適切に調整する方法と、自動的に良いパラメータを発見する方法については「**6章 アルゴリズムチェーンとパイプライン**」で説明する。

しかしその前に、次の章で教師なし学習と前処理について詳しく見ていこう。

3章 教師なし学習と前処理

ここでは、教師なし学習と呼ばれる種類の機械学習アルゴリズムを見ていく。教師なし学習には、アルゴリズムの学習に教師情報を用いないすべての種類の機械学習が含まれる。教師なし学習では、アルゴリズムには入力データだけが与えられ、データから知識を抽出することが要求される。

3.1 教師なし学習の種類

本章では、2種類の教師なし学習を見ていく。データセットの変換とクラスタリングである。

データセットの**教師なし変換**(Unsupervised transformations)は、もとのデータ表現を変換して、人間や他の機械学習アルゴリズムにとって、よりわかりやすい新しいデータ表現を作るアルゴリズムのことだ。教師なし変換の利用法として最も一般的なのは次元削減だ。次元削減とは、たくさんの特徴量で構成されるデータの高次元表現を入力として、少量の本質的な特徴を表す特徴量でそのデータを表す要約方法を見つけることだ。次元削減は、可視化のために次元数を2次元に減らす際にも用いられる。

もう1つの教師なし変換のアプリケーションとして、そのデータを「構成する」部品、もしくは成分を見つけることが挙げられる。このようなアプリケーションの例としては、文書データの集合からのトピック抽出がある。このタスクは、個々のタスクから未知のトピックを見つけ出し、どの文書にどのトピックがあるかを学習する。この手法は、ソーシャルメディア上の話題(選挙、銃規制、ポップスターなど)を解析するのに有用だ。

一方、**クラスタリングアルゴリズム**(Clustering algorithms)は、データを似たような要素から構成されるグループに分けるアルゴリズムだ。SNSサイトに写真をアップロードすることを考えてみよう。SNSサイトは、同じ人物が写っている写真をまとめることで整理しようとする。しかし、SNSサイトには、写真に誰が写っているかわからないし、写真全体に何人の人が写っているのかもわからない。これを解決するには、写真からすべての顔を抽出して、似た顔でグループ分けする方法が考えられる。似た顔のグループは、おそらく特定の人に対応するので、それを用いて写真を整理できる。

3.2　教師なし学習の難しさ

教師なし学習の難しさは、アルゴリズムが学習したことの有用性の評価にある。教師なし学習のアルゴリズムにはラベル情報がまったく含まれていないデータが与えられる。このため、出力がどうあるべきなのかわからない。したがって、モデルが「よくやった」のかどうか判断するのがとても難しい。例えば、あるクラスタリングアルゴリズムが、プロフィール写真を、顔だけが大きく写ったものとそうでないものにグループ分けしたとしよう。この方法も顔写真の集合をグループ分けする方法の1つではあるが、我々が求めているものではない。しかし、アルゴリズムに我々が何を求めているのかを「教える」方法がないので、教師なし学習の結果を評価するには、結果を人間が確かめるしかない場合が多い。

このため、教師なし学習は、大きな自動システムの一部として利用される場合よりも、データサイエンティストがデータをよりよく理解するために、探索的に用いられる場合が多い。もう1つの教師なし学習アルゴリズムの一般的な利用方法としては、教師あり学習の前処理ステップとしての利用が挙げられる。データを新しい表現にしてから学習することで、教師ありアルゴリズムの精度が上がったり、メモリ使用量や計算時間が削減できる場合がある。

「本当の」教師なし学習アルゴリズムを見る前に、しばしば役に立つ、より簡単なデータ前処理方法を見ておこう。前処理やスケール変換は教師あり学習とつなげて利用することが多いが、スケール変換は教師信号を利用していないので、教師なし手法の一種だと言える。

3.3　前処理とスケール変換

前章で、ニューラルネットワークやSVMなどのアルゴリズムは、データのスケール変換に非常に敏感であることを見た。したがって、これらのアルゴリズムに適したデータ表現に変換することが広く行われている。よく使われるのは、特徴量ごとにスケールを変更してずらす方法である。下のコードは、**図3-1**に示す簡単な例を表示する。

In[1]:

```
mglearn.plots.plot_scaling()
```

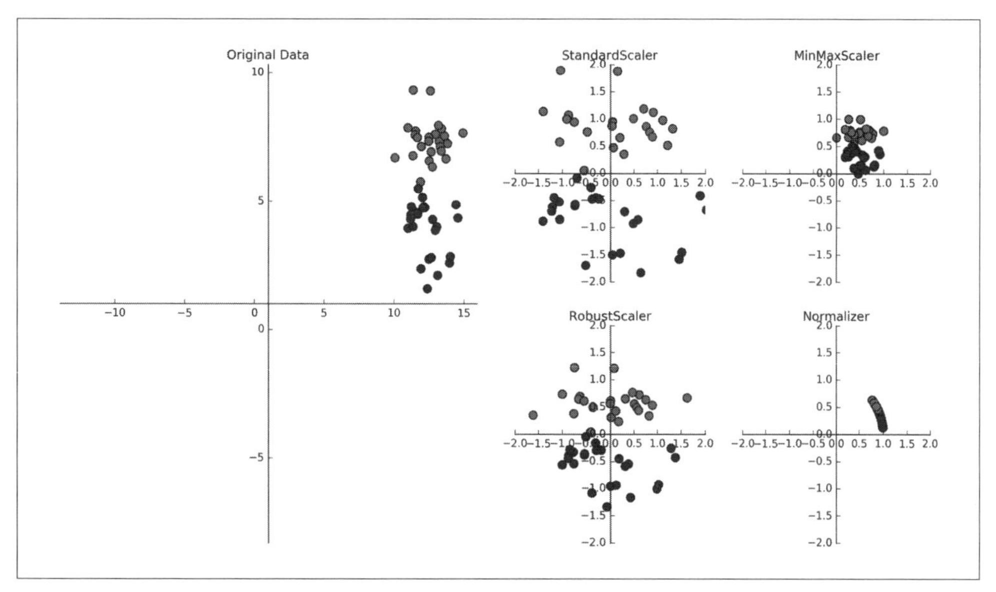

図3-1　データセットに対するさまざまなスケール変換と前処理結果

3.3.1　さまざまな前処理

図3-1の左のプロットは、2特徴量の2クラス分類合成データセットである。第1の特徴量（x軸）は10から15の間に、第2の特徴量（y軸）は1から9の間にある。

その隣の4つのプロットはデータを標準的なレンジに変換する4つの方法を示している。scikit-learnのStandardScalerは、個々の特徴量の平均が0で分散が1になるように変換し、すべての特徴量の大きさを揃えてくれる。しかし、この方法は特徴量の最大値や最小値がある範囲に入ることを保証するものではない。RobustScalerの動作は、個々の特徴量が一定の範囲に入るように変換するという意味ではStandardScalerに近い。しかし、RobustScalerは、平均値と分散の代わりに、中央値と四分位数を用いる*[1]。このため、RobustScalerは、極端に他の値と異なるような値（測定エラーなど）を無視する。このような点は**外れ値**（outlier）と呼ばれ、他のスケール変換方法では問題になる。

これに対して、MinMaxScalerは、データがちょうど0から1の間に入るように変換する。2次元データセットで考えると、x軸が0から1、y軸が0から1の正方形にすべてのデータが入るように変換することになる。

最後のNormalizerの変換は、他のものとはかなり異なる。このクラスは、個々のデータポイント

＊1　ある集合の中央値xとは、集合の半分がxよりも大きく、もう半分がxよりも小さいような数を言う。第1四分位数xは、全体の1/4がxより小さく、3/4が大きいような数、第3四分位数xは、全体の3/4がxより小さく、全体の1/4が大きいような数である。

を、特徴量ベクトルがユークリッド長1になるように変換する。言い換えると、データポイントを、半径1の円（より高次元なら超球面）に投射する。したがって、すべてのデータポイントに対してそれぞれ異なるスケール変換が行われる（もとのユークリッド長の逆数をかける）。この変換は、特徴ベクトルの長さではなく、方向（もしくは角度）だけが問題になる場合に用いられる。

3.3.2 データ変換の適用

さまざまな変換を説明したので、scikit-learnを用いて実際に適用してみよう。「**2章　教師あり学習**」に登場したcancerデータセットを用いる。スケール変換器などの前処理手法は、教師あり学習アルゴリズムを適用する前に用いる。例として、カーネル法を用いたSVM（SVC）をcancerデータセットに適用し、MinMaxScalerを前処理に用いることにしよう。まず、データセットをロードして訓練セットとテストセットに分割する（前処理した後で構築する教師ありモデルを評価するために、訓練セットとテストセットを分けておく必要がある）。

In[2]:

```
from sklearn.datasets import load_breast_cancer
from sklearn.model_selection import train_test_split
cancer = load_breast_cancer()

X_train, X_test, y_train, y_test = train_test_split(cancer.data, cancer.target,
                                                    random_state=1)
print(X_train.shape)
print(X_test.shape)
```

Out[2]:

```
(426, 30)
(143, 30)
```

復習になるが、このデータセットには30の測定結果で表される569のデータポイントがある。これを、訓練セット426サンプルと、テストセット143サンプルに分割した。

教師ありモデルを作った際と同じように、まず前処理を実装したクラスをインポートし、インスタンスを生成する。

In[3]:

```
from sklearn.preprocessing import MinMaxScaler

scaler = MinMaxScaler()
```

次に、fitメソッドを訓練データに対して適用して、スケール変換器を適合させる。MinMaxScaler

の場合は、fitメソッドは訓練データ中の各特徴量の最小値と最大値を計算する。「**2章 教師あり学習**」で見たクラス分類器や回帰と異なり、スケール変換器のfitメソッドにはデータ（X_train）のみを与え、y_trainは用いない。

In[4]:

```
scaler.fit(X_train)
```

Out[4]:

```
MinMaxScaler(copy=True, feature_range=(0, 1))
```

学習した変換を適用するには、つまり実際に訓練データを**スケール変換**するには、スケール変換器のtransformメソッドを用いる。scikit-learnでは、モデルが新しいデータ表現を返す際には常にtransformメソッドが用いられる。

In[5]:

```
# データを変換
X_train_scaled = scaler.transform(X_train)
# スケール変換の前後のデータ特性をプリント
print("transformed shape: {}".format(X_train_scaled.shape))
print("per-feature minimum before scaling:\n {}".format(X_train.min(axis=0)))
print("per-feature maximum before scaling:\n {}".format(X_train.max(axis=0)))
print("per-feature minimum after scaling:\n {}".format(
    X_train_scaled.min(axis=0)))
print("per-feature maximum after scaling:\n {}".format(
    X_train_scaled.max(axis=0)))
```

Out[5]:

```
transformed shape: (426, 30)                変換後の配列の形
per-feature minimum before scaling:         変換前の各特徴量の最小値
 [   6.98    9.71   43.79  143.50    0.05    0.02    0.      0.      0.11
     0.05    0.12    0.36    0.76    6.80    0.      0.      0.      0.
     0.01    0.      7.93   12.02   50.41  185.20    0.07    0.03    0.
     0.      0.16    0.06]
per-feature maximum before scaling:         変換前の各特徴量の最大値
 [   28.11     39.28    188.5    2501.0     0.16     0.29     0.43     0.2
     0.300    0.100    2.87     4.88    21.98   542.20     0.03     0.14
     0.400    0.050    0.06     0.03    36.04    49.54   251.20  4254.00
     0.220    0.940    1.17     0.29     0.58     0.15]
per-feature minimum after scaling:          変換後の各特徴量の最小値
 [ 0.  0.  0.  0.  0.  0.  0.  0.  0.  0.  0.  0.  0.  0.  0.  0.  0.  0.
   0.  0.  0.  0.  0.  0.  0.  0.  0.  0.  0.  0.]
```

```
per-feature maximum after scaling: 変換後の各特徴量の最大値
 [ 1.  1.  1.  1.  1.  1.  1.  1.  1.  1.  1.  1.  1.  1.  1.  1.  1.  1.
   1.  1.  1.  1.  1.  1.  1.  1.  1.  1.  1.  1.]
```

変換されたデータの配列はもとのデータのものと同じ形をしている。特徴量がシフトされ、スケール変換されているだけだ。すべての特徴量が、望んだ通り0と1の間になっているのがわかるだろう。

SVMをスケール変換されたデータに適用するには、テストセットの方も変換する必要がある。ここでもtransformメソッドを用いるが、今度はX_testに適用する。

In[6]:

```
# テストデータを変換
X_test_scaled = scaler.transform(X_test)
# スケール変換の前後のデータ特性をプリント
print("per-feature minimum after scaling:\n{}".format(X_test_scaled.min(axis=0)))
print("per-feature maximum after scaling:\n{}".format(X_test_scaled.max(axis=0)))
```

Out[6]:

```
per-feature minimum after scaling: 変換後の各特徴量の最小値
[ 0.034  0.023  0.031  0.011  0.141  0.044  0.     0.     0.154 -0.006
 -0.001  0.006  0.004  0.001  0.039  0.011  0.     0.    -0.032  0.007
  0.027  0.058  0.02   0.009  0.109  0.026  0.     0.    -0.    -0.002]
per-feature maximum after scaling: 変換後の各特徴量の最大値
[ 0.958  0.815  0.956  0.894  0.811  1.22   0.88   0.933  0.932  1.037
  0.427  0.498  0.441  0.284  0.487  0.739  0.767  0.629  1.337  0.391
  0.896  0.793  0.849  0.745  0.915  1.132  1.07   0.924  1.205  1.631]
```

驚くかもしれないが、テストセットの場合には、スケール変換後の最小値と最大値が0と1になっていない。特徴量によっては0と1の範囲から出てしまっている。これは、MinMaxScalerが（他のスケール変換器もそうだが）常に訓練データとテストデータに、まったく同じ変換を施すからだ。transformメソッドは常に訓練データの最小値を引き、訓練データのレンジで割る。これらの値は、テストセットの最小値やレンジとは違う場合もあるのだ。

3.3.3 訓練データとテストデータを同じように変換する

教師ありモデルをテストセットに対して適用する際に、テストセットを訓練セットとまったく同じように変換することは重要である。下の例は、テストセットの最小値とレンジを使うと何が起こるかを示している（図3-2）。

In[7]:

```
from sklearn.datasets import make_blobs
```

```
# 合成データを作成
X, _ = make_blobs(n_samples=50, centers=5, random_state=4, cluster_std=2)
# 訓練セットとデータセットに分割
X_train, X_test = train_test_split(X, random_state=5, test_size=.1)

# 訓練セットとテストセットをプロット
fig, axes = plt.subplots(1, 3, figsize=(13, 4))
axes[0].scatter(X_train[:, 0], X_train[:, 1],
                color=mglearn.cm2(0), label="Training set", s=60)
axes[0].scatter(X_test[:, 0], X_test[:, 1], marker='^',
                color=mglearn.cm2(1), label="Test set", s=60)
axes[0].legend(loc='upper left')
axes[0].set_title("Original Data")

# MinMaxScalerでデータをスケール変換
scaler = MinMaxScaler()
scaler.fit(X_train)
X_train_scaled = scaler.transform(X_train)
X_test_scaled = scaler.transform(X_test)

# スケール変換されたデータの特性を可視化
axes[1].scatter(X_train_scaled[:, 0], X_train_scaled[:, 1],
                color=mglearn.cm2(0), label="Training set", s=60)
axes[1].scatter(X_test_scaled[:, 0], X_test_scaled[:, 1], marker='^',
                color=mglearn.cm2(1), label="Test set", s=60)
axes[1].set_title("Scaled Data")

# テストセットを訓練セットとは別にスケール変換
# 最小値と最大値が0,1になる。ここでは説明のためにわざとやっている
# *実際にはやってはいけない！*
test_scaler = MinMaxScaler()
test_scaler.fit(X_test)
X_test_scaled_badly = test_scaler.transform(X_test)

# 間違ってスケール変換されたデータを可視化
axes[2].scatter(X_train_scaled[:, 0], X_train_scaled[:, 1],
                color=mglearn.cm2(0), label="training set", s=60)
axes[2].scatter(X_test_scaled_badly[:, 0], X_test_scaled_badly[:, 1],
                marker='^', color=mglearn.cm2(1), label="test set", s=60)
axes[2].set_title("Improperly Scaled Data")

for ax in axes:
    ax.set_xlabel("Feature 0")
    ax.set_ylabel("Feature 1")
```

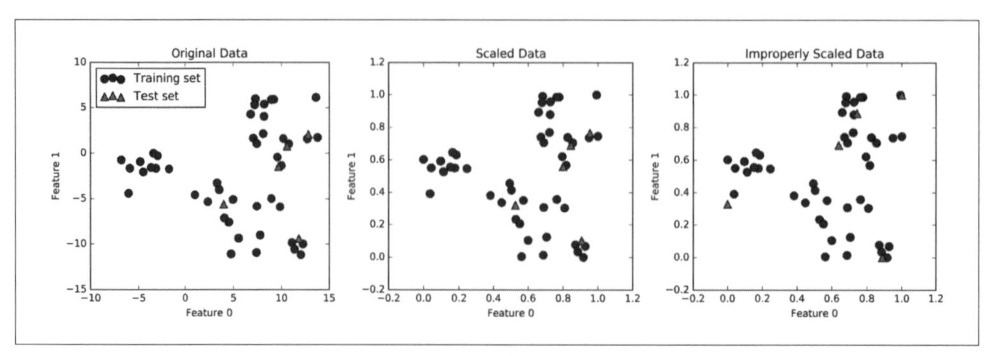

図3-2 訓練データとテストデータに対するスケール変換の効果。左のデータを同時にスケール変換したもの（中央）と、別々に変換したもの（右）

最初のパネルは、変換されていない2次元のデータセットである。訓練セットは丸で、テストセットは三角形で表されている。2つ目のパネルは同じデータをMinMaxScalerで変換したものである。ここでは、訓練セットに対してfitしたものを使って、訓練セットとテストセットをtransformしている。2つ目のパネルのデータセットは、グラフ軸の目盛りが変わっただけで、最初のものとまったく同じに見える。すべての特徴量が0と1の間にあるわけではない。テストデータ（三角形）の最小値と最大値は0と1ではない。

3つ目のパネルは、訓練セットとテストセットを別々に変換した場合を示している。この場合、特徴量の最小値と最大値は、訓練セットもテストセットも0と1になっている。しかし、データセットが変わってしまっている。テストデータポイントと訓練データポイントが別々に変換されているので、お互いに対して動いてしまっている。データを勝手に動かしてしまったのだ。明らかにこれはまずい。

別の考え方をしてみよう。テストセットが1点しかなかったらどうだろうか？ MinMaxScalerの最大値最小値に対する要求を満たすように、1点をスケール変換する方法はない。しかし、テストセットの大きさによって前処理の方法を変更するのはおかしいだろう。

効率の良いショートカット

あるデータセットに対して、モデルをfitしてから、transformしたいことはよくある。これは非常に一般的で、fitを呼び出してからtransformを呼び出すよりも効率的に計算できる場合がある。このような場合のために、transformメソッドを持つすべてのモデルにはfit_transformメソッドが用意されている。StandardScalerの例を見てみよう。

In[8]:

```
from sklearn.preprocessing import StandardScaler
scaler = StandardScaler()
# fitとtransformを続けて呼ぶ(メソッドチェーンを使って)
X_scaled = scaler.fit(X).transform(X)
# 同じ結果になるがより効率的に計算される
X_scaled_d = scaler.fit_transform(X)
```

fit_transformはすべてのモデルに対して効率的なわけではないが、訓練データを変換する際には使ってもよいだろう。

3.3.4 教師あり学習における前処理の効果

さて、cancerデータセットに戻って、SVCの学習に対するMinMaxScalerの効果を見てみよう（「2章 教師あり学習」で同じ変換をしているが、ここでは別のやり方で行う）。まず、比較のためにもとのデータに対して再びSVCを訓練する。

In[9]:

```
from sklearn.svm import SVC

X_train, X_test, y_train, y_test = train_test_split(cancer.data, cancer.target,
                                                    random_state=0)

svm = SVC(C=100)
svm.fit(X_train, y_train)
print("Test set accuracy: {:.2f}".format(svm.score(X_test, y_test)))
```

Out[9]:

```
Test set accuracy: 0.63  テストセット精度
```

さて、今度はSVCに掛ける前に、MinMaxScalerを使ってスケール変換してみよう。

In[10]:

```
# 0-1スケール変換で前処理
scaler = MinMaxScaler()
scaler.fit(X_train)
X_train_scaled = scaler.transform(X_train)
X_test_scaled = scaler.transform(X_test)

# 変換された訓練データで学習
svm.fit(X_train_scaled, y_train)

# 変換されたテストセットでスコア計算
print("Scaled test set accuracy: {:.2f}".format(
    svm.score(X_test_scaled, y_test)))
```

Out[10]:

```
Scaled test set accuracy: 0.97
```

スケール変換した場合のテストセット精度

ここで示したように、データに対するスケール変換の影響は非常に大きい。スケール変換には複雑な数学は使われていないが、自分で再実装するよりは、scikit-learnが用意しているスケール変換機構を使ったほうがよいだろう。簡単な計算でも間違ってしまうことは多いからだ。

さらに、前処理のアルゴリズムを置き換えるのも、利用するクラスを変えるだけでできる。前処理のクラスはどれも、fitメソッドとtransformメソッドの同じインターフェイスを持つからだ。

In[11]:

```
# 平均を0に分散を1に前処理
from sklearn.preprocessing import StandardScaler
scaler = StandardScaler()
scaler.fit(X_train)
X_train_scaled = scaler.transform(X_train)
X_test_scaled = scaler.transform(X_test)

# 変換された訓練データで学習
svm.fit(X_train_scaled, y_train)

# 変換されたテストセットでスコア計算
print("SVM test accuracy: {:.2f}".format(svm.score(X_test_scaled, y_test)))
```

Out[11]:

```
SVM test accuracy: 0.96
```

SVMのテストセット精度

ここまでは、前処理のためのデータ変換が簡単に使えることを説明した。次は、教師なし学習を用いたもっと面白いデータ変換を見ていこう。

3.4 次元削減、特徴量抽出、多様体学習

先に述べた通り、教師なし学習を用いたデータ変換にはさまざまな動機がある。最も一般的な動機としては、可視化、データの圧縮、以降の処理に適した表現の発見が挙げられる。

これらすべての目的に対して最もよく用いられるアルゴリズムが、主成分分析（principal component analysis：PCA）だ。ここでは主成分分析の他に、あと2つのアルゴリズムを見ていく。主に特徴量抽出に用いられる非負値行列因子分解（non-negative matrix factorization：NMF）と、2次元散布図を用いたデータの可視化によく用いられるt-SNEである。

3.4.1 主成分分析（PCA）

主成分分析とは、データセットの特徴量を相互に統計的に関連しないように回転する手法である。多くの場合、回転したあとの特徴量から、データを説明するのに重要な一部の特徴量だけを抜き出す。**図3-3**にPCAを合成2次元データセットに適用した例を示す。

In[12]:

```
mglearn.plots.plot_pca_illustration()
```

最初のプロット（左上）は、もとのデータセットを示している。区別がつきやすいように色が付けてある。このアルゴリズムは、まず最も分散が大きい方向を見つけ、それに「第1成分」というラベルを付ける。データはこの方向（もしくはベクトル）に対して最も情報を持つ。つまりこの方向は、特徴量が最も相互に関係する方向である。次にアルゴリズムは、第1成分と直交する（直角に交わっている）方向の中から、最も情報を持っている方向を探す。2次元だと直交する方向は1つしかありえないが、高次元空間ではいくらでもたくさんの直交する方向がある。ここでは2つの成分は矢印で書かれているが、傾きと大きさだけが重要で、矢がどちらを向いていても関係ない。第1成分を真ん中から右下にではなく、左上に向けて引いても同じだ。このようにして見つけていく「方向」を、**主成分**と呼ぶ。この方向がデータの分散が存在する主要な方向だからだ。一般には、もとの特徴量と同じ数だけ主成分が存在する。

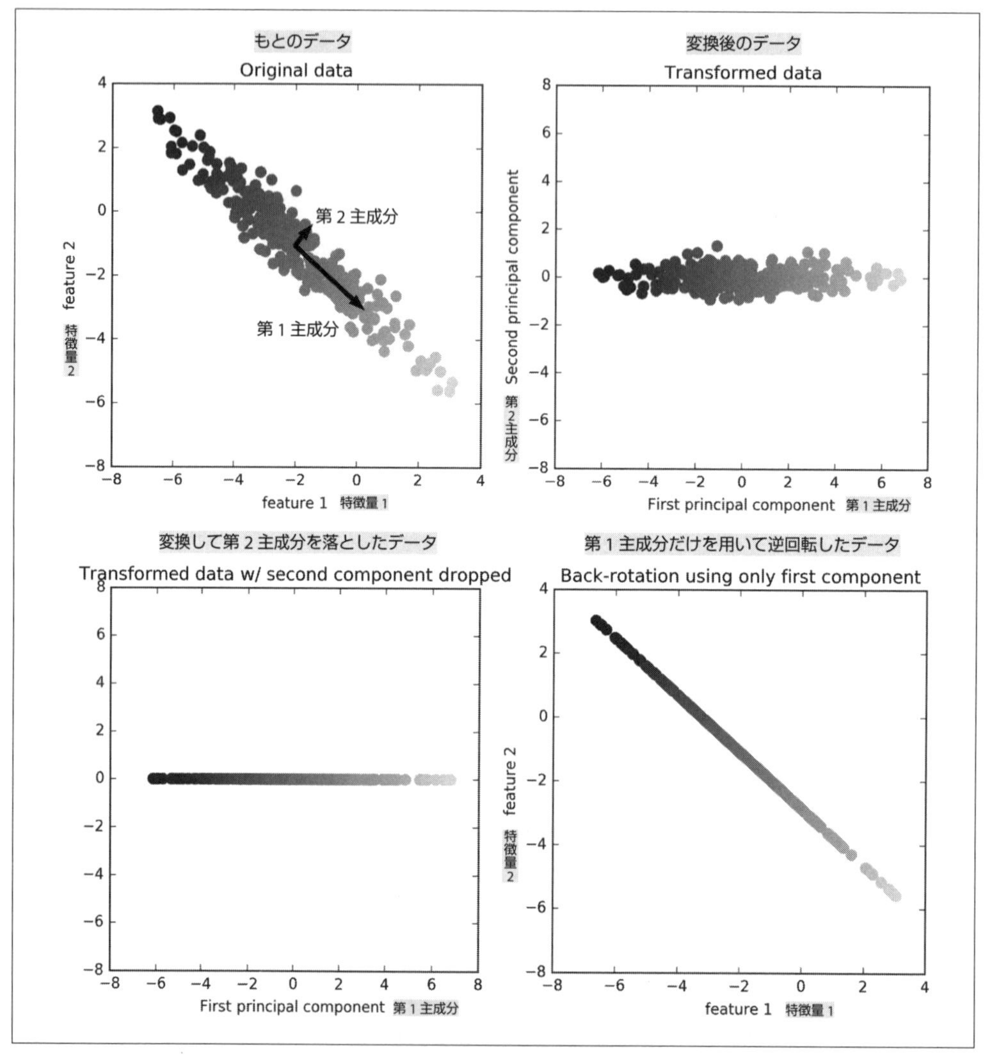

図3-3　PCAを用いたデータ変換

2つ目のプロット（右上）は、同じデータを、最初の主成分がx軸に沿い、2つ目の主成分がy軸に沿うように回転させたものである。原点の周辺にデータが来るように、回転させる前にデータから平均値を引いてある。PCAで見つかった回転後の表現では、2つの軸の相関はない。つまり、この表現でのデータの相関行列は、対角成分を除いてゼロである。

主成分のうちいくつかだけを残すことで、PCAを次元削減に使うこともできる。この例では、**図3-3**の3番目のパネル（左下）に示すように1つ目の主成分だけを残す。このようにすると、2次元のデータセットが1次元になる。ただし、もとの特徴量のうち1つを残しているわけではなく、最も興味深い方向（1枚目のパネルの左上から右下の向き）、すなわち第1主成分を見つけ、その方向を維持している。

逆回転して平均を足し、データをもとに戻すこともできる。こうして得られたのが、**図3-3**の最後のパネルに示したデータである。データポイントはもとの特徴量空間にあるが、第1主成分に含まれている情報しか維持されていない。このような変換は、データからノイズを取り除いたり、主成分で維持された情報を可視化するために用いられることがある。

3.4.1.1 cancerデータセットのPCAによる可視化

PCAの最も一般的なアプリケーションは高次元データセットの可視化である。「**1章　はじめに**」で示したように、2つ以上の特徴量を持つデータの散布図を作ることは難しい。irisデータセットに対しては、すべての2特徴量の組合せを描画することでデータを部分ごとに可視化する、ペアプロット（「**1章　はじめに**」の**図1-3**）を作ることができた。しかし、cancerデータセットの場合にはペアプロットすら難しい。このデータセットには特徴量が30もあるので、$30 \times 29 / 2 = 435$の散布図ができてしまうのだ。これほどの数の散布図は、理解するどころか詳細に見ることも難しいだろう。

しかし、さらに単純な可視化手法もある。特徴量ごとに2つのクラス（良性と悪性）のヒストグラムを書くのだ（**図3-4**）。

In[13]:

```
fig, axes = plt.subplots(15, 2, figsize=(10, 20))
malignant = cancer.data[cancer.target == 0]
benign = cancer.data[cancer.target == 1]

ax = axes.ravel()

for i in range(30):
    _, bins = np.histogram(cancer.data[:, i], bins=50)
    ax[i].hist(malignant[:, i], bins=bins, color=mglearn.cm3(0), alpha=.5)
    ax[i].hist(benign[:, i], bins=bins, color=mglearn.cm3(2), alpha=.5)
    ax[i].set_title(cancer.feature_names[i])
    ax[i].set_yticks(())
ax[0].set_xlabel("Feature magnitude")
ax[0].set_ylabel("Frequency")
ax[0].legend(["malignant", "benign"], loc="best")
fig.tight_layout()
```

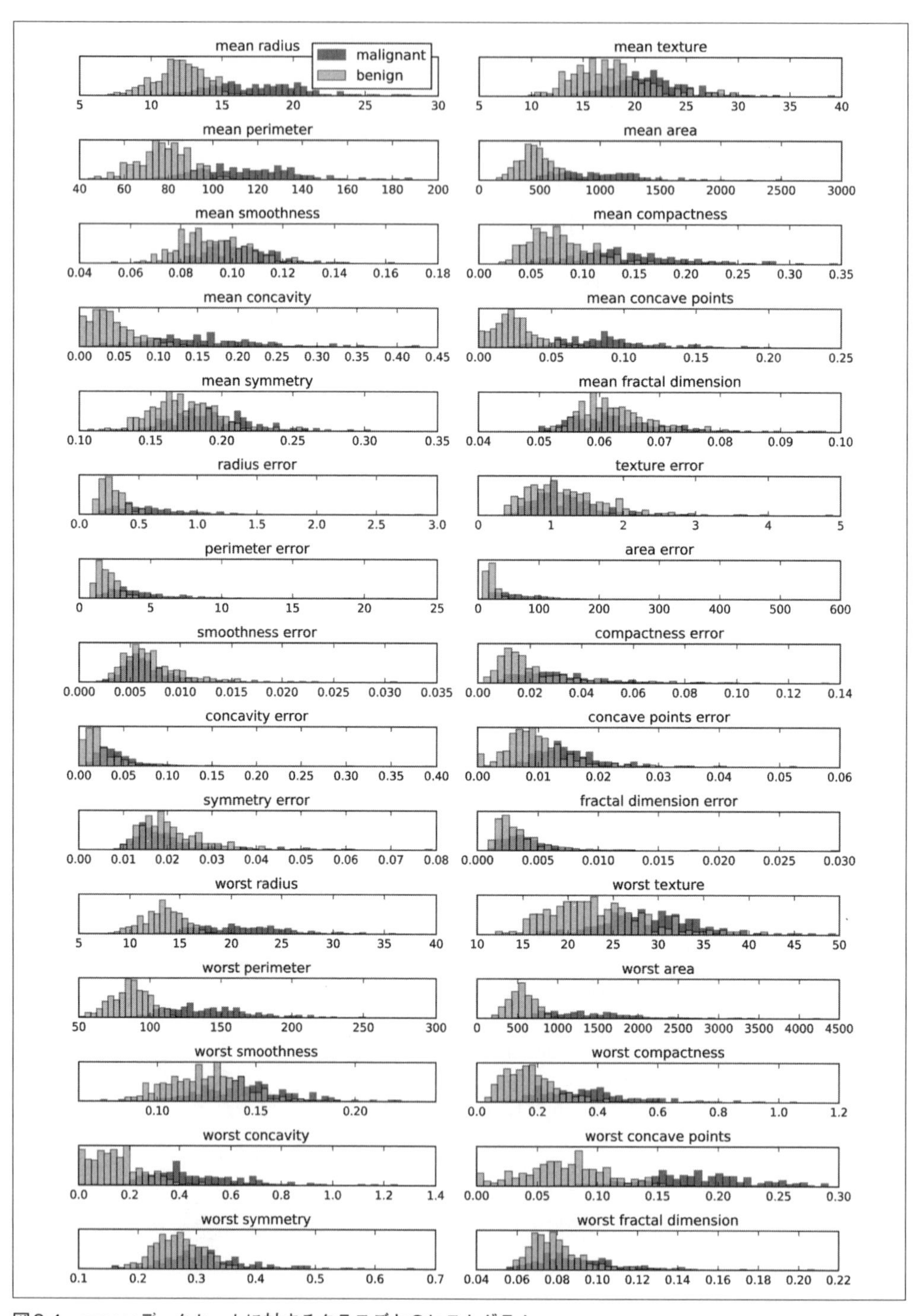

図3-4　cancerデータセットに対するクラスごとのヒストグラム

ここでは、個々のデータポイントの特徴量が特定のレンジ（**ビン**と呼ぶ）に何回入ったかを数えることで、特徴量ごとにヒストグラムを作っている。個々のプロットには良性（benign）クラスに属する点のヒストグラム（緑）と、悪性（malignant）クラスに属する点のヒストグラム（青）が重ねられている。こうしてみると、個々の特徴量の2つのクラスに対する分布がわかり、どの特徴量が良性と悪性を見分けるのに役に立ちそうかを類推することができる。例えば、「smoothness error」のヒストグラムはほとんど重なっているのであまり情報がなさそうだ。一方、「worst concave points」のヒストグラムはほとんど重なっていないので、情報が多い。

しかし、このプロットを見ても、個々の特徴量の相関や、それがクラス分類に与える影響については何もわからない。PCAを用いると、主な相関を捉えることができるので、もう少し全体像が見やすくなる。最初の2つの主成分を用いて、2次元空間上の1つの散布図として見てみよう。

PCAを適用する前に、データを`StandardScaler`でスケール変換し、個々の特徴量の分散が1になるようにする。

In[14]:

```
from sklearn.datasets import load_breast_cancer
cancer = load_breast_cancer()

scaler = StandardScaler()
scaler.fit(cancer.data)
X_scaled = scaler.transform(cancer.data)
```

PCA変換の学習と適用は、前処理変換の場合と同じように簡単だ。`PCA`オブジェクトを生成し、`fit`メソッドを呼び出して主成分を見つけ、`transform`メソッドを呼んで回転と次元削減を行う。デフォルトでは、`PCA`はデータの回転（とシフト）しか行わず、すべての主成分を維持する。データの次元削減を行うには、`PCA`オブジェクトを作る際に、維持する主成分の数を指定する必要がある。

In[15]:

```
from sklearn.decomposition import PCA
# データの最初の2つの主成分だけ維持する
pca = PCA(n_components=2)
# cancerデータセットにPCAモデルを適合
pca.fit(X_scaled)

# 最初の2つの主成分に対してデータポイントを変換
X_pca = pca.transform(X_scaled)
print("Original shape: {}".format(str(X_scaled.shape)))
print("Reduced shape: {}".format(str(X_pca.shape)))
```

Out[15]:

```
Original shape: (569, 30)  もとの形
Reduced shape: (569, 2)  削減後の形
```

これで、最初の2つの主成分に対してプロットできる（図3-5）。

In[16]:

```
# 第1主成分と第2主成分によるプロット。クラスごとに色分け
plt.figure(figsize=(8, 8))
mglearn.discrete_scatter(X_pca[:, 0], X_pca[:, 1], cancer.target)
plt.legend(cancer.target_names, loc="best")
plt.gca().set_aspect("equal")
plt.xlabel("First principal component")
plt.ylabel("Second principal component")
```

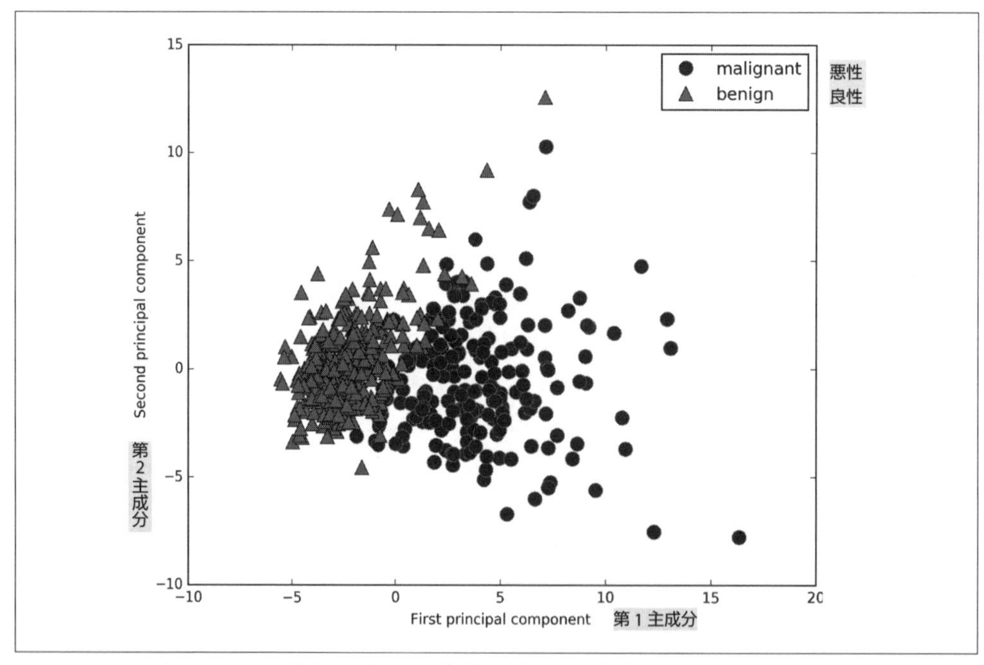

図3-5 cancerデータセットに対する、最初の2主成分を用いた2次元プロット

PCAが教師なし手法であることに注意しよう。適切な回転を発見する際にはまったくクラス情報を用いていない。データの相関を見ているだけだ。この散布図では、第1主成分に対して第2主成分を、クラス情報を使って色分けしてプロットしている。この2次元空間ではこの2つのクラスがきれいに分離できていることがわかるだろう。これを見れば、（この空間での直線を学習する）線形クラス分

類器でもそれなりに分類できそうだ。また、悪性のデータポイントは、良性のデータポイントよりも広がっていることもわかる。これは、図3-4からも確かめられる。

PCAの欠点は、プロットした2つの軸の解釈が容易ではない場合が多いことだ。2つの主成分の方向はもとのデータの方向に対応しており、もとの特徴量の組合せにすぎない。しかし、この組合せは、下で見るように、一般に非常に複雑なのだ。主成分は、PCAの適合を行う過程で、components_属性に格納される。

In[17]:

```
print("PCA component shape: {}".format(pca.components_.shape))
```

Out[17]:

```
PCA component shape: (2, 30)
```

components_のそれぞれの行が1つの主成分に対応する。行は重要度によってソートされている（第1主成分が最初に来る）。列は、PCA変換する前のもとの特徴量に対応する。この例では「mean radius」、「mean texture」などだ。components_の中身を見てみよう。

In[18]:

```
print("PCA components:\n{}".format(pca.components_))
```

Out[18]:

```
PCA components: PCAの成分
[[ 0.219  0.104  0.228  0.221  0.143  0.239  0.258  0.261  0.138  0.064
   0.206  0.017  0.211  0.203  0.015  0.17   0.154  0.183  0.042  0.103
   0.228  0.104  0.237  0.225  0.128  0.21   0.229  0.251  0.123  0.132]
 [-0.234 -0.06  -0.215 -0.231  0.186  0.152  0.06  -0.035  0.19   0.367
  -0.106  0.09  -0.089 -0.152  0.204  0.233  0.197  0.13   0.184  0.28
  -0.22  -0.045 -0.2   -0.219  0.172  0.144  0.098 -0.008  0.142  0.275]]
```

係数をヒートマップで見ることもできる（図3-6）。こちらのほうが少しわかりやすいかもしれない。

In[19]:

```
plt.matshow(pca.components_, cmap='viridis')
plt.yticks([0, 1], ["First component", "Second component"])
plt.colorbar()
plt.xticks(range(len(cancer.feature_names)),
           cancer.feature_names, rotation=60, ha='left')
plt.xlabel("Feature")
plt.ylabel("Principal components")
```

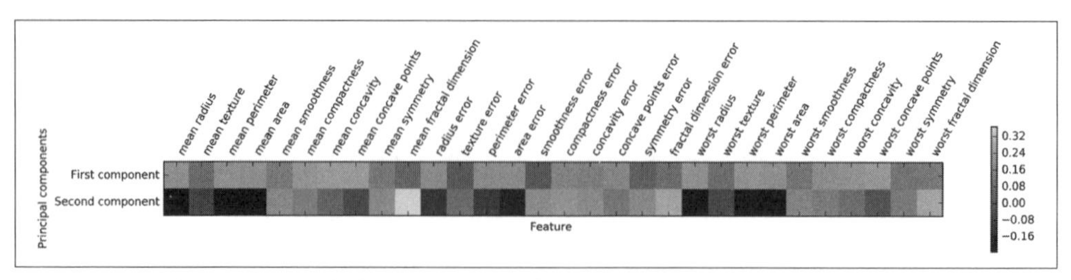

図3-6 cancerデータセットの2主成分のヒートマップ

第1主成分を見ると、すべての特徴量が同じ符号になっていることがわかる(ここではすべて正になっているが、前に説明した通り、矢の向きはどちらでも同じである)。これは、すべての特徴量に一般的な相関があるということを意味する。ある特徴量が大きければ、他の特徴量も大きくなる傾向にある。第2主成分の符号は入り混じっている。また、両方とも30の特徴量すべてが混ざっている。このため、**図3-6**の軸の意味を説明するのは非常に難しい。

3.4.1.2 固有顔による特徴量抽出

上で述べたPCAのもう1つの利用方法は特徴量抽出であった。特徴量抽出の背後には、データには与えられたもともとの表現よりも、解析に適した表現があり、それを見つけることが可能だ、という考えがある。特徴量抽出が効果を持つアプリケーションとしては画像関連が挙げられる。画像はピクセルで構成されており、通常は赤、緑、青(RGB)の強度として格納されている。画像の中の対象物は通常数千ものピクセルで構成されており、それらが集まって初めて意味を持つ。

PCAを用いた画像からの特徴量抽出のとても簡単なアプリケーションを見てみよう。これには、Labeled Faces in the Wildデータセットの顔画像を用いる。このデータセットは、インターネットから集めた有名人の顔画像で構成されている。2000年代初期からの政治家、歌手、俳優、運動選手などの顔画像だ。ここでは、グレースケールの画像を用い、処理を速くするために、サイズを小さくする。**図3-7**に画像の例を示す。

In[20]:

```
from sklearn.datasets import fetch_lfw_people
people = fetch_lfw_people(min_faces_per_person=20, resize=0.7)
image_shape = people.images[0].shape

fix, axes = plt.subplots(2, 5, figsize=(15, 8),
                         subplot_kw={'xticks': (), 'yticks': ()})
for target, image, ax in zip(people.target, people.images, axes.ravel()):
    ax.imshow(image)
    ax.set_title(people.target_names[target])
```

図3-7　Labeled Faces in the Wildデータセットの顔画像例

画像は62人分で合わせて3,023枚ある。サイズは87×65ピクセルである。

In[21]:

```
print("people.images.shape: {}".format(people.images.shape))
print("Number of classes: {}".format(len(people.target_names)))
```

Out[21]:

```
people.images.shape: (3023, 87, 65)
Number of classes: 62  クラスの数
```

しかしこのデータセットは少し偏っている。下に示す通り、ジョージ・W・ブッシュとコリン・パウエルの画像が多いのだ。

In[22]:

```
# 各ターゲットの出現回数をカウント
counts = np.bincount(people.target)
# ターゲット名と出現回数を並べて表示
for i, (count, name) in enumerate(zip(counts, people.target_names)):
    print("{0:25} {1:3}".format(name, count), end='   ')
    if (i + 1) % 3 == 0:
        print()
```

Out[22]:

```
Alejandro Toledo           39   Alvaro Uribe               35
```

```
Amelie Mauresmo              21   Andre Agassi                36
Angelina Jolie               20   Arnold Schwarzenegger       42
Atal Bihari Vajpayee         24   Bill Clinton                29
Carlos Menem                 21   Colin Powell               236
David Beckham                31   Donald Rumsfeld            121
George W Bush               530   George Robertson            22
Gerhard Schroeder           109   Gloria Macapagal Arroyo     44
Gray Davis                   26   Guillermo Coria             30
Hamid Karzai                 22   Hans Blix                   39
Hugo Chavez                  71   Igor Ivanov                 20
[...]                             [...]
Laura Bush                   41   Lindsay Davenport           22
Lleyton Hewitt               41   Luiz Inacio Lula da Silva   48
Mahmoud Abbas                29   Megawati Sukarnoputri       33
Michael Bloomberg            20   Naomi Watts                 22
Nestor Kirchner              37   Paul Bremer                 20
Pete Sampras                 22   Recep Tayyip Erdogan        30
Ricardo Lagos                27   Roh Moo-hyun                32
Rudolph Giuliani             26   Saddam Hussein              23
Serena Williams              52   Silvio Berlusconi           33
Tiger Woods                  23   Tom Daschle                 25
Tom Ridge                    33   Tony Blair                 144
Vicente Fox                  32   Vladimir Putin              49
Winona Ryder                 24
```

偏りを減らすために、各人の画像を50に制限する（こうしないと、特徴量抽出がジョージ・W・ブッシュの特徴に偏ってしまうからだ）。

In[23]:

```
mask = np.zeros(people.target.shape, dtype=bool)
for target in np.unique(people.target):
    mask[np.where(people.target == target)[0][:50]] = 1

X_people = people.data[mask]
y_people = people.target[mask]

# 0から255で表現されている、グレースケールの値0と1の間に変換
# こうしたほうが、数値的に安定する
X_people = X_people / 255.
```

顔認識の一般的なタスクとして、見たことのない顔が、データベース中の人物と一致するかを判別するタスクがある。このタスクは、写真管理、ソーシャルメディア、セキュリティに応用できる。この問題を解く1つの方法は、個々の人物を異なるクラスとして、クラス分類器を訓練することであ

る。しかし、多くの場合、顔データベースにはたくさんの人物が登録されており、同じ人物の画像は少ない（つまり、クラスごとの訓練データ例が少ない）。このような場合、ほとんどのクラス分類器は訓練が難しくなる。さらに、新しい人を追加したくなることも多いだろう。そのような場合、大きなモデルを再訓練するのは大変だ。

簡単な方法として、1-最近傍法クラス分類器を使う方法がある。クラス分類しようとしている顔に一番近い物を探すわけだ。このクラス分類器は、理論的にはクラスごとに訓練サンプルが1つだけあれば機能するはずだ。KNeighborsClassifierがどのくらいうまく機能するか見てみよう。

In[24]:

```
from sklearn.neighbors import KNeighborsClassifier
# 訓練セットとテストセットにデータを分割
X_train, X_test, y_train, y_test = train_test_split(
    X_people, y_people, stratify=y_people, random_state=0)
# KNeighborsClassifierを1-最近傍で構築
knn = KNeighborsClassifier(n_neighbors=1)
knn.fit(X_train, y_train)
print("Test set score of 1-nn: {:.2f}".format(knn.score(X_test, y_test)))
```

Out[24]:

```
Test set score of 1-nn: 0.27
```
1-最近傍法のテストセットスコア

精度は27%だった。これは62クラス分類であることを考えるとそれほど悪くない（ランダムに選択すると1/62 = 1.5%になる）が、それほど良くもない。4回に1度しか人物を特定できないのだ。

ここで、PCAの出番だ。もとのピクセルの空間で距離を計算するのは、顔の近似度を測るのにはまったく適していない。ピクセル表現で2つの画像を比較するということは、相互の画像の対応するピクセルの値を比較することになる。この表現は、人間が顔画像を解釈する方法とまったく異なるし、顔の特徴をこのような生の表現から捉えるのはとても難しい。例えば、ピクセルで距離を測ると、1ピクセル顔を右にずらすだけで、表現がまったく変わってしまい、大きく変化したことになる。主成分に沿った距離を使うことで、精度が上げられないか試してみよう。ここでは、PCAのwhitenオプションを使っている。これを用いると、主成分が同じスケールになるようにスケール変換する。PCAによる変換後にStandardScalerをかけるのと同じだ。**図3-3**のデータを使って考えると、whitenオプションを付けると、データを回転するだけでなく、楕円ではなく円を描くようにスケール変換することになる（**図3-8**を参照）。

In[25]:

```
mglearn.plots.plot_pca_whitening()
```

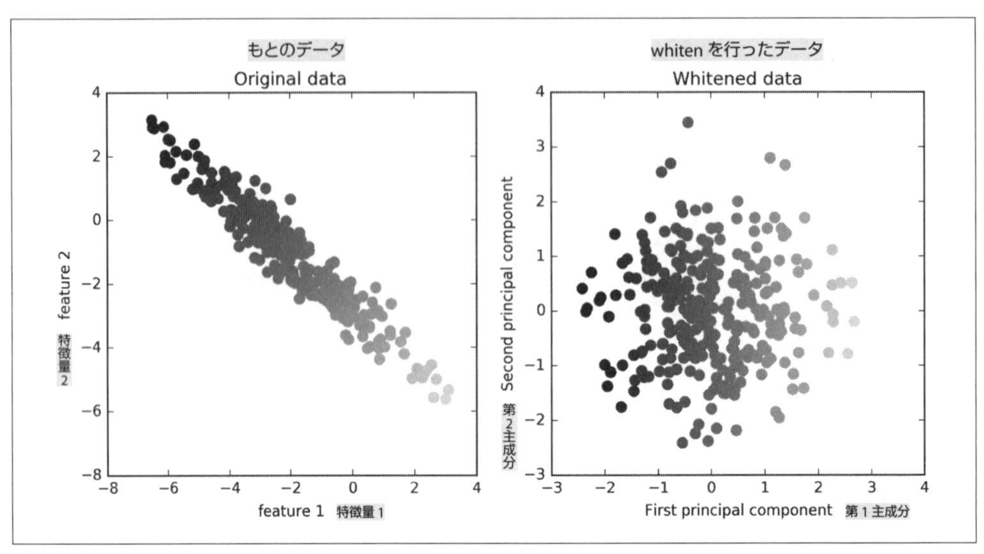

図3-8　whitenオプション付きでPCA変換したデータ

PCAオブジェクトを訓練し、最初の100主成分を抜き出す。そして、訓練データとテストデータを変換する。

In[26]:

```
pca = PCA(n_components=100, whiten=True, random_state=0).fit(X_train)
X_train_pca = pca.transform(X_train)
X_test_pca = pca.transform(X_test)

print("X_train_pca.shape: {}".format(X_train_pca.shape))
```

Out[26]:

```
X_train_pca.shape: (1547, 100)
```

新しいデータは100の特徴量を持つ。主成分の最初の100要素である。この新しい表現を使って、1-最近傍法クラス分類器にかけてみよう。

In[27]:

```
knn = KNeighborsClassifier(n_neighbors=1)
knn.fit(X_train_pca, y_train)
print("Test set accuracy: {:.2f}".format(knn.score(X_test_pca, y_test)))
```

Out[27]:

```
Test set accuracy: 0.36
```

テストセットに対する精度

精度は著しく向上し、27%から36%になった。このことは、主成分がデータのより良い表現となっているのではないかという我々の直観を裏付けている。

画像データについては、見つけた主成分を容易に可視化することができる。主成分が、入力空間の方向に対応するという話を覚えているだろう。ここでの入力空間は、87×65ピクセルのグレースケール画像なので、この空間での方向は、87×65ピクセルのグレースケール画像になる。

最初のいくつかの主成分を見てみよう（**図3-9**）。

In[28]:

```
print("pca.components_.shape: {}".format(pca.components_.shape))
```

Out[28]:

```
pca.components_.shape: (100, 5655)
```

In[29]:

```
fix, axes = plt.subplots(3, 5, figsize=(15, 12),
                         subplot_kw={'xticks': (), 'yticks': ()})
for i, (component, ax) in enumerate(zip(pca.components_, axes.ravel())):
    ax.imshow(component.reshape(image_shape),
              cmap='viridis')
    ax.set_title("{}. component".format((i + 1)))
```

これらが顔画像のどの側面を捉えているのか、すべてを理解することはもちろんできないが、いくつかに関しては推測することができる。例えば、最初の主成分は、顔と背景のコントラストをコーディングしていて、2つ目の主成分は、光のあたり方による顔の左右の明るさの差をコーディングしているように見える。このような表現は、生のピクセル値に比べればいくらか意味を持つが、人間が顔を認知する方法とは、やはりかけ離れている。PCAモデルはピクセルに基づいている。ピクセルでの表現された2つの画像の差には、顔のアラインメント（目、顎、鼻の位置）や光のあたり具合が強い影響を与えてしまう。しかし、人間が認識するときには、アラインメントや光のあたり具合はそれほど重視されていないはずだ。人間が顔が似ているかどうかを判断するには、年齢や性別、表情、髪型などの、ピクセルの明るさからは推測することが難しいような属性を使っているはずだ。アルゴリズムがデータを解釈する方法は、多くの場合人間の解釈する方法とはまったく違っていることに留意しよう（特に人間が非常に慣れ親しんでいる画像などの視覚情報については）。

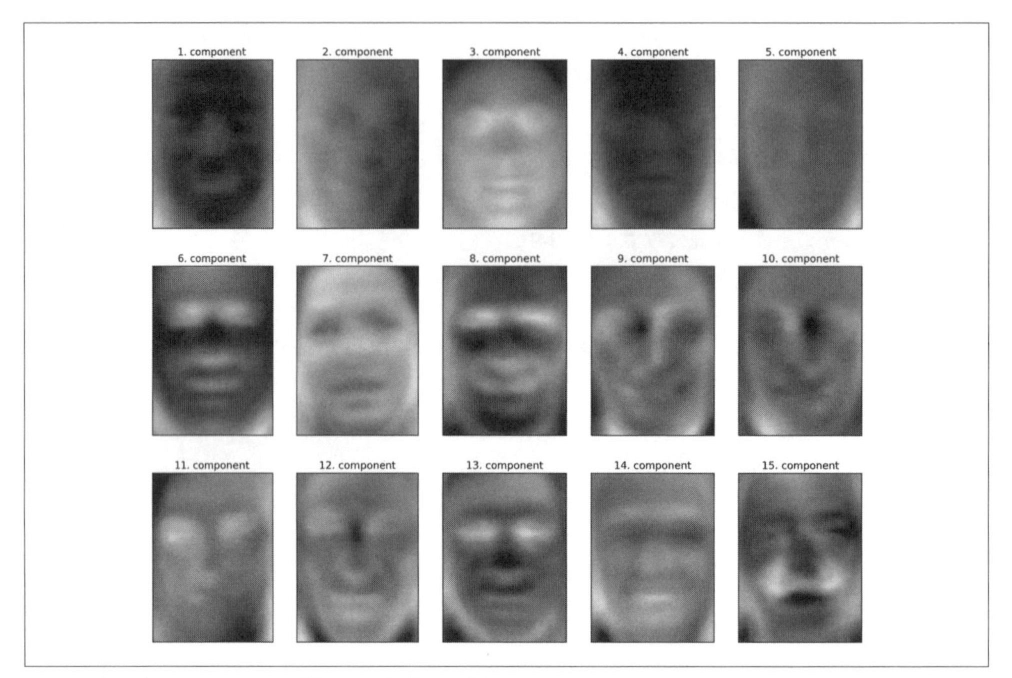

図3-9 顔画像データセットの最初の15主成分の成分ベクトル

PCA固有の話に戻ろう。これまで、PCA変換は回転させてから分散が小さい成分を落とすものだと紹介してきた。もう1つの有用なPCAの解釈がある。PCAは、テストデータポイントを主成分の重み付き和として表現する、一連の数字（PCAで回転後の新しい特徴量）を見つける手法だ、という解釈だ（**図3-10**）。

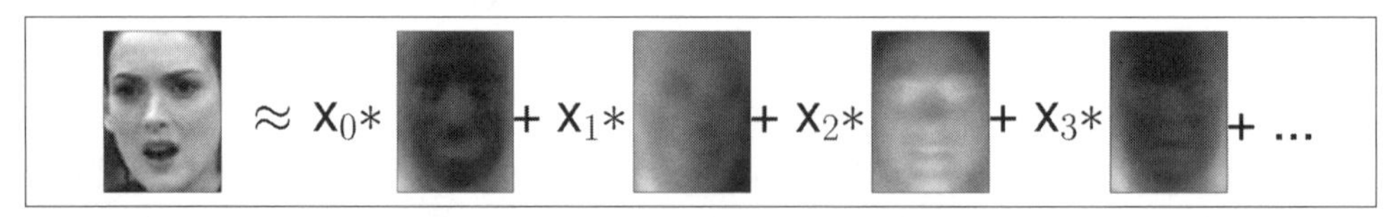

図3-10 PCAを、画像を主成分の重み付き和への分解として解釈する図式

ここで、x_0、x_1などは、このデータポイントを主成分で表現する際の係数、言い換えると、回転後の空間におけるこの画像の表現だ。PCAモデルを理解するために、主成分の一部だけを使って元画像を再現してみよう。**図3-3**では、第2主成分を落としたあと、逆に回転して平均値を足して、第2主成分を削除した新たな点をもとの空間に戻して、最後のパネルに描画した。これと同じような変換を顔画像に適用することができる。主成分のいくつかだけ残したものを逆回転してもとの空間に戻す。このもとの特徴空間へ戻す作業は、`inverse_transform`メソッドで行うことができる。顔画像をそれぞれ10、50、100、500個の主成分を用いて再構成したものを**図3-11**に示す。

In[30]:

```
mglearn.plots.plot_pca_faces(X_train, X_test, image_shape)
```

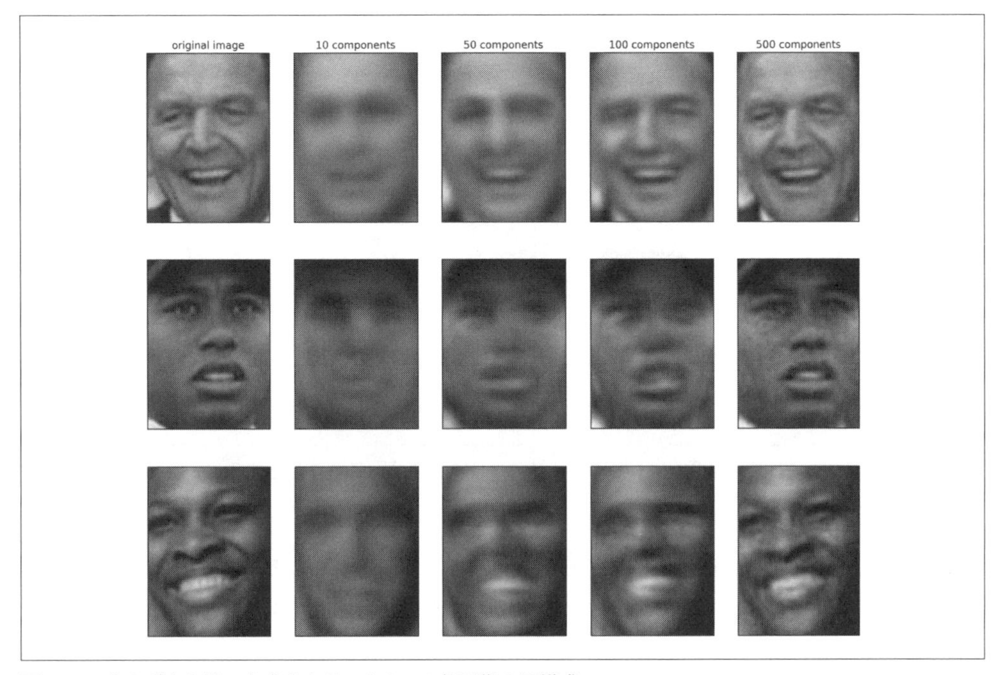

図3-11　さまざまな数の主成分を用いた3つの顔画像の再構成

10主成分だけを用いた場合には、顔の向きや光のあたり具合などの、画像の概要しかわからない。主成分を増やしていくにつれて、画像の詳細が再構成される。これは、**図3-10**において、より多くの項を入れることに対応する。ピクセル数と同数の主成分を使うことは、回転後に情報をまったく落とさないことを意味し、画像は完全に再構成される。

cancerデータセットで行ったのと同様に、PCAを用いてデータセット中のすべての顔を最初の2つの主成分を用いて散布図をプロットしてみよう(**図3-12**)。クラスは画像中の人物である。

In[31]:

```
mglearn.discrete_scatter(X_train_pca[:, 0], X_train_pca[:, 1], y_train)
plt.xlabel("First principal component")
plt.ylabel("Second principal component")
```

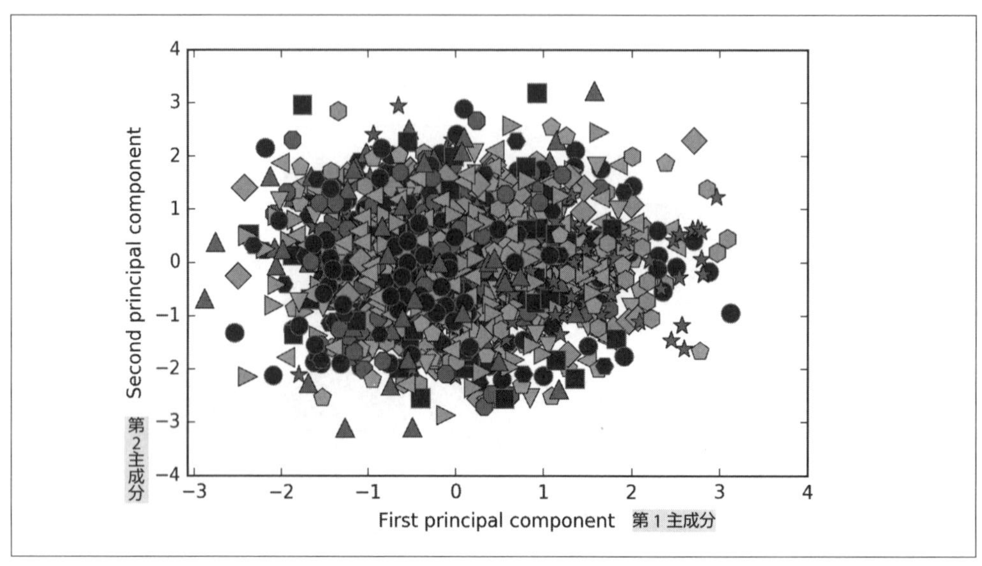

図3-12 最初の2つの主成分を用いた顔画像データセットの散布図（これに対応するcancerデータセットの画像は図3-5）

この図を見ればわかる通り、最初の2主成分だけでは、データ全体がひとまとまりになってしまい、クラスを分離できそうにない。これは驚くべきことではない。**図3-11**で見た通り、10の主成分を用いても、PCAでは、顔の非常に粗い特徴しか捉えられないからだ。

3.4.2 非負値行列因子分解（NMF）

非負値行列因子分解（Non-negative matrix factorization：NMF）も、有用な特徴量を抽出することを目的とする教師なし学習手法である。このアルゴリズムの動作はPCAと似ており、やはり次元削減に用いることができる。**図3-10**で示したPCAの場合と同様に、個々のデータポイントをいくつかの成分の重み付き和として表現したい。PCAでは、個々の成分はデータの分散を可能な限り説明する互いに直交するものでなければならなかった。NMFでは係数と成分が非負であること、つまり、成分とその係数が常にゼロ以上であることが求められる。したがって、この方法は個々の特徴量が非負のデータにしか適用できない。非負の成分を非負係数で重み付き和を取ると非負にしかならないからだ。

データを非負の重み付き和に分解する方法は、いくつもの独立した発生源から得られたデータを重ね合わせて作られるようなデータに対して特に有効だ。例えば、複数の人が話している音声データや、多数の楽器からなる音楽などだ。このような場合、NMFを用いると、組み合わされたデータを作り上げているもとの成分を特定することができる。まとめると、NMFは、PCAよりも理解しやすい成分に分解してくれる。負の成分や係数があると、お互いに打ち消してしまう理解しづらい挙動になるが、NMFにはそれがない。例えば、**図3-9**の固有顔には、正の部分と、負の部分がある。先に述べたように、PCAでは方向には意味がないからだ。NMFを顔画像データセットに適用する前に、まず合成データで試してみよう。

3.4.2.1　NMFの合成データへの適用

PCAを使う場合と異なり、NMFが扱えるように、データがすべて正であるようにしなければならない。これは、原点(0, 0)に対してどの位置にあるかということが、NMFでは問題になることを意味する。したがって、抽出された非負の成分は、原点からデータへの方向だと考えることができる。

図3-13に示すプロットは、2次元のトイデータにNMFを適用した結果である[*1]。

In[32]:

```
mglearn.plots.plot_nmf_illustration()
```

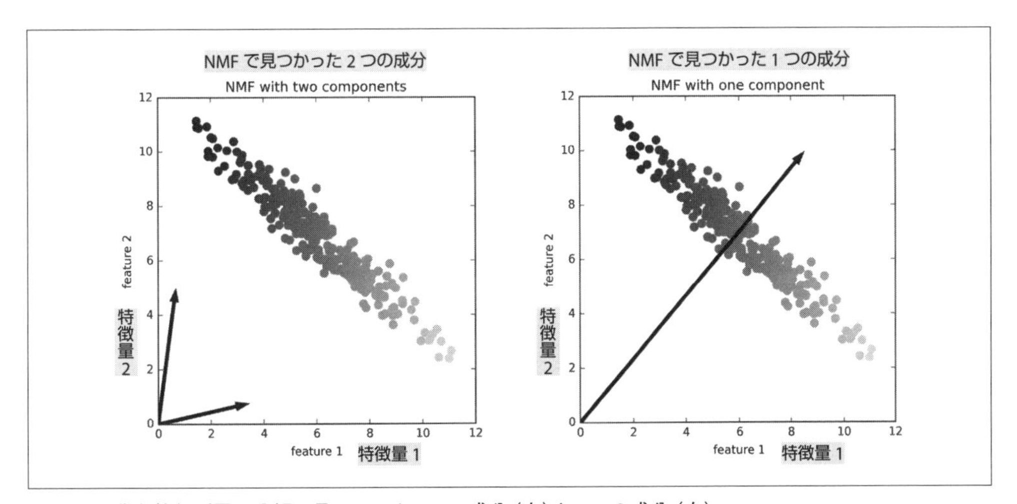

図3-13　非負値行列因子分解で見つかった2つの成分（左）と1つの成分（右）

左側に示した2成分のNMFでは、すべてのデータが2つの成分の正係数の重み付き和で表現できることは明らかだ。完全にデータを再現するのに十分な数の成分がある場合には（つまり、特徴量と同じだけの成分がある場合には）、このアルゴリズムはデータの極端な部分の方向を向く。

1つしか成分を使わない場合には、NMFは、データの平均値へ向かう成分を作る。この点が、最もデータをよく説明するからだ。PCAの場合と異なり、成分の数が変わると、いくつかの成分がなくなるのではなく、まったく別の成分集合が構成されるのだ。また、NMFの成分は特定な順番で並んでいるわけではない。したがって、「最初の非負成分」などというものはない。すべての成分が同等なのだ。

＊1　訳注：実行結果がおかしい場合は、サポートページを参照。

NMFは、乱数初期化を用いる。このため、乱数シードが変わると結果が変わる場合がある。2つの成分からなる合成データのような比較的簡単な場合には、すべてのデータが完全に説明できるので、乱数性の影響は少ない（成分の順番や大きさは多少変わるだろうが）。もっと複雑な場合には、乱数の影響はより大きくなる。

3.4.2.2 NMFの顔画像への適用

さて、NMFを前にも使ったLabeled Faces in the Wildデータセットに適用してみよう。NMFの主要なパラメータは、いくつの成分を抽出するかを指定する。通常この数は、入力特徴量の数よりも小さくなる（そうでないと、データのピクセルをそれぞれ成分にして説明することになってしまう）。

まず、成分の数がNMFから再構成したデータの質に与える影響を見てみよう（図3-14）。

In[33]:

```
mglearn.plots.plot_nmf_faces(X_train, X_test, image_shape)
```

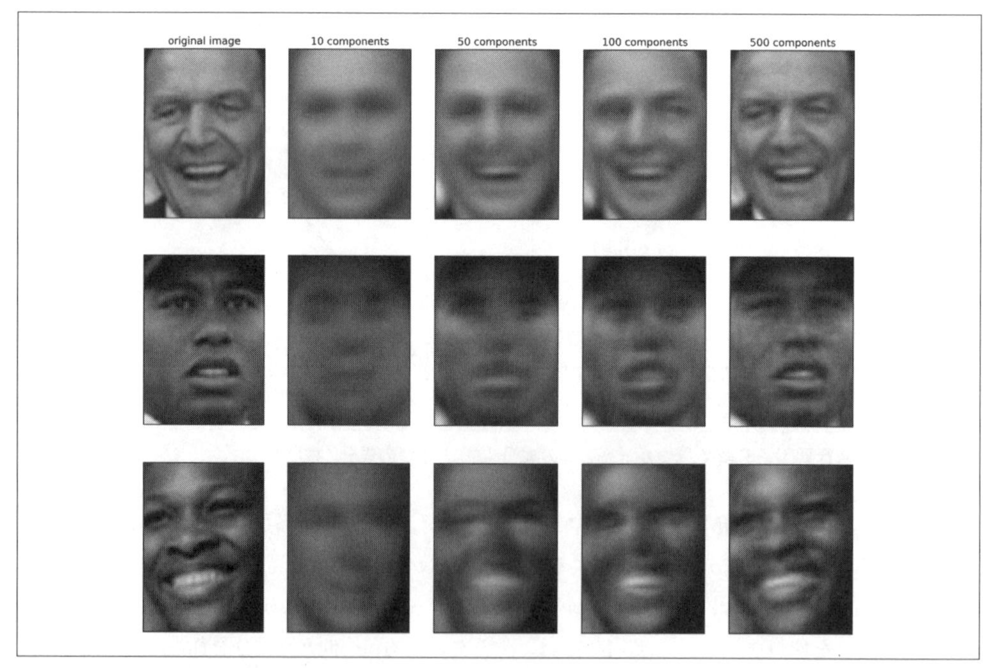

図3-14　NMFでさまざまな数の成分を用いた3つの顔画像の再構成

逆変換したデータの質は、PCAを用いたときと似た傾向だが、少し悪い。PCAは再構成に最適な方向を見つけるので、これは予期した通りだ。NMFは再構成やデータのエンコードに用いられるよりは、データ中から興味深いパターンを見つけるのに用いられる。

データを見る手始めとして、最初の15の成分を見てみよう（図3-15）。

In[34]:

```
from sklearn.decomposition import NMF
nmf = NMF(n_components=15, random_state=0)
nmf.fit(X_train)
X_train_nmf = nmf.transform(X_train)
X_test_nmf = nmf.transform(X_test)

fix, axes = plt.subplots(3, 5, figsize=(15, 12),
                         subplot_kw={'xticks': (), 'yticks': ()})
for i, (component, ax) in enumerate(zip(nmf.components_, axes.ravel())):
    ax.imshow(component.reshape(image_shape))
    ax.set_title("{}. component".format(i))
```

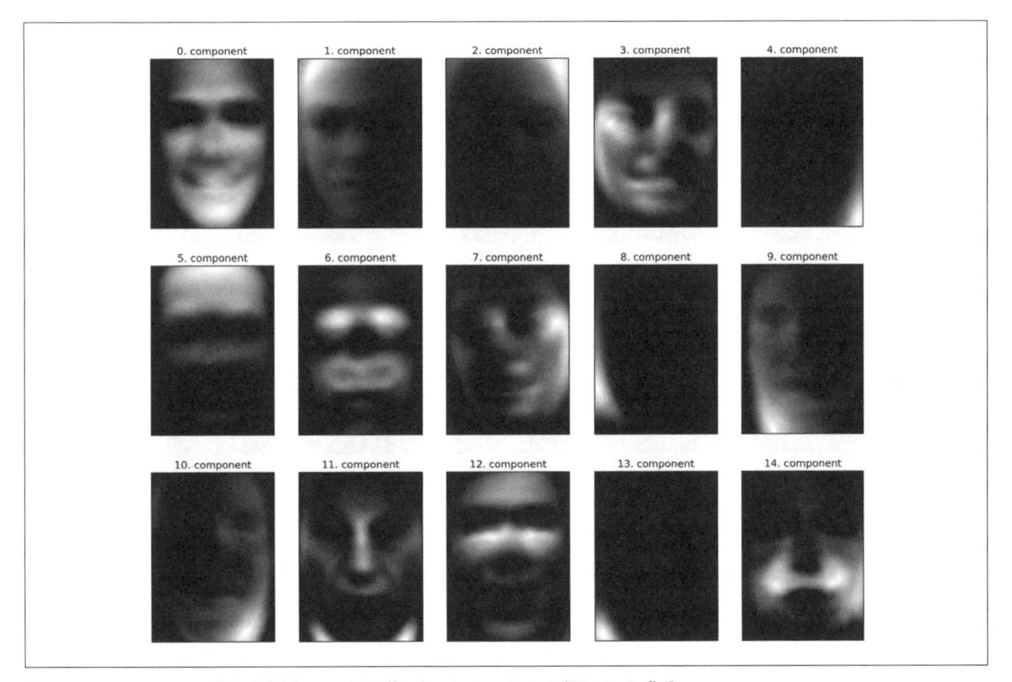

図3-15　NMFに15成分を指定して顔画像データセットから得られた成分

成分はすべて正なので、**図3-9**に示したPCAで得られた成分よりもはるかに顔のプロトタイプを捉えている。例えば、成分3は少し右を向いた顔を、成分7は少し左を向いた顔を表していることがわかるだろう。**図3-16**と**図3-17**に示す、これらの成分が特に強い画像を見てみよう。

In[35]:

```
compn = 3
# 3つ目の成分でソート、最初の10画像を表示
```

```
inds = np.argsort(X_train_nmf[:, compn])[::-1]
fig, axes = plt.subplots(2, 5, figsize=(15, 8),
                         subplot_kw={'xticks': (), 'yticks': ()})
for i, (ind, ax) in enumerate(zip(inds, axes.ravel())):
    ax.imshow(X_train[ind].reshape(image_shape))

compn = 7
# 7つ目の成分でソート、最初の10画像を表示
inds = np.argsort(X_train_nmf[:, compn])[::-1]
fig, axes = plt.subplots(2, 5, figsize=(15, 8),
                         subplot_kw={'xticks': (), 'yticks': ()})
for i, (ind, ax) in enumerate(zip(inds, axes.ravel())):
    ax.imshow(X_train[ind].reshape(image_shape))
```

図3-16 成分3の係数が大きい顔画像

予想される通り、成分3の係数が大きい顔画像は右を向いており（**図3-16**）、成分7の係数が大きい顔画像は左を向いている（**図3-17**）。前に述べたように、このようなパターン抽出は、追加していく構造を持つデータに対して最もうまく機能する。例えば、音声データ、遺伝子発現、テキストデータなどだ。合成データを例として見てみよう。

図3-17　成分7の係数が大きい顔画像

3つの信号源からの信号が組み合わされた信号に興味があるとしよう（**図3-18**）。

In[36]:

```
S = mglearn.datasets.make_signals()
plt.figure(figsize=(6, 1))
plt.plot(S, '-')
plt.xlabel("Time")
plt.ylabel("Signal")
```

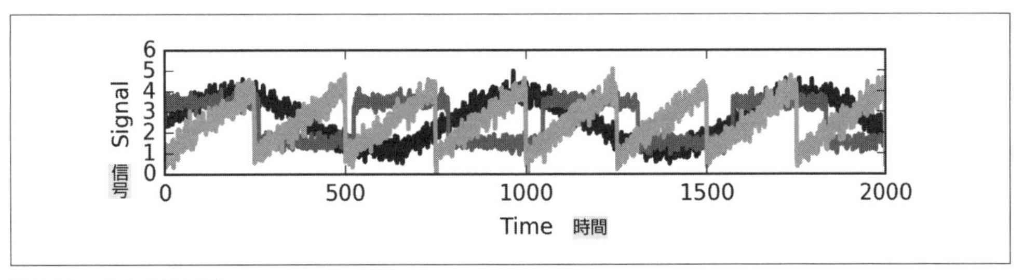

図3-18　もとの信号源

残念ながら、もとの信号を観測することはできず、この3つが混ざったものだけが観測できるとしよう。混ざった信号を分解して、もとの成分を取り出してみよう。混合信号を観測する方法はたくさんあるとしよう（例えば、100計測機器があるとする）。それぞれから一連の計測結果が得られる。

In[37]:

```
# データを混ぜて100次元の状態を作る
A = np.random.RandomState(0).uniform(size=(100, 3))
```

```
X = np.dot(S, A.T)
print("Shape of measurements: {}".format(X.shape))
```

Out[37]:

```
Shape of measurements: (2000, 100)
```
測定データの形状

NMFを用いて、この3つの信号を復元することができる。

In[38]:

```
nmf = NMF(n_components=3, random_state=42)
S_ = nmf.fit_transform(X)
print("Recovered signal shape: {}".format(S_.shape))
```

Out[38]:

```
Recovered signal shape: (2000, 3)
```
再構成された元信号データの形状

比較のためにPCAも使ってみよう。

In[39]:

```
pca = PCA(n_components=3)
H = pca.fit_transform(X)
```

図3-19にNMFとPCAが発見した信号を示す。

In[40]:

```
models = [X, S, S_, H]
names = ['Observations (first three measurements)',
         'True sources',
         'NMF recovered signals',
         'PCA recovered signals']

fig, axes = plt.subplots(4, figsize=(8, 4), gridspec_kw={'hspace': .5},
                         subplot_kw={'xticks': (), 'yticks': ()})

for model, name, ax in zip(models, names, axes):
    ax.set_title(name)
    ax.plot(model[:, :3], '-')
```

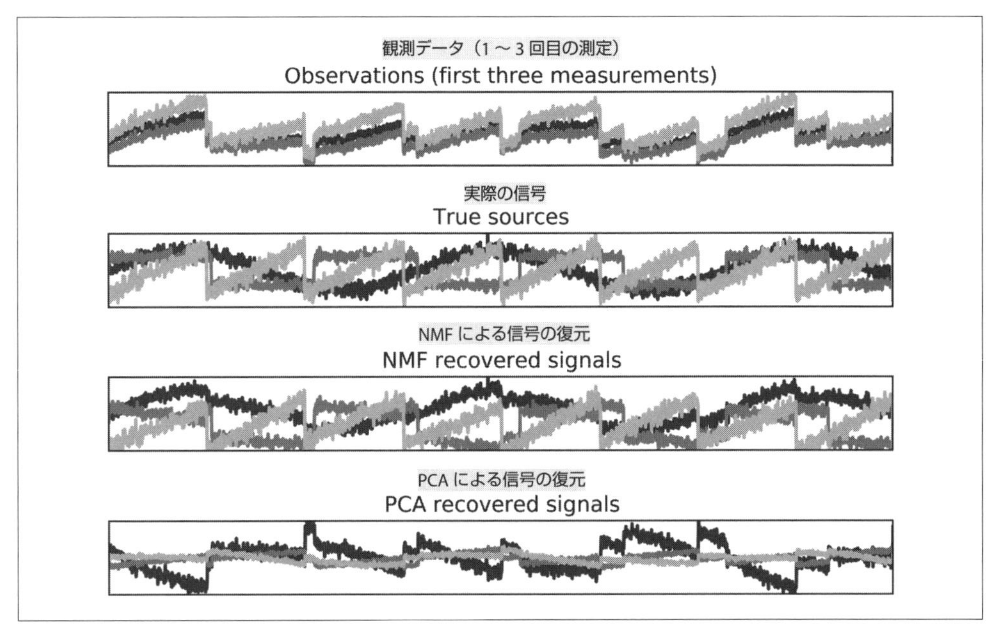

図3-19　NMFとPCAを用いた混合信号からの源信号の復元

一番上のプロットは、参照のため、100個の計測結果のうちの3つを示している。NMFはもとの信号源をかなりうまく特定できていることがわかる。一方、PCAは第1主成分をデータの大きな変動を説明するのに使っており、信号源の特定には失敗している。NMFが生成する成分には順番がないことに注意しよう。この例ではNMFの成分の順番はもとの信号源の順番と同じになっている（3つのカーブの色を参照）が、これはただの偶然だ。

PCAやNMFと同じように、個々のデータポイントを固定数の成分集合の重み付き和に分解するのに利用できるアルゴリズムは、他にもたくさんある。これらのすべてを紹介するのはこの本の範囲を超えるし、これらの手法で成分や係数に課せられる制約を記述するには、確率論が必要になる。このようなパターン抽出に興味があるなら、`scikit_learn`のユーザガイドの独立成分分析（independent component analysis：ICA）、因子分析（factor analysis：FA）、スパースコーディング（sparse coding、辞書学習（dictionary learning）とも）の節を勉強してみることをお勧めする。これらはすべて、分解手法のページにある（http://scikit-learn.org/stable/modules/decomposition.html）。

3.4.3　t-SNEを用いた多様体学習

データを変換して散布図で可視化したいときには、まずPCAを試してみるのは悪くないが、この手法の（回転していくつかの方向を落とすという）性質上、その有用性は限られる。これはLabeled

Faces in the Wildデータセットの散布図で見た通りである。これに対して、可視化によく用いられる、**多様体学習アルゴリズム**(manifold learning algorithms)と呼ばれる一連のアルゴリズムがある。これらのアルゴリズムは、はるかに複雑なマッピングを行い、より良い可視化を実現できる。特に有用なのがt-SNEアルゴリズムである[*1]。

多様体学習アルゴリズムは主に可視化に用いられ、ほとんどの場合、3以上の新しい特徴量を生成するように利用することはない。さらに多様体学習アルゴリズムの一部(t-SNEを含む)は、訓練データの新たな表現を計算するが、新しいデータを変換することはできない。つまり、テストセットにこれらのアルゴリズムを適用することはできない。訓練に使ったデータを変換することしかできないのだ。多様体学習は、探索的なデータ解析に有用だが、最終的な目的が教師あり学習の場合にはほとんど用いられない。t-SNEは、データポイントの距離を可能な限り維持する2次元表現を見つけようとする。まず最初にランダムな2次元表現を作り、そこから、もとの特徴空間で近いデータポイントを近くに、遠いデータポイントを遠くに配置しようとする。つまり、どの点が近傍か示す情報を維持しようとする。

t-SNE多様体学習をscikit-learnに入っている手書き数字データセット(digitsデータセット)に適用してみよう[*2]。このデータセットの個々のデータポイントは8×8のグレースケールの0から9までの手書き数字である。画像例を**図3-20**に示す。

In[41]:

```
from sklearn.datasets import load_digits
digits = load_digits()

fig, axes = plt.subplots(2, 5, figsize=(10, 5),
                         subplot_kw={'xticks':(), 'yticks': ()})
for ax, img in zip(axes.ravel(), digits.images):
    ax.imshow(img)
```

＊1 訳注：最近では、t-SNEに類似したより高速なアルゴリズムであるUMAPが用いられることも多い。https://umap-learn.readthedocs.io/を参照。

＊2 これは、MNISTデータセットではない。MNISTははるかにこれより大きい。

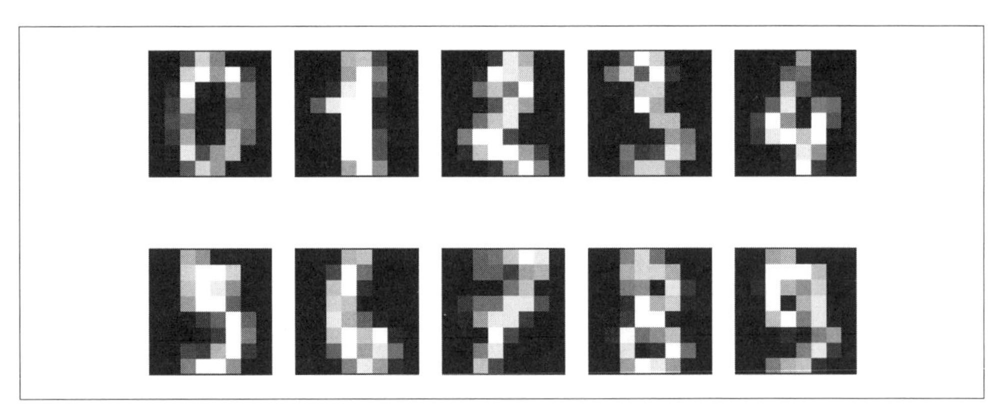

図3-20 手書き数字データセットの画像例

PCAを使ってこのデータを2次元にして可視化してみよう。最初の2つの主成分を用い、各点をクラスごとに色分けしている（**図3-21**）。

In[42]:

```
# PCAモデルを構築
pca = PCA(n_components=2)
pca.fit(digits.data)
# 数値データを最初の2主成分で変形
digits_pca = pca.transform(digits.data)
colors = ["#476A2A", "#7851B8", "#BD3430", "#4A2D4E", "#875525",
          "#A83683", "#4E655E", "#853541", "#3A3120", "#535D8E"]
plt.figure(figsize=(10, 10))
plt.xlim(digits_pca[:, 0].min(), digits_pca[:, 0].max())
plt.ylim(digits_pca[:, 1].min(), digits_pca[:, 1].max())
for i in range(len(digits.data)):
    # 散布図を数字でプロット
    plt.text(digits_pca[i, 0], digits_pca[i, 1], str(digits.target[i]),
             color = colors[digits.target[i]],
             fontdict={'weight': 'bold', 'size': 9})
plt.xlabel("First principal component")
plt.ylabel("Second principal component")
```

ここでは、どのクラスがどこにあるかを示すために各点をその数字で表現している。数字0と6と4は最初の2主成分で比較的うまく分離できているが、それでも重なっている。他の数字は大きく重なり合っている。

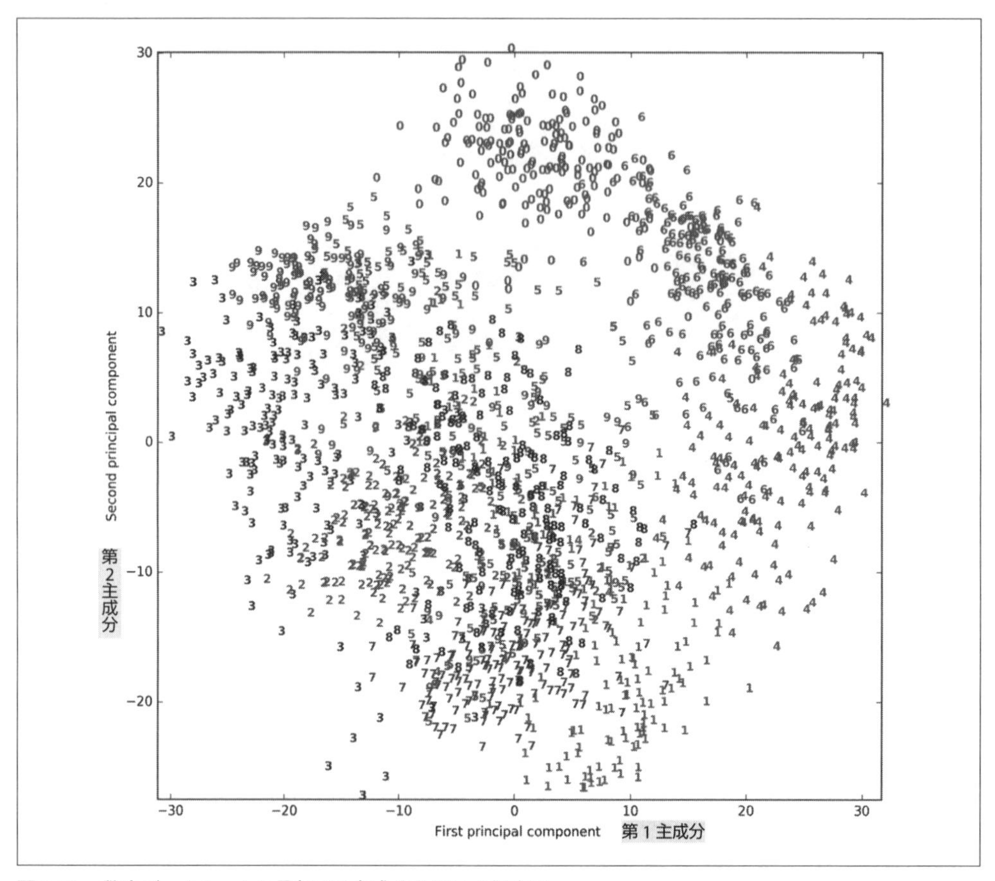

図3-21 数字データセットの最初の2主成分を用いた散布図

結果を比較するために、同じデータセットに対してt-SNEを適用してみよう。t-SNEは新しいデータの変換をサポートしていないので、TSNEクラスには`transform`メソッドがない。これに代えて、`fit_transform`メソッドを利用する。このメソッドはモデルを作ると同時に、それを使って変換してデータを返す（図3-22）。

In[43]:

```
from sklearn.manifold import TSNE
tsne = TSNE(random_state=42)
# fitではなくfit_transformを用いる。TSNEにはtransformメソッドがない
digits_tsne = tsne.fit_transform(digits.data)
```

In[44]:

```
plt.figure(figsize=(10, 10))
```

```
plt.xlim(digits_tsne[:, 0].min(), digits_tsne[:, 0].max() + 1)
plt.ylim(digits_tsne[:, 1].min(), digits_tsne[:, 1].max() + 1)
for i in range(len(digits.data)):
    # 点ではなく数字をテキストとしてプロットする
    plt.text(digits_tsne[i, 0], digits_tsne[i, 1], str(digits.target[i]),
             color = colors[digits.target[i]],
             fontdict={'weight': 'bold', 'size': 9})
plt.xlabel("t-SNE feature 0")
plt.ylabel("t-SNE feature 1")
```

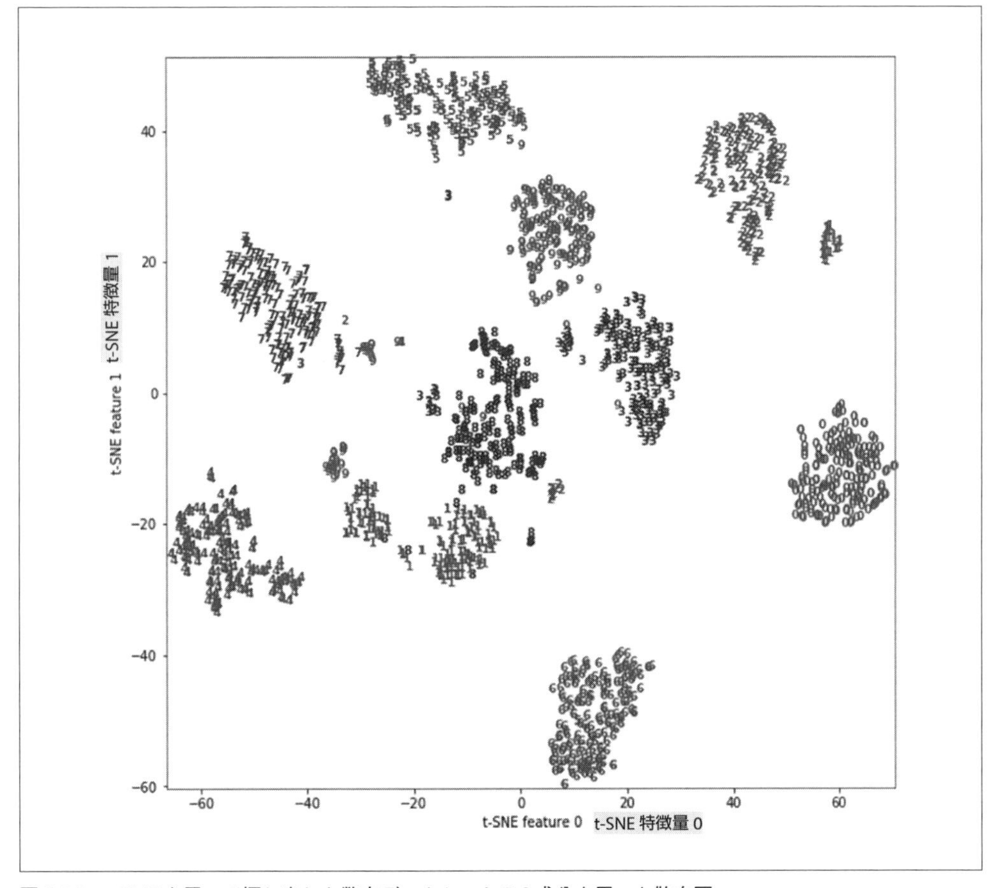

図3-22　t-SNEを用いて探し出した数字データセットの2成分を用いた散布図

t-SNEの結果は驚くべきものだ。すべてのクラスがかなり明確に分離されている。1と9は少し別れているが、ほとんどのクラスは1つの密な集団にまとまっている。この方法では、クラスラベルの知識をまったく使っていない。これは完全に教師なし学習なのだ。にも関わらず、データをクラスごとにきれいに分離して2次元に表現する方法を、もとの空間の点の近さだけを使って発見したわけだ。

t-SNEアルゴリズムにはチューニングパラメータがいくつかあるが、デフォルトの設定で大抵はうまく機能する。`perplexity`や`early_exaggeration`をいじってみてもよいが、一般に効果は大きくない。

3.5 クラスタリング

以前述べた通り、**クラスタリング**（clustering）はデータセットを「クラスタ」と呼ばれるグループに分割するタスクである。目的は、同じクラスタ内のデータが類似していて、異なるクラスタのデータは異なるように、データを分割することである。クラス分類アルゴリズムと同様に、クラスタリングアルゴリズムは、個々のデータポイントにその点が属するクラスタを表す数字を割り当てる（もしくは予測する）。

3.5.1 k-meansクラスタリング

k-meansクラスタリングは、最も単純で最も広く用いられているクラスタリングアルゴリズムである。このアルゴリズムは、データのある領域を代表するような**クラスタ重心**を見つけようとする。このアルゴリズムは次の2つのステップを繰り返す。個々のデータポイントを最寄りのクラスタ重心に割り当てる。次に、個々のクラスタ重心をその点に割り当てられたデータポイントの平均に設定する。データポイントの割り当てが変化しなくなったら、アルゴリズムは終了する。**図3-23**は、合成データセットにこのアルゴリズムを適用した例である。

In[45]:

```
mglearn.plots.plot_kmeans_algorithm()
```

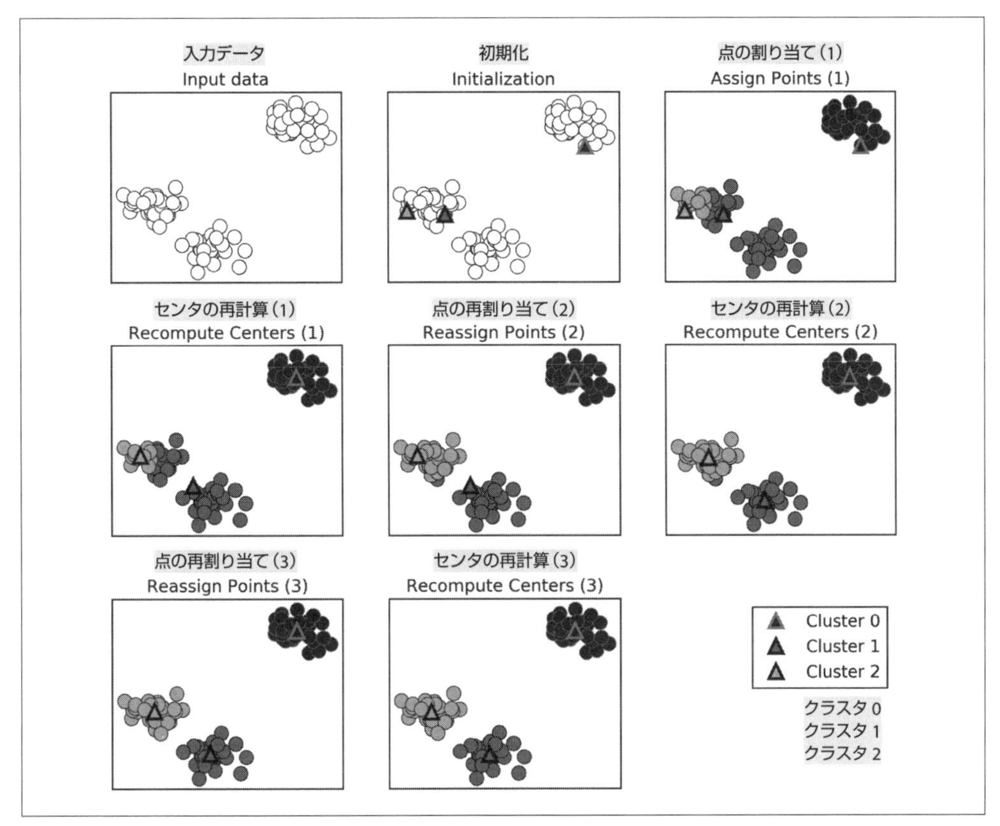

図3-23　入力データとk-meansアルゴリズムの3ステップ

データポイントを丸、クラスタセンタを三角形で示している。色はどのクラスタに属するかを示す。3つのクラスタを探すように指定したので、アルゴリズムは3つのデータポイントをクラスタセンタとして乱数で選んでいる(「初期化」)。ここから繰り返しが始まる。まず個々のデータポイントが最も近いクラスタセンタに割り当てられる(「点の割り当て(1)」)。次に、割り当てられた点の平均にクラスタセンタを更新する(「センタの再計算(1)」)。これらの過程があと2回繰り返されている。3度目のループが終わると、クラスタセンタは動かなくなるので、アルゴリズムは停止する。

新しいデータポイントが与えられると、*k*-meansは、クラスタセンタのうち、最も近いものに割り当てる。**図3-24**に、**図3-23**で学習して得られたクラスタセンタの境界を示す。

In[46]:

```
mglearn.plots.plot_kmeans_boundaries()
```

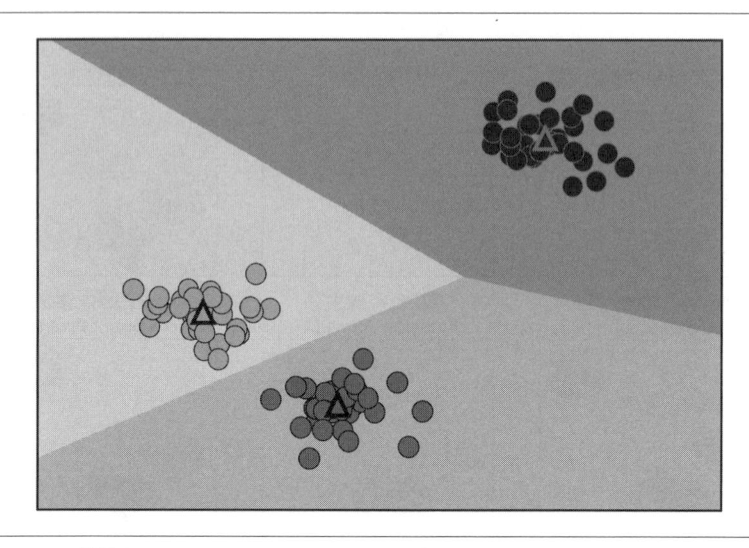

図3-24 k-meansで発見されたクラスタセンタとクラスタ境界

scikit-learnのk-meansを使うのはとても簡単だ。先ほどプロットした合成データを用いてみよう。KMeansクラスのインスタンスを生成し、作りたいクラスタの数を設定する[*1]。次に、データに対してfitメソッドを呼ぶ。

In[47]:

```
from sklearn.datasets import make_blobs
from sklearn.cluster import KMeans

# 合成2次元データを作る。
X, y = make_blobs(random_state=1)

# クラスタリングモデルを作る
kmeans = KMeans(n_clusters=3)
kmeans.fit(X)
```

アルゴリズムの実行過程で、Xに格納された個々の訓練データポイントに対して、クラスタラベルが割り当てられる。割り当てられたラベルはkmeans.labels_属性で確認できる。

In[48]:

```
print("Cluster memberships:\n{}".format(kmeans.labels_))
```

＊1 n_clustersパラメータを指定しないとデフォルトは8になる。これには特に理由はない。

Out[48]:

```
Cluster memberships:
[1 2 2 2 0 0 0 2 1 1 2 2 0 1 0 0 0 1 2 2 0 2 0 1 2 0 0 1 1 0 1 1 0 1 2 0 2
 2 2 0 0 2 1 2 2 0 1 1 1 1 2 0 0 0 1 0 2 2 1 1 2 0 0 2 2 0 1 0 1 2 2 2 0 1
 1 2 0 0 1 2 1 2 2 0 1 1 1 1 2 1 0 1 1 2 2 0 0 1 0 1]
```

3つクラスタを作るように指定したのでクラスタラベルは0から2となっている。

predictメソッドを用いて、新しいデータポイントにクラスタを割り当てることができる。新しいデータポイントは、最も近いクラスタセンタに割り当てられるが、既存のモデルは変更されない。predictメソッドを訓練セットに対して実行すると、labels_と同じ結果が得られる。

In[49]:

```
print(kmeans.predict(X))
```

Out[49]:

```
[1 2 2 2 0 0 0 2 1 1 2 2 0 1 0 0 0 1 2 2 0 2 0 1 2 0 0 1 1 0 1 1 0 1 2 0 2
 2 2 0 0 2 1 2 2 0 1 1 1 1 2 0 0 0 1 0 2 2 1 1 2 0 0 2 2 0 1 0 1 2 2 2 0 1
 1 2 0 0 1 2 1 2 2 0 1 1 1 1 2 1 0 1 1 2 2 0 0 1 0 1]
```

クラスタリングとクラス分類は、両方ともラベル付けをするという意味で、ある意味似ている。しかし、クラスタリングには真のラベルというものがないので、付いたラベルには**先験的**（a priori）な意味はない。顔画像の例に戻って考えてみよう。アルゴリズムが見つけたクラスタ3には、ベラという友人の写真しかなかったとしよう。しかし、その画像を見るまではベラだということはわからないし、さらに3という番号もたまたまその場合にそうだったにすぎない。アルゴリズムからわかることは、3というラベルの付いた顔画像が相互に似ているということだけだ。

上で計算した2次元のトイデータセットにしても、あるグループがラベル0になっていて、もう一方が1になっていることには特に意味はない。乱数で初期化しているので、もう一度アルゴリズムを実行すると、別の番号が付くかもしれない。

このデータをもう一度プロットしてみよう（**図3-25**）。クラスタセンタはcluster_centers_属性に格納されているので、これを三角形でプロットする。

In[50]:

```
mglearn.discrete_scatter(X[:, 0], X[:, 1], kmeans.labels_, markers='o')
mglearn.discrete_scatter(
    kmeans.cluster_centers_[:, 0], kmeans.cluster_centers_[:, 1], [0, 1, 2],
    markers='^', markeredgewidth=2)
```

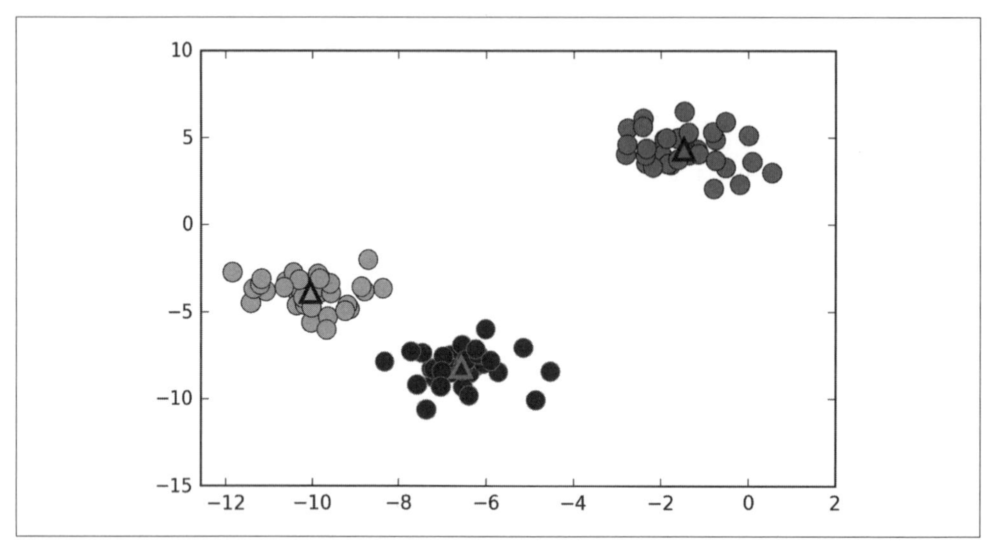

図3-25　3クラスタを指定してk-meansを実行した場合のクラスタ割り当てとクラスタセンタ

クラスタセンタの数を減らすこともできる（**図3-26**）。

In[51]:

```
fig, axes = plt.subplots(1, 2, figsize=(10, 5))

# クラスタセンタを2つに指定
kmeans = KMeans(n_clusters=2)
kmeans.fit(X)
assignments = kmeans.labels_

mglearn.discrete_scatter(X[:, 0], X[:, 1], assignments, ax=axes[0])

# クラスタセンタを5つに指定
kmeans = KMeans(n_clusters=5)
kmeans.fit(X)
assignments = kmeans.labels_

mglearn.discrete_scatter(X[:, 0], X[:, 1], assignments, ax=axes[1])
```

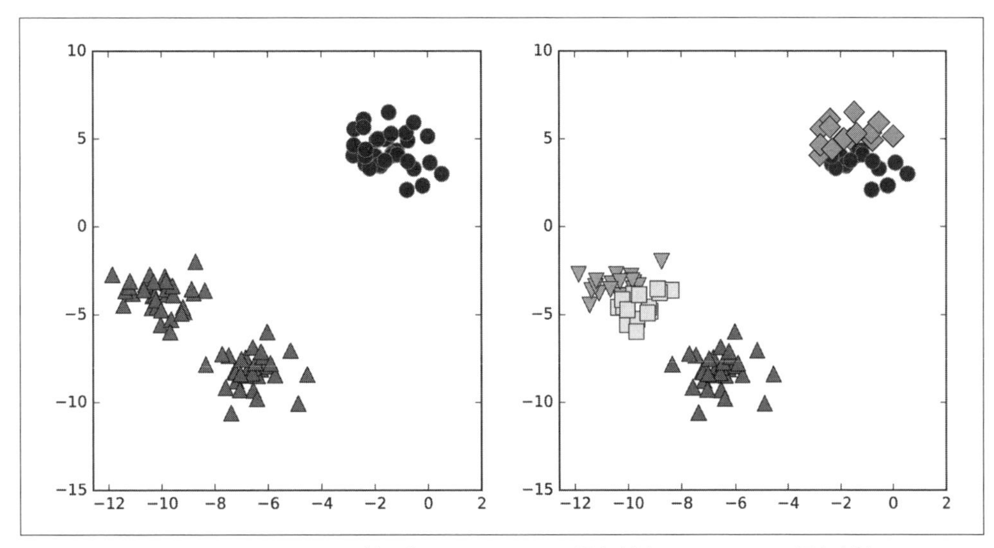

図3-26 k-meansで見つけたクラスタ割り当て。2クラスタの場合（左）と5クラスタの場合（右）

3.5.1.1 k-meansがうまくいかない場合

あるデータセットに対して「正しい」クラスタの数がわかっていたとしても、*k*-meansがそれをうまく見つけられるとは限らない。それぞれのクラスタは、重心だけで定義されている。これは、クラスタが凸の形状になることを意味する。この結果*k*-meansでは比較的単純な形しか見つけられない。また、*k*-meansでは、クラスタ境界をクラスタセンタのちょうど中間に引く。このため、場合によっては驚くような結果になることがある（**図3-27**）。

In[52]:

```
X_varied, y_varied = make_blobs(n_samples=200,
                                cluster_std=[1.0, 2.5, 0.5],
                                random_state=170)
y_pred = KMeans(n_clusters=3, random_state=0).fit_predict(X_varied)

mglearn.discrete_scatter(X_varied[:, 0], X_varied[:, 1], y_pred)
plt.legend(["cluster 0", "cluster 1", "cluster 2"], loc='best')
plt.xlabel("Feature 0")
plt.ylabel("Feature 1")
```

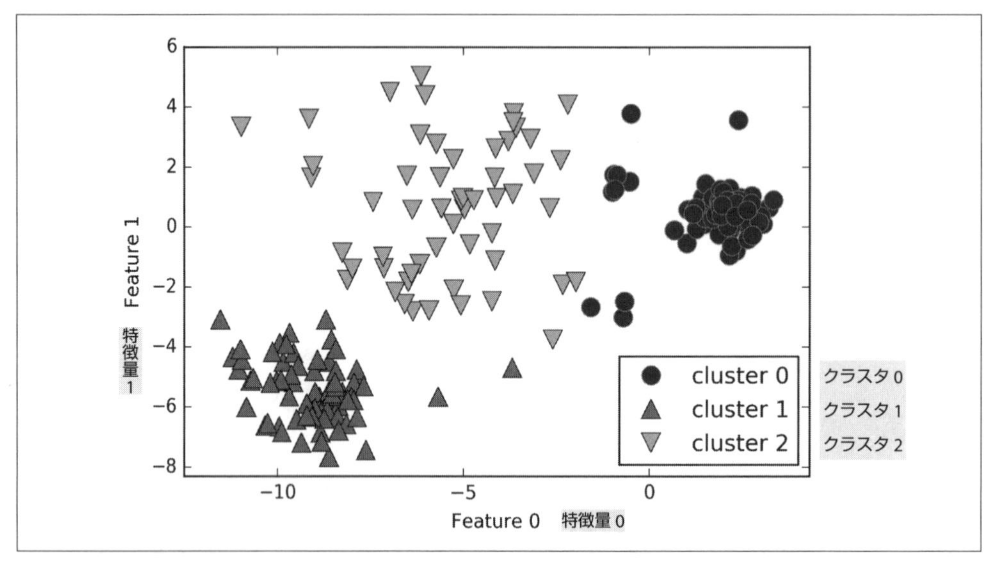

図3-27　異なる濃度を持ったクラスタに対してk-meansが発見したクラスタ割り当て

普通に考えると左下の密な領域が1つのクラスタに、右上の密な領域がもう1つのクラスタに、中央のあまり密でない領域がもう1つのクラスタになりそうだ。しかし、この結果では、クラスタ0とクラスタ1に、真ん中の方向に他のデータポイントとはかけ離れた位置にあるデータポイントも含まれてしまっている。

また、*k*-meansはクラスタに関してすべての方向が同じように重要であることを仮定する。**図3-28**に、明らかに3つに分離できるデータポイントを持つ2次元データセットを示す。これらのグループは対角線方向に伸ばされている。*k*-meansは最も近いクラスタセンタへの距離しか考慮しないので、このようなデータを取り扱うことはできない。

In[53]:

```
# ランダムにクラスタデータを作成
X, y = make_blobs(random_state=170, n_samples=600)
rng = np.random.RandomState(74)

# 対角線方向に引き伸ばす
transformation = rng.normal(size=(2, 2))
X = np.dot(X, transformation)

# データポイントを3つにクラスタリング
kmeans = KMeans(n_clusters=3)
kmeans.fit(X)
y_pred = kmeans.predict(X)
```

```
# クラスタ割り当てとクラスタセンタをプロット
plt.scatter(X[:, 0], X[:, 1], c=y_pred, cmap=mglearn.cm3)
plt.scatter(kmeans.cluster_centers_[:, 0], kmeans.cluster_centers_[:, 1],
            marker='^', c=[0, 1, 2], s=100, linewidth=2, cmap=mglearn.cm3)
plt.xlabel("Feature 0")
plt.ylabel("Feature 1")
```

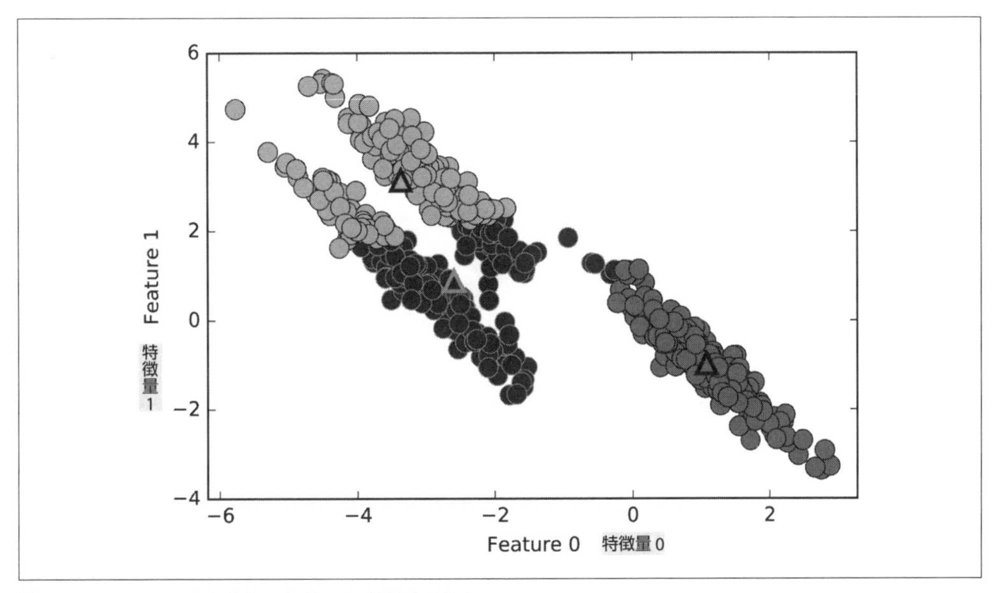

図3-28 k-meansは丸くないクラスタを識別できない

k-meansは、クラスタが複雑な形の場合にもうまく機能しない。「2章 教師あり学習」で見た、two_moonsデータセットの例を見てみよう（図3-29）。

In[54]:

```
# 合成データセットtwo_moonsデータ作成（今度はノイズ少なめ）
from sklearn.datasets import make_moons
X, y = make_moons(n_samples=200, noise=0.05, random_state=0)

# 2つのクラスタにクラスタ分類
kmeans = KMeans(n_clusters=2)
kmeans.fit(X)
y_pred = kmeans.predict(X)

# クラスタ割り当てとクラスタセンタをプロット
plt.scatter(X[:, 0], X[:, 1], c=y_pred, cmap=mglearn.cm2, s=60)
```

```
plt.scatter(kmeans.cluster_centers_[:, 0], kmeans.cluster_centers_[:, 1],
            marker='^', c=[mglearn.cm2(0), mglearn.cm2(1)], s=100, linewidth=2)
plt.xlabel("Feature 0")
plt.ylabel("Feature 1")
```

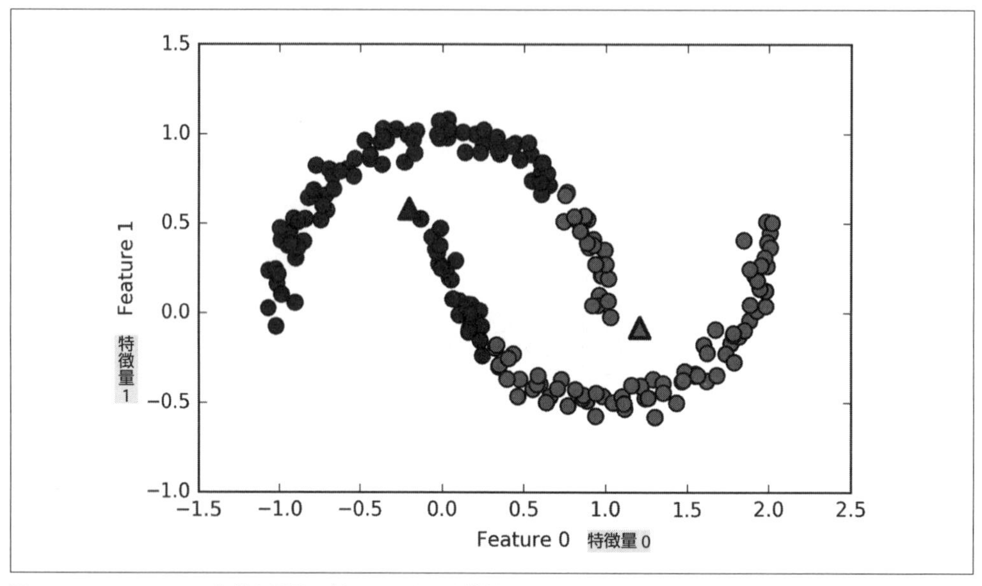

図3-29 k-meansは、複雑な形状に対してはうまく機能しない

クラスタリングアルゴリズムが、2つの半月型を見つけてくれることを期待したのだが、*k*-meansでは見つけられない。

3.5.1.2 ベクトル量子化、もしくは成分分解としてのk-means

k-meansはクラスタリングアルゴリズムだが、*k*-meansとPCAやNMFなどの成分分解手法の間には興味深い類似性がある。PCAは、データ中の最も分散が大きい方向群を見出そうとし、NMFは足し込んでいくことのできる成分を見つけようとしていた。これらは、データの「極端な特徴」と「部品」に相当する（**図3-13**）。これらの手法は、データポイントを複数の成分の和として表現しようとする。これに対して、*k*-meansはクラスタセンタで個々のデータポイントを表現する。個々のデータポイントを、クラスタセンタとして与えられる単一の成分で表現していると考えることができる。このように、*k*-meansを単一成分で個々のデータポイントを表現する成分分解手法として見る考え方を、**ベクトル量子化**（vector quantization）と呼ぶ。

PCA、NMFと*k*-meansを、抽出された成分で比較してみよう（**図3-30**）。さらに、100成分を用いた再構成画像のほうも比較しよう（**図3-31**）。*k*-meansの再構成画像には、訓練セットから得られたクラスタセンタのうち最も近いものを用いている。

In[55]:

```
X_train, X_test, y_train, y_test = train_test_split(
    X_people, y_people, stratify=y_people, random_state=0)
nmf = NMF(n_components=100, random_state=0)
nmf.fit(X_train)
pca = PCA(n_components=100, random_state=0)
pca.fit(X_train)
kmeans = KMeans(n_clusters=100, random_state=0)
kmeans.fit(X_train)

X_reconstructed_pca = pca.inverse_transform(pca.transform(X_test))
X_reconstructed_kmeans = kmeans.cluster_centers_[kmeans.predict(X_test)]
X_reconstructed_nmf = np.dot(nmf.transform(X_test), nmf.components_)
```

In[56]:

```
fig, axes = plt.subplots(3, 5, figsize=(8, 8),
                         subplot_kw={'xticks': (), 'yticks': ()})
fig.suptitle("Extracted Components")
for ax, comp_kmeans, comp_pca, comp_nmf in zip(
        axes.T, kmeans.cluster_centers_, pca.components_, nmf.components_):
    ax[0].imshow(comp_kmeans.reshape(image_shape))
    ax[1].imshow(comp_pca.reshape(image_shape), cmap='viridis')
    ax[2].imshow(comp_nmf.reshape(image_shape))

axes[0, 0].set_ylabel("kmeans")
axes[1, 0].set_ylabel("pca")
axes[2, 0].set_ylabel("nmf")

fig, axes = plt.subplots(4, 5, subplot_kw={'xticks': (), 'yticks': ()},
                         figsize=(8, 8))
fig.suptitle("Reconstructions")
for ax, orig, rec_kmeans, rec_pca, rec_nmf in zip(
        axes.T, X_test, X_reconstructed_kmeans, X_reconstructed_pca,
        X_reconstructed_nmf):

    ax[0].imshow(orig.reshape(image_shape))
    ax[1].imshow(rec_kmeans.reshape(image_shape))
    ax[2].imshow(rec_pca.reshape(image_shape))
    ax[3].imshow(rec_nmf.reshape(image_shape))

axes[0, 0].set_ylabel("original")
axes[1, 0].set_ylabel("kmeans")
axes[2, 0].set_ylabel("pca")
axes[3, 0].set_ylabel("nmf")
```

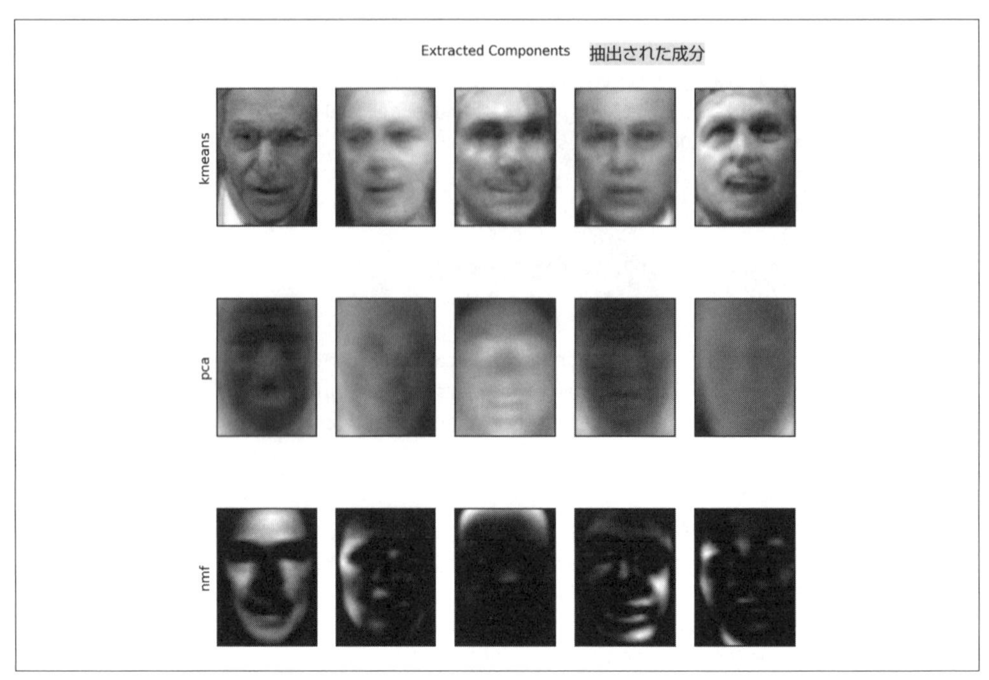

図3-30 k-meansのクラスタセンタとPCA、NMFで発見した成分の比較

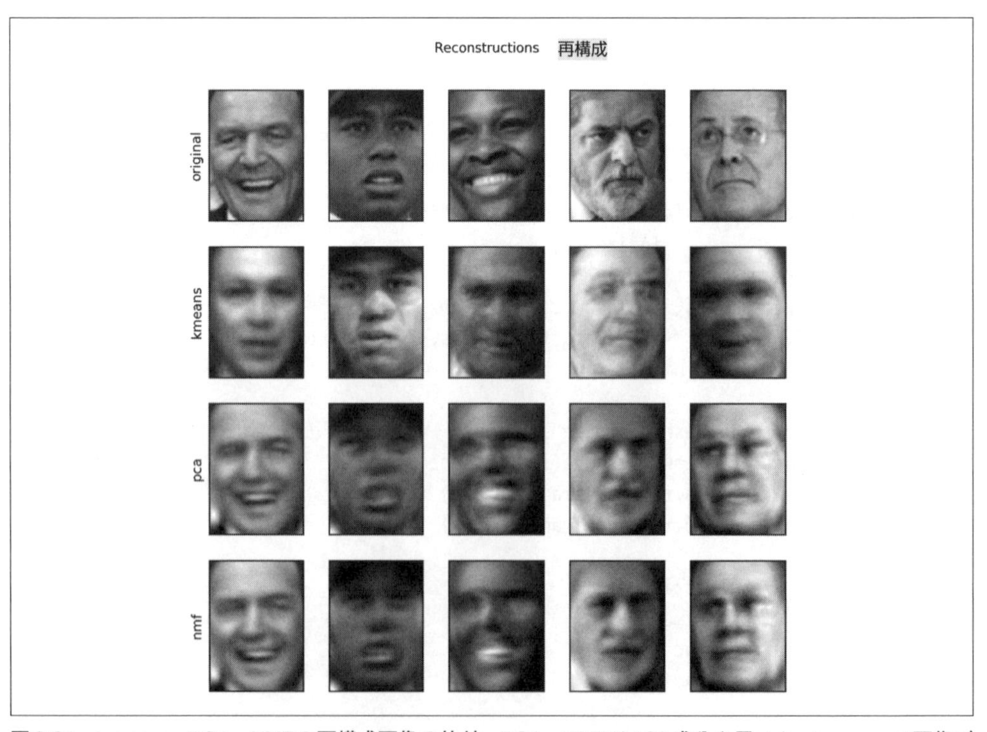

図3-31 k-means、PCA、NMFの再構成画像の比較。PCA、NMFは100成分を用いた。k-meansは画像ごとに1つのクラスタセンタのみを用いている

k-meansを用いたベクトル量子化の興味深い点は、入力次元の数よりもはるかに多くのクラスタを使うことができることだ。two_moonsデータセットに立ち戻ってみよう。PCAやNMFでは、このデータセットに対してできることはほとんどない。このデータセットには2つしか次元がないからだ。PCAやNMFを用いて次元を減らし、1次元にしてしまうとデータの構造が完全に破壊されてしまう。しかし、多数のクラスタセンタを用いるように指定してk-meansを用いれば、もっと強力な表現を見つけることができる(**図3-32**)。

In[57]:

```
X, y = make_moons(n_samples=200, noise=0.05, random_state=0)

kmeans = KMeans(n_clusters=10, random_state=0)
kmeans.fit(X)
y_pred = kmeans.predict(X)

plt.scatter(X[:, 0], X[:, 1], c=y_pred, s=60, cmap='Paired')
plt.scatter(kmeans.cluster_centers_[:, 0], kmeans.cluster_centers_[:, 1], s=60,
            marker='^', c=range(kmeans.n_clusters), linewidth=2, cmap='Paired')
plt.xlabel("Feature 0")
plt.ylabel("Feature 1")
print("Cluster memberships:\n{}".format(y_pred))
```

Out[57]:

```
Cluster memberships:
[9 2 5 4 2 7 9 6 9 6 1 0 2 6 1 9 3 0 3 1 7 6 8 6 8 5 2 7 5 8 9 8 6 5 3 7 0
 9 4 5 0 1 3 5 2 8 9 1 5 6 1 0 7 4 6 3 3 6 3 8 0 4 2 9 6 4 8 2 8 4 0 4 0 5
 6 4 5 9 3 0 7 8 0 7 5 8 9 8 0 7 3 9 7 1 7 2 2 0 4 5 6 7 8 9 4 5 4 1 2 3 1
 8 8 4 9 2 3 7 0 9 9 1 5 8 5 1 9 5 6 7 9 1 4 0 6 2 6 4 7 9 5 5 3 8 1 9 5 6
 3 5 0 2 9 3 0 8 6 0 3 3 5 6 3 2 0 2 3 0 2 6 3 4 4 1 5 6 7 1 1 3 2 4 7 2 7
 3 8 6 4 1 4 3 9 9 5 1 7 5 8 2]
```

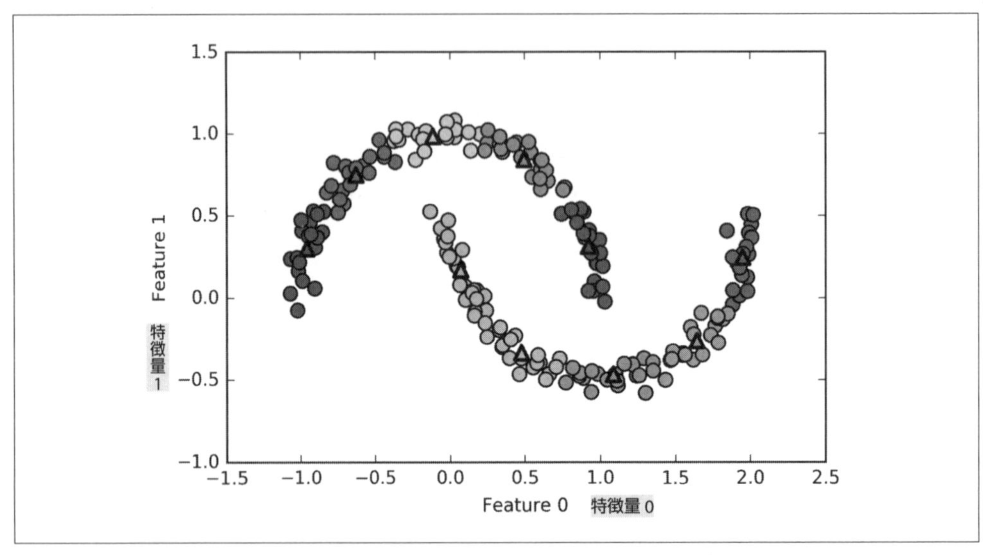

図3-32 k-meansでたくさんのクラスタを用いると、複雑なデータセットの分散をカバーできる

ここでは10のクラスタセンタを用いている。したがって個々のデータポイントには0-9の番号が割り当てられている。これを、10成分でのデータ表現であると考えることができる。割り当てられたクラスタセンタに相当する特徴量だけが1で、それ以外の特徴量は0とするデータ表現だ。こう考えると、10個の新しい特徴量ができたことになる。この10次元表現を使えば、この2つの半月型を線形モデルで分離できる。これはもとの2次元特徴量ではできなかったことだ。さらに、個々のクラスタセンタからの距離を特徴量として用いれば、さらに強力な表現となる。これにはkmeansのtransformを用いればよい。

In[58]:

```
distance_features = kmeans.transform(X)
print("Distance feature shape: {}".format(distance_features.shape))
print("Distance features:\n{}".format(distance_features))
```

Out[58]:

```
Distance feature shape: (200, 10)  距離特徴量の形状
Distance features:                 距離特徴量
[[ 0.922  1.466  1.14  ...,  1.166  1.039  0.233]
 [ 1.142  2.517  0.12  ...,  0.707  2.204  0.983]
 [ 0.788  0.774  1.749 ...,  1.971  0.716  0.944]
 ...,
 [ 0.446  1.106  1.49  ...,  1.791  1.032  0.812]
 [ 1.39   0.798  1.981 ...,  1.978  0.239  1.058]
```

```
[ 1.149  2.454  0.045 ...,  0.572  2.113  0.882]]
```

k-meansは、非常に広く用いられているクラスタリングアルゴリズムだ。これは、比較的理解しやすく実装しやすいからだけではなく、比較的高速に実行できるからでもある。k-meansは大規模なデータセットにも適用できるし、scikit-learnにはさらに非常に大規模なデータセットを処理できるMiniBatchKMeansも用意されている。

k-meansの欠点の1つは、初期化が乱数で行われることだ。これは、アルゴリズムの出力が乱数のシードに依存することを意味する。scikit-learnではデフォルトで、異なる乱数を用いて10回実行し、最良の結果を返してくる*1。さらに欠点があるとすれば、k-meansがクラスタの形に対してかなり制約の強い仮定を置いていることと、探しているクラスタの数をユーザが指定しなければならないことである。クラスタの数は、実世界のアプリケーションではわからないことも多い。

次は、これらの特性を改良したクラスタリングアルゴリズムをあと2つ見ていこう。

3.5.2 凝集型クラスタリング

凝集型クラスタリング（agglomerative clustering）とは、同じ原則に基づく一連のクラスタリングアルゴリズムの総称である。これらのアルゴリズムは、個々のデータポイントをそれぞれ個別のクラスタとして開始し、最も類似した2つのクラスタを併合していく。これを何らかの終了条件が満たされるまで繰り返す。scikit-learnに実装されている終了条件はクラスタの数である。つまり、指定した数のクラスタだけが残るまで、似たクラスタを併合し続ける。「最も類似したクラスタ」を決定する**連結**（linkage）度にはさまざまものがある。この連結度は常に、2つの既存クラスタ間に定義される。

scikit-learnには次の3つが実装されている。

ward

　デフォルト。wardは、併合した際にクラスタ内の分散の増分が最小になるように2つのクラスタを選択する。多くの場合比較的同じサイズのクラスタになる。

average

　average連結度を用いると、クラスタ間のすべてのポイント間の距離の平均値が最小の2クラスタを併合する。

complete

　complete連結度（最大連結度とも呼ばれる）は2つクラスタの点間の距離の最大値が最小となるものを併合する。

＊1　この場合の「最良」は、個々のクラスタの分散の和が最小であるという意味である。

wardはほとんどのデータセットでうまくいくので、以下の例ではwardを用いる。クラスタによってデータポイントの数が極端に違う場合（例えば1つだけ他のものよりもずっと大きいような場合）、averageやcompleteのほうがうまくいくかもしれない。

図3-33に示すプロットは、2次元データセットに対して、凝集型クラスタリングで3つのクラスタを探す進行過程を示したものである。

In[59]:

```
mglearn.plots.plot_agglomerative_algorithm()
```

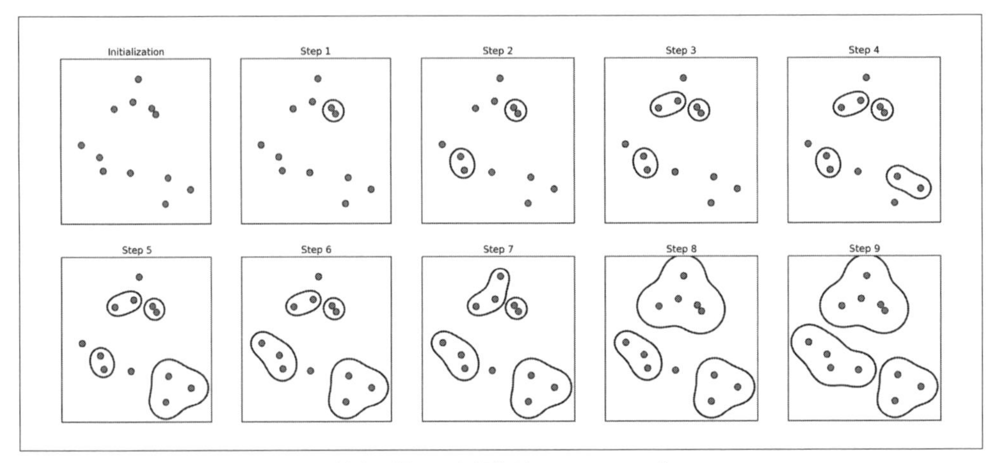

図3-33　2つの最も近いクラスタの併合を繰り返す凝集型クラスタリング

最初は各ポイントがそれぞれクラスタになっている。ステップごとに、最も近い2つのクラスタが併合される。最初の4ステップでは、2つの1点クラスタが選ばれて、2点クラスタに併合される。第5ステップでは、2点クラスタの1つに3つ目の点が併合されている。第9ステップの段階で3つのクラスタしか残っていない。最初に3クラスタを指定したので、アルゴリズムはここで停止する。

これまで使ってきた簡単な3クラスタデータに対して、凝集型クラスタリングがどのように機能するか見てみよう。アルゴリズムの動作の関係上、凝集型クラスタリングは新しいデータに対して予測をすることができない。このため、AgglomerativeClusteringにはpredictメソッドがない。モデルを作って、訓練セットに対する所属クラスタを得るには、fit_predictを用いる[*1]。結果を図3-34に示す。

In[60]:

```
from sklearn.cluster import AgglomerativeClustering
```

---

*1　k-meansの場合と同じようにlabels_属性を見てもよい。

```
X, y = make_blobs(random_state=1)

agg = AgglomerativeClustering(n_clusters=3)
assignment = agg.fit_predict(X)

mglearn.discrete_scatter(X[:, 0], X[:, 1], assignment)
plt.xlabel("Feature 0")
plt.ylabel("Feature 1")
```

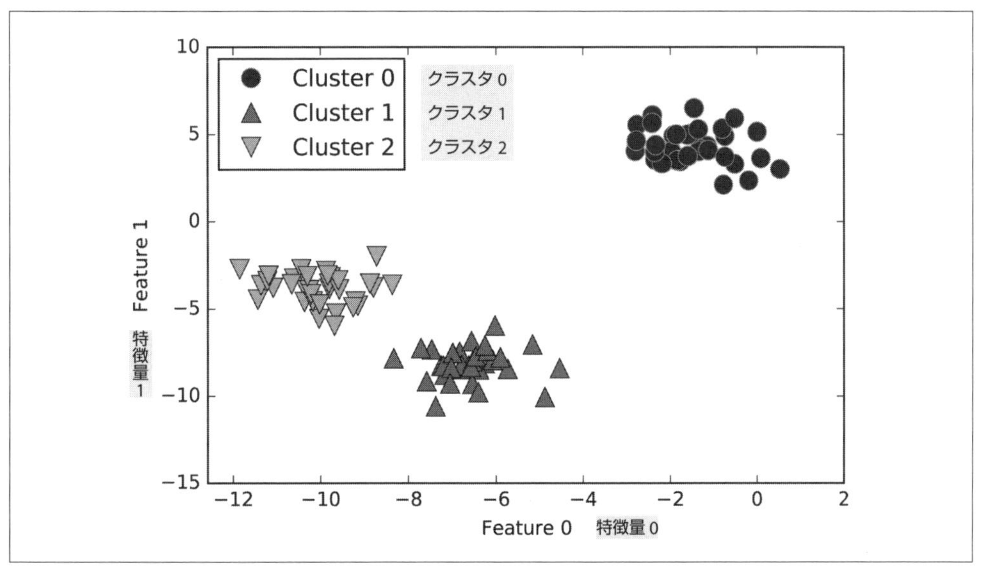

図3-34　凝集型クラスタリングによる3クラスタデータセットのクラスタ割り当て

予測した通り、クラスタが完全に再現されている。scikit-learnの凝集型クラスタリング実装では、あらかじめクラスタ数を指定しなければならないが、凝集型クラスタリングメソッドの結果を用いると、適切なクラスタ数の選択が容易になる。次節でこれについて説明する。

3.5.2.1　階層型クラスタリングとデンドログラム

凝集型クラスタリングを行うと、いわゆる**階層型クラスタリング**（hierarchical clustering）が得られる。凝集型クラスタリングは同じ手続きを繰り返すことで行われる。すべての点は、その1点のみで構成されるクラスタから始まり、最終的に得られるクラスタのいずれかに向けて徐々に凝集していく。この繰り返しのステップごとにクラスタの数が減っていく。この過程で得られるすべてのクラスタを重ねて表示するとわかりやすい。**図3-35**は、**図3-33**で示したすべてのクラスタを重ねて表示したものである。これを見ると、それぞれのクラスタがより小さいクラスタに分割されていることがわかる。

In[61]:

```
mglearn.plots.plot_agglomerative()
```

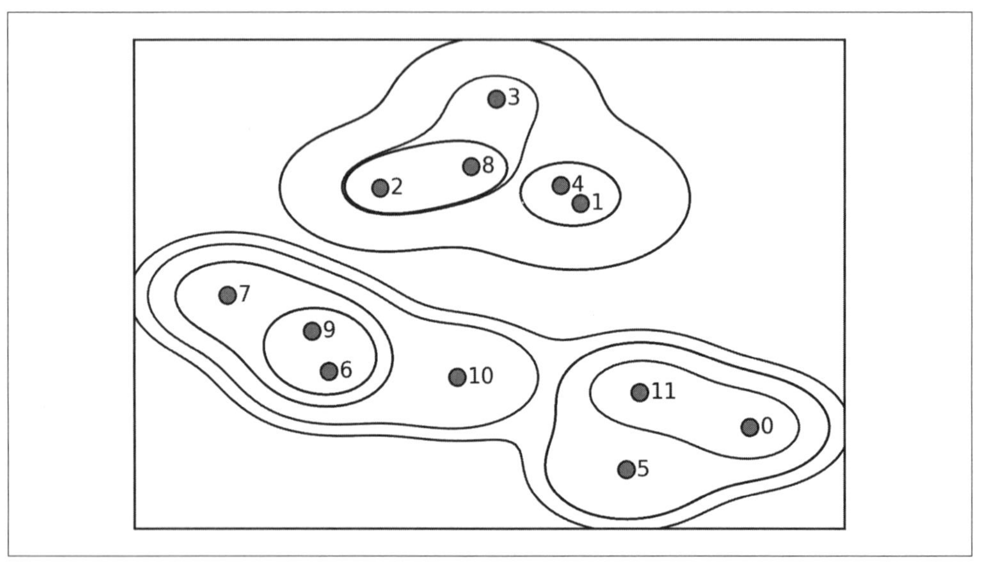

図3-35 凝集型クラスタリングで生成される階層的なクラスタ割り当て（線で表現）。データポイントに番号が付されている（図3-36 参照）

この可視化によって階層化の詳細を理解することができるが、データが2次元であるということに依存しているので、より多くの特徴量を持つデータセットではこの方法は利用できない。しかし、階層型クラスタリングを可視化するには、**デンドログラム**（dendrogram）と呼ばれるもう1つの方法がある。この方法は多次元のデータセットを扱うことができる。

残念なことに、scikit-learnはいまのところデンドログラムの描画をサポートしていない。しかし、SciPyを使えば簡単にできる。SciPyのクラスタリングアルゴリズムのインターフェイスは、scikit-learnのクラスタリングアルゴリズムとは若干異なる。SciPyは、データ配列Xを取り、**連結性配列**（linkage array）を計算する関数を提供する。連結性配列には、階層的なクラスタの類似度がエンコードされている。この連結性配列をSciPyのdendrogram関数に与えると、デンドログラムが描画される（図3-36）。

In[62]:

```
# SciPyからデンドログラム関数とwardクラスタリング関数をインポート
from scipy.cluster.hierarchy import dendrogram, ward

X, y = make_blobs(random_state=0, n_samples=12)
# wardクラスタリングをデータ配列Xに適用
```

```
# SciPyのward関数は、凝集型クラスタリングを行った際の
# ブリッジ距離を示す配列を返す。
linkage_array = ward(X)
# このlinkage_arrayに書かれたクラスタ間距離を
# デンドログラムとしてプロットする
dendrogram(linkage_array)

# 2クラスタと3クラスタの部分での切断を表示
ax = plt.gca()
bounds = ax.get_xbound()
ax.plot(bounds, [7.25, 7.25], '--', c='k')
ax.plot(bounds, [4, 4], '--', c='k')

ax.text(bounds[1], 7.25, ' two clusters', va='center', fontdict={'size': 15})
ax.text(bounds[1], 4, ' three clusters', va='center', fontdict={'size': 15})
plt.xlabel("Sample index")
plt.ylabel("Cluster distance")
```

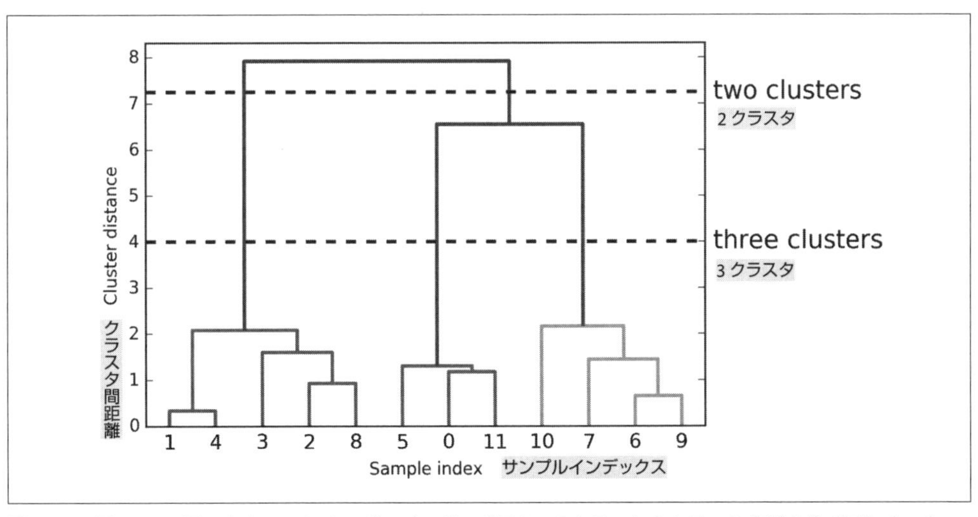

図3-36　図3-35に示したクラスタリングのデンドログラム。2クラスと3クラスの分割を線で示している

デンドログラムは、データポイントを一番下の点として表す（0から11までの番号が振られている）。次に、これらのポイント（1点クラスタを示している）を葉とし、2つのクラスタが結合されたものを新しいノードとして木構造をプロットする。

下から上へ見ていくと、（**図3-33**で示された通り）データポイント1と4がまず結合されている。次にデータポイント6と9が結合され、というように続いていく。一番上には2つの枝があり、一方の枝には11、0、5、10、7、6、9が、もう一方の枝には1、4、3、2、8が含まれている。これらは一

番大きい2つのクラスタに対応する。

デンドログラムのy軸は凝集型クラスタリングアルゴリズムがいつ2つのクラスタを併合したかを示しているだけではない。枝の長さが、2つのクラスタがどれだけ離れていたかを示している。このデンドログラムで最も枝が長いのは、「three clusters」とラベルを付けた点線が交わっている3本の線である。これらが最も長いということは、3クラスタから2クラスタに併合する際にはかなり離れた点を併合しているということを意味する。この図の一番上で2つのクラスタを1つにまとめているが、このときにも比較的遠く離れたものを併合していることがわかる。

残念ながら、凝集型クラスタリングでもtwo_moonsのような複雑な形状はうまく扱うことができない。しかし、次に見るDBSCANなら話が変わってくる。

3.5.3 DBSCAN

もう1つの非常に有用なクラスタリングアルゴリズムとして、DBSCANがある。DBSCANは「density-based spatial clustering of applications with noise」(密度に基づくノイズあり空間クラスタリング)の略語である。DBSCANの主な利点は、ユーザがクラスタ数を**先験的**に与える必要がないことと、どのクラスタにも属さない点を判別できることである。DBSCANは凝集型クラスタリングよりもk-meansよりも遅いが、比較的大きいデータセットにも適用できる。

DBSCANは、特徴空間において、多くの点が近接しているような「混んでいる」領域に属する点を見つける。このような領域は特徴空間の**高密度**(dense)領域と呼ばれる。DBSCANは、クラスタはデータ中で高密度領域を構成していて、比較的空虚な領域で区切られているという考えに基づく。

高密度領域の中にあるデータポイントは**コアサンプル**(コアポイント)と呼ばれ、以下のように定義される。DBSCANにはmin_samplesとepsという2つのパラメータがある。あるデータポイントから距離eps以内にmin_samples以上のデータポイントがある場合に、そのデータポイントはコアサンプルとなる。DBSCANでは、eps以内にあるコアサンプルは同じクラスタに割り当てられる。

アルゴリズムは、まず適当に1つのデータポイントを選ぶところから始まる。そのデータポイントから距離eps以内にあるすべてのデータポイントを見つける。その数がmin_samples以下であれば、その点はどのクラスタにも属さない**ノイズ**(noise)となる。距離eps以内にmin_samples以上のデータポイントがあれば、その点はコアサンプルとなり、新しいクラスタラベルが割り当てられる。次に、eps以内にあるすべての近傍点をテストする。それらの点がまだクラスタに割り当てられていなければ、今作ったばかりの新しいクラスタラベルを割り当てる。近傍点がコアサンプルであれば、その近傍をさらにテストする。クラスタは、クラスタからeps以内にコアサンプルが存在しなくなるまで成長を続ける。これが終わると、まだ調べていない点を選んで、同じ手続きを繰り返す。

最終的には3種類のデータポイントができる。コアポイント、コアポイントから距離eps以内にあるデータポイント(**境界ポイント**と呼ぶ)と、ノイズである。DBSCANアルゴリズムをあるデータセットに対して何度か実行すると、コアポイントのクラスタリングとノイズになるデータポイントは、常に同じになる。しかし、境界ポイントは、複数のクラスタに属するコアサンプルの近傍点である場合がある。したがって、境界ポイントがどのクラスタに属するかは、テストされるデータポイントの順番によって変わる。多くの場合、境界ポイントはごくわずかなので、この順番に対する依存性はそれほど問題にはならない。

DBSCANを凝集型クラスタリングで用いた合成データセットに適用してみよう。凝集型クラスタリングと同様に、DBSCANでも新しいテストデータに対する予測を行うことはできない。したがって、fit_predictメソッドを使って、クラスタリングとクラスタラベルの取得を一度に行う。

In[63]:

```
from sklearn.cluster import DBSCAN
X, y = make_blobs(random_state=0, n_samples=12)

dbscan = DBSCAN()
clusters = dbscan.fit_predict(X)
print("Cluster memberships:\n{}".format(clusters))
```

Out[63]:

```
Cluster memberships:
[-1 -1 -1 -1 -1 -1 -1 -1 -1 -1 -1 -1]
```

結果を見ると、すべてのデータポイントがノイズを表すラベル-1になっている。これは、epsとmin_samplesのデフォルト設定が、小さいトイデータセットに適していないからだ。min_samplesとepsをさまざまな値に設定してクラスタリングした結果を**図3-37**に示す。

In[64]:

```
mglearn.plots.plot_dbscan()
```

Out[64]:

```
min_samples: 2 eps: 1.000000  cluster: [-1  0  0 -1  0 -1  1  1  0  1 -1 -1]
min_samples: 2 eps: 1.500000  cluster: [0 1 1 1 1 0 2 2 1 2 2 0]
min_samples: 2 eps: 2.000000  cluster: [0 1 1 1 1 0 0 0 1 0 0 0]
min_samples: 2 eps: 3.000000  cluster: [0 0 0 0 0 0 0 0 0 0 0 0]
min_samples: 3 eps: 1.000000  cluster: [-1  0  0 -1  0 -1  1  1  0  1 -1 -1]
min_samples: 3 eps: 1.500000  cluster: [0 1 1 1 1 0 2 2 1 2 2 0]
min_samples: 3 eps: 2.000000  cluster: [0 1 1 1 1 0 0 0 1 0 0 0]
min_samples: 3 eps: 3.000000  cluster: [0 0 0 0 0 0 0 0 0 0 0 0]
min_samples: 5 eps: 1.000000  cluster: [-1 -1 -1 -1 -1 -1 -1 -1 -1 -1 -1 -1]
min_samples: 5 eps: 1.500000  cluster: [-1  0  0  0  0 -1 -1 -1  0 -1 -1 -1]
min_samples: 5 eps: 2.000000  cluster: [-1  0  0  0  0 -1 -1 -1  0 -1 -1 -1]
min_samples: 5 eps: 3.000000  cluster: [0 0 0 0 0 0 0 0 0 0 0 0]
```

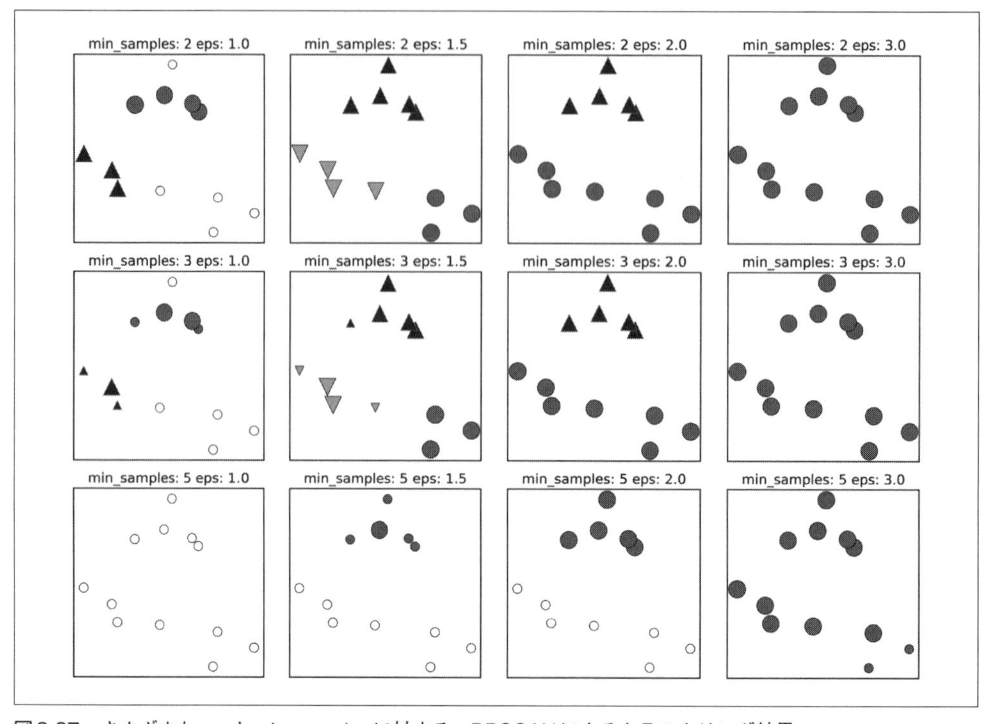

図3-37 さまざまなepsとmin_samplesに対する、DBSCANによるクラスタリング結果

このプロットでは、クラスタに属するデータポイントには色を付けてあり、ノイズは白で表している。コアサンプルは大きいマーカで、境界点は小さいマーカでプロットしている。epsを増やすと（図中で左から右へ）、より多くの点がクラスタに含まれるようになる。こうするとクラスタが大きくなるが、複数のクラスタが併合されることにもなる。min_samplesを増やすと（図中で上から下へ）コアポイントになるデータポイントが少なくなり、より多くのデータポイントがノイズとなる。

どちらかといえば、epsのほうが重要だ。このパラメータがデータポイントが「近い」ことの意味を決めるからだ。epsを極端に小さくすると、コアサンプルになるデータポイントがなくなり、すべてのデータポイントがノイズになるだろう。逆にepsを極端に大きくすると、すべてのデータポイントが1つのクラスタになってしまう。

min_samplesの設定は、密度が低い領域にあるデータポイントが、外れ値（ノイズ）となるか、独自のクラスタになるかに影響する。min_samplesを大きくすると、min_samples以下のデータポイントしか持たないクラスタはすべて、ノイズとなってしまう。したがって、min_samplesは最小のクラスタのサイズを決定することになる。**図3-37**のeps=1.5で、min_samples=3からmin_samples=5にした場合を見ると、これがよくわかる。min_samples=3では、それぞれ4点、5点、3点を持つ3つのクラスタがある。min_samples=5では2つの小さなクラスタ（3点と4点）はノイズとなり、5点のクラスタだけが残っている。

DBSCANではクラスタの数を明示的に設定する必要はないが、epsの設定で暗黙にクラスタ数を制御することになる。良いepsの値を見つけるには、StandardScalerやMinMaxScalerでスケール変換してからのほうが容易なことが多い。これらのスケール変換を行うと、すべての特徴量が同じ範囲になることが保証されるからだ。

図3-38に、DBSCANをtwo_moonsデータセットに適用した結果を示す。DBSCANは2つの半円をデフォルトのパラメータ設定で見つけている。

In[65]:

```
X, y = make_moons(n_samples=200, noise=0.05, random_state=0)

# データを平均0分散1にスケール変換
scaler = StandardScaler()
scaler.fit(X)
X_scaled = scaler.transform(X)

dbscan = DBSCAN()
clusters = dbscan.fit_predict(X_scaled)
# クラスタリング結果をプロット
plt.scatter(X_scaled[:, 0], X_scaled[:, 1], c=clusters, cmap=mglearn.cm2, s=60)
plt.xlabel("Feature 0")
plt.ylabel("Feature 1")
```

望ましい数のクラスタ数（2）を見つけているので、このパラメータ設定はうまくいっているように見える。epsをデフォルトの0.5から0.2に減らすと、8つのクラスタができてしまう。これは明らかに多すぎる。epsを0.7にするとクラスタは1つになってしまう。

DBSCANを使う際には、得られたクラスタリング結果の取り扱いに注意が必要である。クラスタリング結果を別の配列のインデックスに不用意に使うと、ノイズを表す-1が予期しない影響をもたらす場合がある。

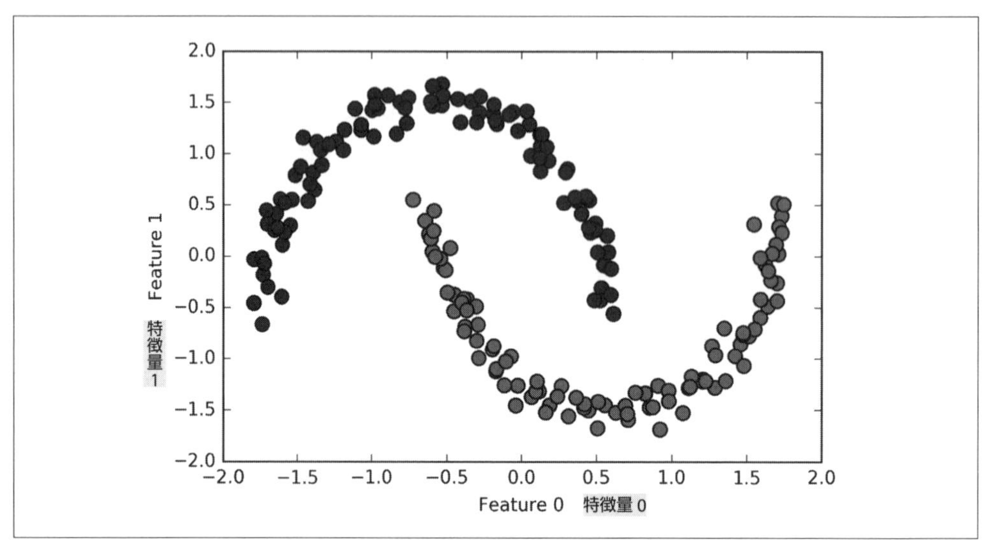

図3-38 DBSCANを用いて、デフォルトのeps=0.5で得られたクラスタリング結果

3.5.4 クラスタリングアルゴリズムの比較と評価

クラスタリングアルゴリズムを利用する際に問題になることの1つに、アルゴリズムがどの程度うまく機能したのかを判断し、各アルゴリズムの結果を比較することが難しいことが挙げられる。これまでに*k*-means、凝集型クラスタリング、DBSCANの背後にあるアルゴリズムを説明したので、実世界データセットを用いて比較してみよう。

3.5.4.1 正解データを用いたクラスタリングの評価

クラスタリングアルゴリズムの出力を、正解データクラスタリングと比較して評価するために用いられる指標がいくつかある。最も重要なものは、**調整ランド指数**（adjusted rand index：ARI）と**正規化相互情報量**（normalized mutual information：NMI）である。これらはいずれも定量的な指標で最良の場合に1を、関係ないクラスタリングの場合に0を取る（ただしARIは負の値になりうる）。

ここでは、*k*-means、凝集型クラスタリング、DBSCANをARIで比較してみよう。比較のため、ランダムに2つのクラスタにデータポイントを割り当てた結果も含める（**図3-39**を参照）。

In[66]:

```
from sklearn.metrics.cluster import adjusted_rand_score
X, y = make_moons(n_samples=200, noise=0.05, random_state=0)

# データを平均0、分散を1にスケール変換する
scaler = StandardScaler()
scaler.fit(X)
```

```
X_scaled = scaler.transform(X)

fig, axes = plt.subplots(1, 4, figsize=(15, 3),
                         subplot_kw={'xticks': (), 'yticks': ()})

# 利用するアルゴリズムのリストを作る
algorithms = [KMeans(n_clusters=2), AgglomerativeClustering(n_clusters=2),
              DBSCAN()]

# 参照のためにランダムなクラスタ割り当てを作る
random_state = np.random.RandomState(seed=0)
random_clusters = random_state.randint(low=0, high=2, size=len(X))

# ランダムな割り当てをプロット
axes[0].scatter(X_scaled[:, 0], X_scaled[:, 1], c=random_clusters,
               cmap=mglearn.cm3, s=60)
axes[0].set_title("Random assignment - ARI: {:.2f}".format(
        adjusted_rand_score(y, random_clusters)))

for ax, algorithm in zip(axes[1:], algorithms):
    # クラスタ割り当てとクラスタセンタをプロット
    clusters = algorithm.fit_predict(X_scaled)
    ax.scatter(X_scaled[:, 0], X_scaled[:, 1], c=clusters,
               cmap=mglearn.cm3, s=60)
    ax.set_title("{} - ARI: {:.2f}".format(algorithm.__class__.__name__,
                                           adjusted_rand_score(y, clusters)))
```

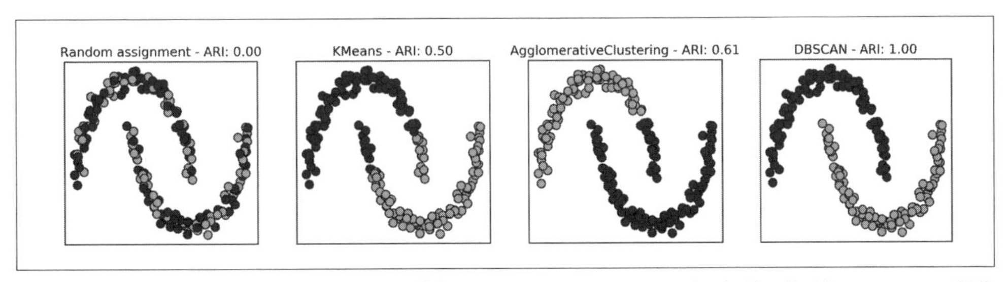

図3-39 two_moonsデータセットを用い、教師ありARIスコアで、ランダムな割り当てと、k-means、凝集型クラスタリング、DBSCANを比較

ARIの結果は直観的に理解しやすい。ランダムクラスタ割り当てはスコア0で（望ましいクラスタリングを完全に再現した）DBSCANは1となっている。

クラスタリングを評価する上でよくある間違いは、adjusted_rand_scoreやnormalized_mutual_info_scoreではなく、accuracy_scoreを用いてしまうことである。accuracy_scoreを用いると、割り当てられたクラスタラベルが正解データに完全に一致していることが要求される。しかし、クラスタラベル自身には意味がない。あるクラスタにどのデータポイントが含まれているかだけが問題なのだ。

In[67]:

```
from sklearn.metrics import accuracy_score

# この2つのラベルは、同じクラスタリングを表している
clusters1 = [0, 0, 1, 1, 0]
clusters2 = [1, 1, 0, 0, 1]
# 精度はゼロになる。ラベルはまったく一致していないからだ
print("Accuracy: {:.2f}".format(accuracy_score(clusters1, clusters2)))
# ARIスコアは1になる。クラスタリングは同じだからだ
print("ARI: {:.2f}".format(adjusted_rand_score(clusters1, clusters2)))
```

Out[67]:

```
Accuracy: 0.00 精度
ARI: 1.00
```

3.5.4.2 正解データを用いないクラスタリングの評価

上でクラスタリングアルゴリズムを評価する1つの方法を示したが、実際にはARIのような指標を用いるには大きな問題がある。クラスタリングアルゴリズムを用いる際、実際には結果と比較するための正解データがない場合が多い。正しいデータのクラスタリングがわかっているなら、それを使って、クラス分類器のような教師ありモデルを作ればよい。したがって、ARIやNMIのような指標はアルゴリズムの開発過程でしか利用できず、アプリケーションがうまくいっているかどうかの指標にはならない。

正解データを必要としないクラスタリングの指標もある。**シルエット係数**（silhouette coefficient）などがそうだ。しかし、これらの指標は実際にはあまりうまくいかない。シルエットスコアは、クラスタのコンパクトさを計算する。大きい方がよく、完全な場合で1になる。クラスタがコンパクトなことは良いことだが、複雑な形状のクラスタはコンパクトにはならない。

two-moonsデータセットに対するk-means、凝集型クラスタリング、DBSCANの結果をシルエットスコアで比較してみよう（図3-40）。

In[68]:

```
from sklearn.metrics.cluster import silhouette_score

X, y = make_moons(n_samples=200, noise=0.05, random_state=0)
# データを平均0分散を1にスケール変換する
```

```
scaler = StandardScaler()
scaler.fit(X)
X_scaled = scaler.transform(X)

fig, axes = plt.subplots(1, 4, figsize=(15, 3),
                         subplot_kw={'xticks': (), 'yticks': ()})

# 参照のためにランダムなクラスタ割り当てを作る
random_state = np.random.RandomState(seed=0)
random_clusters = random_state.randint(low=0, high=2, size=len(X))

# ランダムな割り当てをプロット
axes[0].scatter(X_scaled[:, 0], X_scaled[:, 1], c=random_clusters,
    cmap=mglearn.cm3, s=60)
axes[0].set_title("Random assignment: {:.2f}".format(
    silhouette_score(X_scaled, random_clusters)))

algorithms = [KMeans(n_clusters=2), AgglomerativeClustering(n_clusters=2),
              DBSCAN()]

for ax, algorithm in zip(axes[1:], algorithms):
    clusters = algorithm.fit_predict(X_scaled)
    # クラスタ割り当てとクラスタセンタをプロット
    ax.scatter(X_scaled[:, 0], X_scaled[:, 1], c=clusters, cmap=mglearn.cm3,
               s=60)
    ax.set_title("{} : {:.2f}".format(algorithm.__class__.__name__,
                                      silhouette_score(X_scaled, clusters)))
```

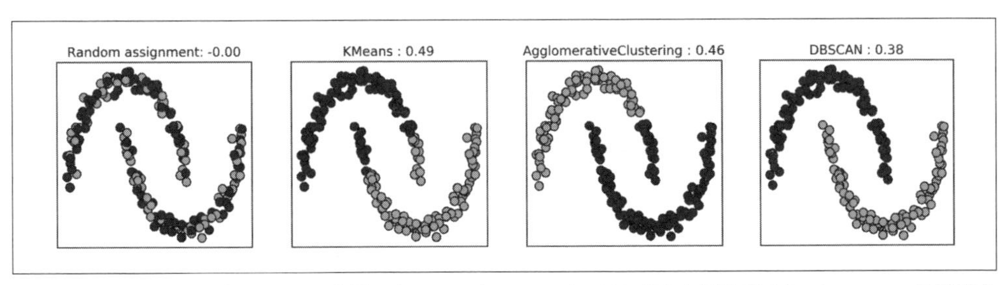

図3-40　two_moonsデータセットを用いシルエットスコアで、ランダムな割り当てと、k-means、凝集型クラスタリング、DBSCANを比較 - 直観に合致するDBSCANのスコアが、k-meansのスコアよりも悪くなっている

DBSCANの結果のほうが良さそうに見えるが、*k*-meansの方がシルエットスコアは高い。もう少し良い評価方法として、**頑健性を用いた**クラスタリング評価指標がある。これらの指標では、ノイズをデータに加えたり、パラメータを変更したりしてアルゴリズムを実行し、結果を比較する。さまざ

まなパラメータや、ノイズのある入力に対しても同じ結果が帰ってくるなら、結果の信頼性が高いだろう、という発想だ。残念ながらこの手法は、本書を書いている時点ではscikit-learnには含まれていない。

もし非常に頑健なクラスタリングが得られたとしても、またシルエットスコアが非常に高いクラスタリングが得られたとしても、そのクラスタに何らかの意味があるのか、ユーザが興味を持つようなデータの側面を反映したクラスタリングになっているのかどうかはわからない。顔画像の例に戻ってみよう。ユーザがほしいのは、類似した顔画像のグループだ。例えば、男性と女性、老人と若者、あごひげのある人とない人、などのような。データを2つにクラスタリングしたとして、すべてのアルゴリズムが、そのクラスタリングに合意したとしよう。それでも、それらのクラスタが、ユーザが興味を持つような特性に対応するかどうかはわからないのだ。横向きと前向きになっているかもしれないし、夜間に撮影された写真と昼に撮影された写真かもしれないし、iPhoneで撮った写真とAndroidスマホで撮った写真かもしれない。クラスタリングがユーザにとって興味深いものになっていることを確認するには、クラスタを目で見て解析してみるしかないのだ。

3.5.4.3 顔画像データセットを用いたアルゴリズムの比較

k-means、DBSCAN、凝集型クラスタリングを、Labeled Faces in the Wildデータセットに適用して、何らかの興味深い構造を見つけられるか試してみよう。ここでは、PCA(whiten=True)で生成された100成分の固有顔表現を用いる。

In[69]:

```
# lfwデータから固有顔を抽出し、変換する
from sklearn.decomposition import PCA
pca = PCA(n_components=100, whiten=True, random_state=0)
pca.fit_transform(X_people)
X_pca = pca.transform(X_people)
```

先に述べたように、この表現は生のピクセルよりも意味的な表現になっている。また計算も速くなる。PCAを用いず、もとのデータに対して以下の実験を行い、同じようなクラスタが得られるかを試してみるのは、読者にとって良い演習問題となるだろう。

顔画像データセットのDBSCANによる解析

まず、DBSCANを試してみよう。

In[70]:

```
# デフォルト設定でDBSCANを適用する
dbscan = DBSCAN()
labels = dbscan.fit_predict(X_pca)
print("Unique labels: {}".format(np.unique(labels)))
```

Out[70]:

```
Unique labels: [-1]
```

すべてのラベルが-1になっている。つまり、すべてのデータポイントが「ノイズ」だと判断されたということだ。これを解決するには2つの方法がある。epsを大きくして個々の点の近傍を拡大するか、min_samplesを小さくして小さいグループをクラスタとして識別させるかだ。まずは、min_samplesの方を試してみよう。

In[71]:

```
dbscan = DBSCAN(min_samples=3)
labels = dbscan.fit_predict(X_pca)
print("Unique labels: {}".format(np.unique(labels)))
```

Out[71]:

```
Unique labels: [-1]
```

3点のグループをクラスタとしても、すべてがノイズになってしまった。epsを増やす必要がある。

In[72]:

```
dbscan = DBSCAN(min_samples=3, eps=15)
labels = dbscan.fit_predict(X_pca)
print("Unique labels: {}".format(np.unique(labels)))
```

Out[72]:

```
Unique labels: [-1  0]
```

epsを15とずいぶん大きくしたところ、1つのクラスタとノイズだけになった。この結果を使って、「ノイズ」がその他のデータと比べてどう違うのかを見てみることもできる。何が起こっているのかをより正確に理解するために、いくつのデータポイントがノイズで、いくつがクラスタ内なのかを見てみよう。

In[73]:

```
# クラスタとノイズのデータポイント数を数える
# bincountは、負の数を許さないので、すべてに1を加える
# 結果の最初の数がノイズのデータポイント数に対応する
print("Number of points per cluster: {}".format(np.bincount(labels + 1)))
```

Out[73]:

```
Number of points per cluster: [  27 2036]
```

クラスタごとのデータポイントの数

ノイズはわずか27点しかない。これだけなら全部見ることができる(**図3-41**)。

In[74]:

```
noise = X_people[labels==-1]

fig, axes = plt.subplots(3, 9, subplot_kw={'xticks': (), 'yticks': ()},
                         figsize=(12, 4))
for image, ax in zip(noise, axes.ravel()):
    ax.imshow(image.reshape(image_shape), vmin=0, vmax=1)
```

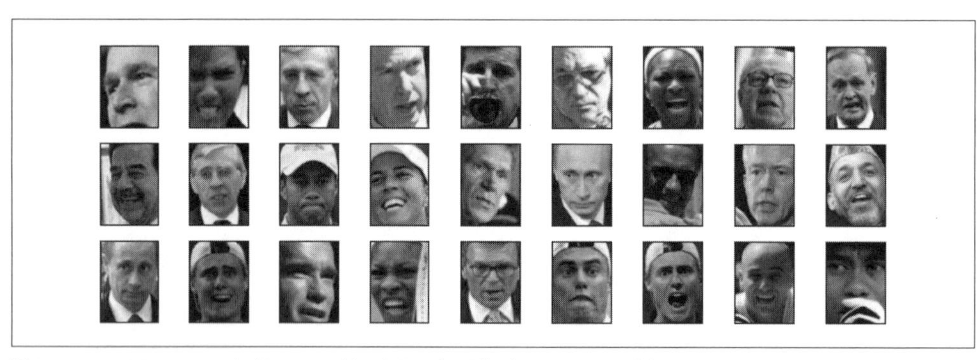

図3-41 DBSCANでノイズとラベル付けされた顔画像データセットの例

これらの画像を、**図3-7**に示したランダムに選んだ顔画像と比較すると、なぜこれらがノイズとなっているのかを推測することができる。最初の行の5つ目の画像はグラスから飲みものを飲んでいる。帽子をかぶっている画像もある。最後の画像は顔の前に手が写り込んでいる。その他の画像は角度がおかしかったり、切り取り方がおかしくて画角が狭すぎたり広すぎたりしている。

このように、何かおかしなものを見つける解析を**外れ値検出**(outlier detection)と呼ぶ。これが本当のアプリケーションであれば、画像の切り取り方にはもう少し気を付けて、より均質なデータになるようにするだろう。帽子をかぶっていたり、飲んでいたり、顔の前に何かを持っているような画像に対してできることはあまりないが、データの中にアルゴリズムが扱わなければならないこのような問題があることを知っておくことは良いことだ。

1つの大きいクラスタではなく、もっと興味深いクラスタを見つけたいなら、epsを小さくして、15と0.5(デフォルト値)の間のどこかにしなければならない。さまざまなepsに対する結果を見てみよう。

In[75]:

```
for eps in [1, 3, 5, 7, 9, 11, 13]:
    print("\neps={}".format(eps))
    dbscan = DBSCAN(eps=eps, min_samples=3)
```

```
    labels = dbscan.fit_predict(X_pca)
    print("Clusters present: {}".format(np.unique(labels)))
    print("Cluster sizes: {}".format(np.bincount(labels + 1)))
```

Out[75]:

```
eps=1
Clusters present: [-1]
Cluster sizes: [2063]

eps=3
Clusters present: [-1]
Cluster sizes: [2063]

eps=5
Clusters present: [-1]
Cluster sizes: [2063]

eps=7
Clusters present: [-1  0  1  2  3  4  5  6  7  8  9 10 11 12]
Cluster sizes: [2006  4  6  6  6  9  3  3  4  3  3  3  3  4]

eps=9
Clusters present: [-1  0  1  2]
Cluster sizes: [1269  788    3    3]

eps=11
Clusters present: [-1  0]
Cluster sizes: [ 430 1633]

eps=13
Clusters present: [-1  0]
Cluster sizes: [ 112 1951]
```

epsが小さいとすべてのデータポイントがノイズになる。eps=7では、大量のノイズと多数の小さいクラスタが得られる。eps=9でも大量のノイズがあるが、今度は大きいクラスタが1つといくつかの小さいクラスタが得られる。eps=11以降は大きいクラスタ1つとノイズになる。

興味深い点としては、大きいクラスタが1つ以上得られることはないことだ。一番良い場合でも、大きいクラスタにほとんどのデータポイントが属しており、他には小さいクラスタがいくつかあるだけだ。これは、データセットの中には、2種類や3種類の明らかに異なるようなグループがなく、すべての顔画像が同じように似ている（もしくは同じように似ていない）ということを意味している。

この中では、いくつもの小さいクラスタを持つeps=7の結果が最も面白そうだ。13個の小さいクラスタに属するデータポイントを可視化して詳しく見てみよう（図3-42）。

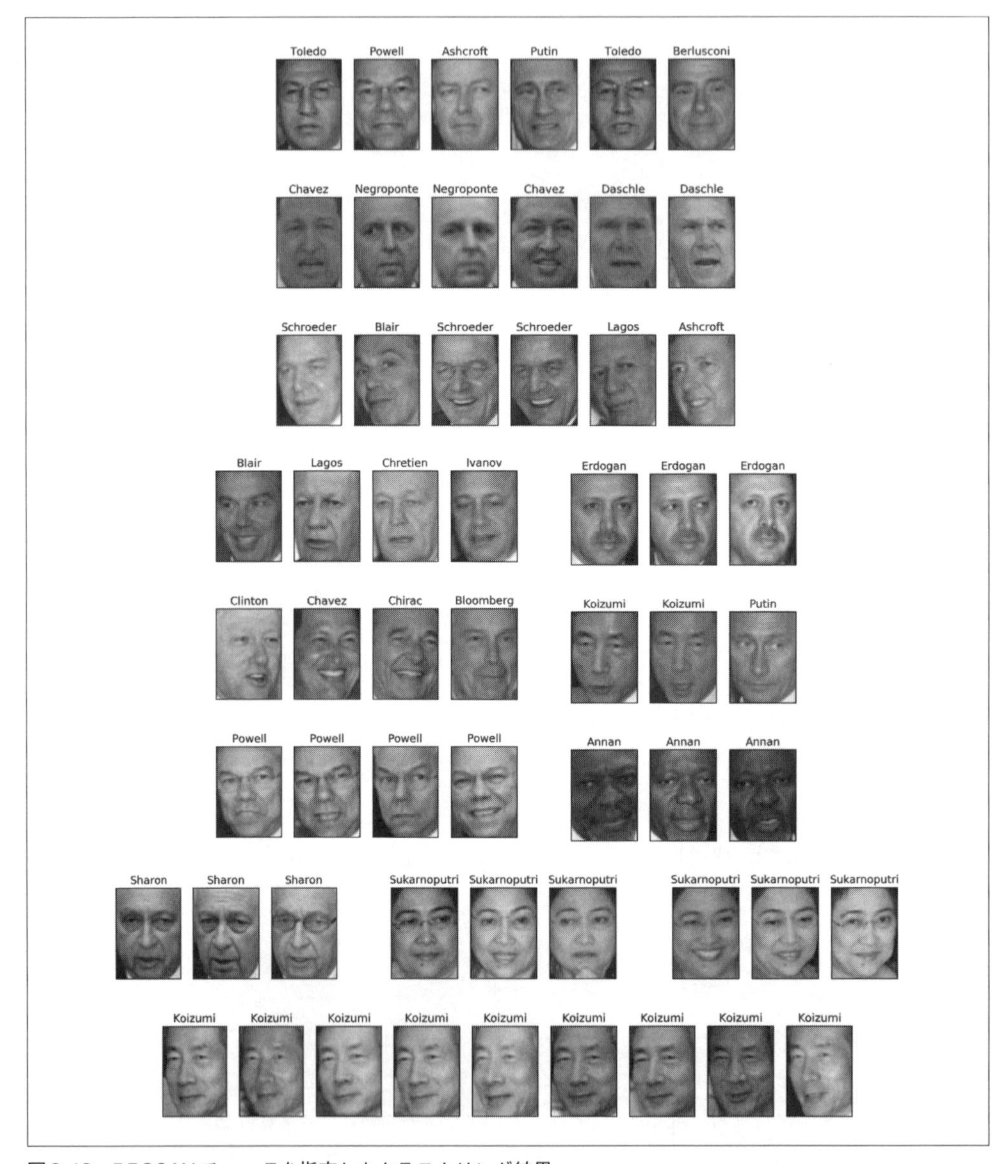

図3-42　DBSCANでeps=7を指定したクラスタリング結果

In[76]:

```
dbscan = DBSCAN(min_samples=3, eps=7)
labels = dbscan.fit_predict(X_pca)
```

```
for cluster in range(max(labels) + 1):
    mask = labels == cluster
    n_images =  np.sum(mask)
    fig, axes = plt.subplots(1, n_images, figsize=(n_images * 1.5, 4),
                             subplot_kw={'xticks': (), 'yticks': ()})
    for image, label, ax in zip(X_people[mask], y_people[mask], axes):

        ax.imshow(image.reshape(image_shape), vmin=0, vmax=1)
        ax.set_title(people.target_names[label].split()[-1])
```

クラスタのうちいくつかは、データセット中の特定の顔に対応している。SharonやKoizumiがそうだ。個々のクラスタ内では、顔の向きや位置、表情が一定している。いくつかのクラスタには複数の人物が含まれているが顔の向きや表情は類似している。

DBSCANアルゴリズムを顔画像データセットに適用した結果の解析はこれで終わりだ。ここでは手作業で解析を行った。教師あり学習で用いたR^2スコアや精度などの、はるかに自動的な解析手法とは異なることがわかるだろう。

次は、k-meansと凝集型クラスタリングを適用してみよう。

顔画像データセットのk-meansによる解析

DBSCANでは、大きいクラスタ1つしか作れないことがわかった。凝集型クラスタリングや*k*-meansなら同じようなサイズのクラスタができる可能性が高いが、この場合はクラスタの数を指定しなければならない。クラスタ数をデータセットの中の人物の数に合わせることもできるが、教師なしクラスタリングアルゴリズムで、人物ごとのクラスタができるとはあまり思えない。ここでは、解析しやすいように、10ぐらいの少ないクラスタ数から始めてみよう。

In[77]:

```
# k-meansでクラスタを抽出
km = KMeans(n_clusters=10, random_state=0)
labels_km = km.fit_predict(X_pca)
print("Cluster sizes k-means: {}".format(np.bincount(labels_km)))
```

Out[77]:

```
Cluster sizes k-means: [269 128 170 186 386 222 237  64 253 148]
```

結果からわかるように、*k*-meansクラスタリングでは、64から386と、比較的同じようなサイズのクラスタに分割している。これはDBSCANの結果と大きく異なる。

k-meansの結果を、クラスタセンタを可視化することでさらに解析することができる（**図3-43**）。PCAで作った表現をクラスタリングしたので、クラスタセンタをもとの空間で可視化するには、`pca.inverse_transform`を使って、逆に変換する必要がある。

In[78]:

```
fig, axes = plt.subplots(2, 5, subplot_kw={'xticks': (), 'yticks': ()},
                         figsize=(12, 4))
for center, ax in zip(km.cluster_centers_, axes.ravel()):
    ax.imshow(pca.inverse_transform(center).reshape(image_shape),
              vmin=0, vmax=1)
```

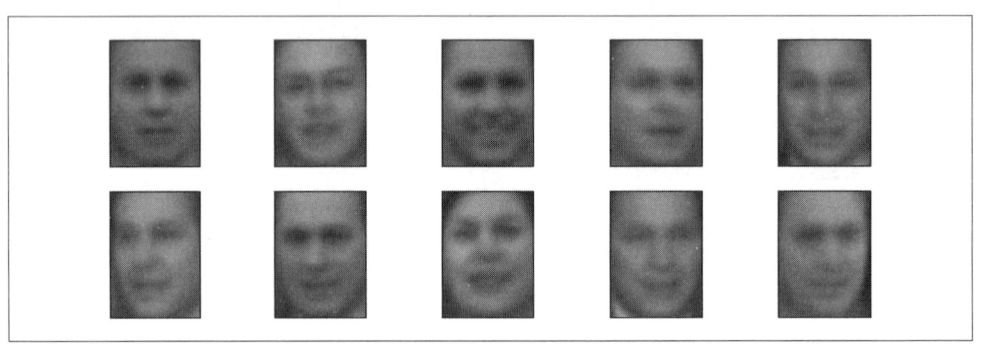

図3-43　クラスタ数を10に設定してK-meansで見つけたクラスタセンタ

k-meansで見つかったクラスタセンタは、非常に平滑化された顔画像となっている。それぞれが、64から386枚の顔画像の平均値なのだから、これは驚くべきことではない。次元削減されたPCA表現で処理していることも、平滑化に貢献している（**図3-11**のPCAの100次元を用いて再構成された顔画像と比較してみよう）。このクラスタリングでは、顔の向き、表情（3つ目のクラスタセンタは笑っている）、シャツの襟（最後から2番目のクラスタセンタ）が抽出できているように見える。

より詳しく見るために、**図3-44**にそれぞれのクラスタセンタに対してそのクラスタ内の典型的な5枚の画像（クラスタセンタから最も近い画像）とそのクラスタ内で最も典型的でない画像（クラスタセンタから最も離れている画像）を示す。

In[79]:

```
mglearn.plots.plot_kmeans_faces(km, pca, X_pca, X_people,
                                y_people, people.target_names)
```

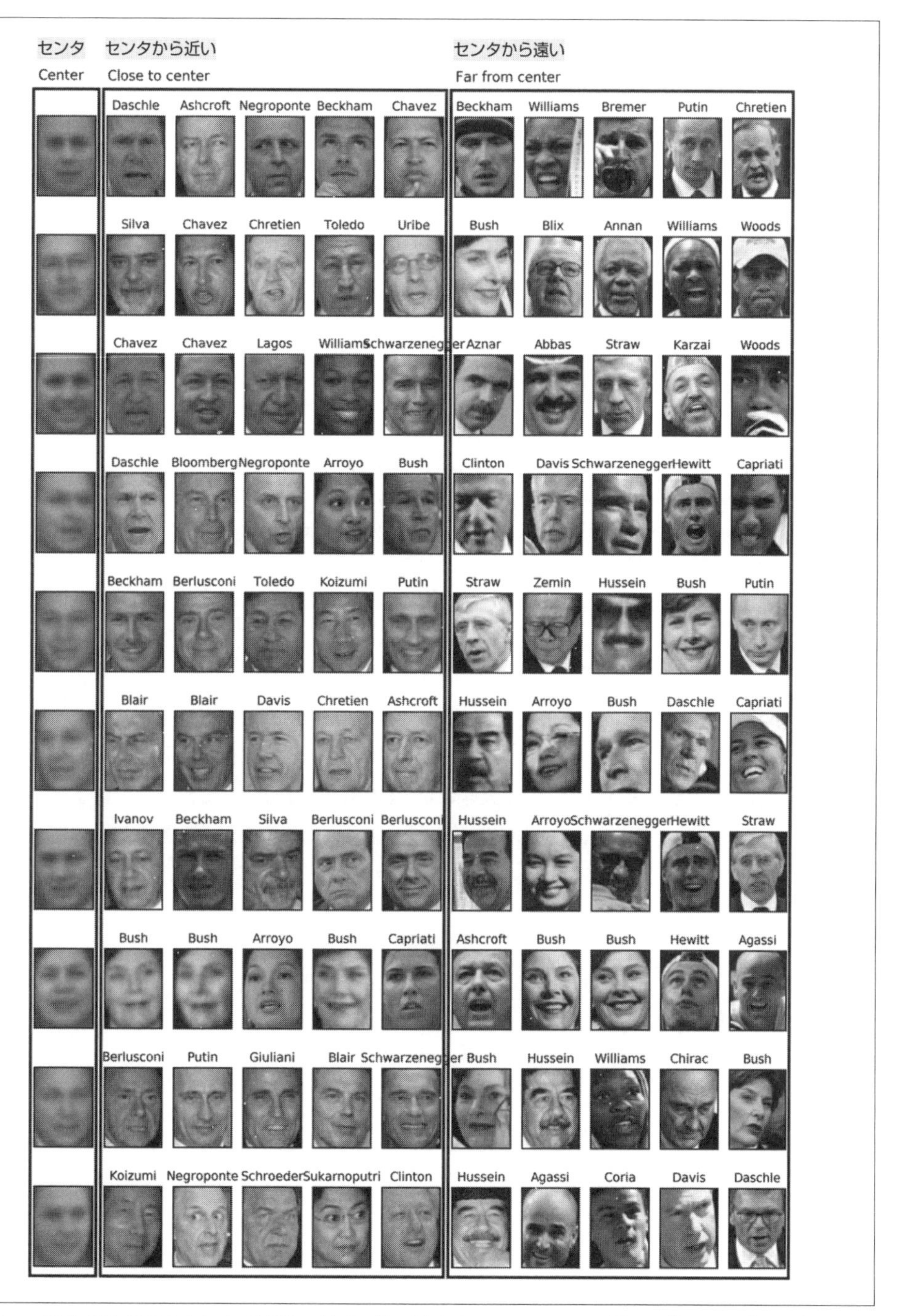

図3-44　一番左がクラスタセンタの画像。続く5枚が最もクラスタセンタに近い画像、その後の5枚が最もクラスタセンタから遠い画像

図3-44から、3番目のクラスタが笑っている顔を示していて、他のクラスタが顔の向きを重視している、という直観は正しかったようだ。「典型的でない」画像はクラスタセンタとあまり似ておらず、そのクラスタに分類されているのはたまたまであるように見える。これは、*k*-meansには、DBSCANのような「ノイズ」の概念がなく、すべてのデータポイントをどこかのクラスタに分割してしまうからだ。クラスタ数を増やせば、より細かい相違を見つけられるだろうが、目で見て確認するのはさらに大変になってしまう。

凝集型クラスタリングによる顔画像データセットの解析

さて、次に凝集型クラスタリングの結果を見てみよう。

In[80]:

```
# ward凝集型クラスタリングでクラスタを抽出
agglomerative = AgglomerativeClustering(n_clusters=10)
labels_agg = agglomerative.fit_predict(X_pca)
print("Cluster sizes agglomerative clustering: {}".format(
    np.bincount(labels_agg)))
```

Out[80]:

```
Cluster sizes agglomerative clustering: [255 623  86 102 122 199 265  26 230 155]
```

凝集型クラスタリングでのクラスタサイズ

凝集型クラスタリングも、最小で26画像、最大で623画像と、比較的同じサイズのクラスタを作る。*k*-meansに比べると大きさの偏りは大きいが、DBSCANよりははるかに均等になっている。

凝集型クラスタリングと*k*-meansの結果の分割が似ているかどうかをARIを用いて測ることができる。

In[81]:

```
print("ARI: {:.2f}".format(adjusted_rand_score(labels_agg, labels_km)))
```

Out[81]:

```
ARI: 0.13
```

ARIはわずか0.13である。これは、2つのクラスタリング`labels_agg`と`labels_km`にほとんど共通点がないことを意味する。*k*-meansで、クラスタセンタから遠い画像がクラスタセンタとあまり似てなかったことを考えれば、これは驚くべきことではない。

次にデンドログラムを描画してみよう（**図3-45**）。ここでは描画する深さを制限している。2,063個のデータポイントまでの分割をすべて書くと結果のデンドログラムの密度が高くなり読めなくなるからだ。

In[82]:

```
linkage_array = ward(X_pca)
# このlinkage_arrayに書かれたクラスタ間距離を
# デンドログラムとしてプロットする
plt.figure(figsize=(20, 5))
dendrogram(linkage_array, p=7, truncate_mode='level', no_labels=True)
plt.xlabel("Sample index")
plt.ylabel("Cluster distance")
```

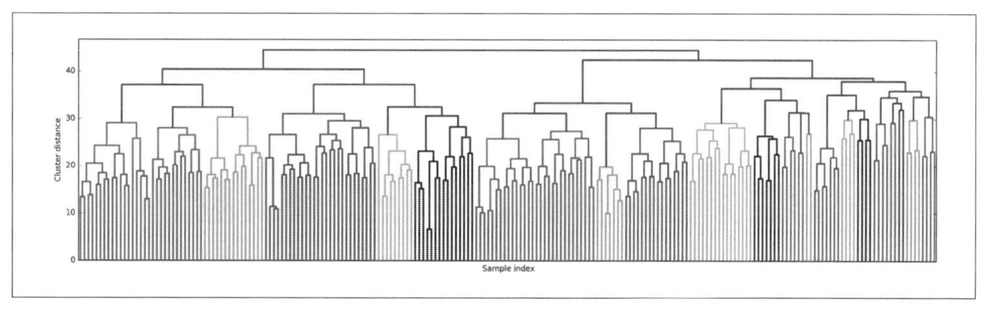

図3-45　顔画像に対する凝集型クラスタリングのデンドログラム

10クラスタを作るには、この木構造のかなり上のほう、10本の垂直線しかないところで切り取ることになる。**図3-36**に示したトイデータのデンドログラムでは、2クラスタか3クラスタでデータの性質をおおよそ捉えられるだろうということが、枝の長さからわかった。この顔画像のデータセットでは、そのような自然な切断線があるようには見えない。いくつかの枝が、比較的異なるグループを表していることはわかるが、あるクラスタ数が、他のクラスタ数よりも自然に見えるような場所はない。DBSCANの結果がひとまとまりのクラスタになってしまったことを考えれば、これは驚くべきことではない。

k-meansで行ったのと同様に、凝集型クラスタリングで得た10クラスタを可視化してみよう（**図3-46**）。凝集型クラスタリングには、クラスタセンタに相当するものはないので（もちろんクラスタの平均を計算することはできるが）、ここでは簡単にそれぞれのクラスタの最初の数点を示す。最初の画像の左側に、そのクラスタにあるデータポイントの数を表示している。

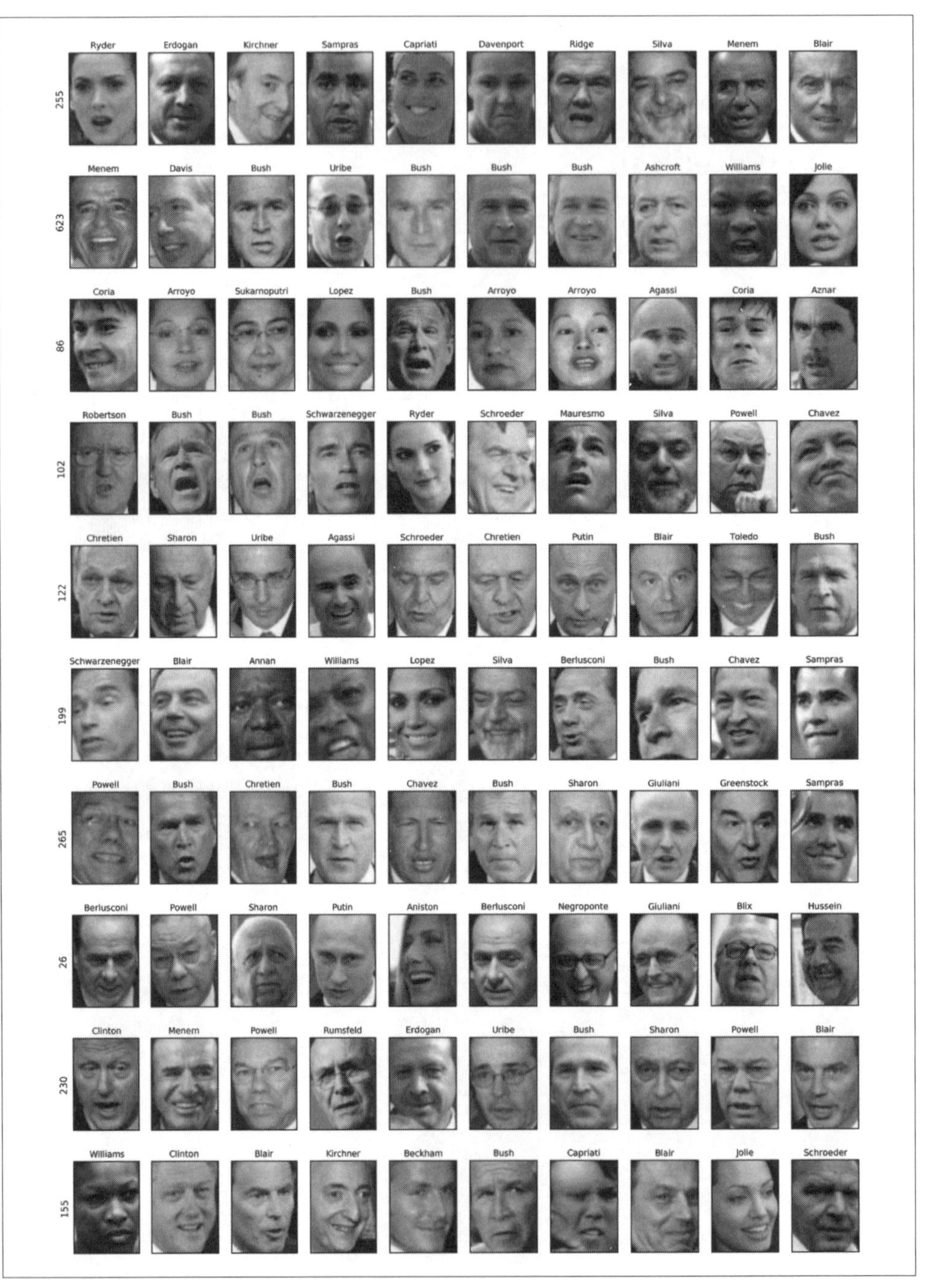

図3-46 In[82]で作られたクラスタからランダムに画像を表示したもの ― 各行がクラスタに対応。左の数字は、そのクラスタに存在する画像の数

In[83]:

```
n_clusters = 10
for cluster in range(n_clusters):
    mask = labels_agg == cluster
    fig, axes = plt.subplots(1, 10, subplot_kw={'xticks': (), 'yticks': ()},
                             figsize=(15, 8))
    axes[0].set_ylabel(np.sum(mask))
    for image, label, asdf, ax in zip(X_people[mask], y_people[mask],
                                      labels_agg[mask], axes):
        ax.imshow(image.reshape(image_shape), vmin=0, vmax=1)
        ax.set_title(people.target_names[label].split()[-1],
                     fontdict={'fontsize': 9})
```

いくつかのクラスタには何らかの意味がありそうだが、ほとんどのクラスタは実際に均質であるには大きすぎる。より均質なクラスタを得るために、アルゴリズムを再度実行して40クラスタにしてみた。特に興味深いクラスタをいくつか見てみよう（**図3-47**）。

In[84]:

```
# ward凝集型クラスタリングでクラスタを抽出
agglomerative = AgglomerativeClustering(n_clusters=40)
labels_agg = agglomerative.fit_predict(X_pca)
print("cluster sizes agglomerative clustering: {}".format(np.bincount(labels_agg)))

n_clusters = 40
for cluster in [10, 13, 19, 22, 36]: #「面白そうな」クラスタを選んだ
    mask = labels_agg == cluster
    fig, axes = plt.subplots(1, 15, subplot_kw={'xticks': (), 'yticks': ()},
                             figsize=(15, 8))
    cluster_size = np.sum(mask)
    axes[0].set_ylabel("#{}: {}".format(cluster, cluster_size))
    for image, label, asdf, ax in zip(X_people[mask], y_people[mask],
                                      labels_agg[mask], axes):
        ax.imshow(image.reshape(image_shape), vmin=0, vmax=1)
        ax.set_title(people.target_names[label].split()[-1],
                     fontdict={'fontsize': 9})
    for i in range(cluster_size, 15):
        axes[i].set_visible(False)
```

Out[84]:

```
cluster sizes agglomerative clustering: 凝集型クラスタリングでのクラスタサイズ
[ 58  80  79  40 222  50  55  78 172  28  26  34  14  11  60  66 152  27
  47  31  54   5   8  56   3   5   8  18  22  82  37  89  28  24  41  40
  21  10 113  69]
```

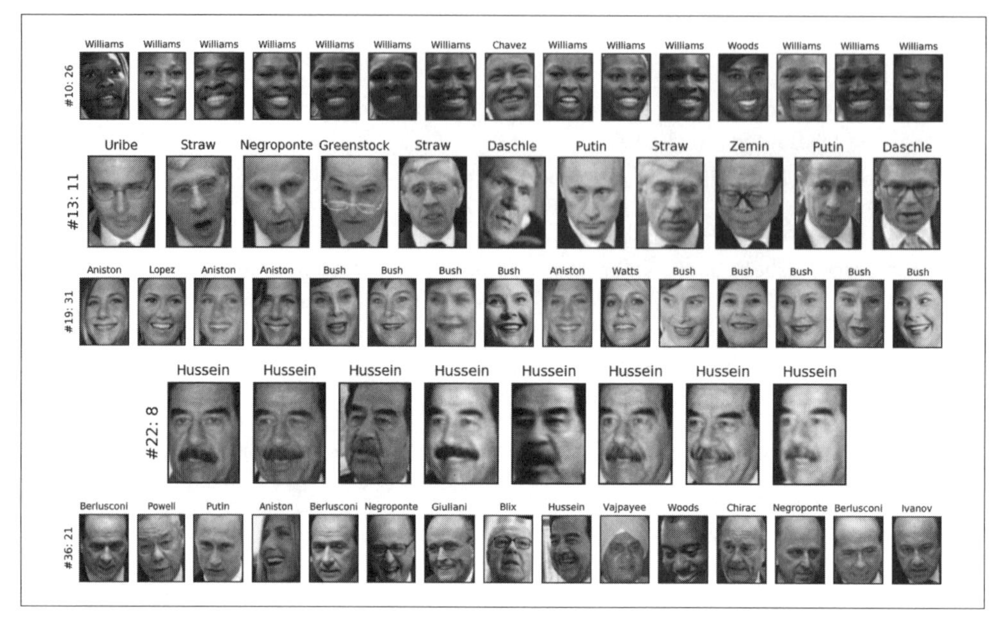

図3-47 クラスタ数を40に設定して凝集型クラスタリングで得られたクラスタのいくつか。左にそのクラスタのインデックスと存在する画像の数を表示

こうして見ると、これらのクラスタは「濃色の肌で笑っている」「襟付きシャツ」「笑っている女性」「フセイン」「おでこが広い」といった特徴を拾っているように見える。より詳細に解析すれば、これらの高度に類似したクラスタをデンドログラムから見つけられるはずだ。

3.5.5 クラスタリング手法のまとめ

本節では、クラスタリングの適用と評価が高度に定性的な過程で、データ解析における、探索的段階で最も役に立つであろうことを示した。ここでは、*k*-means、DBSCAN、凝集型クラスタリングの3つのアルゴリズムを説明した。これらはすべてクラスタの粒度を制御する方法を提供している。*k*-meansと凝集型クラスタリングでは、クラスタの数を指定することができる。DBSCANでは、`eps`パラメータを用いて近接度を指定すると、間接的にクラスタサイズを制御することができる。これら3つの手法はすべて、大規模な実世界データセットに適用することができ、比較的理解も容易で、多数クラスタへのクラスタリングにも対応している

これらのアルゴリズムにはそれぞれ異なる長所がある。*k*-meansはクラスタセンタを用いてクラスタの特徴を表すことができる。さらに、個々のデータポイントがクラスタセンタによって表現される成分分解手法として考えることもできる。DBSCANは、どのクラスタにも属さない「ノイズ」を検出することができる。また、自動的にクラスタの数を決めることができる。他の2つの手法と異なり、複雑な形状のクラスタを見つけることができる。これは`two_moons`データセットで見た通りだ。

DBSCANは、非常に異なるサイズのクラスタを作る場合がある。これは長所にも短所にもなりうる。凝集型クラスタリングはデータの階層的な分割の候補をすべて提示する。この結果はデンドログラムで見ることができる。

3.6 まとめと展望

本章では、さまざまな教師なし学習アルゴリズムを見てきた。これらは、探索的なデータ解析や前処理に用いることができる。教師あり学習でも教師なし学習でも、多くの場合正しいデータ表現を用意することが非常に重要だ。データの前処理や成分分解手法は、データ準備の重要な過程だ。

成分分解、多様体学習、クラスタリングは、データに対する理解を深めるために非常に重要なツールで、教師情報がない場合にデータから意味を見出す唯一の手法である。教師情報がある場合であっても、これらの探索的なツールは、データの特性を理解するために重要だ。教師なしアルゴリズムの有用性を定量的に測ることは難しい場合が多いが、だからといって、データに関する知見を集めることをためらうべきではない。これらの手法を掌中に収めれば、機械学習の実践者が毎日使っている本質的な学習アルゴリズムをすべて手に入れたことになる。

クラスタリングや成分分解手法を、scikit-learnに含まれているdigits、iris、cancerデータセットなどの、2次元のトイデータと実世界データの両方に適用してみることを勧める。

Estimatorインターフェイスのまとめ

ここで、**「2章　教師あり学習」**と**「3章　教師なし学習と前処理」**で紹介したAPIのおさらいをしておこう。scikit-learnのアルゴリズムは、前処理でも、教師あり学習でも、教師なし学習でもすべて、クラスとして実装されている。これらのクラスはscikit-learnではestimatorと呼ばれている。アルゴリズムを適用するには、まずそのクラスのオブジェクトを生成する必要がある。

In[85]:

```
from sklearn.linear_model import LogisticRegression
logreg = LogisticRegression()
```

estimatorクラスには、アルゴリズムと、そのアルゴリズムを使ってデータから学習したモデルが格納される。

モデルオブジェクトを作るときに、モデルのパラメータを設定する。パラメータには正則化、複雑さの制御、見つけるクラスタの数等がある。Estimatorはすべてfitメソッドを持つ。このメソッドはモデルの構築に用いられる。fitメソッドの最初の引数は常にデータを表すXである。これは、NumPy配列もしくはSciPyの疎行列で、その行が1つのデータポイントを表す。この配列の個々のエントリは連続値（浮動小数点数）である。教師ありアルゴリズムでは、引数yも必要になる。これは1次元のNumPy配列で回帰のターゲット値か、クラス分類である（つまり既知の出力ラベルかレスポンスである）。

`scikit-learn`では、学習モデルを適用する方法が主に2つある。yのような新しい出力の形で予測を行うには、`predict`メソッドを用いる。入力データXの新しい表現を作るには`transform`メソッドを用いる。**表3-1**に`predict`メソッドと`transform`メソッドのユースケースをまとめる。

表3-1 scikit-learn APIのまとめ

estimator.fit(x_train, [y_train])	
estimator.predict(X_test)	estimator.transform(X_test)
クラス分類（Classification）	前処理（Preprocessing）
回帰（Regression）	次元削減（Dimensionality reduction）
クラスタリング（Clustering）	特徴量抽出（Feature extraction）
	特徴量選択（Feature selection）

さらに、すべての教師ありモデルには、モデルの評価を行う`score(X_test, y_test)`メソッドが実装されている。**表3-1**の`X_train`と`y_train`は訓練データと訓練ラベル、`X_test`はテストデータである。

4章
データの表現と特徴量エンジニアリング

これまでは、データが2次元の浮動小数点数配列として得られることを仮定していた。この配列のそれぞれの列はデータポイントを表す**連続値特徴量**（continuous feature）だ。しかし、このような形でデータが得られないアプリケーションも多い。特に一般的な特徴量の種類として、**カテゴリ特徴量**（categorical feature）がある。これは**離散値特徴量**（discrete feature）とも呼ばれ、一般に数値ではない。カテゴリ特徴量と連続値特徴量の違いは、クラス分類と回帰の違いに似ているが、出力側ではなく入力側である。連続値特徴量の例としては、ピクセルの明るさ、花の大きさを測定した値などがある。カテゴリ特徴量の例としては、製品のブランドや色、販売されている部門（書籍、衣料、金物）などがある。これらはすべて製品を表現する特性であるが、連続的に変化するものではない。ある製品は衣料部門か書籍部門のどちらかに所属する。衣料と書籍の間などというものはないし、部門間に自然な順番はない（書籍は衣料より大きくも小さくもないし、金物がこの2つの間だということもない）。

データを構成する特徴量のタイプによらず、特徴量の表現は機械学習モデルの性能に多大な影響を及ぼす。「**2章　教師あり学習**」と「**3章　教師なし学習と前処理**」で、データのスケールが重要であることを説明した。データを（例えば分散を1に）スケール変換しないと、センチで測定したか、インチで測定したかによってデータ表現が変わってしまう。また、「**2章　教師あり学習**」では、特徴量の相互作用（積）やもっと一般的な多項式を追加して特徴量を**強化**（augment）するとよいことも学んだ。

特定のアプリケーションに対して、最良のデータ表現を模索することを、**特徴量エンジニアリング**（feature engineering）と呼ぶ。これは、実世界の問題を解こうとする、データサイエンティストや機械学習実践者の主要な仕事の1つである。教師あり学習では、データを正しく表現することは、パラメータを適切に選ぶことよりも、大きな影響を与えることもある。

本章ではまず、重要で非常に一般的なカテゴリ特徴量を見て、次に特定の特徴量とモデルの組合せに有効な変化の例をいくつか見ていく。

4.1 カテゴリ変数

例として、1994年の一斉調査で得られたデータベースから作った、アメリカ合衆国成人の収入データセットを見てみよう。このadultデータセットのタスクは、ある労働者の収入が50,000ドルを超えるかどうかを予測するものだ。このデータセットの特徴量としては、労働者の年齢、雇用形態（自営、民間企業従業員、公務員など）、教育、性別、週あたりの労働時間、職業などが含まれている。**表4-1**に、このデータセットの最初の数エントリを示す。

表4-1 adultデータセットの最初の数エントリ

	age	workclass	education	gender	hours-per-week	occupation	income
0	39	State-gov	Bachelors	Male	40	Adm-clerical	<=50K
1	50	Self-emp-not-inc	Bachelors	Male	13	Exec-managerial	<=50K
2	38	Private	HS-grad	Male	40	Handlers-cleaners	<=50K
3	53	Private	11th	Male	40	Handlers-cleaners	<=50K
4	28	Private	Bachelors	Female	40	Prof-specialty	<=50K
5	37	Private	Masters	Female	40	Exec-managerial	<=50K
6	49	Private	9th	Female	16	Other-service	<=50K
7	52	Self-emp-not-inc	HS-grad	Male	45	Exec-managerial	>50K
8	31	Private	Masters	Female	50	Prof-specialty	>50K
9	42	Private	Bachelors	Male	40	Exec-managerial	>50K
10	37	Private	Some-college	Male	80	Exec-managerial	>50K

age：年齢、workclass：雇用形態、education：教育、gender：性別、hours-per-week：週あたりの労働時間、occupation：職業、income：収入、State-gov：公務員、Self-emp-not-inc：自営、Private：民間、Bachelor：大学卒、HS-grad：高卒、11th：高2卒、Masters：修士卒、Some-college：大学中退、Male：男性、Female：女性、Adm-clerical：事務、Exec-managerial：管理職、Hndlers-cleaners：清掃、Prof-specialty：専門職

このタスクは、収入が5万ドルを超えるか5万ドル以下かの2クラス分類タスクとなっているが、正確な収入を予測する回帰タスクとすることもできる。しかし、そうするとこの問題は非常に難しくなってしまうし、5万ドルで分ける問題はそれ自身興味深いので、クラス分類タスクとした。

このデータセットでは、age（年齢）とhours-per-week（週あたりの労働時間）は扱い方がわかっている連続値となっている。workclass（雇用形態）、education（教育）、sex（性別）、occupation（職業）はカテゴリ特徴量である。これらはある範囲の値から選ばれたのではなく限定されたリストの中から選ばれた値で、定量的ではなく、定性的な特性を示している。

まず、このデータでロジスティック回帰クラス分類器を学習させてみよう「**2章 教師あり学習**」で示したように、ロジスティック回帰は次の式を用いて$\hat{y}$を予測する。

$$\hat{y} = w[0] \times x[0] + w[1] \times x[1] + \cdots + w[p] \times x[p] + b > 0$$

$w[i]$とbは、訓練セットから学習した係数で、$x[i]$は入力特徴量である。この式は、$x[i]$が数値である場合には意味を持つが、$x[2]$が"Masters"（修士）や"Bachelors"（学士）だった場合には意味をなさない。明らかに、ロジスティック回帰を適用するには、データを別の方法で表現しなければならないのだ。次の節でこの問題を克服する方法を示す。

4.1.1 ワンホットエンコーディング(ダミー変数)

カテゴリ変数を表現する方法として、圧倒的によく用いられている手法が、**ワンホットエンコーディング**(one-hot-encodingもしくはone-out-of-N encoding)である。ダミー変数と呼ばれることもある。ダミー変数とは、カテゴリ変数を1つ以上の0と1の値を持つ新しい特徴量で置き換えるものだ。値0と1を使えば、線形2クラス分類の式が意味を持つのでscikit-learnのほとんどのモデルを利用できる。カテゴリごとに新しい特徴量を導入すれば、いくらでもカテゴリ変数を表現することができる。

例えば、workclass(雇用形態)特徴量は、"Government Employee"(公務員)、"Private Employee"(民間企業従業員)、"Self Employed"(自営)、"Self Employed Incorporated"(自営法人)の4つの値を取るとしよう。これら4つの値をエンコードするには4つの新しい特徴量"Government Employee"、"Private Employee"、"Self Employed"、"Self Employed Incorporated"を作る。こちらの特徴量は、ある人物のworkclassが対応する値だったときに1になり、それ以外の場合は0となる。つまり、各データポイントに対して、常に4つの新しい特徴量のうち1つだけが1になる。これが、ワンホットエンコーディングと呼ばれる所以だ。

この原理を**表4-2**に示す。1つの特徴量が4つの新しい特徴量にエンコードされている。このデータを機械学習アルゴリズムで使うには、もとのworkclass特徴量を削除し、0-1特徴量だけを用いる。

表4-2 workclass特徴量のワンホットエンコーディングによるエンコード

workclass	State-gov	Private Employee	Self Employed	Self Employed Incorporated
State-gov	1	0	0	0
Private Employee	0	1	0	0
Self Employed	0	0	1	0
Self Employed Incorporated	0	0	0	1

workclass:雇用形態、State-gov:公務員、Private Employee:民間企業従業員、Self Employed:自営、Self Employed Incorporated:自営法人

ワンホットエンコーディングは、統計で用いられるダミーエンコーディングによく似ているが、まったく同じではない。いずれも個々のカテゴリを複数の2値特徴量で表現する。統計では、k個の異なる値をとるカテゴリ特徴量を$k-1$個の特徴量で表現する(最後の1つはすべてが0として表現される)。これは、解析を容易にするため(技術的に言うと、これはデータ行列のランク不足を避けるため)だ。

カテゴリ変数をワンホットエンコーディングに変換するには2つの方法がある。pandasを使う方法とscikit-learnを使う方法だ。執筆時点ではpandasを使うほうが少し簡単なので、こちらを使ってみよう。まず、pandasを使ってCSV (comma-separated values) ファイルからデータを読み込む。

In[1]:

```
import pandas as pd
import os
# このファイルにはコラム名を含んだヘッダがないので、header=Noneを指定し、
# コラム名を"names"で明示的に指定
adult_path = os.path.join(mglearn.datasets.DATA_PATH, "adult.data")
data = pd.read_csv(
    adult_path, header=None, index_col=False,
    names=['age', 'workclass', 'fnlwgt', 'education',  'education-num',
           'marital-status', 'occupation', 'relationship', 'race', 'gender',
           'capital-gain', 'capital-loss', 'hours-per-week', 'native-country',
           'income'])
# 解説のために、いくつかのカラムだけを選択
data = data[['age', 'workclass', 'education', 'gender', 'hours-per-week',
             'occupation', 'income']]
# IPython.displayを使うとJupyter notebookできれいな出力が得られる
display(data.head())
```

表4-3　adultデータセットの最初の5行

	age	workclass	education	gender	hours-per-week	occupation	income
0	39	State-gov	Bachelors	Male	40	Adm-clerical	<=50K
1	50	Self-emp-not-inc	Bachelors	Male	13	Exec-managerial	<=50K
2	38	Private	HS-grad	Male	40	Handlers-cleaners	<=50K
3	53	Private	11th	Male	40	Handlers-cleaners	<=50K
4	28	Private	Bachelors	Female	40	Prof-specialty	<=50K

age：年齢、workclass：雇用形態、education：教育、gender：性別、hours-per-week：週あたりの労働時間、occupation：職業、income：収入、State-gov：公務員、Self-emp-not-inc：自営、Private：民間、Bachelor：大学卒、HS-grad：高卒、11th：高2卒、Male：男性、Female：女性、Adm-clerical：事務、Hndlers-cleaners：清掃、Prof-specialty：専門職

4.1.1.1　文字列で表されているカテゴリデータのチェック

データセットを読み込んだら、各列に意味のあるカテゴリデータが含まれているかチェックしたほうがよい。（Webサイトでのユーザ入力などの）人間が入力したデータを処理する場合、固定したカテゴリがない場合もあり、スペルの揺れや大文字小文字の違いを前処理する必要がある。例えば、性別を「male」と書く人も「man」と書く人もいるが、これらは同じカテゴリとしたい。これには、pandasのDataFrame中の行を表すSeriesクラスの関数value_countsを用いて、各行に含まれているユニークな値とその頻度を表示してみればよい。

In[2]:

```
print(data.gender.value_counts())
```

Out[2]:

```
Male       21790
```

```
 Female     10771
Name: gender, dtype: int64
```

gender（性別）にはMaleとFemaleしか含まれていないことがわかる。このデータは、既に整理されているということなので、ワンホットエンコーディングできる。実際のアプリケーションではすべてのカラムの値を同様にテストする必要があるが、長くなりすぎるのでここでは省略する。

pandasでは、get_dummies関数を使って簡単にデータをワンホットエンコーディングすることができる。get_dummies関数は、自動的に（文字列などの）object型やカテゴリ型（まだ説明していないpandas特有の概念）の行をすべて変換する。

In[3]:

```
print("Original features:\n", list(data.columns), "\n")
data_dummies = pd.get_dummies(data)
print("Features after get_dummies:\n", list(data_dummies.columns))
```

Out[3]:

```
Original features:
 ['age', 'workclass', 'education', 'gender', 'hours-per-week', 'occupation',
  'income']

Features after get_dummies:
 ['age', 'hours-per-week', 'workclass_ ?', 'workclass_ Federal-gov',
  'workclass_ Local-gov', 'workclass_ Never-worked', 'workclass_ Private',
  'workclass_ Self-emp-inc', 'workclass_ Self-emp-not-inc',
  'workclass_ State-gov', 'workclass_ Without-pay', 'education_ 10th',
  'education_ 11th', 'education_ 12th', 'education_ 1st-4th',
   ...
  'education_ Preschool', 'education_ Prof-school', 'education_ Some-college',
  'gender_ Female', 'gender_ Male', 'occupation_ ?',
  'occupation_ Adm-clerical', 'occupation_ Armed-Forces',
  'occupation_ Craft-repair', 'occupation_ Exec-managerial',
  'occupation_ Farming-fishing', 'occupation_ Handlers-cleaners',
  ...
  'occupation_ Tech-support', 'occupation_ Transport-moving',
  'income_ <=50K', 'income_ >50K']
```

連続値特徴量のageとhours-per-weekは変更されておらず、カテゴリ特徴量は取りうる値ごとに1つの特徴量を持つように拡張されていることがわかる。

In[4]:

```
data_dummies.head()
```

Out[4]:

age：年齢、hours-per-week：週あたりの労働時間、workclass：雇用形態、Federal-gov：国家公務員、Local-gov：地方公務員、occupation：職業、Teck-support：技術支援、Transport-moving：輸送、income：収入

	age	hours-per-week	workclass_ ?	workclass_ Federal-gov	workclass_ Local-gov	...	occupation_ Tech-support	occupation_ Transport-moving	income_ <=50K	income_ >50K
0	39	40	0.0	0.0	0.0	...	0.0	0.0	1.0	0.0
1	50	13	0.0	0.0	0.0	...	0.0	0.0	1.0	0.0
2	38	40	0.0	0.0	0.0	...	0.0	0.0	1.0	0.0
3	53	40	0.0	0.0	0.0	...	0.0	0.0	1.0	0.0
4	28	40	0.0	0.0	0.0	...	0.0	0.0	1.0	0.0

5 rows × 46 columns

ここでvalues属性を用いれば、data_dummies DataFrameをNumPy配列に変換し、それを使って機械学習モデルを学習させることができる。モデルを学習させる前に、(2つのincome列にエンコードされている)ターゲット変数を分離する必要がある。教師あり機械学習モデルを構築する際に、間違って出力変数や出力変数から導出されるような特性を特徴量に含めてしまうというのは、よくあるミスなので注意しよう。

注意：pandasの列インデックスの範囲指定は最後のインデックスを含む。つまり、'age':'occupation_ Transport-moving'には、occupation_ Transport-movingが含まれる。これは、NumPy配列のスライスとは異なる。スライスでは、範囲指定の最後は含まない。例えばnp.arange(11)[0:10]にはインデックス10は含まれない。

この場合、特徴量を含む列だけ、つまりageからoccupation_ Transport-movingまでを抜き出す。このレンジにはすべての特徴量が含まれるが、ターゲットは含まれない。

In[5]:

```
features = data_dummies.loc[:, 'age':'occupation_ Transport-moving']
# NumPy配列を取り出す
X = features.values
y = data_dummies['income_ >50K'].values
print("X.shape: {}  y.shape: {}".format(X.shape, y.shape))
```

Out[5]:

```
X.shape: (32561, 44)  y.shape: (32561,)
```

これで、データはscikit-learnが扱える形になったので、いつものように進めることができる。

In[6]:

```
from sklearn.linear_model import LogisticRegression
from sklearn.model_selection import train_test_split
X_train, X_test, y_train, y_test = train_test_split(X, y, random_state=0)
logreg = LogisticRegression()
logreg.fit(X_train, y_train)
print("Test score: {:.2f}".format(logreg.score(X_test, y_test)))
```

Out[6]:

```
Test score: 0.81
```

この例では、テストデータと訓練データの双方が入ったDataFrameに対してget_dummiesを呼んでいる。これは、カテゴリ値が訓練セットでもテストセットでも同じように表現されるようにするために重要だ。

訓練セットとテストセットが異なるDataFrameに含まれているとしよう。もしテストセットのworkclass特徴量に値"Private Employee"が含まれていなかったとしたら、pandasは、この特徴量には3つしか値がないと仮定して、3つのダミー変数しか作らないだろう。そうすると、訓練セットとテストセットの特徴量の数が異なることになり、訓練セットで学習したモデルをテストセットに適用できないことになってしまう。さらに悪いシナリオとして、workclass特徴量として訓練セットでは"Government Employee"と"Private Employee"だけが、テストセットでは"Self Employed"と"Self Employed Incorporated"だけが含まれていたとしよう。いずれの場合もpandasは2つのダミー特徴量を作るので、DataFrameのサイズは同じになる。

しかし、2つのダミー特徴量の意味は、訓練セットとテストセットでまったく異なる。訓練セットでは"Government Employee"を意味する列が、テストセットでは"Self Employed"を意味することになってしまう。このモデルで機械学習モデルを構築すると、性能は非常に悪くなるだろう。モデルは同じ位置にある列を同じ意味だと解釈するのに、実際にはまったく違うものを指しているのだから。こうならないようにするには、訓練データとテストデータの双方が入ったDataFrameに対してget_dummiesを呼ぶようにするか、訓練データとテストデータに対してそれぞれget_dummiesを呼んだ後に、同じコラム名を含んでいるかを確認して、両方が同じ意味になるようにすればよい。

4.1.2 数値でエンコードされているカテゴリ

このadultデータセットではカテゴリ変数は、文字列としてエンコードされている。この表現だと、スペルミスの可能性が発生する一方で、カテゴリ変数であることは明確だ。しかし、カテゴリ変数が整数としてエンコードされている場合がある。これはストレージ容量を削減するための場合もあるし、データを収集する方法によって自然にそうなった場合もある。例えば、adultデータセットの人口調査データはアンケートで集計される。workclassへの返答は、0（最初のマスにチェック）、

1(2つ目のマスにチェック)、2(3つ目のマスにチェック)、というようになる。そうすると、列には"Private"のような文字列ではなく、0から8の数字が入ることになる。こうなると、データセットを表すテーブルを見ただけでは、ある特徴量が連続値変数なのかカテゴリ変数なのかわからなくなってしまう。しかし、数字は雇用状態を示しているのだから、個々の数値は独立した状態を表していて、1つの連続値変数として扱ってはいけないことは明らかだ。

カテゴリ特徴量が整数でエンコードされていることは多い。数値で表されているからといって、連続値として扱ってはいけない。整数特徴量が連続値を表しているのか離散値やワンホットエンコーディングを表しているのか、明確でない場合も多い。workclassの例のように、意味的に順番がない場合には離散値として扱うべきだ。例えば星5つによる評価などの場合には、取るべきエンコーディング方法は、個々のタスクや利用する機械学習アルゴリズムに依存する。

pandasのget_dummies関数では、すべての数値を連続値として扱い、ダミー変数を作らない。これを回避するためには、連続値と離散値を指定することができるscikit-learnのOneHotEncoderを用いるか、DataFrameの列を数値から文字列に変換してしまえばよい。説明のために、2つ列を持つDataFrameを考えてみよう。1列は文字列、もう1列は整数が格納されている。

In[7]:

```
# 整数特徴量とカテゴリ文字列特徴量からなるDataFrameを作る
demo_df = pd.DataFrame({'Integer Feature': [0, 1, 2, 1],
                        'Categorical Feature': ['socks', 'fox', 'socks', 'box']})
display(demo_df)
```

表4-4に結果を示す。

表4-4 カテゴリ文字列特徴量と整数特徴量を持つDataFrame

	Categorical Feature	Integer Feature
0	socks	0
1	fox	1
2	socks	2
3	box	1

Categorical Feature:カテゴリ特徴量、
Integer Feature:整数特徴量

get_dummiesを実行しても、整数特徴量は変化しない。**表4-5**にこの様子を示す。

In[8]:

```
pd.get_dummies(demo_df)
```

表4-5　表4-4をワンホットエンコーディングしたもの。整数特徴量は変わっていない

	Integer Feature	Categorical Feature_box	Categorical Feature_fox	Categorical Feature_socks
0	0	0.0	0.0	1.0
1	1	0.0	1.0	0.0
2	2	0.0	0.0	1.0
3	1	1.0	0.0	0.0

Integer Feature：整数特徴量、
Categorical Feature：カテゴリ特徴量

「Integer Feature」列に対してもダミー変数を作りたければ、columnsパラメータで明示的に指定する。こうすると、両方ともカテゴリ特徴量として扱われる。

In[9]:

```
demo_df['Integer Feature'] = demo_df['Integer Feature'].astype(str)
pd.get_dummies(demo_df, columns=['Integer Feature', 'Categorical Feature'])
```

表4-6　表4-4をワンホットエンコーディングしたもの。整数特徴量も文字列特徴量もエンコードされている

	Integer Feature_0	Integer Feature_1	Integer Feature_2	Categorical Feature_box	Categorical Feature_fox	Categorical Feature_socks
0	1.0	0.0	0.0	0.0	0.0	1.0
1	0.0	1.0	0.0	0.0	1.0	0.0
2	0.0	0.0	1.0	0.0	0.0	1.0
3	0.0	1.0	0.0	1.0	0.0	0.0

Integer Feature：整数特徴量、
Categorical Feature：カテゴリ特徴量

4.2　ビニング、離散化、線形モデル、決定木

最良のデータ表現方法は、データの意味だけでなく、利用する機械学習のモデルにも依存する。非常に広く利用されている2つのアルゴリズムファミリー、線形モデルと決定木ベースのモデル（決定木、勾配ブースティング木、ランダムフォレスト）は、特徴量の表現の相違に関しては非常に異なる特性を持つ。「**2章　教師あり学習**」で用いたwave回帰データセットに戻ってみよう。このデータセットには入力特徴量が1つしかない。線形回帰モデルと決定木回帰をこのデータセットで比較してみよう（**図4-1**）。

In[10]:

```
from sklearn.linear_model import LinearRegression
from sklearn.tree import DecisionTreeRegressor

X, y = mglearn.datasets.make_wave(n_samples=100)
line = np.linspace(-3, 3, 1000, endpoint=False).reshape(-1, 1)
```

```
reg = DecisionTreeRegressor(min_samples_split=3).fit(X, y)
plt.plot(line, reg.predict(line), label="decision tree")

reg = LinearRegression().fit(X, y)
plt.plot(line, reg.predict(line), label="linear regression")

plt.plot(X[:, 0], y, 'o', c='k')
plt.ylabel("Regression output")
plt.xlabel("Input feature")
plt.legend(loc="best")
```

わかっていると思うが、線形モデルは線形の関係しかモデリングできない。1つしか特徴量がない場合には一本の線になる。決定木ははるかに複雑なモデルを構築することができる。しかし、これはデータの表現に大きく依存する。線形モデルを連続データに対してより強力にする方法の1つとして特徴量の**ビニング**(binning)もしくは**離散化**(discretization)がある。これは、特徴量を次に述べる方法で複数の特徴量に分割する方法だ。

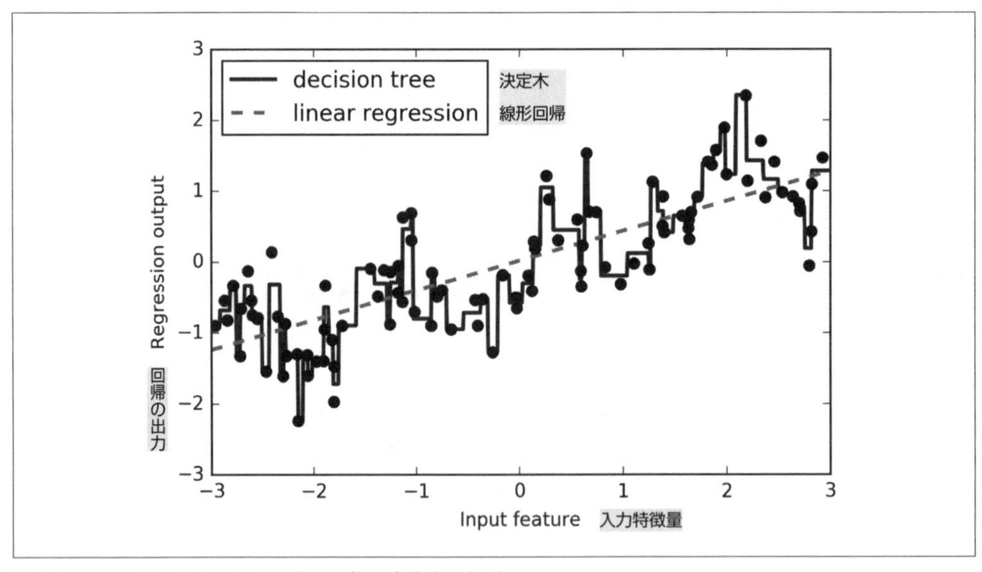

図4-1　waveデータセットでの線形回帰と決定木の比較

特徴量の入力レンジ(ここでは-3から3)を固定数の**ビン**、例えば10個のビンに分割することを考える。データポイントは、どのビンに分類されたかで表現される。これにはまずビンを定義しなければならない。この場合、-3から3までを等間隔で10に区切る。ここでは`np.linspace`を使って11のエントリを作り、ビンは2つの連続する境界の間に10のビンを作る。

In[11]:

```
bins = np.linspace(-3, 3, 11)
print("bins: {}".format(bins))
```

Out[11]:

```
bins: [-3.  -2.4 -1.8 -1.2 -0.6  0.   0.6  1.2  1.8  2.4  3. ]
```

最初のビンには－3から－2.4までのすべての数が入り、次のビンには－2.4から－1.8までの数が入る。

次に、個々のデータポイントがどのビンに入るかを記録する。これは、np.digitize関数で簡単にできる。

In[12]:

```
which_bin = np.digitize(X, bins=bins)
print("\nData points:\n", X[:5])
print("\nBin membership for data points:\n", which_bin[:5])
```

Out[12]:

```
Data points: データポイント
 [[-0.753]
  [ 2.704]
  [ 1.392]
  [ 0.592]
 [-2.064]]

Bin membership for data points: それぞれのデータが入るビン
 [[ 4]
  [10]
  [ 8]
  [ 6]
 [ 2]]
```

ここで行ったのは、waveデータセットの単一の連続値入力特徴量の、どのビンにデータポイントが入っているかを表現したカテゴリ特徴量への置き換えだ。このデータにscikit-learnモデルを適用するには、この離散値特徴量をワンホットエンコーディングに変換する必要がある。これにはpreprocessingモジュールのOneHotEncoderを用いる。OneHotEncoderはpandas.get_dummiesと同じ機能を持つが、今のところ整数値で表現されたカテゴリ変数しか扱うことができない。

In[13]:

```
from sklearn.preprocessing import OneHotEncoder
```

```
# OneHotEncoderで変換する
encoder = OneHotEncoder(sparse=False)
# encoder.fitでwhich_binに現れる整数値のバリエーションを確認
encoder.fit(which_bin)
# transformでワンホットエンコーディングを行う
X_binned = encoder.transform(which_bin)
print(X_binned[:5])
```

Out[13]:

```
[[ 0.  0.  0.  1.  0.  0.  0.  0.  0.  0.]
 [ 0.  0.  0.  0.  0.  0.  0.  0.  0.  1.]
 [ 0.  0.  0.  0.  0.  0.  0.  1.  0.  0.]
 [ 0.  0.  0.  0.  0.  1.  0.  0.  0.  0.]
 [ 0.  1.  0.  0.  0.  0.  0.  0.  0.  0.]]
```

10ビンを指定したので、変換されたデータセットX_binnedには10個の特徴量ができている。

In[14]:

```
print("X_binned.shape: {}".format(X_binned.shape))
```

Out[14]:

```
X_binned.shape: (100, 10)
```

さて、線形回帰モデルと決定木モデルをこのワンホットエンコーディングデータに対して作り直してみよう。結果を**図4-2**に示す。ビンの境界もグレーのラインで示してある。

In[15]:

```
line_binned = encoder.transform(np.digitize(line, bins=bins))

reg = LinearRegression().fit(X_binned, y)
plt.plot(line, reg.predict(line_binned), label='linear regression binned')

reg = DecisionTreeRegressor(min_samples_split=3).fit(X_binned, y)
plt.plot(line, reg.predict(line_binned), label='decision tree binned')
plt.plot(X[:, 0], y, 'o', c='k')
plt.vlines(bins, -3, 3, linewidth=1, alpha=.2)
plt.legend(loc="best")
plt.ylabel("Regression output")
plt.xlabel("Input feature")
```

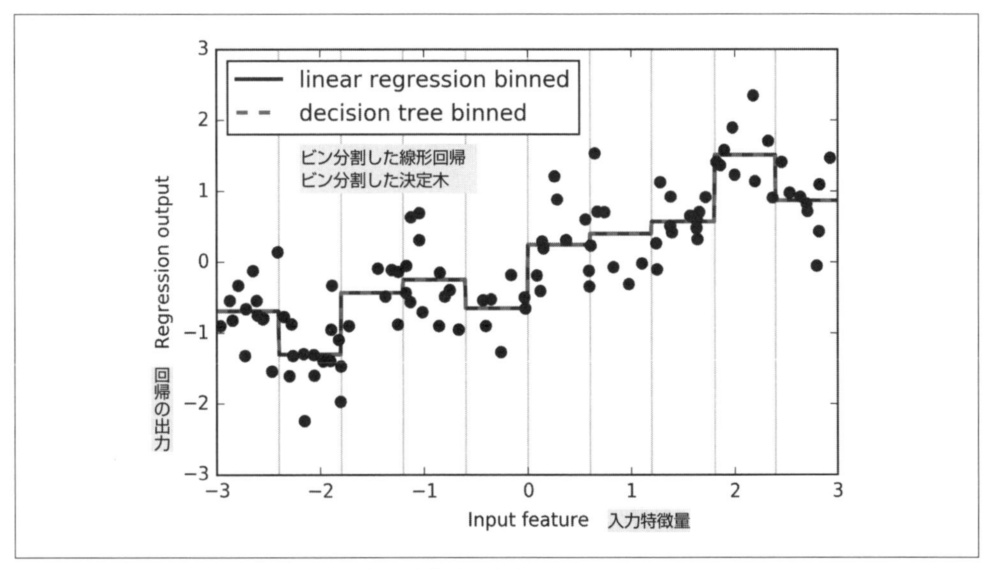

図4-2 ビニング特徴量を用いた線形回帰と決定木の比較

破線と実線が完全に重なっていて、線形回帰と決定木が完全に同じ予測を行うことがわかる。双方とも、個々のビンに対して一定値を予測する。ビンごとに特徴量が一定になるので、どのようなモデルを持ってきても、ビンの中では同じ値を予測することになるのだ。ビニングの前後でモデルが学習したことを比較すると、線形モデルに関してはより柔軟になっている（それぞれのビンに対して異なる値を取ることができるようになったので）のに対して、決定木に関しては柔軟性が低下している。一般に、特徴量をビニングすることは決定木にとってはメリットがない。もともと決定木はデータを任意の場所で分割して学習できるからだ。ビニングが最も有効な場合を、決定木は自動的に学習していると考えることもできる。さらに、決定木は複数の特徴量を同時に扱うことができるが、ビニングは1つの特徴量ごとにしか行えない。一方で、線形モデルにおいてはこの変換による表現力増大の効果は絶大である。

あるデータセットに対してどうしても線形モデルを使いたい場合、例えばデータがとても大きくて高次元な場合などに、いくつかの特徴量が出力と非線形な関係を持つようなら、ビニングを使うとモデルの表現力を増強することができる。

4.3 交互作用と多項式

特徴量表現をより豊かにするもう1つの方法として、特に線形モデルに有効なものが、もとのデータの**交互作用特徴量**（interaction feature）と**多項式特徴量**（polynomial feature）を加える方法である。このような特徴量エンジニアリングは、統計モデルでよく用いられるが、多くの実用的な機械学習アプリケーションでも一般的に用いられている。

最初の例として図4-2をもう一度見てみよう。線形モデルは、waveデータセットの個々のビンに対して定数を学習する。しかし、線形モデルはオフセットだけではなく傾きも学習できるはずだ。ビニングされたデータに対する線形モデルに傾きを加える1つの方法はもとの特徴量（グラフのx軸）を加え直すことだ。こうすると、図4-3に示す11次元のデータセットとなる。

In[16]:

```
X_combined = np.hstack([X, X_binned])
print(X_combined.shape)
```

Out[16]:

```
(100, 11)
```

In[17]:

```
reg = LinearRegression().fit(X_combined, y)

line_combined = np.hstack([line, line_binned])
plt.plot(line, reg.predict(line_combined), label='linear regression combined')

for bin in bins:
    plt.plot([bin, bin], [-3, 3], ':', c='k')
plt.legend(loc="best")
plt.ylabel("Regression output")
plt.xlabel("Input feature")
plt.plot(X[:, 0], y, 'o', c='k')
```

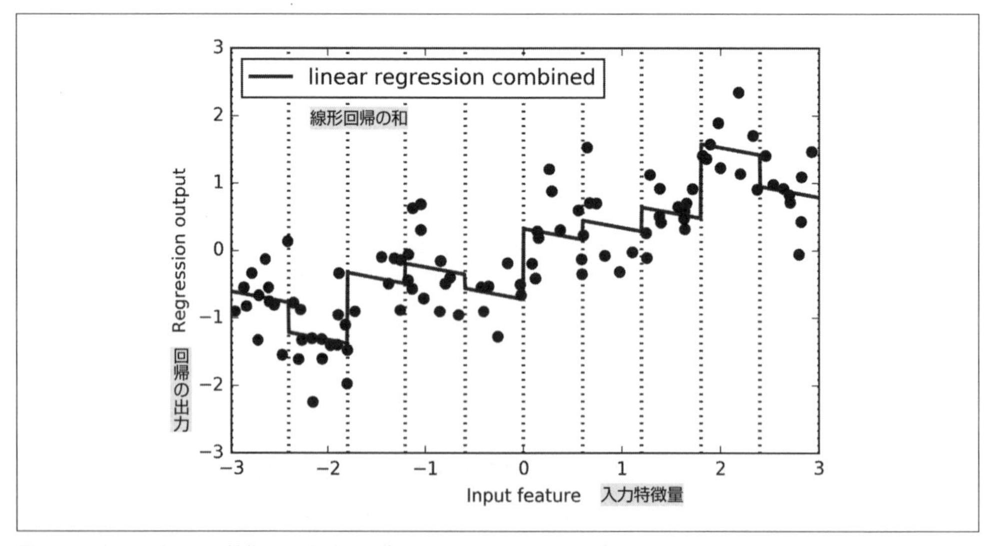

図4-3　ビニングされた特徴量と大域的な単一の傾きに対する線形回帰

この例では、モデルは個々のビンに対してオフセットと傾きを学習する。傾きは下向きで、すべてのビンで共有されている。x軸は1つしかなく、したがって傾きは1つしかないからだ。傾きがすべてのビンで共有されているので、あまり役には立たない。それぞれのビンごとに傾きがあればよいのだ。これを実現するには、データポイントがどのビンに入っているかを示す特徴量とx軸のどこにあるかを示す特徴量の交互作用もしくは積を、特徴量として加えればよい。この特徴量はビンの指示子ともとの特徴量の積となる。このデータセットを作ってみよう。

In[18]:

```
X_product = np.hstack([X_binned, X * X_binned])
print(X_product.shape)
```

Out[18]:

```
(100, 20)
```

これでデータセットの特徴量は20になった。どのビンにデータポイントが入っているかを示すビン番号特徴量と、もとの特徴量とビン番号の積である。積の特徴量を、個々のビンにx軸の特徴量をそれぞれコピーしたと考えることもできる。ビンの部分にもとの特徴量に、それ以外の部分は0になる。**図4-4**に、この新しいデータ表現に対する線形モデルの結果を示す。

In[19]:

```
reg = LinearRegression().fit(X_product, y)

line_product = np.hstack([line_binned, line * line_binned])
plt.plot(line, reg.predict(line_product), label='linear regression product')

for bin in bins:
    plt.plot([bin, bin], [-3, 3], ':', c='k')

plt.plot(X[:, 0], y, 'o', c='k')
plt.ylabel("Regression output")
plt.xlabel("Input feature")
plt.legend(loc="best")
```

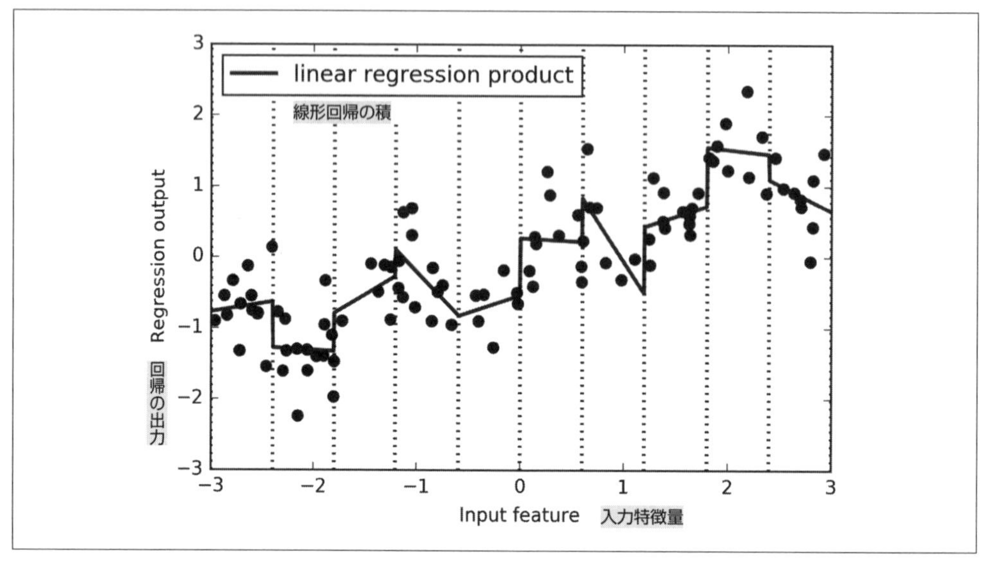

図4-4　ビンごとに傾きを持つ線形回帰

図からわかるように、個々のビンがそれぞれオフセットと傾きを持つようになっている。

ビニングは、連続値特徴量を拡張する方法の1つである。もう1つの方法はもとの特徴量の**多項式**（polynomial）を使うことである。ある特徴量xに対して、x ** 2、x ** 3、x ** 4を考えるのだ。これは、preprocessingモジュールのPolynomialFeaturesに実装されている。

In[20]:

```
from sklearn.preprocessing import PolynomialFeatures

# x ** 10までの多項式を加える。
# デフォルトの"include_bias=True"だと、常に1となる特徴量を加える
poly = PolynomialFeatures(degree=10, include_bias=False)
poly.fit(X)
X_poly = poly.transform(X)
```

10次を指定すると10の特徴量ができる。

In[21]:

```
print("X_poly.shape: {}".format(X_poly.shape))
```

Out[21]:

```
X_poly.shape: (100, 10)
```

X_polyの内容をXと比較してみよう。

In[22]:

```
print("Entries of X:\n{}".format(X[:5]))
print("Entries of X_poly:\n{}".format(X_poly[:5]))
```

Out[22]:

```
Entries of X:
[[-0.753]
 [ 2.704]
 [ 1.392]
 [ 0.592]
 [-2.064]]
Entries of X_poly:
[[    -0.753      0.567     -0.427      0.321     -0.242      0.182
      -0.137      0.103     -0.078      0.058]
 [     2.704      7.313     19.777     53.482    144.632    391.125
    1057.714   2860.360   7735.232  20918.278]
 [     1.392      1.938      2.697      3.754      5.226      7.274
      10.125     14.094     19.618     27.307]
 [     0.592      0.350      0.207      0.123      0.073      0.043
       0.025      0.015      0.009      0.005]
 [    -2.064      4.260     -8.791     18.144    -37.448     77.289
    -159.516    329.222   -679.478   1402.367]]
```

個々の特徴量の意味はget_feature_names_outメソッドで知ることができる。このメソッドは個々の特徴量の説明を表示する。

In[23]:

```
print("Polynomial feature names:\n{}".format(poly.get_feature_names_out()))
```

Out[23]:

```
Polynomial feature names:
['x0', 'x0^2', 'x0^3', 'x0^4', 'x0^5', 'x0^6', 'x0^7', 'x0^8', 'x0^9', 'x0^10']
```

これからわかるように、X_polyの最初の要素はXと同じで、その他の要素は、最初の要素の冪乗となっている。値が簡単に大きくなるのが興味深い。2つ目の要素には20,000を超えるものもある。他のエントリに比べて桁違いに大きい。

多項式特徴量を線形回帰モデルと組み合わせると、古典的な**多項式回帰**（polynomial regression）モデルになる（**図4-5**を参照）。

In[24]:

```
reg = LinearRegression().fit(X_poly, y)

line_poly = poly.transform(line)
plt.plot(line, reg.predict(line_poly), label='polynomial linear regression')
plt.plot(X[:, 0], y, 'o', c='k')
plt.ylabel("Regression output")
plt.xlabel("Input feature")
plt.legend(loc="best")
```

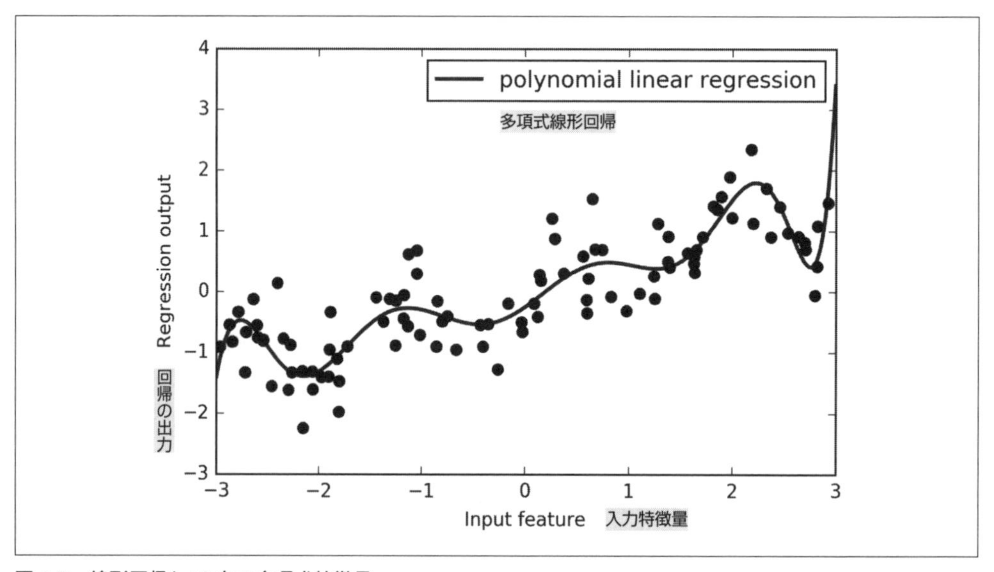

図4-5 線形回帰と10次の多項式特徴量

これを見るとわかるように、多項式特徴量はこの1次元のデータに対して非常にスムーズに適合する。しかし、高次の多項式は、境界近辺やデータが少ない領域で極端な振る舞いを示す傾向にある。

比較としてカーネル法を用いたSVMモデルを、変換していないオリジナルデータに適用してみよう（図4-6）。

In[25]:

```
from sklearn.svm import SVR

for gamma in [1, 10]:
    svr = SVR(gamma=gamma).fit(X, y)
    plt.plot(line, svr.predict(line), label='SVR gamma={}'.format(gamma))
```

```
plt.plot(X[:, 0], y, 'o', c='k')
plt.ylabel("Regression output")
plt.xlabel("Input feature")
plt.legend(loc="best")
```

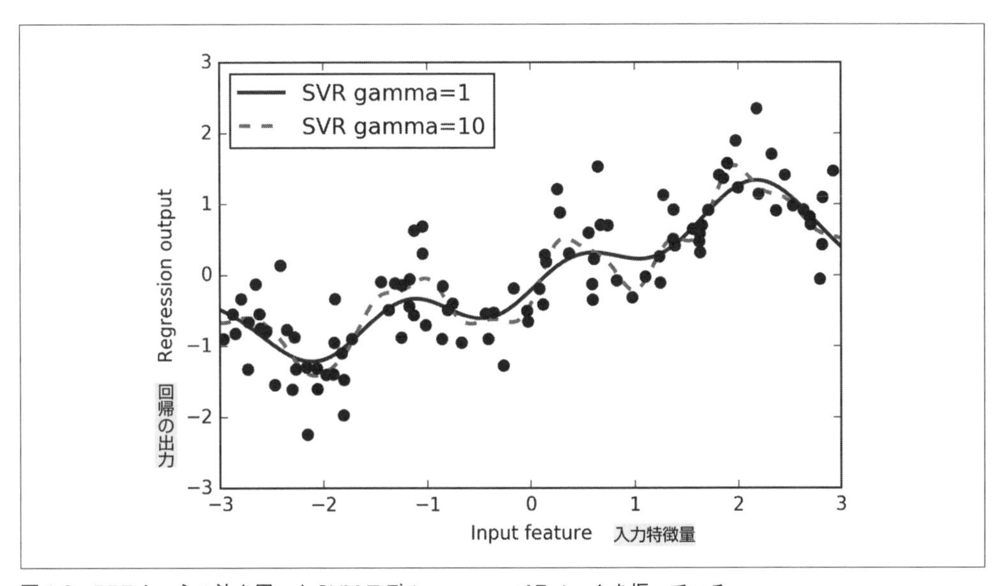

図4-6 RBFカーネル法を用いたSVMモデル。gammaパラメータを振っている

このようにより複雑なモデル（カーネル法を用いたSVM）を用いると、特徴量に対して明示的な変換を行わなくても、多項式回帰と同じように複雑な予測をすることができる。

交互作用特徴量と多項式特徴量を、より現実的なboston_housingデータセットに適用してみよう。このモデルに対しては「**2章　教師あり学習**」で既に多項式特徴量を導入している。どのようにこの特徴量が構築されているか、どのくらい多項式特徴量が貢献しているかを見てみよう。まず、データをロードしてMinMaxScalerを用いて0から1の間になるようにスケール変換する。

In[26]:

```
from sklearn.datasets import load_boston
from sklearn.model_selection import train_test_split
from sklearn.preprocessing import MinMaxScaler

boston = load_boston()
X_train, X_test, y_train, y_test = train_test_split(
    boston.data, boston.target, random_state=0)
```

```
# データのスケール変換
scaler = MinMaxScaler()
X_train_scaled = scaler.fit_transform(X_train)
X_test_scaled = scaler.transform(X_test)
```

2次までの多項式特徴量と交互作用を抽出しよう。

In[27]:

```
poly = PolynomialFeatures(degree=2).fit(X_train_scaled)
X_train_poly = poly.transform(X_train_scaled)
X_test_poly = poly.transform(X_test_scaled)
print("X_train.shape: {}".format(X_train.shape))
print("X_train_poly.shape: {}".format(X_train_poly.shape))
```

Out[27]:

```
X_train.shape: (379, 13)
X_train_poly.shape: (379, 105)
```

もとのデータには13しか特徴量がなかったが、これを105の交互作用特徴量にまで拡張した。これらの新しい特徴量は、もとの特徴量から2つの特徴量のすべての組合せと、もとの特徴量の2乗である。ここでdegree=2と指定しているのは、もとの特徴量2つの積までを考慮するという意味である。入力特徴量と出力特徴量の正確な関係はget_feature_names_outメソッドでわかる。

In[28]:

```
print("Polynomial feature names:\n{}".format(poly.get_feature_names_out()))
```

Out[28]:

```
Polynomial feature names:
['1', 'x0', 'x1', 'x2', 'x3', 'x4', 'x5', 'x6', 'x7', 'x8', 'x9', 'x10',
'x11', 'x12', 'x0^2', 'x0 x1', 'x0 x2', 'x0 x3', 'x0 x4', 'x0 x5', 'x0 x6',
'x0 x7', 'x0 x8', 'x0 x9', 'x0 x10', 'x0 x11', 'x0 x12', 'x1^2', 'x1 x2',
'x1 x3', 'x1 x4', 'x1 x5', 'x1 x6', 'x1 x7', 'x1 x8', 'x1 x9', 'x1 x10',
'x1 x11', 'x1 x12', 'x2^2', 'x2 x3', 'x2 x4', 'x2 x5', 'x2 x6', 'x2 x7',
'x2 x8', 'x2 x9', 'x2 x10', 'x2 x11', 'x2 x12', 'x3^2', 'x3 x4', 'x3 x5',
'x3 x6', 'x3 x7', 'x3 x8', 'x3 x9', 'x3 x10', 'x3 x11', 'x3 x12', 'x4^2',
'x4 x5', 'x4 x6', 'x4 x7', 'x4 x8', 'x4 x9', 'x4 x10', 'x4 x11', 'x4 x12',
'x5^2', 'x5 x6', 'x5 x7', 'x5 x8', 'x5 x9', 'x5 x10', 'x5 x11', 'x5 x12',
'x6^2', 'x6 x7', 'x6 x8', 'x6 x9', 'x6 x10', 'x6 x11', 'x6 x12', 'x7^2',
'x7 x8', 'x7 x9', 'x7 x10', 'x7 x11', 'x7 x12', 'x8^2', 'x8 x9', 'x8 x10',
'x8 x11', 'x8 x12', 'x9^2', 'x9 x10', 'x9 x11', 'x9 x12', 'x10^2', 'x10 x11',
'x10 x12', 'x11^2', 'x11 x12', 'x12^2']
```

最初の特徴量は定数特徴量で、ここでは"1"と呼ばれている。次の13の特徴量はもとの特徴量("x0"から"x12"まで)だ。その次は、最初の特徴量の2乗("x0^2")で、その後には最初の特徴量とその他の特徴量の組合せが続く。

Ridgeを使って、交互作用特徴量を入れた場合と入れない場合を比較してみよう。

In[29]:

```
from sklearn.linear_model import Ridge
ridge = Ridge().fit(X_train_scaled, y_train)
print("Score without interactions: {:.3f}".format(
    ridge.score(X_test_scaled, y_test)))
ridge = Ridge().fit(X_train_poly, y_train)
print("Score with interactions: {:.3f}".format(
    ridge.score(X_test_poly, y_test)))
```

Out[29]:

```
Score without interactions: 0.621  交互作用特徴量なしのスコア
Score with interactions: 0.753     交互作用特徴量ありのスコア
```

交互作用特徴量と多項式特徴量がRidgeの性能を明らかに押し上げていることがわかる。しかし、ランダムフォレストのようなより複雑なモデルを使う場合には、話は少し変わってくる。

In[30]:

```
from sklearn.ensemble import RandomForestRegressor
rf = RandomForestRegressor(n_estimators=100).fit(X_train_scaled, y_train)
print("Score without interactions: {:.3f}".format(
    rf.score(X_test_scaled, y_test)))
rf = RandomForestRegressor(n_estimators=100).fit(X_train_poly, y_train)
print("Score with interactions: {:.3f}".format(rf.score(X_test_poly, y_test)))
```

Out[30]:

```
Score without interactions: 0.799  交互作用特徴量なしのスコア
Score with interactions: 0.763     交互作用特徴量ありのスコア
```

追加の特徴量がなくてもランダムフォレストの性能はRidgeを上回る。交互作用特徴量と多項式特徴量を入れると、わずかに性能が下がっている。

4.4 単変量非線形変換

特徴量を2乗、3乗したものが、線形回帰モデルで有用であることを見た。他に特定の特徴量に有用であることがわかっている変換がある。log、exp、sinなどの数学関数を用いるものだ。決定木ベースのモデルは特徴量の順番しか見ないが、線形モデルやニューラルネットワークモデルは、個々の特徴量のスケールや分散と密接に結び付いており、特徴量とターゲットに非線形関係があると、モデリングが難しくなる。これは特に回帰で顕著である。log、expなどの関数は、データの相対的なスケールを修正してくれるので、線形モデルやニューラルネットワークモデルでモデリングしやすくなる。「**2章 教師あり学習**」で、メモリ価格のデータでこの応用を見た。sin、cos関数は周期的なパターンを持つ関数を扱う際に有用だ。

ほとんどのモデルは、個々の特徴量が（回帰の場合には出力も）、おおよそガウス分布に従っているときに最もうまく機能する。つまり、ヒストグラムが見慣れた「ベルカーブ」になる場合だ。logやexpによる変化は小手先の技ではあるが、これを実現する簡単で効果的な方法である。このような変換が特に有効なよくあるケースは、整数のカウントデータを扱う場合だ。ここで言うカウントデータは、例えば「ユーザAは何回ログインしたか」というような特徴量のことだ。カウントデータは負であることはなく、多くの場合特定の統計的パターンに従う。ここでは、実際に出てくるデータに似た特性を持つデータセットを合成して試してみよう。この特徴量は整数値だが、出力は連続値である。

In[31]:

```
rnd = np.random.RandomState(0)
X_org = rnd.normal(size=(1000, 3))
w = rnd.normal(size=3)

X = rnd.poisson(10 * np.exp(X_org))
y = np.dot(X_org, w)
```

第1特徴量の最初の10エントリを見てみよう。すべてが正の整数値だが、それ以外のパターンを見つけるのは難しい。

しかし、個々の値が出現する回数を数えると、値の分布は明らかになる。

In[32]:

```
print("Number of feature appearances:\n{}".format(np.bincount(X[:, 0])))
```

Out[32]:

```
Number of feature appearances:
[28 38 68 48 61 59 45 56 37 40 35 34 36 26 23 26 27 21 23 23 18 21 10  9 17
  9  7 14 12  7  3  8  4  5  5  3  4  2  4  1  1  3  2  5  3  8  2  5  2  1
  2  3  3  2  2  3  3  0  1  2  1  0  0  3  1  0  0  0  1  3  0  1  0  2  0
  1  1  0  0  0  0  1  0  0  2  2  0  1  1  0  0  0  0  1  1  0  0  0  0  0
  0  0  1  0  0  0  0  0  1  1  0  0  1  0  0  0  0  0  0  0  1  0  0  0  0
  1  0  0  0  0  0  0  0  0  0  0  0  0  0  0  1]
```

値2が68回出てきて最も多く（bincountは常に0からスタートする）、大きい値に対しては速やかに量が減っていることがわかる。ただし、非常に大きい値も出現している。例えば84と85も2度ずつ出ている。可視化したものを図4-7に示す。

In[33]:

```
bins = np.bincount(X[:, 0])
plt.bar(range(len(bins)), bins, color='grey')
plt.ylabel("Number of appearances")
plt.xlabel("Value")
```

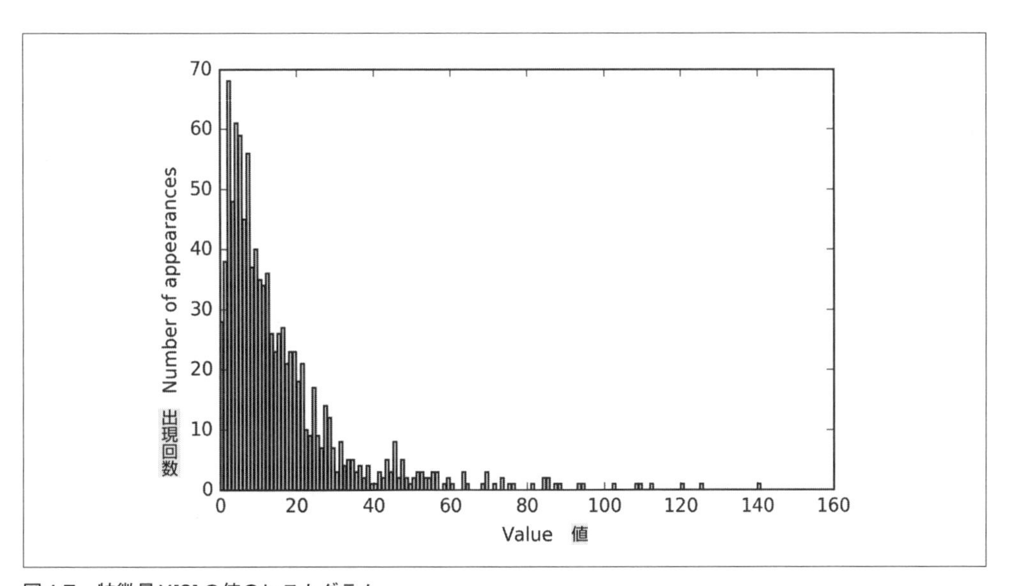

図4-7　特徴量X[0]の値のヒストグラム

特徴量X[:, 1]もX[:, 2]も同じような特性になっている。この種の値の分布（小さい値が多く、まれにとても大きな値がある）は実データには非常によく出現する[*1]。しかし、このようなデータは多くの線形モデルではうまく扱えない。リッジ回帰でこのモデルを学習してみよう

In[34]:

```
from sklearn.linear_model import Ridge
X_train, X_test, y_train, y_test = train_test_split(X, y, random_state=0)
score = Ridge().fit(X_train, y_train).score(X_test, y_test)
print("Test score: {:.3f}".format(score))
```

Out[34]:

```
Test score: 0.622
```
テストスコア

＊1　これはポワソン分布で、カウントデータとしては非常に基本的なものである。

R^2スコアが比較的小さいことからもわかるようにRidgeではXとyの関係をうまく捉えることができない。しかし、ここで対数変換を行うと話が変わってくる。データに値0があるので（そして対数は0に対して定義できないので）、直接logを使うことはできない。したがってlog(X + 1)を計算する。

In[35]:

```
X_train_log = np.log(X_train + 1)
X_test_log = np.log(X_test + 1)
```

変換後のデータ分散は非対称性が少なく、非常に大きい外れ値はなくなっている（図4-8）。

In[36]:

```
plt.hist(X_train_log[:, 0], bins=25, color='gray')
plt.ylabel("Number of appearances")
plt.xlabel("Value")
```

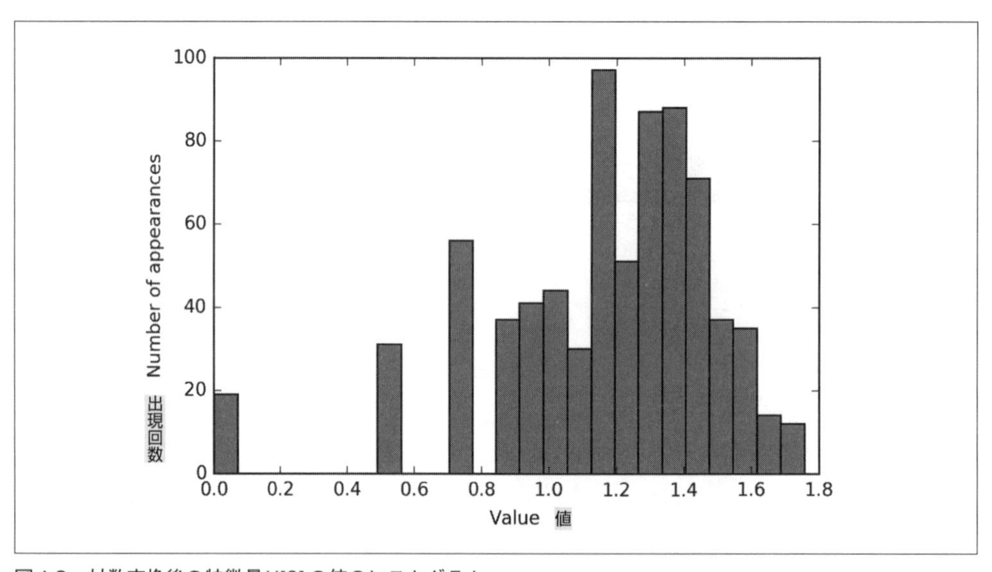

図4-8 対数変換後の特徴量X[0]の値のヒストグラム

新しいデータに対してRidgeモデルを作ってみると、性能ははるかに良くなる。

In[37]:

```
score = Ridge().fit(X_train_log, y_train).score(X_test_log, y_test)
print("Test score: {:.3f}".format(score))
```

Out[37]:

```
Test score: 0.875
```

データセットと機械学習モデルの組合せに対して、最適な変換を見つけるのはある種の技芸だ。この例ではすべての特徴量が同じ特性を持っていたが、このようなことは現実のアプリケーションではあまりない。多くの場合は、特徴量の一部だけを変換することになる。特徴量ごとに別の変換を行わなければならない場合もある。前述の通り、この種の変換は決定木ベースのモデルには関係ないが、線形モデルにとっては本質的である。回帰モデルの場合は、ターゲット変数`y`も変換した方がよい場合もある。カウントデータ（例えば注文数など）の予測は一般的なタスクだが、`log(y + 1)`で変換するとうまくいくことも多い[*1]。

前に示した例からもわかるように、ビニング、多項式、交互作用はあるデータセットに対するモデルの性能に大きな影響を与える。これは、線形モデルやナイーブベイズなどの比較的単純なモデルで特に重要である。一方、決定木ベースのモデルは、自分で重要な交互作用を見つけることができるので、多くの場合、データを明示的に変換する必要はない。SVM、最近傍法、ニューラルネットワークは、ビニング、多項式、交互作用の恩恵を受けることがあるが、線形モデルの場合ほど大きなものではない。

4.5 自動特徴量選択

新しい特徴量を作る方法がたくさんあるので、データの次元数をもとの特徴量の数よりもはるかに大きくしたくなるかもしれない。しかし、特徴量を追加すると、モデルは複雑になり、過剰適合の可能性が高くなる。新しい特徴量を加える場合、また高次元データセット一般の場合、最も有用な特徴量だけを残して残りを捨てて、特徴量の数を減らすのは良い考えだ。こうすると、モデルが単純になり、汎化性能が向上する。しかし、どうしたら良い特徴量がわかるだろうか？ 基本的な戦略が3つある。**単変量統計**（univariate statistics）、**モデルベース選択**（model-based selection）、**反復選択**（iterative selection）の3つである。以降、この3つを詳しく説明する。これらの方法はすべて教師あり手法なので、モデルを適合するためのターゲットが必要である。したがって、データを訓練セットとテストセットに分割し、特徴量選択は、訓練セットだけを用いて行うようにしなければならない。

4.5.1 単変量統計

単変量統計では、個々の特徴量とターゲットとの間に統計的に顕著な関係があるかどうかを計算する。そして、最も高い確信度で関連している特徴量が選択される。クラス分類の場合は、**分散分**

＊1　確率論的な立場からはポワソン回帰を使ったほうがよいのだが、この方法はポワソン回帰の非常に粗い近似になっている。

析（analysis of variance：ANOVA）として知られる手法である。この方法の特性は**単変量**であることである。つまり個々の特徴量を個別に考慮する。したがって、他の特徴量と組み合わさって意味を持つような特徴量は捨てられてしまう。単変量テストは計算が高速で、モデルを構築する必要がない。一方で、特徴量選択後に利用するモデルと完全に独立である。

単変量特徴量選択をscikit-learnで使うには、テストを選択する必要がある。通常、クラス分類にはf_classif（デフォルト値）を、回帰にはf_regressionを用いる。さらに、テストで求められるp-値をもとに、特徴量を捨てる方法も指定する。これらの方法には、p-値が大きすぎる（ターゲットと関係がなさそうだということを意味する）特徴量を捨てる際のスレッショルドを指定する。スレッショルドの計算方法は手法によって異なる。最も単純なSelectKBestでは選択する特徴量の数を指定する。SelectPercentileは残す特徴量の割合を選択する。cancerデータセットのクラス分類に特徴量抽出を適用してみよう。少しタスクを難しくするために、情報量のないノイズを加える。特徴量検出がこの情報量のない特徴量を検出して取り除いてくれることを期待するわけだ。

In[38]:

```
from sklearn.datasets import load_breast_cancer
from sklearn.feature_selection import SelectPercentile
from sklearn.model_selection import train_test_split

cancer = load_breast_cancer()

# シードを指定して乱数を決定
rng = np.random.RandomState(42)
noise = rng.normal(size=(len(cancer.data), 50))
# ノイズ特徴量をデータに加える
# 最初の30特徴量はデータセットから来たもの。続く50特徴量はノイズ
X_w_noise = np.hstack([cancer.data, noise])

X_train, X_test, y_train, y_test = train_test_split(
    X_w_noise, cancer.target, random_state=0, test_size=.5)
# f_classif（デフォルト）とSelectPercentileを使って50%の特徴量を選択
select = SelectPercentile(percentile=50)
select.fit(X_train, y_train)
# 訓練セットを変換
X_train_selected = select.transform(X_train)

print("X_train.shape: {}".format(X_train.shape))
print("X_train_selected.shape: {}".format(X_train_selected.shape))
```

Out[38]:

```
X_train.shape: (284, 80)
```

```
X_train_selected.shape: (284, 40)
```

特徴量の数が80から40に減っている（もとの特徴量の50%）ことがわかる。どの特徴量が使われているかを`get_support`メソッドで調べることができる。このメソッドは選択された特徴量を示す真偽値のマスクを返す（図4-9）。

In[39]:

```
mask = select.get_support()
print(mask)
# マスクを可視化する -- 黒が真、白が偽
plt.matshow(mask.reshape(1, -1), cmap='gray_r')
plt.xlabel("Sample index")
```

Out[39]:

```
[ True  True  True  True  True  True  True  True  True False  True False
  True  True  True  True  True  True False False  True  True  True  True
  True  True  True  True  True  True False False False  True False  True
 False False  True False False False False  True False False  True False
 False  True False  True False False False False False False  True False
  True False False False False  True False  True False False False False
  True  True False  True False False False False]
```

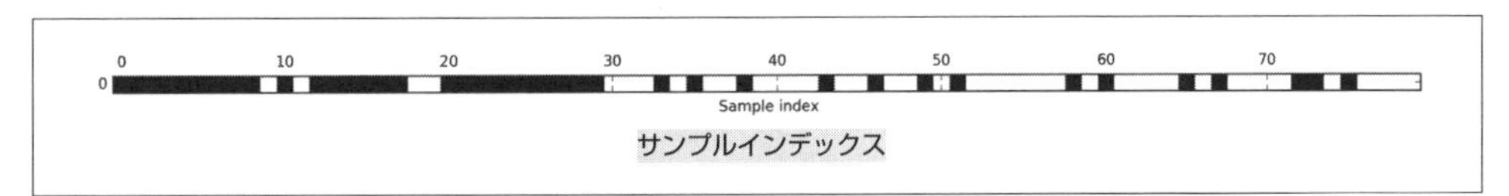

図4-9　SelectPercentileで選択された特徴量

可視化したマスクでわかるように、もとの特徴量のほとんどが選択されており、ほとんどのノイズ特徴量は取り除かれている。しかし、もとの特徴量の回復は完全ではない。ロジスティック回帰の性能を、すべての特徴量を使った場合と、選択された特徴量だけを使った場合で比較してみよう。

In[40]:

```
from sklearn.linear_model import LogisticRegression

# テストデータの変換
X_test_selected = select.transform(X_test)

lr = LogisticRegression()
lr.fit(X_train, y_train)
print("Score with all features: {:.3f}".format(lr.score(X_test, y_test)))
```

```
lr.fit(X_train_selected, y_train)
print("Score with only selected features: {:.3f}".format(
    lr.score(X_test_selected, y_test)))
```

Out[40]:

```
Score with all features: 0.930                 すべての特徴量を使った場合のスコア
Score with only selected features: 0.940  選択した特徴量だけを使った場合のスコア
```

この場合、ノイズ特徴量を取り除くと、もとの特徴量のいくつかが失われているにも関わらず、性能が向上している。これは単純な合成したサンプルでの結果で、実際のデータに適応すると性能が向上するとは限らない。それでも、特徴量が多すぎてモデルを作ることができないような場合や、多くの特徴量がまったく関係ないと思われるような場合には、単変量特徴量選択は有用だ。

4.5.2 モデルベース特徴量選択

モデルベース特徴量選択は、教師あり学習モデルを用いて個々の特徴量の重要性を判断し、重要なものだけを残す手法である。特徴量選択に用いる教師あり学習モデルは、最終的に使う教師あり学習モデルと同じでなくてもよい。特徴量選択に用いるモデルは、選択時に特徴量に順番を付けるために、個々の特徴量の重要性の指標を出力するものでなければならない。決定木や決定木ベースのモデルには、特徴量の重要性そのものをエンコードしたfeature_importances_属性がある。線形モデルには係数があり、これも絶対値を取れば、特徴量の重要性を捉えた値として利用できる。「**2章 教師あり学習**」で示したように、L1ペナルティを用いた線形モデルは、疎な係数を学習し、特徴量のごく一部しか利用しないようになる。これは、モデルによる特徴量選択として考えることもできるが、これを前処理過程として使って、別のモデルで使う特徴量選択を行うこともできる。単変量選択の場合と対象的に、モデルベースの選択は、すべての特徴量を同時に考慮するので、(選択に使うモデルが交互作用を捉えることができるなら)変数間の交互作用を捉えることができる。モデルベース特徴量選択を用いるにはSelectFromModel変換器を用いればよい。

In[41]:

```
from sklearn.feature_selection import SelectFromModel
from sklearn.ensemble import RandomForestClassifier
select = SelectFromModel(
    RandomForestClassifier(n_estimators=100, random_state=42),
    threshold="median")
```

SelectFromModelクラスは教師あり学習モデルで得られた特徴量の重要性が、指定したスレッショルドよりも大きい特徴量だけを選択する。単変量特徴量選択での結果と比較するために、中央値をスレッショルドとして半分の特徴量が選ばれるようにする。100決定木を用いるランダムフォレストを使って、特徴量の重要性を計算する。これは、非常に複雑なモデルなので、単変量テストを用いるよりもはるかに強力な手法である。実際にモデルに適用してみよう。

In[42]:

```
select.fit(X_train, y_train)
X_train_l1 = select.transform(X_train)
print("X_train.shape: {}".format(X_train.shape))
print("X_train_l1.shape: {}".format(X_train_l1.shape))
```

Out[42]:

```
X_train.shape: (284, 80)
X_train_l1.shape: (284, 40)
```

選択された特徴量を見てみよう（**図4-10**）。

In[43]:

```
mask = select.get_support()
# マスクを可視化する -- 黒が真、白が偽
plt.matshow(mask.reshape(1, -1), cmap='gray_r')
plt.xlabel("Sample index")
```

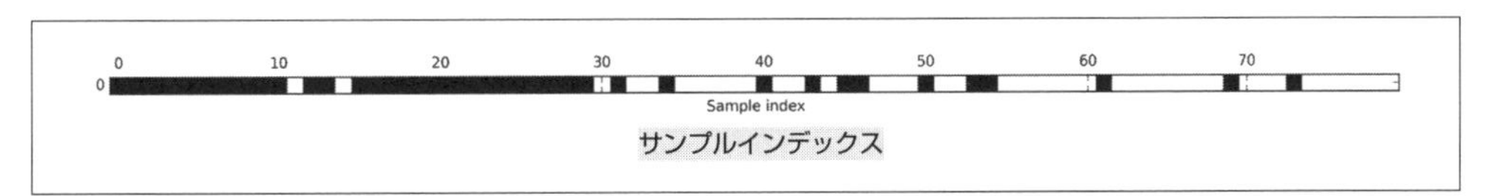

図4-10　RandomForestClassifierを用いてSelectFromModelで選択された特徴量

今度は、もとの特徴量は2つを除いて選択されている。40特徴量を選択しているので、ノイズ特徴量もいくつか選択されている。性能を見てみよう。

In[44]:

```
X_test_l1 = select.transform(X_test)
score = LogisticRegression().fit(X_train_l1, y_train).score(X_test_l1, y_test)
print("Test score: {:.3f}".format(score))
```

Out[44]:

```
Test score: 0.951 テストスコア
```

良い特徴量を選択することで性能も向上している。

4.5.3 反復特徴量選択

単変量テストではモデルをまったく使わず、モデルベース選択ではモデルを1つだけ使って、特徴量を選択した。反復特徴量選択では、異なる特徴量を用いた一連のモデルを作る。これには2つの基本的な方法がある。まったく特徴量を使わないところから、ある基準が満たされるところまで1つずつ特徴量を加えていく方法と、すべての特徴量を使う状態から1つずつ特徴量を取り除いていく方法である。多数のモデルを作るため、上で述べた方法よりも計算量的にはるかに高価な手法となる。この方法の1つが、**再帰的特徴量削減**（recursive feature elimination：RFE）である。この方法は、すべての特徴量から開始してモデルを作り、そのモデルで最も重要度が低い特徴量を削除する。そしてまたモデルを作り、最も重要度が低い特徴量を削除する。この過程を事前に定めた数の特徴量になるまで繰り返す。これが機能するためには、モデルベース選択の場合と同様に、選択に用いるモデルが特徴量の重要性を決定する方法を提供していなければならない。ここでは、先に用いたのと同じランダムフォレストモデルを用いる。結果を**図4-11**に示す。

In[45]:

```
from sklearn.feature_selection import RFE
select = RFE(RandomForestClassifier(n_estimators=100, random_state=42),
             n_features_to_select=40)

select.fit(X_train, y_train)
# 選択された特徴量を可視化する
mask = select.get_support()
plt.matshow(mask.reshape(1, -1), cmap='gray_r')
plt.xlabel("Sample index")
```

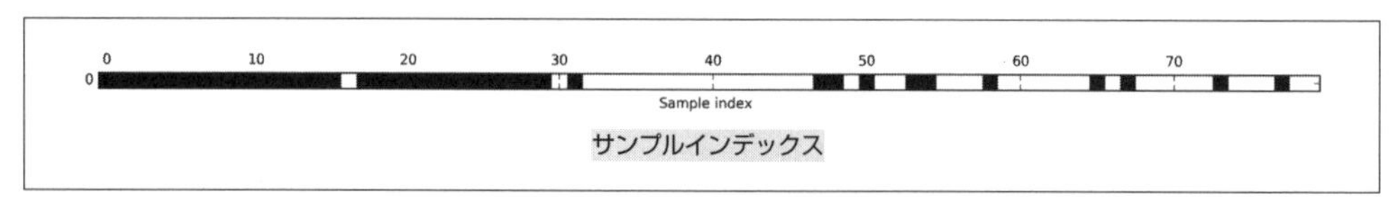

図4-11 ランダムフォレストクラス分類モデルを用いて再帰的特徴量削減（RFE）で選択された特徴量

単変量やモデルベース選択の場合と比較して特徴量の選択は良くなっているが、それでももともとの特徴量のうち1つがなくなっている。また、この方法はモデルベース選択の場合に比べてもはるかに時間がかかる。1つずつ特徴量を落としていくために、ランダムフォレストを40回も学習しているからだ。RFEを用いて選択した特徴量を用いたロジスティック回帰モデルの精度を見てみよう。

In[46]:

```
X_train_rfe= select.transform(X_train)
X_test_rfe= select.transform(X_test)
```

```
score = LogisticRegression().fit(X_train_rfe, y_train).score(X_test_rfe, y_test)
print("Test score: {:.3f}".format(score))
```

Out[46]:

```
Test score: 0.951
```
テストデータに対するスコア

RFEの内部で用いられたモデルを用いて予測を行うこともできる。これは選択された特徴量だけを用いる。

In[47]:

```
print("Test score: {:.3f}".format(select.score(X_test, y_test)))
```

Out[47]:

```
Test score: 0.951
```
テストデータに対するスコア

RFE内部で用いられたランダムフォレストの性能は、選択された特徴量で訓練したロジスティック回帰モデルと同じである。つまり、適切な特徴量を選んだことで、線形モデルの性能がランダムフォレストと同じになったということになる。

機械学習アルゴリズムに対してどの特徴量を入力として使ったらよいかわからない場合には、自動特徴量選択は有用である。また、例えば、予測を高速化したい場合や、解釈しやすいモデルを構築したい場合などに、必要な特徴量の量を減らすためにも役に立つ。実世界のデータでは、特徴量選択で性能が大幅に向上することはあまりない。とはいえ、特徴量エンジニアがツールボックスに備えておくべきツールであることには変わりはない。

4.6 専門家知識の利用

特徴量エンジニアリングでは、特定のアプリケーションに関する**専門家知識**（expert knowledge）を利用することができる。多くの場合、機械学習の目的は専門家がルールを設計しなくても済むようにすることだが、だからといって、特定のアプリケーションやドメインに関する事前知識を捨てるべきだということにはならない。ドメインの専門家が、最初に得られるデータ表現よりもはるかに情報量の多い有用な特徴量を特定する手助けをしてくれることは多い。旅行代理店に勤めているとして、航空運賃の値段を予測したいとしよう。価格と日付と航空会社、発着地点を記録しているとする。この情報を用いれば立派な機械学習モデルが作れるだろう。しかし、航空運賃を決定する重要な要素がこの情報には欠けている。例えば、航空運賃は、休暇期間や、祝祭日の周辺で高価になる。（クリスマスなどのように）日程が固定している祭日に関しては、その効果をデータから学習することも可能だろう。しかし月の満ち欠けに依存して日程が決まる祭日（ハヌカーやイースター）や[*1]、権威者が決めるような休日（学校の休日など）に関してはそうはいかない。このようなイベントは、フライトの記録が普通の日付（グレゴリオ暦）でだけ記録されていたのでは、学習することはできない。しかし、フライトが休日の場合、休前日の場合、休日の翌日の場合を記録した特徴量を追加するのは簡単だ。こうすると、タスクの性質に関する事前知識を特徴量にエンコードし、機械学習アルゴリズムを助けることができる。特徴量を追加することは、それを利用することを強制することにはならない。たとえ祝祭日の情報が結局は航空運賃に影響しないのだとしても、この情報でデータを強化しても悪影響はない。

専門家の知識を利用するケースを見ていこう。この場合は「常識」と呼んだほうが正確かもしれないが。タスクは、著者の1人のAndreasの家の前にあるレンタル自転車の件数を予測することだ。

ニューヨークにはCiti Bikeと言うものがあり、登録制のレンタル自転車ステーションのネットワークを運用している。ステーションは街の至る所にあり、これを使うと便利に街を行き来することができる。レンタル自転車のデータは匿名化された上でhttps://www.citibikenyc.com/system-dataから公開されており、さまざまな解析がなされている。ここでのタスクは、ある特定の日時に、どのくらいの人がAndreasの家の前にあるステーションで自転車をレンタルするかを予測することだ。これがわかれば、彼が自転車をレンタルできるかどうかを予測できる。

まず、2015年8月のこの特定のステーションのデータをpandasのDataFrameとしてロードする。データを3時間ごとの間隔にサンプルし直して、日毎の傾向を見てみよう。

In[48]:

```
citibike = mglearn.datasets.load_citibike()
```

In[49]:

```
print("Citi Bike data:\n{}".format(citibike.head()))
```

Out[49]:

```
Citi Bike data:
starttime
2015-08-01 00:00:00     3.0
2015-08-01 03:00:00     0.0
2015-08-01 06:00:00     9.0
2015-08-01 09:00:00    41.0
2015-08-01 12:00:00    39.0
Freq: 3H, Name: one, dtype: float64
```

図4-12に、レンタル頻度を可視化したものを示す。

＊1　訳注：ハヌカーはユダヤ教の祭日

In[50]:

```
plt.figure(figsize=(10, 3))
xticks = pd.date_range(start=citibike.index.min(), end=citibike.index.max(),
                       freq='D')
plt.xticks(xticks, xticks.strftime("%a %m-%d"), rotation=90, ha="left")
plt.plot(citibike, linewidth=1)
plt.xlabel("Date")
plt.ylabel("Rentals")
```

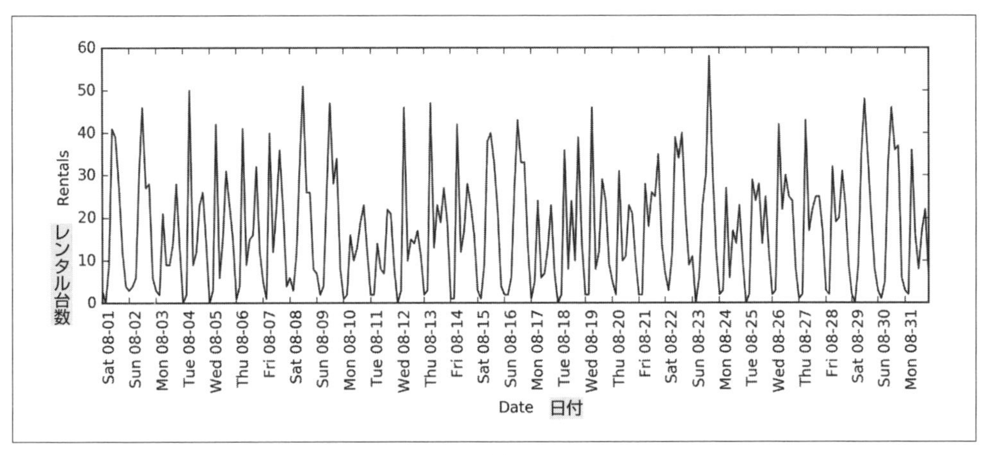

図4-12 あるCiti Bikeステーションの自転車レンタル数

データから、24時間単位の昼間と夜間の区別が明確に見て取れる。また、週末と平日のパターンも明確に異なる。このような時系列に対する予測タスクでは、**過去から学習**（learn from the past）と**未来を予測する**（predict for the future）アプローチを取る。つまり、訓練セットとテストセットを分割する際に、ある特定の日までのすべてのデータを訓練セットとし、それ以降をテストセットとするのだ。これは実際に時系列を予測する際に行うのと同じ手法だ。過去のレンタル履歴だけがわかっている状況で、明日何が起こるかを考える。ここでは最初の23日分に相当する184データポイントを訓練セットとし、残りの8日分に相当する64データポイントをテストセットとした。

この予測タスクにおいて利用する特徴量は、特定数のレンタルが発生した際の日時だけだ。つまり、入力特徴量は、例えば`2015-08-01 00:00:00`のような日時で、出力はその後3時間のレンタル数となる（`DataFrame`によればこの時間のレンタル数は3台だ）。

計算機で日時を格納するにはPOSIX時刻が（驚くほど）よく用いられている。これは、1970年の1月1日0時からの秒数で、Unix時刻とも呼ばれる。まずは、この1つの整数特徴量をデータ表現に使ってみよう。

In[51]:

```
# ターゲット値（レンタル数）を抽出
y = citibike.values
# 10**9 で割ってPOSIX時刻に変換
X = citibike.index.astype("int64").to_numpy().reshape(-1, 1) // 10**9
```

データを訓練セットとテストセットに分割する関数を定義し、モデルを構築し、結果を可視化する。

In[52]:

```
# 最初の184データポイントを訓練に、残りをテストに使う
n_train = 184

# 与えられた特徴量セットで、回帰器を評価しプロットする関数
def eval_on_features(features, target, regressor):
    # 与えられた特徴量を訓練セットとテストセットに分割
    X_train, X_test = features[:n_train], features[n_train:]
    # ターゲットの配列も分割する
    y_train, y_test = target[:n_train], target[n_train:]
    regressor.fit(X_train, y_train)
    print("Test-set R^2: {:.2f}".format(regressor.score(X_test, y_test)))
    y_pred = regressor.predict(X_test)
    y_pred_train = regressor.predict(X_train)
    plt.figure(figsize=(10, 3))

    plt.xticks(range(0, len(X), 8), xticks.strftime("%a %m-%d"), rotation=90,
               ha="left")

    plt.plot(range(n_train), y_train, label="train")
    plt.plot(range(n_train, len(y_test) + n_train), y_test, '-', label="test")
    plt.plot(range(n_train), y_pred_train, '--', label="prediction train")

    plt.plot(range(n_train, len(y_test) + n_train), y_pred, '--',
             label="prediction test")
    plt.legend(loc=(1.01, 0))
    plt.xlabel("Date")
    plt.ylabel("Rentals")
```

以前見た通り、ランダムフォレストはデータの前処理をほとんど必要としないので、このモデルが最初に扱うモデルとしては良さそうだ。POSIX時間を特徴量Xとし、ランダムフォレスト回帰器とともにeval_on_features関数に与える。結果を**図4-13**に示す。

In[53]:

```
from sklearn.ensemble import RandomForestRegressor
```

```
regressor = RandomForestRegressor(n_estimators=100, random_state=0)
plt.figure()
eval_on_features(X, y, regressor)
```

Out[53]:

```
Test-set R^2: -0.04
```
テストセットのR^2スコア

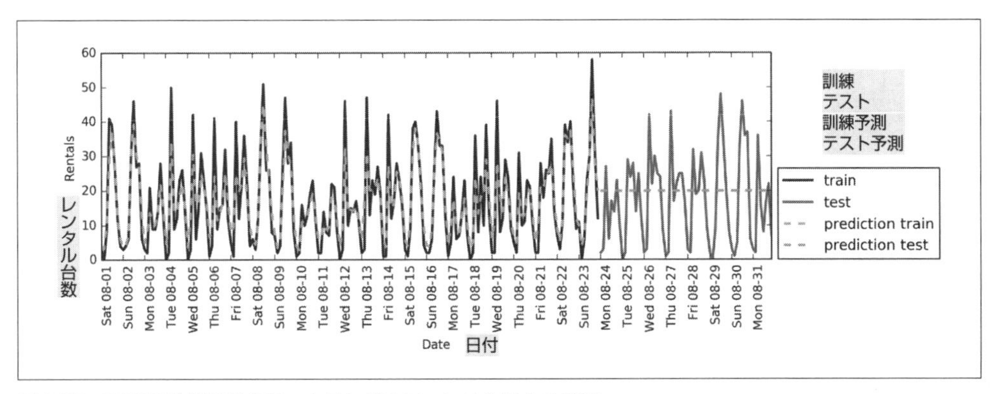

図4-13 POSIX時刻だけを用いたランダムフォレストによる予測

ランダムフォレストではいつものことだが、訓練セットに対する予測は非常に良い。しかし、テストセットに対しては定数の線が予測されてしまっている。R^2は-0.04となっているが、これは何も学習できていないことを意味している。何が起こったのだろうか。

問題は、特徴量とランダムフォレストの組合せにある。テストセットのPOSIX時刻特徴量の値は、訓練セットの特徴量値のレンジを外れている。テストセットのデータポイントのタイムスタンプは、訓練セットのすべてのデータポイントよりも後だからだ。決定木は訓練セットのレンジの外にまで**外挿**(extrapolate)することはできないのだ。この結果はこのモデルが、訓練セットの中で最も近い点、つまり最後に観測した点のターゲット値を予測値として出しているために生じる。

明らかに、もっと何とかできるはずだ。ここで「専門家の知識」が登場する。訓練データのレンタル履歴を見ると、2つの要素がとても重要であることがわかる。1日の中の時間帯と曜日である。したがって、これらの特徴量を加えてみよう。POSIX時刻を見ても何もわからないのでこの特徴量は落とす。まず、1日の中の時刻だけを入れてみよう。**図4-14**を見ると、予測は曜日に関わらず同じパターンを描いていることがわかる。

In[54]:

```
X_hour = citibike.index.hour.to_numpy().reshape(-1, 1)
eval_on_features(X_hour, y, regressor)
```

Out[54]:

```
Test-set R^2: 0.60
```
テストセットのR²スコア

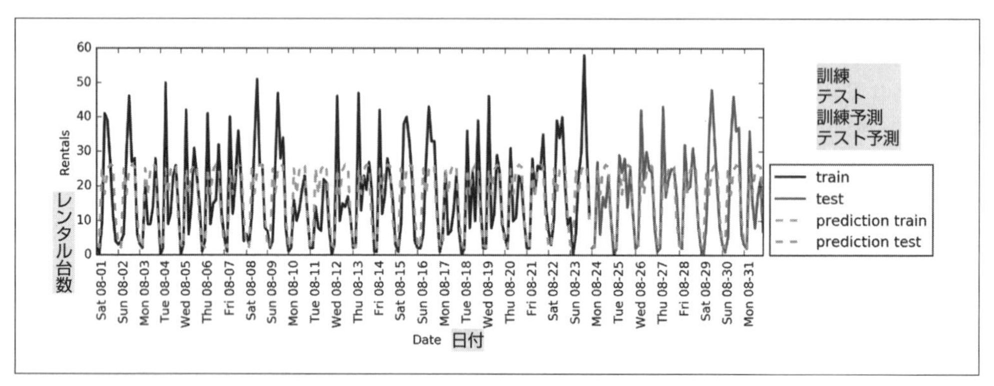

図4-14　1日の中の時刻だけを用いたランダムフォレストによる予測

R^2スコアははるかに良くなっているが、この予測は明らかに1週間周期のパターンを見落としている。そこで、曜日情報を加えてみよう（**図4-15**）。

In[55]:

```
X_hour_week = np.hstack([citibike.index.dayofweek.to_numpy().reshape(-1, 1),
                         citibike.index.hour.to_numpy().reshape(-1, 1)])
eval_on_features(X_hour_week, y, regressor)
```

Out[55]:

```
Test-set R^2: 0.84
```
テストセットのR²スコア

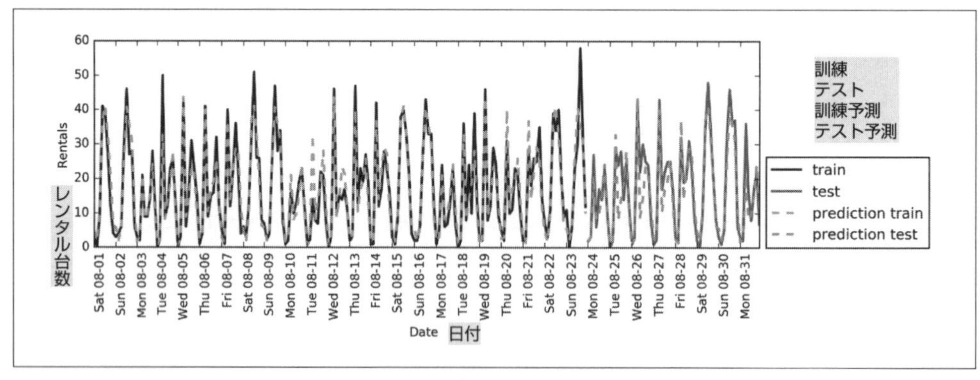

図4-15　1日の中の時刻と曜日を特徴量として用いたランダムフォレストによる予測

曜日と時刻を考慮に入れた周期的な挙動を捉えたモデルができた。R^2スコアは0.84と予測性能も高くなっている。このモデルが学習するのは、8月の最初の23日の曜日と時刻の組合せに対する平均レンタル数である。これにはランダムフォレストのような複雑なモデルは必要ないはずだ。もっと簡単なLinearRegressionで試してみよう（図4-16）。

In[56]:

```
from sklearn.linear_model import LinearRegression
eval_on_features(X_hour_week, y, LinearRegression())
```

Out[56]:

```
Test-set R^2: 0.13
```
テストセットのR^2スコア

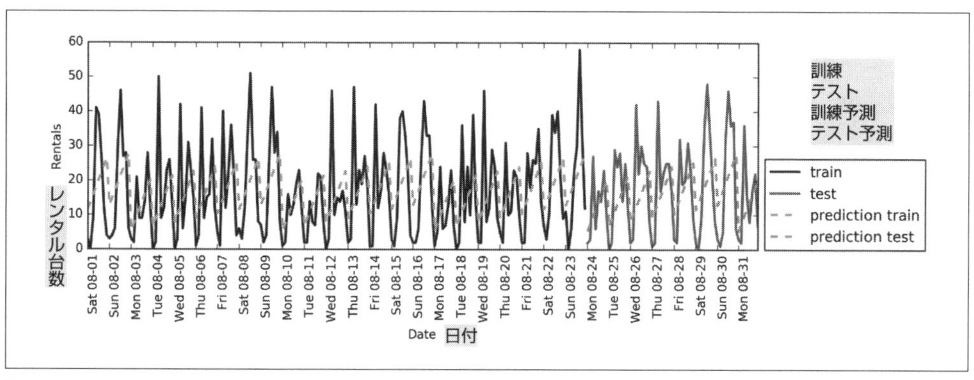

図4-16　1日の中の時刻と曜日を特徴量として用いた線形回帰による予測

LinearRegressionの性能はずっと悪いし、周期パターンも妙だ。これは曜日や時刻が整数でエンコードされていて、連続値として解釈されているからだ。線形モデルは時刻に対する線形関数としてしか学習ができないので、時刻が遅いほどレンタル数が大きくなると学習してしまっている。しかし、実際のパターンははるかに複雑だ。整数をOneHotEncoderを用いて変換することで、カテゴリ変数として解釈すれば、パターンを捉えることができる（図4-17）。

In[57]:

```
enc = OneHotEncoder()
X_hour_week_onehot = enc.fit_transform(X_hour_week).toarray()
```

In[58]:

```
eval_on_features(X_hour_week_onehot, y, Ridge())
```

Out[58]:

```
Test-set R^2: 0.62
```
テストセットのR^2スコア

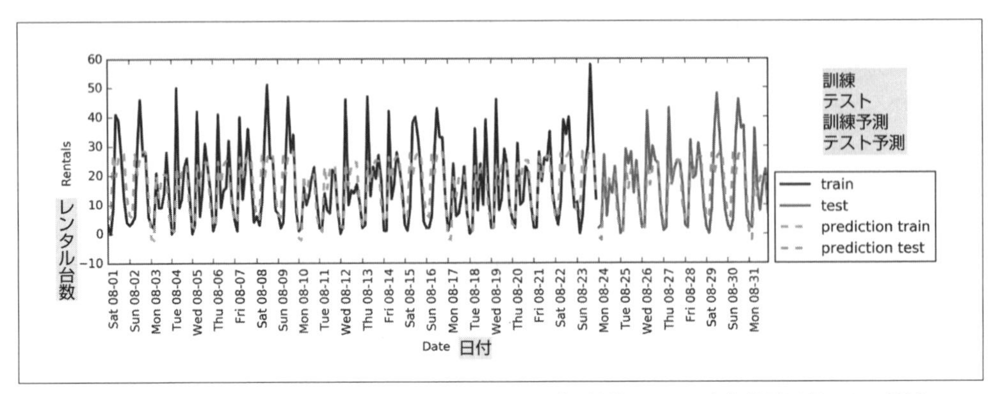

図4-17　1日の中の時刻と曜日をワンホットエンコーディングで特徴量とした変換線形回帰による予測

特徴量を連続値とした場合よりもはるかに良い結果が得られている。ここでは、線形モデルは曜日と時刻に対してそれぞれ係数を学習する。つまり、時刻に対するパターンはすべての曜日に対して同じになる。

ここで交互作用特徴量を用いれば、曜日と時刻の組合せに対して係数を学習させることができる(図4-18参照)。

In[59]:

```
poly_transformer = PolynomialFeatures(degree=2, interaction_only=True,
                                      include_bias=False)
X_hour_week_onehot_poly = poly_transformer.fit_transform(X_hour_week_onehot)
lr = Ridge()
eval_on_features(X_hour_week_onehot_poly, y, lr)
```

Out[59]:

```
Test-set R^2: 0.85
```
テストセットのR^2スコア

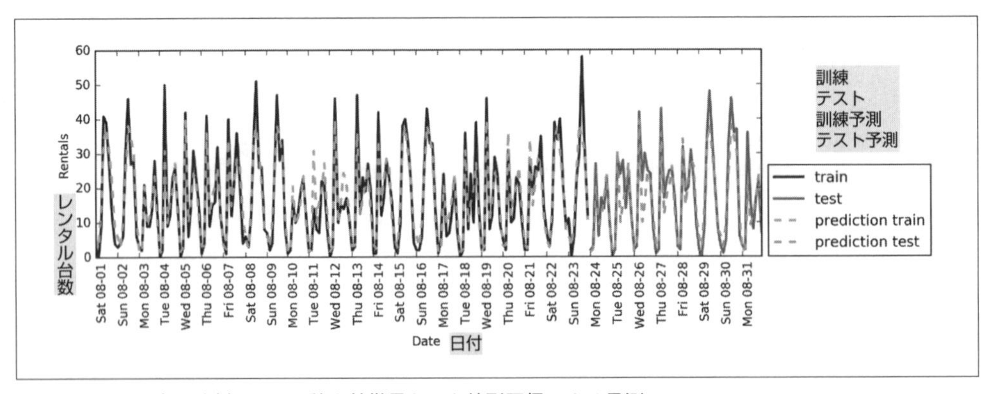

図4-18　1日の中の時刻と曜日の積を特徴量とした線形回帰による予測

この変換によって、ようやくランダムフォレストと同等の性能になった。このモデルの長所は何を学習したのかが非常に明確であることだ。曜日と時刻の組合せに対して係数が1つずつだからだ。このモデルで学習した係数をプロットしてみることができる。これはランダムフォレストではできない。

まず時刻と曜日の特徴量に名前を付ける。

In[60]:

```
hour = ["%02d:00" % i for i in range(0, 24, 3)]
day = ["Mon", "Tue", "Wed", "Thu", "Fri", "Sat", "Sun"]
features =  day + hour
```

PolynomialFeaturesで抽出した交互作用特徴量に対して名前を付ける。これにはget_feature_names_outメソッドを用いる。さらに、係数が非ゼロの特徴量だけを残す。

In[61]:

```
features_poly = poly_transformer.get_feature_names_out(features)
features_nonzero = np.array(features_poly)[lr.coef_ != 0]
coef_nonzero = lr.coef_[lr.coef_ != 0]
```

線形モデルで学習された係数を可視化したものを図4-19に示す。

In[62]:

```
plt.figure(figsize=(15, 2))
plt.plot(coef_nonzero, 'o')
plt.xticks(np.arange(len(coef_nonzero)), features_nonzero, rotation=90)
plt.xlabel("Feature name")
plt.ylabel("Feature magnitude")
```

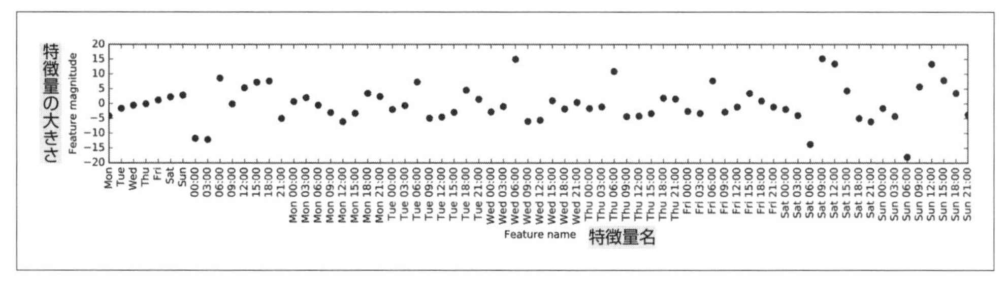

図4-19　時刻と曜日の積を用いた線形回帰モデルの係数

4.7 まとめと展望

本章では、さまざまなデータタイプ（特にカテゴリ特徴量）の扱い方を述べ、カテゴリ変数に対するワンホットエンコーディングなどの機械学習アルゴリズムに適したデータ表現の重要性を強調して議論した。新しい特徴量を作ることの重要性についても述べ、専門家の知識を用いてデータから特徴量を作る可能性について説明した。特に、線形モデルはビニングや多項式特徴量や交互作用特徴量の追加の恩恵を受けやすい。より複雑で非線形なモデル、例えばランダムフォレストやSVMは、明示的に特徴量空間を拡張することなくより複雑なタスクを学習することができる。実際に機械学習を応用する上では、どのような特徴量を用いるか、さらにどの特徴量とどの機械学習手法を組み合わせて用いるかが、機械学習応用がうまくいくかどうかを決定する最も重要な要素である。

タスクに対するデータの適切な表現と適切なアルゴリズム選択については理解できたと思うので、次の章では機械学習モデルの性能評価と正しいパラメータ設定について見ていこう。

5章
モデルの評価と改良

ここまでで、教師あり学習と教師なし学習の基本を学び、さまざまな機械学習アルゴリズムを見てきた。次は、モデルの評価とパラメータの選択について詳しく見ていこう。

ここでは、回帰とクラス分類の教師あり学習に焦点を当てる。教師なし学習での評価やモデルの選択は、(「**3章　教師なし学習と前処理**」でも見たように)定性的になってしまうからだ。

これまで、教師あり学習モデルを評価するには、`train_test_split`関数を使ってデータセットを訓練セットとテストセットに分割し、訓練セットに対して`fit`メソッドを呼び出してモデルを構築し、テストセットに対して`score`メソッドを呼び出して評価してきた。`score`メソッドはクラス分類に関しては正しくクラス分類されたサンプルの割合を計算する。このプロセスの例を見てみよう。

In[1]:

```
from sklearn.datasets import make_blobs
from sklearn.linear_model import LogisticRegression
from sklearn.model_selection import train_test_split

# 合成データセットの生成
X, y = make_blobs(random_state=0)
# dataトラベルを訓練セットとテストセットに分割
X_train, X_test, y_train, y_test = train_test_split(X, y, random_state=0)
# モデルのインスタンスを生成し、訓練データで学習
logreg = LogisticRegression().fit(X_train, y_train)
# テストセットでモデルを評価
print("Test set score: {:.2f}".format(logreg.score(X_test, y_test)))
```

Out[1]:

```
Test set score: 0.88 テストセットのスコア
```

データを訓練セットとテストセットに分割するのは、新しく見たことのないデータに対するモデルの**汎化性能**を計測するためだということを思い出そう。訓練セットに対する適合度には興味がなく、

訓練中には見ていないデータに対する予測の精度を見たいのだ。

本章では、この評価の2つの側面について深めていく。まず、より頑健な汎化性能評価手法である交差検証（cross-validation）を導入する。さらに、クラス分類性能と回帰性能を評価する手法についても、scoreメソッドで提供されるデフォルトのR^2よりもよい方法を議論する。

さらに、教師あり学習モデルに対して、汎化性能が最大になるように効率的にパラメータを調整する手法であるグリッドサーチについても述べる。

5.1 交差検証

交差検証（cross-validation）は汎化性能を評価する統計的手法で、ただ訓練セットとテストセットに分割する方法と比べて、より安定で徹底した手法である。交差検証では、データの分割を何度も繰り返して行い、複数のモデルを訓練する。最もよく用いられる交差検証手法は**k分割交差検証**（k-fold cross-validation）である。kはユーザが定める数で、多くの場合は5から10程度である。5分割の交差検証を行う場合、まずデータを5つの（おおよそ）同じサイズに分割する。これを**分割**（fold）と呼ぶ。次に一連のモデルを訓練する。最初のモデルは最初の分割をテストセットとして使い、残りの分割（2–5）を訓練セットに使う。つまり、分割2–5を使ってモデルを構築し、分割1で精度を評価する。次のモデルは、分割2をテストセットとし、分割1, 3, 4, 5を訓練セットとして使う。この過程を分割3, 4, 5をテストセットとして繰り返す。そして、それぞれの訓練セットとデータセットへの**分割結果**（split）に対して精度を計算する。すると、最終的に5つの精度が手に入る。この様子を**図5-1**に示す。

In[2]:

```
mglearn.plots.plot_cross_validation()
```

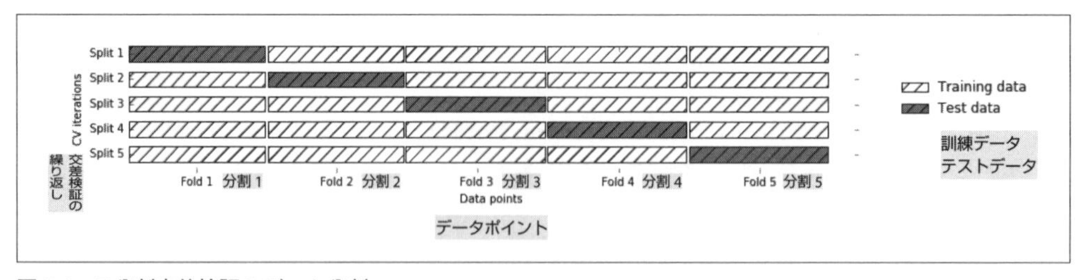

図5-1　5分割交差検証のデータ分割

多くの場合、データの最初の1/5を分割1に、2つ目の1/5を分割2に、というように先頭から分割していく。

5.1.1 scikit-learnでの交差検証

交差検証はscikit-learnではmodel_selectionモジュールのcross_val_score関数として実装されている。この関数のパラメータは評価したいモデルと、訓練データと、正解データラベルである。irisデータセットをLogisticRegressionで評価してみよう。

In[3]:

```
from sklearn.model_selection import cross_val_score
from sklearn.datasets import load_iris
from sklearn.linear_model import LogisticRegression

iris = load_iris()
logreg = LogisticRegression()

scores = cross_val_score(logreg, iris.data, iris.target)
print("Cross-validation scores: {}".format(scores))
```

Out[3]:

```
Cross-validation scores: [ 0.961  0.922  0.958]
```
交差検証スコア

cross_val_scoreは、デフォルトで3分割交差検証を行い、3つの精度を返す。パラメータcvで分割数を変更することができる。

In[4]:

```
scores = cross_val_score(logreg, iris.data, iris.target, cv=5)
print("Cross-validation scores: {}".format(scores))
```

Out[4]:

```
Cross-validation scores: [ 1.     0.967  0.933  0.9    1.    ]
```
交差検証スコア

交差検証の精度をまとめるには、一般に平均値を用いる。

In[5]:

```
print("Average cross-validation score: {:.2f}".format(scores.mean()))
```

Out[5]:

```
Average cross-validation score: 0.96
```
交差検証スコアの平均

この交差検証平均値をもって、このモデルは平均でおよそ96%の割合で正しいだろうと結論することができる。5分割交差検証の結果の5つの精度を見ると、90%から100%と、分割間で精度のバラ付きが比較的大きいことがわかる。このことは、このモデルは訓練に用いられた特定の分割に強く依存していることを示唆するが、データセットのサイズがただ小さすぎるせいなのかもしれない。

5.1.2 交差検証の利点

交差検証には、訓練セットとテストセットをただ分割するよりも良い点がいくつかある。まず、train_test_splitがランダムにデータを分割することを思い出そう。「幸運にも」、ランダムにデータを分割する際に、クラス分類が難しいデータがすべて訓練セットに入り、テストセットには簡単なデータしか入らなかったとすると、テストセットに対する精度はありえないほど高くなってしまう。逆に「不幸にして」、クラス分類が大変な例がすべてテストセットに入ってしまうと、やはりありえないほど低いスコアになってしまう。交差検証を使えば、すべてのデータが正確に1度だけテストに用いられる。個々のサンプル点はいずれかの分割に属しており、個々の分割は1度だけテストに用いられるからだ。したがって、モデルはデータセットのすべてのサンプルに対して良い汎化性能を示さなければ、交差検証スコアとその平均を高くすることができない。

データを多数に分割すると、モデルの訓練データセットに対する敏感さを知ることができる。irisデータセットでは精度が90%から100%まで変動した。これはかなり大きい変動だが、これを見ることで、このモデルが最悪の場合と最良の場合にどの程度の性能を示すかがわかる。

交差検証のもう1つの利点は、データを単純に分割する場合と比較して、データをより効率的に使えるということである。train_test_splitを用いると、通常75%のデータを訓練に用い、25%を評価に用いる。5分割交差検証の場合には、それぞれの回で4/5（80%）のデータを訓練に用いる。10分割交差検証の場合には9/10（90%）を訓練に用いる。データが多ければ多いほど、モデルは正確になる。

交差検証の最大の問題点は計算コストである。k個のモデルを訓練するため、単純な分割の場合に比べておよそk倍遅くなる。

交差検証は新しいデータに適用するためのモデルを作る方法ではないということに注意しておこう。交差検証はモデルを返さない。cross_val_scoreを呼び出すと内部的には複数のモデルが構築されるが、交差検証の目的は、与えられたアルゴリズムが特定のデータセットに対してどの程度汎化できるかを評価することだけにある。

5.1.3 層化k分割交差検証と他の戦略

データセットをk個に分割する際に、前節で述べたデータセットの先頭から$1/k$を取る方法は、いつもうまくいくとは限らない。例として、irisデータセットを見てみよう。

In[6]:

```
from sklearn.datasets import load_iris
```

```
iris = load_iris()
print("Iris labels:\n{}".format(iris.target))
```

Out[6]:

```
Iris labels:
[0 0 0 0 0 0 0 0 0 0 0 0 0 0 0 0 0 0 0 0 0 0 0 0 0 0 0 0 0 0 0 0 0 0 0 0 0
 0 0 0 0 0 0 0 0 0 0 0 0 0 1 1 1 1 1 1 1 1 1 1 1 1 1 1 1 1 1 1 1 1 1 1 1 1
 1 1 1 1 1 1 1 1 1 1 1 1 1 1 1 1 1 1 1 1 1 1 1 1 1 1 2 2 2 2 2 2 2 2 2 2 2
 2 2 2 2 2 2 2 2 2 2 2 2 2 2 2 2 2 2 2 2 2 2 2 2 2 2 2 2 2 2 2 2 2 2 2 2 2
 2 2]
```

明らかに、データの最初の1/3はクラス0、次の1/3はクラス1、最後の1/3はクラス2となっている。これを3分割交差検証にかけたらどうなるだろうか？最初の分割にはクラス0しかないので、最初のテストでは、テストセットにはクラス0だけ、訓練セットにはクラス1と2しか入っていないことになる。このように訓練セットとテストセットに含まれるクラスがすべて異なることになるので、このデータセットに対する3分割交差検証の精度は0になってしまうだろう。これはあまり良くない。実際にはもっと精度が出せるのだから。

単純なk分割交差検証ではうまくいかないので、クラス分類器に関しては`scikit-learn`はこの方法を用いず、**層化k分割交差検証**（stratified k-fold cross-validation）を用いる。層化交差検証では、各分割内でのクラスの比率が全体の比率と同じになるように分割する。この様子を**図5-2**に示す。

In[7]:

```
mglearn.plots.plot_stratified_cross_validation()
```

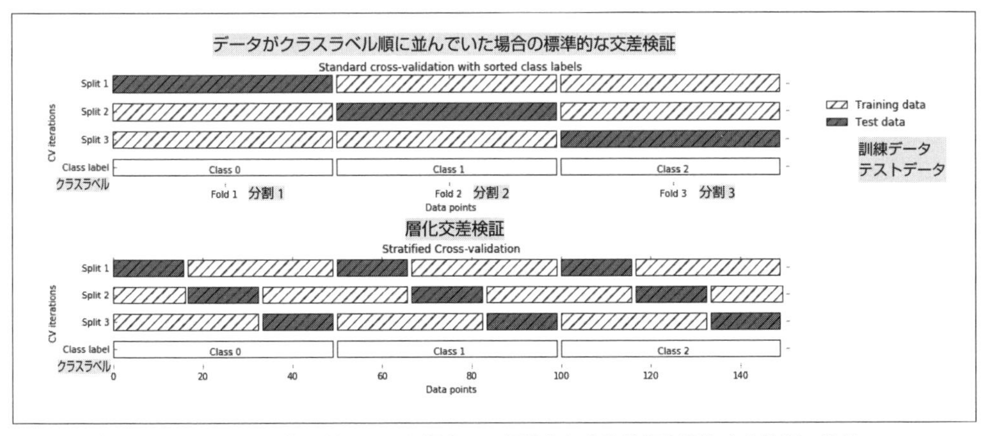

図5-2 データがクラスラベル順に並んでいた場合の、標準的な交差検証と層化交差検証の比較

例えば、サンプルのうち90%がクラスAで10%がクラスBだった場合、層化交差検証では個々の

分割の90%がクラスAで10%がクラスBになるように分割を行う。

一般に、クラス分類器を評価するには、単純なk分割交差検証ではなく層化k分割交差検証を使った方がよい。こちらの方がより信頼できる汎化性能の推定ができるからだ。サンプルの10%しかクラスBがない場合、標準的なk分割交差検証では1つの分割にクラスAしか入っていない、ということが簡単に起こる。この分割をテストセットとして使っても、クラス分類器の全体としての性能を評価する上であまり有用な情報は得られない。

回帰に関しては、scikit-learnは標準的なk分割交差検証をデフォルトで用いる。個々の分割が回帰ターゲットの分布を反映するようにすることもできるだろうが、そのようにすることはあまりない。そうすると多くのユーザを驚かせることになるだろう。

5.1.3.1　交差検証のより詳細な制御

先ほど、cross_val_scoreのcvパラメータを用いて分割数を調整できることを説明した。実は、scikit-learnでは、cvパラメータに**交差検証分割器**（cross-validation splitter）を与えることでデータの分割方法をより詳細に制御することができる。ほとんどの場合は、回帰にはk分割交差検証、クラス分類には層化k分割交差検証というデフォルトの動作でうまくいく。しかし、別の戦略を取りたくなることもあるだろう。例えば、誰か別の人が実行した結果を再現するために、クラス分類にk分割交差検証を使わなければならないこともあるだろう。これを行うには、まずmodel_selectionモジュールからKFold分割器クラスをインポートし、分割数を与えてインスタンスを生成する。

In[8]:

```
from sklearn.model_selection import KFold
kfold = KFold(n_splits=5)
```

次に、kfold分割器オブジェクトを、cross_val_scoreにcvパラメータとして渡す。

In[9]:

```
print("Cross-validation scores:\n{}".format(
      cross_val_score(logreg, iris.data, iris.target, cv=kfold)))
```

Out[9]:

```
Cross-validation scores:
[ 1.     0.933  0.433  0.967  0.433]
```

これで、3分割の層化されていない交差検証をirisデータセットに使うとひどいことになることを確認してみよう。

In[10]:

```
kfold = KFold(n_splits=3)
```

```
print("Cross-validation scores:\n{}".format(
    cross_val_score(logreg, iris.data, iris.target, cv=kfold)))
```

Out[10]:

```
Cross-validation scores:
[ 0.  0.  0.]
```

個々の分割がirisデータセットの個々のクラスに対応しているので、何も学習することができなかったのだ。この問題を解決するもう1つの方法として、層化して分割する代わりに、データをシャッフルしてサンプルがラベル順に並ばないようにする方法も考えられる。これには、KFoldのshuffleパラメータをTrueにセットすればよい。データをシャッフルする場合には、random_stateも設定して、シャッフルの結果が再現可能になるようにしたほうがよいだろう。そうしないと、cross_val_scoreを実行するたびに、分割の仕方が変わってしまうので、結果も変わってしまう（これは問題ではないかもしれないが、驚いてしまうだろう）。分割前にデータをシャッフルするとはるかに良い結果が得られる。

In[11]:

```
kfold = KFold(n_splits=3, shuffle=True, random_state=0)
print("Cross-validation scores:\n{}".format(
    cross_val_score(logreg, iris.data, iris.target, cv=kfold)))
```

Out[11]:

```
Cross-validation scores:
[ 0.9   0.96  0.96]
```

5.1.3.2 1つ抜き交差検証

別のよく用いられる交差検証手法として**1つ抜き交差検証**（leave-one-out）がある。1つ抜き交差検証は、k分割交差検証の個々の分割が1サンプルしかないものだと考えることができる。毎回、テストセット中の1サンプルだけをテストセットとして検証するのだ。これの手法は、特に大規模データセットに対しては非常に時間がかかるが、小さいデータセットに関しては、より良い推定が可能になる。

In[12]:

```
from sklearn.model_selection import LeaveOneOut
loo = LeaveOneOut()
scores = cross_val_score(logreg, iris.data, iris.target, cv=loo)
print("Number of cv iterations: ", len(scores))
print("Mean accuracy: {:.2f}".format(scores.mean()))
```

Out[12]:

```
Number of cv iterations:  150
Mean accuracy: 0.95
```

5.1.3.3 シャッフル分割交差検証

シャッフル分割交差検証（shuffle-split cross-validation）という非常に柔軟な交差検証手法もある。この手法では、毎回train_size個の点を選び出して訓練セットとし、test_size個の（訓練セットとは重複しない）点を選び出してテストセットとする。これをn_iter回繰り返す。**図5-3**に10点からなるデータセットを訓練セットサイズ5、テストセットサイズ2で、4回分割した例を示す。サイズの指定には整数で個数を指定することもできるし、浮動小数点数を指定して、データセット全体に対する割合を指定することもできる。

In[13]:

```
mglearn.plots.plot_shuffle_split()
```

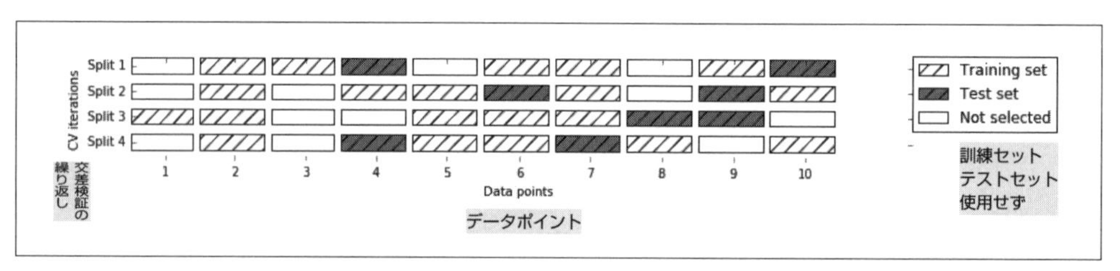

図5-3　10点に対するtrain_size=5, test_size=2, n_iter=4でのShuffleSplit

下のコードは、データセットの50%を訓練セットに、50%をテストセットにして10回分割を繰り返す例である。

In[14]:

```
from sklearn.model_selection import ShuffleSplit
shuffle_split = ShuffleSplit(test_size=.5, train_size=.5, n_splits=10)
scores = cross_val_score(logreg, iris.data, iris.target, cv=shuffle_split)
print("Cross-validation scores:\n{}".format(scores))
```

Out[14]:

```
Cross-validation scores: 交差検証スコア
[ 0.96   0.907  0.947  0.96   0.96   0.907  0.893  0.907  0.92   0.973]
```

シャッフル分割交差検証を用いると、訓練セットとテストセットのサイズとは独立に繰り返し回数を制御できる。これが役に立つ場合も多い。また、train_sizeとtest_sizeの和が1にならないように設定することで、データの一部だけを用いるようにすることもできる。これをサブサンプリングと呼び、データセットが大きい場合に有用である。

ShuffleSplitにも層化バージョンがあり、StratifiedShuffleSplitというそのままの名前がついている。これを用いると、クラス分類タスクにおいてはより信頼できる結果を得られる。

5.1.3.4 グループ付き交差検証

データセットの中に、密接に関係するグループがある場合に用いられる交差検証の設定がある。例えば、顔画像から感情を認識するシステムを作るために、100人の人がさまざまな感情を表している顔画像を集めたとしよう。クラス分類器の目標は、データセットに属していない人の感情を正確に予測することである。このクラス分類器の性能を評価するのに、層化交差検証を使うこともできる。しかしそうすると、同じ人が訓練セットにもテストセットにも含まれてしまうことになる。クラス分類器にとっては、訓練セットに存在する人の感情を予測するのは、まったく見たことのない顔の感情を予測するよりも、ずっと簡単なはずだ。したがって、新しい顔に対する汎化性能を正確に評価するには、訓練セットとテストセットに含まれている人が重ならないようにする必要がある。

これを実現するには、GroupKFoldを用いればよい。この関数は引数としてgroupsという配列を取る。この配列には画像に写っている人を指定する。ここでは、groups配列はデータに含まれる、訓練セットとテストセットを分離する際に分割してはならないグループを示す。クラスラベルとは違うことに注意しよう。

グループの例は、医用アプリケーションでよく見られる。同じ患者から得られた複数のサンプルがあるが、興味があるのは新しい患者に対する汎化性能だ。同様に発話認識では、同じ話者による録音がデータセットに複数回含まれている場合に、新しい話者の発話を認識したいというケースがあるだろう。

次に示す例では、合成データセットに対してgroups配列を与えてグループ分けしている。データセットには12個のデータポイントが含まれていて、個々のデータポイントに対して、groups配列がそのデータポイントが属すべきグループを指定している。ここでは、groups配列は4つのグループを指定している。最初の3つのサンプルは第1グループに、次の4サンプルは第2グループに、というように。

In[15]:

```
from sklearn.model_selection import GroupKFold
# 合成データセットを生成
X, y = make_blobs(n_samples=12, random_state=0)
# 最初の3サンプルが同じグループに、次の4つが同じグループに、
# というようにする
groups = [0, 0, 0, 1, 1, 1, 1, 2, 2, 3, 3, 3]
scores = cross_val_score(logreg, X, y, groups, cv=GroupKFold(n_splits=3))
print("Cross-validation scores:\n{}".format(scores))
```

Out[15]:

```
Cross-validation scores: 交差検証スコア
[ 0.75    0.8     0.667]
```

サンプルはグループごとに並んでいなくてもよい。ここでそうしているのはわかりやすくするためだ。ラベルに基づいて計算された分割を**図5-4**に示す。これからわかるように、個々のグループは完全に訓練セットに入っているか、完全にテストセットに入っているかのどちらかになる。

In[16]:

```
mglearn.plots.plot_group_kfold()
```

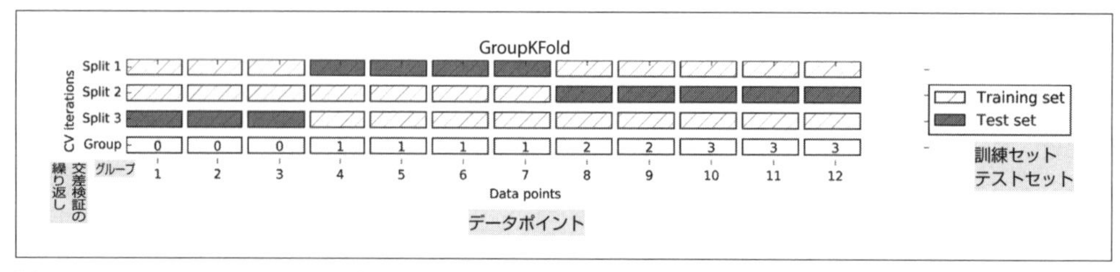

図5-4　GroupKFoldによるラベル依存の分割

scikit-learnには、さまざまなユースケースに対応するために、これまでに紹介したもの以外にも、さまざまな交差検証の分割手法が実装されている（詳しくはscikit-learnのユーザガイドhttp://scikit-learn.org/stable/modules/cross_validation.htmlを参照）。しかし、多くの場合には標準の KFold、StratifiedKFold、GroupKFoldを用いればよい。

5.2　グリッドサーチ

モデルの汎化性能を評価する方法がわかったところで次のステップに進み、パラメータをチューニングしてモデルの汎化性能を向上させる方法を見てみよう。「**2章　教師あり学習**」と「**3章　教師なし学習と前処理**」で、scikit-learnの持つさまざまなアルゴリズムのパラメータ設定について説明し、パラメータを調整する前にパラメータの意味を理解することが重要だということを述べた。モデルの重要なパラメータに対して最良の汎化性能を与える設定を見つけるのは難しい仕事だが、すべてのモデル、すべてのデータセットに対して行わなければならない。これは非常に一般的なタスクなので、scikit-learnにはこれを支援するための標準的な方法が実装されている。最もよく用いられる方法は、**グリッドサーチ**（grid search）である。これは基本的にはパラメータのすべての組合せに対して試してみる方法だ。

RBF（radial basis function）を用いたカーネル法を用いたSVMを例にとって考えてみよう。この手法はSVC クラスで実装されている。「**2章　教師あり学習**」で説明した通り、この手法には2つの重要なパラメータがある。カーネルのバンド幅を表すgammaと、正則化パラメータCである。Cとgammaに対して、それぞれ0.001、0.01、0.1、1、10、100を試してみることにしよう。Cとgammaに対してそれぞれ6つの値があるわけだから、パラメータの組合せが全部で36あることになる。SVMのパラメータ設定の組合せは次に示すような表（もしくはグリッド）になる。

	C = 0.001	C = 0.01	...	C = 10
gamma=0.001	SVC(C=0.001, gamma=0.001)	SVC(C=0.01, gamma=0.001)	...	SVC(C=10, gamma=0.001)
gamma=0.01	SVC(C=0.001, gamma=0.01)	SVC(C=0.01, gamma=0.01)	...	SVC(C=10, gamma=0.01)
...	...	...	...	...
gamma=100	SVC(C=0.001, gamma=100)	SVC(C=0.01, gamma=100)	...	SVC(C=10, gamma=100)

5.2.1 単純なグリッドサーチ

単純なグリッドサーチは、2つのパラメータに対するただのforループで実装することができる。ループの中で、それぞれのパラメータの組合せに対してクラス分類器を訓練して評価するだけだ。

In[17]:

```
# ナイーブなグリッドサーチの実装
from sklearn.svm import SVC
X_train, X_test, y_train, y_test = train_test_split(
    iris.data, iris.target, random_state=0)
print("Size of training set: {}   size of test set: {}".format(
      X_train.shape[0], X_test.shape[0]))

best_score = 0

for gamma in [0.001, 0.01, 0.1, 1, 10, 100]:
    for C in [0.001, 0.01, 0.1, 1, 10, 100]:
        # それぞれのパラメータの組合せに対してSVCを訓練
        svm = SVC(gamma=gamma, C=C)
        svm.fit(X_train, y_train)
        # SVCをテストセットで評価
        score = svm.score(X_test, y_test)
        # 良いスコアだったらスコアとパラメータを保存
        if score > best_score:
            best_score = score
            best_parameters = {'C': C, 'gamma': gamma}

print("Best score: {:.2f}".format(best_score))
print("Best parameters: {}".format(best_parameters))
```

Out[17]:

```
Size of training set: 112   size of test set: 38   訓練セットのサイズ　テストセットのサイズ
Best score: 0.97                                     最良のスコア
Best parameters: {'C': 100, 'gamma': 0.001}          最良のパラメータ
```

5.2.2 パラメータの過剰適合の危険性と検証セット

この結果を見ると、このデータセットに対して97%の精度を持つモデルを見つけた、と言いたくなる。しかし、そのような主張は楽観的にすぎる（もしくはただ間違っている）。その理由は以下の通りだ。さまざまなパラメータを試してそのテストセットに対して最も良い精度が出るものを選んだ。しかし、この精度は必ずしも新しいデータにも当てはまるわけではない。テストデータをパラメータのチューニングに使ってしまったので、このテストデータをモデルの精度を評価するのには使えないのだ。これは、データを訓練データとテストセットに分割した理由と同じで、モデルの評価のためには、モデルの構築には用いていない、独立したデータセットが必要なのだ。

この問題を解決する方法の1つは、データをもう一度分割し、3つのセットにする方法だ。モデルを構築する訓練セット、モデルのパラメータを選択するために用いる検証セット（開発セット）、そして選択したパラメータの性能を評価するためのテストセットの3つだ。**図5-5**にこの様子を示す。

In[18]:

```
mglearn.plots.plot_threefold_split()
```

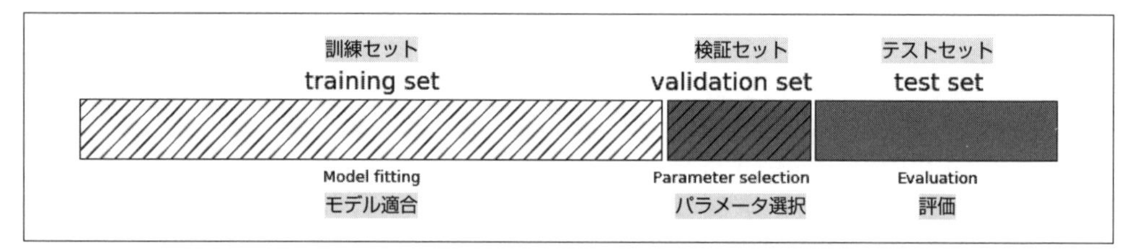

図5-5　データを訓練セット、検証セット、テストセットに3分割

検証セットを用いて最良のパラメータを選択したら、そのパラメータを用いてモデルを再構築する。この際に、訓練データだけでなく検証データも用いる。こうすると、可能な限りデータを有効に利用してモデルを構築することができる。実装はこのようになる。

In[19]:

```
from sklearn.svm import SVC
# データを訓練+検証セットとテストセットに分割する
X_trainval, X_test, y_trainval, y_test = train_test_split(
    iris.data, iris.target, random_state=0)
# 訓練+検証セットを訓練セットと検証セットに分割する
```

```
X_train, X_valid, y_train, y_valid = train_test_split(
    X_trainval, y_trainval, random_state=1)
print("Size of training set: {}   size of validation set: {}   size of test set:"
      " {}\n".format(X_train.shape[0], X_valid.shape[0], X_test.shape[0]))

best_score = 0

for gamma in [0.001, 0.01, 0.1, 1, 10, 100]:
    for C in [0.001, 0.01, 0.1, 1, 10, 100]:
        # それぞれのパラメータの組合せに対してSVCを訓練する
        svm = SVC(gamma=gamma, C=C)
        svm.fit(X_train, y_train)
        # SVCを検証セットで評価
        score = svm.score(X_valid, y_valid)
        # 良いスコアだったらスコアとパラメータを保存
        if score > best_score:
            best_score = score
            best_parameters = {'C': C, 'gamma': gamma}

# 訓練セットと検証セットを用いてモデルを再構築し、
# テストセットで評価
svm = SVC(**best_parameters)
svm.fit(X_trainval, y_trainval)
test_score = svm.score(X_test, y_test)
print("Best score on validation set: {:.2f}".format(best_score))
print("Best parameters: ", best_parameters)
print("Test set score with best parameters: {:.2f}".format(test_score))
```

Out[19]:

訓練セットのサイズ　検証セットのサイズ　テストセットのサイズ

```
Size of training set: 84   size of validation set: 28   size of test set: 38

Best score on validation set: 0.96
Best parameters:  {'C': 10, 'gamma': 0.001}
Test set score with best parameters: 0.92
```

検証セットに対する最良のスコア

最良のパラメータ

最良のパラメータを用いたテストセットに対するスコア

検証セットに対するベストスコアは96%で、先ほどよりも若干低くなっている。これはおそらく、モデルの訓練に使えるデータ量が減ったせいだろう（データセットを2回分割したので`X_train`が小さくなっている)。しかし、テストセットに対するスコア、つまり汎化性能を実際に示すスコアは、さらに低く92%となっている。したがって、新しいデータに対する精度として主張できるのは、97%ではなく92%だということになる。

訓練セット、検証セット、テストセットを区別することは機械学習を実運用する上で根本的に重要なことである。テストセットの精度に基づいて何らかの選択をすることは、テストセットからモデルへ情報が「漏洩」することになる。したがって、テストセットを分離しておき、最後の評価にだけ用いるようにしなければならないのだ。すべての探索的な解析とモデル選択を訓練セットと検証セットだけで行い、テストセットは最後の評価にとっておくとよいだろう。探査的可視化だけの場合でもこれは重要だ。厳密に言えば、テストセットで2つ以上のモデルで評価して良いほうを選ぶだけでも、モデルの精度を楽観的に見積もりすぎることになる。

5.2.3 交差検証を用いたグリッドサーチ

上で示したように、データを訓練セットと検証セットとテストセットに分割する方法は有用だし、比較的一般に用いられてもいるが、データの実際の分割され方によって性能が大きく変動する。上の例でも、GridSearchCVは'C': 10, 'gamma': 0.001を最良のパラメータとして選択したが、前節のコードでは'C': 100, 'gamma': 0.001が最良となっていた。汎化性能をより良く見積もるためには、訓練セットと検証セットの分割を1度だけ行うのではなく、それぞれのパラメータの組合せに対して交差検証を行えばよい。この方法は次のようなコードで実装できる。

In[20]:

```
for gamma in [0.001, 0.01, 0.1, 1, 10, 100]:
    for C in [0.001, 0.01, 0.1, 1, 10, 100]:
        # それぞれのパラメータの組合せに対して
        # SVCを訓練する
        svm = SVC(gamma=gamma, C=C)
        # 交差検証を行う
        scores = cross_val_score(svm, X_trainval, y_trainval, cv=5)
        # 交差検証精度の平均値を計算する
        score = np.mean(scores)
        # 良いスコアが出たら、スコアとパラメータを記録する
        if score > best_score:
            best_score = score
            best_parameters = {'C': C, 'gamma': gamma}
# 訓練セットと検証セットを合わせて、モデルを再構築する
svm = SVC(**best_parameters)
svm.fit(X_trainval, y_trainval)
```

Cとgammaの特定の組合せに対して5分割交差検証を行ってSVMの精度を評価するには、$36 \times 5 = 180$通りのモデルを訓練する必要がある。想像がつくと思うが、これらのモデルをすべて訓練するために非常に長い時間がかかる。これは交差検証を用いる方法の最大の問題点である。

図5-6は、上に示したコードで最良のパラメータ設定が選択される様子を示している*1。

In[21]:

```
mglearn.plots.plot_cross_val_selection()
```

---

*1 訳注：このコードはmglearnのバグで動作しない場合がある。その場合はmglearn/plot_grid_search.pyを修正する必要がある。38行目のin grid_search.cv_results_['params']],をin results['params']],に変更する。詳しくはサポートページを参照してほしい。

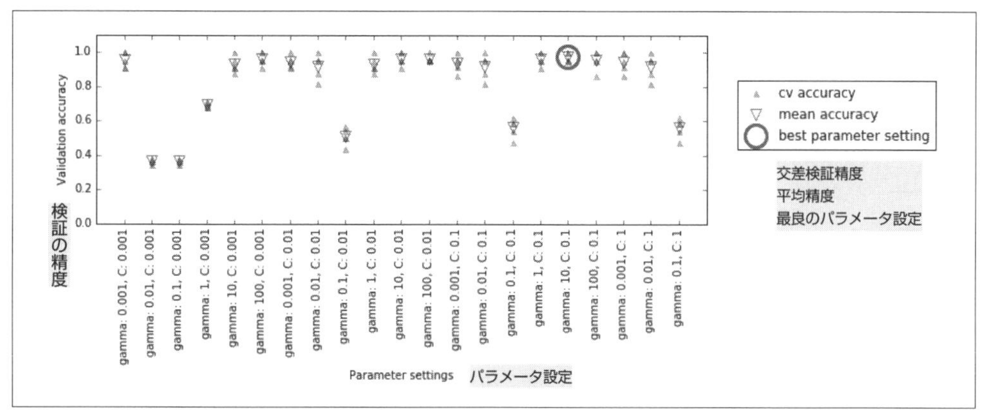

図5-6　交差検証を用いたグリッドサーチの結果

個々のパラメータ設定に対して（一部しか表示していない）交差検証の5つの分割に対して5つの精度値が計算される。次に個々のパラメータ設定に対して検証精度の平均値を計算する。この中から、検証精度の平均値が最も大きいパラメータセット（丸でマークされている）を選択する。

前述の通り、交差検証は所与のアルゴリズムを特定のデータセットに対して評価を行う方法である。しかし、交差検証はグリッドサーチのようなパラメータ検索方法とともに使われることが多い。このため、多くの人が交差検証を用いたグリッドサーチを指して**交差検証**（cross-validation）という言葉を使っている。

図5-7に、データを分割し、グリッドサーチを行い、最後のパラメータを評価する過程を示す。

In[22]:

```
mglearn.plots.plot_grid_search_overview()
```

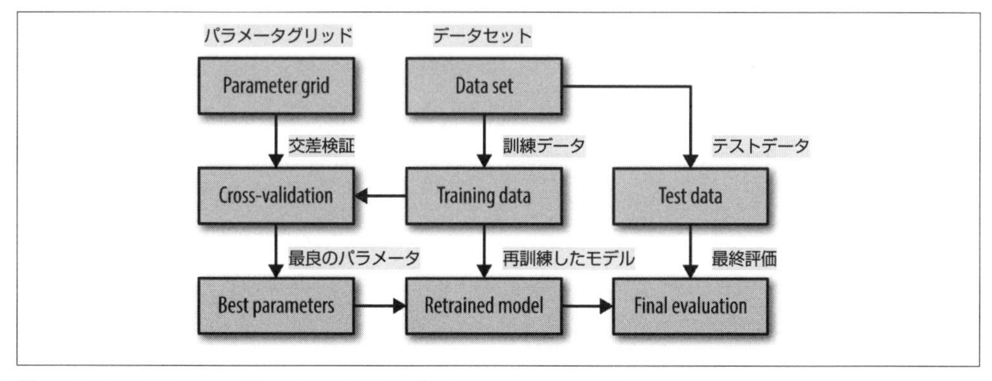

図5-7　GridSearchCVを用いたパラメータ選択とモデル評価の概要

交差検証を用いたグリッドサーチは、非常に一般的にパラメータチューニングに使われるので、scikit-learnはEstimatorの形でこの手法を実装したGridSearchCVクラスを提供している。GridSearchCVクラスを使うには、まずディクショナリを用いて探索したいパラメータを指定する。GridSearchCVは必要に応じてすべてのモデルを学習していく。ディクショナリのキーはチューニングしたパラメータ名で（モデルを構築する際に使用するのと同じものを用いる。この場合はCとgamma）、キーに対応する値には試したい値を与える。Cとgammaに0.001、0.01、0.1、1、10、100を与えるには、次のようにディクショナリを作る。

In[23]:

```
param_grid = {'C': [0.001, 0.01, 0.1, 1, 10, 100],
              'gamma': [0.001, 0.01, 0.1, 1, 10, 100]}
print("Parameter grid:\n{}".format(param_grid))
```

Out[23]:

```
Parameter grid: パラメータグリッド
{'C': [0.001, 0.01, 0.1, 1, 10, 100], 'gamma': [0.001, 0.01, 0.1, 1, 10, 100]}
```

次に、GridSearchCVクラスをモデル（SVC）、サーチすべきパラメータのグリッド（param_grid）、使用したい交差検証戦略（例えば5分割層化交差検証）を指定してインスタンスを生成する。

In[24]:

```
from sklearn.model_selection import GridSearchCV
from sklearn.svm import SVC
grid_search = GridSearchCV(SVC(), param_grid, cv=5)
```

訓練セットと検証セットを分割する代わりに交差検証を行う。しかし、パラメータの過剰適合を防ぐためには、さらに訓練セットとテストセットを分割しておく。

In[25]:

```
X_train, X_test, y_train, y_test = train_test_split(
    iris.data, iris.target, random_state=0)
```

上で作ったgrid_searchオブジェクトは通常のクラス分類器と同じように振る舞う。標準のfitメソッドやpredictメソッド、scoreメソッドを呼ぶことができる[*1]。ただし実際には、fitメソッドを呼ぶだけで、param_gridで指定したパラメータの組合せに対して交差検証が実行される。

＊1 scikit-learnでは他のEstimatorを用いて作られるEstimatorを**メタEstimator**（meta-estimator）と呼ぶ。GridSearchCVは最もよく用いられるメタEstimatorである。後で他のものも紹介する。

In[26]:

```
grid_search.fit(X_train, y_train)
```

GridSearchCVオブジェクトのfitメソッドを呼び出すと、最適なパラメータ設定をサーチするだけでなく、交差検証で最も良いスコアだったパラメータを用いて、自動的に訓練セット全体に対して新しいモデルを学習してくれる。したがって、fitを呼び出した結果は本節の最初に示したIn[21]のコードの結果と同じになる。GridSearchCVクラスで得られたモデルに対しては、predictメソッドとscoreメソッドで簡単にアクセスできる。最適なパラメータの汎化性能を知りたければscoreメソッドをテストセットに対して呼び出せばよい。

In[27]:

```
print("Test set score: {:.2f}".format(grid_search.score(X_test, y_test)))
```

Out[27]:

```
Test set score: 0.97
```

交差検証でパラメータを選択した結果、テストセットに対して実際に97%の精度を示すモデルを見つけることができた。ここで重要なのは、このパラメータを選ぶのに**テストセットを使わなかった**ということだ。見つけたパラメータはbest_params_属性に、交差検証精度（そのパラメータ設定のさまざまな分割に対する平均精度）はbest_score_属性に格納されている。

In[28]:

```
print("Best parameters: {}".format(grid_search.best_params_))
print("Best cross-validation score: {:.2f}".format(grid_search.best_score_))
```

Out[28]:

```
Best parameters: {'C': 100, 'gamma': 0.01}  最良のパラメータ
Best cross-validation score: 0.97           交差検証スコア
```

ここでも、best_score_と、scoreメソッドをテストセットに対して呼び出して得られたモデルの汎化性能との違いに注意しよう。scoreメソッドの結果（もしくはpredictメソッドの出力を評価した結果）は、訓練セット全体を用いて訓練したモデルを用いた結果である。これに対して、best_score_属性に格納されている値は、**訓練セットに対する交差検証**の平均交差検証精度だ。

見つけた実際のモデルにアクセスすることに意味がある場合がある。例えば、係数あるいは特徴量の重要性を見たい場合などだ。最良のパラメータを用いて訓練セット全体を用いて訓練したモデ

ルには、best_estimator_属性を用いてアクセスすることができる。

In[29]:

```
print("Best estimator:\n{}".format(grid_search.best_estimator_))
```

Out[29]:

```
Best estimator:
SVC(C=100, cache_size=200, class_weight=None, coef0=0.0,
   decision_function_shape=None, degree=3, gamma=0.01, kernel='rbf',
   max_iter=-1, probability=False, random_state=None, shrinking=True,
   tol=0.001, verbose=False)
```

grid_searchそのものにも、predictメソッドやscoreメソッドが実装されているので、予測を行ったり評価を行ったりするために、best_estimator_属性を用いる必要はない。

5.2.3.1 交差検証の結果の解析

交差検証の結果を可視化すると、モデルの汎化性能がサーチパラメータに依存する様子を理解するのに役立つ。グリッドサーチは計算量的に高価なので、比較的粗く小さいグリッドから始めるほうがよい。粗く小さいグリッドの交差検証付きグリッドサーチの結果を見て、さらにサーチを進めるわけだ。グリッドサーチの結果はcv_results_属性に格納されている。これはディクショナリでサーチに関するさまざまな情報が格納されている。下に示すように大量で詳細な情報が格納されているので、pandasのDataFrameに変換してから見たほうがよい。

In[30]:

```
import pandas as pd
# DataFrameへ変換
results = pd.DataFrame(grid_search.cv_results_)
# 最初の5行を表示
display(results.head())
```

Out[30]:

	param_C	param_gamma	params	mean_test_score
0	0.001	0.001	{'C': 0.001, 'gamma': 0.001}	0.366
1	0.001	0.01	{'C': 0.001, 'gamma': 0.01}	0.366
2	0.001	0.1	{'C': 0.001, 'gamma': 0.1}	0.366
3	0.001	1	{'C': 0.001, 'gamma': 1}	0.366
4	0.001	10	{'C': 0.001, 'gamma': 10}	0.366

```
   rank_test_score  split0_test_score  split1_test_score  split2_test_score
0               22              0.375              0.347              0.363
1               22              0.375              0.347              0.363
2               22              0.375              0.347              0.363
3               22              0.375              0.347              0.363
4               22              0.375              0.347              0.363

   split3_test_score  split4_test_score  std_test_score
0           0.363              0.380           0.011
1           0.363              0.380           0.011
2           0.363              0.380           0.011
3           0.363              0.380           0.011
4           0.363              0.380           0.011
```

resultsの各行は、特定のパラメータの組合せに相当する。それぞれの組合せに対して、すべての交差検証での分割が記録され、さらにすべての平均と標準偏差も記録されている。2次元（Cとgamma）のパラメータグリッドを探索しているのでヒートマップで可視化するのがよいだろう（図5-8）。まず、平均検証スコアを抽出し、軸がCとgammaになるように変形する。

In[31]:

```
scores = np.array(results.mean_test_score).reshape(6, 6)

# 平均交差検証スコアのプロット
mglearn.tools.heatmap(scores, xlabel='gamma', xticklabels=param_grid['gamma'],
                      ylabel='C', yticklabels=param_grid['C'], cmap="viridis")
```

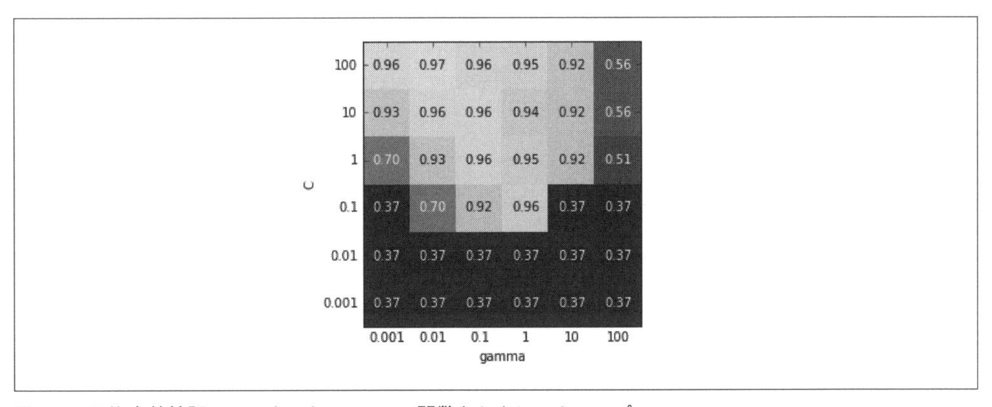

図5-8　平均交差検証スコアをCとgammaの関数としたヒートマップ

ヒートマップの各点は、特定のパラメータ設定に対する一回の交差検証実行結果に対応する。色は、交差検証精度を表し、明るい色が高精度を、暗い色が低精度を意味する。この結果からSVCは非常にパラメータの設定に敏感であることがわかる。多くの設定では精度は40%程度と非常に悪いが、96%程度になる部分もある。このプロットからいくつかのことがわかる。1つは、良い性能を得るためにはパラメータの設定が**非常に重要**だということだ。Cとgammaの双方のパラメータが重要で、これらの設定よって精度は40%から96%まで大きく変動する。さらに、ここで設定したパラメータのレンジはちょうどよく、結果に関して大きな変動を見ることができた。もう1つ重要なことは、パラメータのレンジは十分大きくしなければならない、ということだ。それぞれのパラメータの最良値がプロットの端にないようにするべきだ。

次に、サーチレンジが適切でないため、あまり理想的でなくなってしまったプロットを見てみよう(図5-9)。

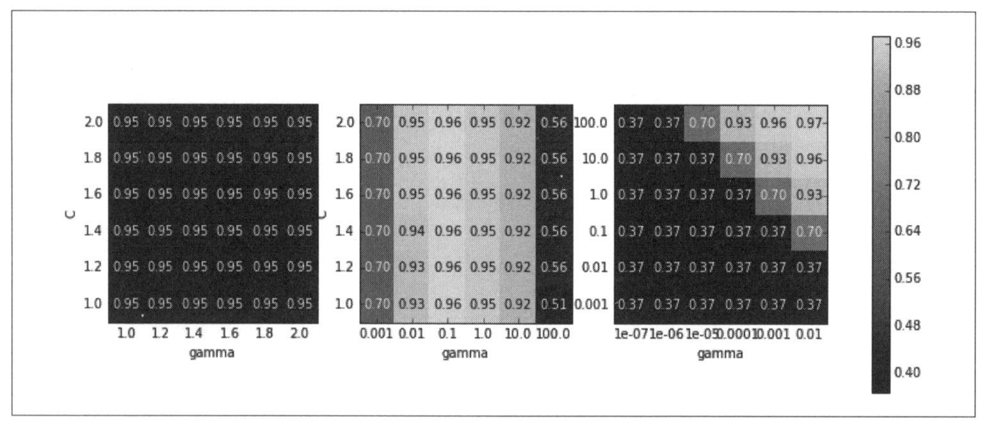

図5-9 サーチグリッドが不適切な場合のヒートマップによる可視化

In[32]:

```
fig, axes = plt.subplots(1, 3, figsize=(13, 5))

param_grid_linear = {'C': np.linspace(1, 2, 6),
                     'gamma':  np.linspace(1, 2, 6)}

param_grid_one_log = {'C': np.linspace(1, 2, 6),
                      'gamma':  np.logspace(-3, 2, 6)}

param_grid_range = {'C': np.logspace(-3, 2, 6),
                    'gamma':  np.logspace(-7, -2, 6)}

for param_grid, ax in zip([param_grid_linear, param_grid_one_log,
                           param_grid_range], axes):
    grid_search = GridSearchCV(SVC(), param_grid, cv=5)
```

```
    grid_search.fit(X_train, y_train)
    scores = grid_search.cv_results_['mean_test_score'].reshape(6, 6)

    # 平均交差検証精度をプロット
    scores_image = mglearn.tools.heatmap(
        scores, xlabel='gamma', ylabel='C', xticklabels=param_grid['gamma'],
        yticklabels=param_grid['C'], cmap="viridis", ax=ax)

plt.colorbar(scores_image, ax=axes.tolist())
```

最初のパネルにはまったく変化がない。すべてのパラメータグリッドに対して同じ色になっている。こうなってしまったのは、この場合は、パラメータCとgammaの大きさとレンジが不適切なせいだ。しかし、同じようにパラメータ設定によって精度に変化がない場合、そのパラメータが本当に重要でない、ということもありうる。最初にパラメータを極端な値に設定してみて、精度が変わるかどうか試してみるとよいだろう。

2番目のパネルには垂直のストライプパターンが見える。これは、gammaパラメータだけが精度に影響していることを意味する。この場合は、gammaパラメータだけが適切な値をサーチしており、Cパラメータはそうではない、ということなのだが、Cパラメータが重要でない、ということもありうる。

3番目のパネルはCにもgammaにも反応して変化しているが、左下のあたりでは何も面白いことは起こっていない。ということは、左下に当たる小さい値をサーチ対象から外してもよいということになる。また、最良のパラメータ設定は右上の境界上にある。これは、境界の向こうにさらに良い値があるかもしれない、ということだ。したがって、サーチレンジを変更してより多くの範囲を含むようにするべきだ。

パラメータグリッドを交差検証スコアを用いてチューニングすることには何の問題もない。さまざまなパラメータについて重要な値を探索するのによい方法だ。しかし、最後のテストセットを使ってパラメータレンジを探索してはいけない。前述の通り、テストセットを使った評価は、一度だけ、どのモデルを使うかを決めてから行うべきなのだ。

5.2.3.2 グリッドでないサーチ空間

GridSearchCVは、通常すべてのパラメータのすべての組合せに対して試行を行うが、これが適さない場合もある。例えば、SVCにはkernelというパラメータがあり、このパラメータで選択されるカーネルに応じて他のパラメータが定まる。例えばkernel='linear'であれば、モデルは線形になり、パラメータCのみが使われる。kernel='rbf'の場合には、パラメータCとgammaが使われる（他のパラメータ、例えばdegreeは使われない）。このような場合、Cとgammaとkernelのすべての組合せに対してサーチしても意味がない。kernel='linear'の場合、gammaは使われないので、gammaを変化させて試行することは時間の無駄だからだ。このような「条件付き」パラメータを扱うために、GridSearchCVは、param_gridとして**ディクショナリのリスト**を受け付けるように作られている。リスト中の個々のディクショナリが独立したグリッドに展開される。カーネルとパラメータの組合せに対するグリッドサーチは以下のように書ける。

In[33]:

```
param_grid = [{'kernel': ['rbf'],
               'C': [0.001, 0.01, 0.1, 1, 10, 100],
               'gamma': [0.001, 0.01, 0.1, 1, 10, 100]},
              {'kernel': ['linear'],
               'C': [0.001, 0.01, 0.1, 1, 10, 100]}]
print("List of grids:\n{}".format(param_grid))
```

Out[33]:

```
List of grids:
[{'kernel': ['rbf'], 'C': [0.001, 0.01, 0.1, 1, 10, 100],
  'gamma': [0.001, 0.01, 0.1, 1, 10, 100]},
 {'kernel': ['linear'], 'C': [0.001, 0.01, 0.1, 1, 10, 100]}]
```

最初のグリッドでは、パラメータkernelは常に'rbf'となり（kernelのエントリが長さ1のリストになっていることに注意）、パラメータCとgammaの双方を変化させる。2番目のグリッドでは、パラメータkernelは常に'linear'となり、パラメータCだけを変化させる。この、複雑なパラメータサーチを適用してみよう。

In[34]:

```
grid_search = GridSearchCV(SVC(), param_grid, cv=5)
grid_search.fit(X_train, y_train)
print("Best parameters: {}".format(grid_search.best_params_))
print("Best cross-validation score: {:.2f}".format(grid_search.best_score_))
```

Out[34]:

```
Best parameters: {'C': 100, 'kernel': 'rbf', 'gamma': 0.01}
Best cross-validation score: 0.97
```

cv_results_を見てみよう。指定した通り、kernelは'linear'で、Cだけが変化している。

In[35]:

```
results = pd.DataFrame(grid_search.cv_results_)
# 表示の都合上テーブルを転置している
display(results.T)
```

Out[35]:

	0	1	2	3	...	38	39	40	41
param_C	0.001	0.001	0.001	0.001	...	0.1	1	10	100
param_gamma	0.001	0.01	0.1	1	...	NaN	NaN	NaN	NaN
param_kernel	rbf	rbf	rbf	rbf	...	linear	linear	linear	linear
params	{'C': 0.001, 'kernel': 'rbf', 'gamma': 0.001}	{'C': 0.001, 'kernel': 'rbf', 'gamma': 0.01}	{'C': 0.001, 'kernel': 'rbf', 'gamma': 0.1}	{'C': 0.001, 'kernel': 'rbf', 'gamma': 1}	...	{'C': 0.1, 'kernel': 'linear'}	{'C': 1, 'kernel': 'linear'}	{'C': 10, 'kernel': 'linear'}	{'C': 100, 'kernel': 'linear'}
mean_test_score	0.37	0.37	0.37	0.37	...	0.95	0.97	0.96	0.96
rank_test_score	27	27	27	27	...	11	1	3	3
split0_test_score	0.38	0.38	0.38	0.38	...	0.96	1	0.96	0.96
split1_test_score	0.35	0.35	0.35	0.35	...	0.91	0.96	1	1
split2_test_score	0.36	0.36	0.36	0.36	...	1	1	1	1
split3_test_score	0.36	0.36	0.36	0.36	...	0.91	0.95	0.91	0.91
split4_test_score	0.38	0.38	0.38	0.38	...	0.95	0.95	0.95	0.95
std_test_score	0.011	0.011	0.011	0.011	...	0.033	0.022	0.034	0.034

12 rows × 42 columns

5.2.3.3 異なる交差検証手法を用いたグリッドサーチ

GridSearchCVは、cross_val_scoreと同様に、デフォルトではクラス分類には層化*k*分割交差検証を、回帰には*k*分割交差検証を用いる。しかし、「**5.1.3.1 交差検証のより詳細な制御**」でcross_val_scoreに関して述べたのと同様に、交差検証の分割器をcvパラメータとして渡すことができる。特に、訓練セットと検証セットへの分割を一度だけにするには、ShuffleSplitもしくはStratifiedShuffleSplitを用いてn_iter=1とするとよい。この方法は、データセットが非常に大きい場合や、モデルの計算に非常に時間がかかる場合に有用である。

5.2.3.4 ネストした交差検証

先に示した例では、データを訓練セット、検証セット、テストセットに分割するところから始めて、データを訓練セットとテストセットに分割して訓練セット上で交差検証を行うところまで試した。しかし、上で見たGridSearchCVを用いる例では、データを訓練セットとテストセットに一度だけ分けている。これでは、データの一度だけの分割に結果が依存してしまい、不安定になる可能性がある。ここで、手法を一歩進めて、もとのデータを訓練セットとテストセットに一度だけ分けるのではなく、交差検証で何度も分割することを考える。この手法を**ネストした交差検証**と呼ぶ。ネストした交差検証では、外側にループを設け、そこでデータを訓練セットとテストセットに分割する。それぞれの分割に対してグリッドサーチを実行する（外側ループのそれぞれの分割に対して最良のパラメータの組合せは異なるかもしれない)。それぞれの分割に対して、最良のセッティングでテストセットを評価した結果が報告される。

この手続きの結果はスコアのリストであって、モデルではないし、パラメータの設定でもない。スコアのリストからわかるのは、このモデルのグリッドから見つけた最適なパラメータによる汎化性能である。新しいデータに対して利用できるモデルを与えるわけではないので、ネストした交差検証は、未来のデータに適用するための予測モデルを探すために用いられることはほとんどない。しかし、この手法は、あるモデルのあるデータセットに対する性能の評価には有用である。

ネストした交差検証をscikit-learnで実行するのは簡単だ。cross_val_scoreをGridSearchCVのインスタンスをモデルとして呼び出せばよい。

In[36]:

```
scores = cross_val_score(GridSearchCV(SVC(), param_grid, cv=5),
                         iris.data, iris.target, cv=5)
print("Cross-validation scores: ", scores)
print("Mean cross-validation score: ", scores.mean())
```

Out[36]:

```
Cross-validation scores:  [ 0.967  1.     0.967  0.967  1.   ]   交差検証精度
Mean cross-validation score:  0.98                              平均交差検証精度
```

このネストした交差検証の結果は「SVCはirisデータセットに対して交差検証精度の平均で98%を達成することができる」とまとめることができる。それ以上でもそれ以下でもない。

ここでは内側のループと外側のループの双方に、層化5分割交差検証を用いた。param_gridには36通りのパラメータの組合せがあるので、全体では36×5×5 = 900通りのモデルが構築されることになる。したがって、ネストした交差検証は計算量的に非常に高価である。ここでは、内側のループと外側のループの双方に同じ交差検証分割方法を用いているがそれは必須ではない。内側と外側のループに対して任意の交差検証手法の組合せを用いることができる。上のコードでは1行で書けてしまっているので、何が起こっているのかを理解するのは難しいだろう。下のようにforループとして記述したものを見ればわかりやすい。

In[37]:

```
def nested_cv(X, y, inner_cv, outer_cv, Classifier, parameter_grid):
    outer_scores = []
    # 外側の交差検証による個々の分割に対するループ
    # (splitメソッドはインデックスを返す)
    for training_samples, test_samples in outer_cv.split(X, y):
        # 内側の交差検証を用いて最良のパラメータ設定を見つける
        best_parms = {}
```

```
        best_score = -np.inf
        # 個々のパラメータ設定に対してループ
        for parameters in parameter_grid:
            # 内側の分割に対するスコアを格納
            cv_scores = []
            # 内側の交差検証のループ
            for inner_train, inner_test in inner_cv.split(
                    X[training_samples], y[training_samples]):
                # 与えられたパラメータと訓練セットでクラス分類器を訓練
                clf = Classifier(**parameters)
                clf.fit(X[inner_train], y[inner_train])
                # 内側のテストセットを評価
                score = clf.score(X[inner_test], y[inner_test])
                cv_scores.append(score)
            # 内部の分割に対するスコアの平均を算出
            mean_score = np.mean(cv_scores)
            if mean_score > best_score:
                # これまでのものよりも良ければ、パラメータを記憶
                best_score = mean_score
                best_params = parameters
        # 最良のパラメータセットと外側の訓練セットを用いてクラス分類器を構築
        clf = Classifier(**best_params)
        clf.fit(X[training_samples], y[training_samples])
        # 評価する
        outer_scores.append(clf.score(X[test_samples], y[test_samples]))
    return np.array(outer_scores)
```

この関数をirisデータセットに対して実行してみよう。

In[38]:

```
from sklearn.model_selection import ParameterGrid, StratifiedKFold
scores = nested_cv(iris.data, iris.target, StratifiedKFold(5),
          StratifiedKFold(5), SVC, ParameterGrid(param_grid))
print("Cross-validation scores: {}".format(scores))
```

Out[38]:

```
Cross-validation scores: [ 0.967  1.     0.967  0.967  1.    ]
```

交差検証精度

5.2.3.5 交差検証とグリッドサーチの並列化

たくさんのパラメータの組合せに対して大規模データセットを用いてグリッドサーチを行うには膨大な計算量が必要になるが、その一方でこの操作は**単純並列**（embarrassingly parallel）でもある。つまり、特定の交差検証分割に対する特定のパラメータ設定でのモデル構築は、他のパラメータ設

定や分割に対して完全に独立に実行できるのだ。したがって、グリッドサーチや交差検証は複数のCPUコアやクラスタを用いて並列化するのに理想的だ。`GridSearchCV`と`cross_val_score`では、パラメータ`n_jobs`に利用したいコア数を設定することで、複数のコアを利用することができる。`n_jobs=-1`を設定すると利用できるすべてのコアを利用する。

`scikit-learn`では**ネストした並列実行はサポートされていない**ことに注意しよう。したがって、モデル（例えばランダムフォレスト）で`n_jobs`オプションを使っていたら、`GridSearchCV`では使うことができない。データセットやモデルが非常に大きい場合、たくさんのコアを使おうとするとメモリを使いすぎる場合がある。大規模なモデルを並列に構築する場合にはメモリ使用量を監視する必要がある。

グリッドサーチと交差検証をクラスタの複数マシンを用いて並列化することも可能だが、現時点では`scikit-learn`には実装されていない。しかし、IPythonの並列化フレームワークを使って並列グリッドサーチを実装することはできる。そのためには、「**5.2.1 単純なグリッドサーチ**」で書いたように、パラメータセットに対して`for`ループを書く必要がある。

Sparkユーザであれば、最近開発された`spark-sklearn`（https://github.com/databricks/spark-sklearn）パッケージを用いれば、グリッドサーチをSparkクラスタ上で実行することができる。

5.3 評価基準とスコア

これまでは、クラス分類性能を精度（正確に分類されたサンプルの割合）で、回帰性能をR^2で評価してきた。しかしこれらは、あるデータに対する教師あり学習モデルの性能を1つの数値にまとめるためのさまざまな手法のうちの2例にすぎない。実際、これらの評価基準はアプリケーションによっては不適当である場合もある。モデルの選択やパラメータのチューニングの際に適切な基準を用いることが重要だ。

5.3.1 最終的な目標を見失わないこと

基準を選択する際には、常にその機械学習アプリケーションの最終的な目標に留意する必要がある。実際に機械学習を利用する際には、正確な予測をすることだけに興味があるわけではなく、より大きな意思決定の過程の中でその予測を用いる場合が多い。機械学習の基準を選ぶ前に、そのアプリケーションの高レベルでの目的を考える必要がある。これはしばしば**ビジネス評価基準**（business metric）と呼ばれる。機械学習アプリケーションに対して特定のアルゴリズムを選択した結果は**ビジネスインパクト**（business impact）と呼ばれる*1。高レベルな目標とは、例えば交通事故を防ぐとか、病院への入院回数を減らす、といったようなことだ。Webサイトであればより多くのユーザを獲得

*1 学究的な読者には、本節で商業的な単語を使うことをお許しいただきたい。科学においても最終的な目的を考えることは同様に重要なのだが、科学的な分野での「ビジネスインパクト」に相当する単語を筆者らは思いつかなかった。

するとか、店舗でユーザにより多くのお金を使わせる、ということが相当する。モデルを選択したりパラメータをチューニングする際には、これらのビジネス基準に対して最も良い影響を与えるモデルやパラメータを選択するべきだ。しかし、これはそれほど簡単ではない。特定のモデルのビジネスインパクトを評価するには、それを実際の運用環境におかなければならないかもしれないからだ。

開発の初期のステージや、パラメータをチューニングする過程においては、モデルをテストのためだけに運用環境に置くことは難しい場合が多い。高度なビジネス上もしくは個人的なリスクが関係するからだ。例えば自動運転車の歩行者回避能力を評価するために、機能を確認しないでそのあたりを走り回らせることを考えてみよう。モデルが十分良くできていなければ歩行者を轢いてしまうだろう。多くの場合、より簡単に計算できる評価基準を使って、何らかの代用となる評価手法を見つけなければならない。例えば、歩行者と歩行者以外の画像のクラス分類をテストして、精度を測定することが考えられる。しかし、これが単なる代用にすぎないことに留意し、評価が可能な基準のうち本来のビジネスゴールに最も近いものを見つけるようにしなければならない。モデルの評価と選択を行う際には、可能な限りこの基準を使う。この基準による評価の結果は単一の数値にはならないかもしれない。アルゴリズムの結果は、例えば顧客は10%増えるが、顧客あたりの支出は15%減る、というようになるかもしれない。いずれにしろ、基準はあるモデルと別のモデルを比較した際のビジネスインパクトを捉えたものでなければならない。

本節では、まず重要な特殊な場合である2クラス分類を見てから一般の多クラス分類を見る。最後に回帰を取り扱う。

5.3.2 2クラス分類における基準

2クラス分類は、実用上おそらく最も一般的で、概念的には単純な機械学習アプリケーションである。しかし、このような簡単なタスクであっても、評価にはさまざまな注意点がある。別の基準を見る前に、精度ではうまくいかない場合を見てみよう。2クラス分類の場合には、2つのクラスを**陽性**クラスと**陰性**クラスと呼び、探しているものを陽性と呼ぶことを思い出そう。

5.3.2.1 エラーの種類

精度が予測性能の尺度として良くない場合がしばしばある。間違えた回数には、我々が興味を持つような情報がすべては含まれていないからだ。自動テストで癌の早期発見のスクリーニングをするアプリケーションを考えてみよう。テストが陰性であれば患者は健康であるということになり、陽性であればさらなる検査に回される。ここで、テストが陽性の場合（癌であるらしい場合）を陽性クラス、陰性の場合を陰性クラスと呼ぶ。モデルは完璧に機能するわけではないので、間違いは必ず起こる。どのようなアプリケーションであっても、間違いの結果が実世界でどのような影響を及ぼすかを考えなければならない。

1つの間違い方は、健康な患者を陽性に分類してしまうことだ。この場合患者は余分な検査を受けることになる。この結果、費用と面倒（とおそらくは心理的なストレス）が患者にかかることになる。

このような間違った陽性との判断を**偽陽性** (false positive) と呼ぶ。もう1つの間違い方は、病気の患者を陰性と分類してしまうことである。この場合、患者は必要な検査や治療が受けられなくなる。診断されなかった癌は深刻な健康問題を引き起こし、場合によっては死に至る可能性もある。このような種類の、誤った陰性との分類を**偽陰性** (false negative) と呼ぶ。統計学では、偽陽性を**タイプIエラー**、偽陰性を**タイプIIエラー**と呼ぶ。ここでは、わかりやすいし覚えやすいので、「偽陽性」「偽陰性」という言葉を使う。癌の診断の例では、偽陰性を可能な限り避けるべきなのは明らかだ。偽陽性はそれほど問題にはならない。

これはやや極端な例だが、偽陽性と偽陰性が同じ重みであることはほとんどない。ビジネスアプリケーションでは、双方のエラーに値段を付けてもよい。そうすれば、精度の代わりに損失額で評価できる。このようにすると、どのモデルを使うかをよりビジネス的に判断することができる。

5.3.2.2 偏ったデータセット

エラーのタイプは、2つのクラスの一方がもう一方よりもずっと多い場合に重要になる。実際にはこのような場合は多い。良い例がクリックスルーの予測だ。個々のデータポイントは、ユーザに提示されたアイテムの「インプレッション」を表す。ここでいうアイテムは、広告かもしれないし、関連したページかもしれないし、関連するSNSユーザのフォローかもしれない。目的は、あるアイテムをユーザに提示した場合に、ユーザがそれをクリックする (つまり興味を持つ) かどうかを予測することである。ユーザはインターネット上で提示されたもののほとんどをクリックしない (特に広告は)。100本の広告や記事をユーザに提示して、ようやくユーザが興味を持ってくれるかどうかだ。そうすると、このデータセットは、99が「クリックされない」データポイントになり、1つが「クリックされた」データポイントになる。つまりサンプルの99%が「クリックされない」クラスになるということだ。このように一方のクラスが他方のクラスよりもずっと多いようなデータセットを**偏ったデータセット** (imbalanced datasets) もしくは**偏ったクラスのデータセット** (datasets with imbalanced classes) と呼ぶ。実際には偏ったデータがほとんどで、頻度が同じだったり近かったりするようなデータは珍しい。

さて、クリック予測で99%の精度を達成するクラス分類器ができたとしよう。これは何を意味するのだろうか? 99%の精度が素晴らしく思えたとしたら、それはクラスの偏りを考えに入れていないからだ。99%の精度は機械学習モデルを構築しなくても、常に「クリックされない」と予測するだけで達成できるのだ。一方で、偏ったデータであるとはいえ99%の精度が達成できるモデルはやはり素晴らしい。問題は、精度という基準では、常に「クリックされない」と返すモデルと、潜在的には良いモデルを区別できないということだ。

この問題をはっきりさせるために、9:1に偏ったデータセットを作ろう。`digits`データセットの数字9を9以外の数字と分割する問題にすればよい。

In[39]:

```
from sklearn.datasets import load_digits

digits = load_digits()
y = digits.target == 9

X_train, X_test, y_train, y_test = train_test_split(
    digits.data, y, random_state=0)
```

DummyClassifierを、常に多数のクラス(ここでは「9以外」)を予測するようにして、精度が役に立たないことを確かめてみよう。

In[40]:

```
from sklearn.dummy import DummyClassifier
dummy_majority = DummyClassifier(strategy='most_frequent').fit(X_train, y_train)
pred_most_frequent = dummy_majority.predict(X_test)
print("Unique predicted labels: {}".format(np.unique(pred_most_frequent)))
print("Test score: {:.2f}".format(dummy_majority.score(X_test, y_test)))
```

Out[40]:

```
Unique predicted labels: [False]  予測されたラベル
Test score: 0.90                  テスト精度
```

何も学習しなくても90%の精度が得られた。びっくりしたかもしれないが少し考えてみればどういうことかわかるだろう。モデルの精度が90%だ、と言われたら素晴らしいと思ってしまうかもしれないが、それは問題による。一方を常に予測しているだけで90%が達成できてしまう問題もあるのだ。これを実際のクラス分類器と比較してみよう。

In[41]:

```
from sklearn.tree import DecisionTreeClassifier
tree = DecisionTreeClassifier(max_depth=2).fit(X_train, y_train)
pred_tree = tree.predict(X_test)
print("Test score: {:.2f}".format(tree.score(X_test, y_test)))
```

Out[41]:

```
Test score: 0.92  テスト精度
```

精度でいうと、DecisionTreeClassifierは常に同じ答えを返す予測器よりも少し良いだけだ。これが意味するのは、DecisionTreeClassifierの使い方を何か間違えたか、精度が良い基準でないのか、どちらかだ。

比較のために、あと2つクラス分類器を評価してみよう。LogisticRegressionと、デフォルトのDummyClassifierである。デフォルトのDummyClassifierは、ランダムに予測を行うが、訓練セットと同じ比率で予測クラスを生成する。

In[42]:

```
from sklearn.linear_model import LogisticRegression

dummy = DummyClassifier().fit(X_train, y_train)
pred_dummy = dummy.predict(X_test)
print("dummy score: {:.2f}".format(dummy.score(X_test, y_test)))

logreg = LogisticRegression(C=0.1).fit(X_train, y_train)
pred_logreg = logreg.predict(X_test)
print("logreg score: {:.2f}".format(logreg.score(X_test, y_test)))
```

Out[42]:

```
dummy score: 0.80         ダミー分類器の精度
logreg score: 0.98  ロジスティック回帰の精度
```

ランダムな出力を行うダミークラス分類器のスコアが明らかに一番悪く(精度の観点からは)、LogisticRegressionのスコアは良い。しかし、ランダムな分類器ですら80%の精度を達成している。こうなると、何を参考にしたらいいのかわからなくなってくる。ここでの問題は、偏ったデータに対する予測性能を定量化する基準として、精度は不適切だということだ。本章のここ以降では、モデルの選択に役に立つ他の基準を見ていく。特に、機械学習のモデルが、「頻度が高いものを返す」だけのクラス分類器pred_most_frequentや、ランダムなクラス分類器pred_dummyよりもどの程度良いのかを示す基準がほしい。モデルを評価する基準は、これらの無意味な予測を排除できるものでなければならない。

5.3.2.3 混同行列

2クラス分類の評価結果を表現する方法で、最も包括的な方法の1つとして混同行列(confusion matrix)がある。前節で見たLogisticRegressionの結果をconfusion_matrix関数で見てみよう。テストセットに対する結果はpred_logregに格納されている。

In[43]:

```
from sklearn.metrics import confusion_matrix

confusion = confusion_matrix(y_test, pred_logreg)
print("Confusion matrix:\n{}".format(confusion))
```

Out[43]:

```
Confusion matrix: 混同行列
[[401   2]
 [  8  39]]
```

confusion_matrixの出力は2×2の配列である。行は実際のクラスに対応し、列は予測されたクラスに対応する。個々の要素は、行に対応するクラス（ここでは「9以外」か「9」）が、列に対応するクラスに分類された回数を示す。**図5-10**は意味を表している。

In[44]:

```
mglearn.plots.plot_confusion_matrix_illustration()
```

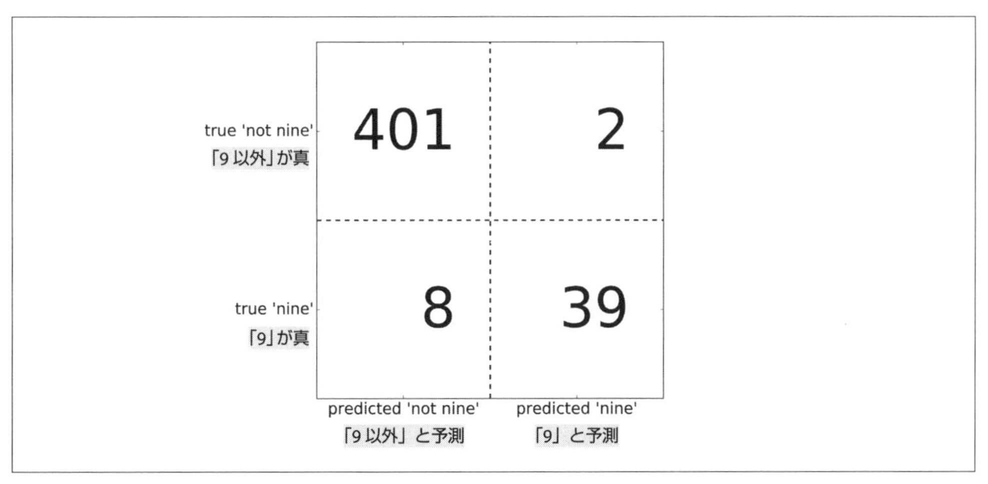

図5-10 「9 vs. 9以外」クラス分類タスクの混同行列

混同行列の主対角成分の要素は、正確にクラス分類されたサンプルの個数を示し、それ以外の要素は、実際とは違うクラスに分類されたサンプルの個数を示す[*1]。

「9」を陽性クラスとすると、混同行列のエントリを先ほど導入した**偽陽性**と**偽陰性**に結び付けることができる。すべてのエントリを埋めるために、陽性クラスで正しく分類されたサンプルを**真陽性**（true positive）、陰性クラスで正しく分類されたサンプルを**真陰性**（true negative）と呼ぶ。これらの用語は、FP、FN、TP、TNと省略することが多い。これをまとめると混同行列は**図5-11**のようになる。

＊1　2次元配列もしくは行列Aの主対角成分はA[i, i]である。

In[45]:

```
mglearn.plots.plot_binary_confusion_matrix()
```

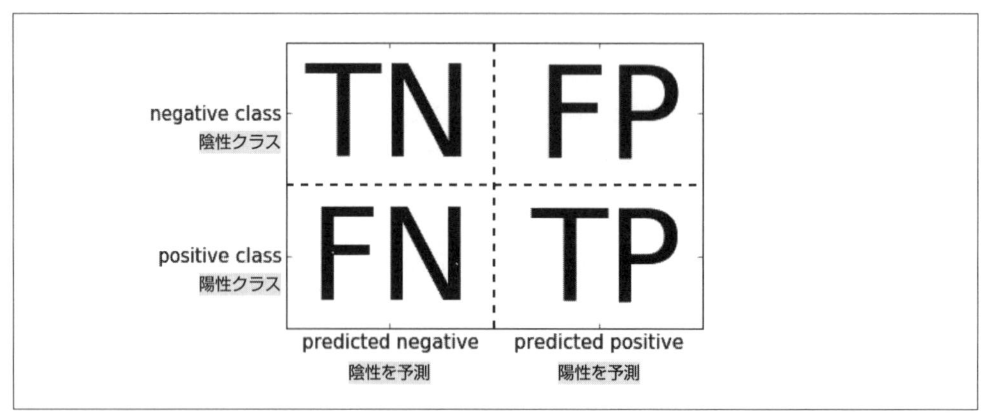

図5-11　2クラス分類の混同行列

この混同行列を使って、先ほど学習したモデル（2つのダミーモデル、決定木、ロジスティック回帰）を比較してみよう。

In[46]:

```
print("Most frequent class:")
print(confusion_matrix(y_test, pred_most_frequent))
print("\nDummy model:")
print(confusion_matrix(y_test, pred_dummy))
print("\nDecision tree:")
print(confusion_matrix(y_test, pred_tree))
print("\nLogistic Regression")
print(confusion_matrix(y_test, pred_logreg))
```

Out[46]:

```
Most frequent class: 最も多いクラスを選んだ場合
[[403   0]
 [ 47   0]]

Dummy model:              ダミークラス分類器
[[361  42]
 [ 43   4]]

Decision tree:                    決定木
[[390  13]
```

```
 [ 24  23]]

Logistic Regression
[[401   2]
 [  8  39]]
```
ロジスティック回帰

混同行列を見ると、pred_most_frequentは常に1つのクラスを予想しているので、何かおかしいことはすぐわかる。一方pred_dummyは、真陽性が非常に少ない（4）のが目につく。これは偽陽性や偽陰性と比べると明らかだ。なんと、偽陽性のほうが真陽性よりも多い。決定木の精度はダミーとあまり変わらなかったが、混同行列を見るとはるかにまともであることがわかる。最後のロジスティック回帰は、決定木のpred_tree よりもすべての面で良いことがわかる。真陽性、真偽性の数はより多く、偽陽性、偽陰性の数は少ない。この比較から、決定木とロジスティック回帰だけがまともな結果を返しており、その中でも、ロジスティック回帰のほうが決定木よりすべての面で良いということがわかる。しかし、このように混同行列をすべて見るのはなかなか面倒だ。この行列をすべて見ることでさまざまな知見が得られることは確かだが、その過程は手作業で、定性的だ。以下で混同行列の情報をまとめる手法をいくつか紹介する。

精度との関係

混同行列の結果を1つの数値にまとめる方法の1つは、既に説明した。精度だ。精度は次のように計算できる。

$$精度 = \frac{TP + TN}{TP + TN + FP + FN}$$

つまり、精度は正確な予測（TPとTN）をすべてのサンプルの個数（混同行列のすべてのエントリを足した数）で割ったものである。

適合率、再現率、f-値

混同行列をまとめる方法は他にもたくさんある。最もよく使われるのは、適合率と再現率である。**適合率**（precision）は、陽性であると予測されたものがどのくらい実際に陽性であったかを測定する。

$$適合率 = \frac{TP}{TP + FP}$$

適合率は、偽陽性の数を制限したい場合に、性能基準として用いられる。例えば、新薬が臨床試験の結果有効であるかどうかを予測するモデルを考えてみよう。臨床試験は高価であることで有名なので、製薬会社はある薬が実際に効果があることを確信していない限り臨床試験を行いたくない。このような場合には偽陽性をあまり起こさないモデル、つまり適合率の高いモデルを選ぶことが重要である。適合率は**PPV**（positive predictive value：陽性的中率）とも呼ばれる。

一方、**再現率**（recall）は、実際に陽性のサンプルのうち、陽性と予測されたものの割合と定義される。

$$\text{再現率} = \frac{\text{TP}}{\text{TP} + \text{FN}}$$

再現率は、すべての陽性サンプルを陽性だと判断する必要がある場合、つまり偽陰性を避けることが重要な場合に用いる。本章の前半で見た癌の診断はこの良い例だ。癌である人をすべて見つけることが重要で、健康な人が癌であると予測されても構わない。再現率は**感度**（sensitivity）、**ヒット率**（hit rate）、**真陽性率**（true positive rate：TPR）とも呼ばれる。

再現率の最適化と適合率の最適化はトレードオフの関係にある。すべてのサンプルを陽性クラスと判定するようにすれば、簡単に再現率100%を達成することができる。偽陰性も真陰性もなくなるからだ。しかし、すべてのサンプルを陽性クラスと判定すると、大量の偽陽性が発生し、適合率は非常に低くなるだろう。一方で、真であることが最も確信できるデータポイント一点についてだけ陽性と予測し、残りを陰性と予測するようなモデルを作ると、（予測したデータポイントが本当に陽性ならば）適合率は100%になるが、再現率は非常に低くなる。

適合率と再現率は、TP、FP、TN、FNから導出することのできるさまざまなクラス分類指標の例にすぎない。Wikipedia（https://en.wikipedia.org/wiki/Sensitivity_and_specificity）にはさまざまな基準がまとめられている。機械学習のコミュニティでは、適合率と再現率を2クラス分類の基準として使うことが多いが、他のコミュニティでは別の基準を使っているかもしれない。

適合率と再現率は非常に重要な基準であるが、これらの一方だけでは、全体像がつかめない。これら2つをまとめる方法の1つが*f*-スコアもしくは*f*-値（*f*-measure）である。これは適合率と再現率の調和平均である。

$$\text{F} = 2 \times \frac{\text{適合率} \times \text{再現率}}{\text{適合率} + \text{再現率}}$$

これは*f*-値の変種の1つであり、f_1-値とも呼ばれる。この値は適合率と再現率の双方を取り入れているので、偏った2クラス分類データセットに対して、精度よりも良い基準となる。この基準を、「9 vs. 9以外」データセットに対する予測結果に適用してみよう。ここでは「9」を陽性クラスとしている（「9」に対して真が返され、「9以外」は偽となる）ので、陽性クラスのほうが数が少ない。

In[47]:

```
from sklearn.metrics import f1_score
print("f1 score most frequent: {:.2f}".format(
        f1_score(y_test, pred_most_frequent)))
```

```
print("f1 score dummy: {:.2f}".format(f1_score(y_test, pred_dummy)))
print("f1 score tree: {:.2f}".format(f1_score(y_test, pred_tree)))
print("f1 score logistic regression: {:.2f}".format(
        f1_score(y_test, pred_logreg)))
```

Out[47]:

```
f1 score most frequent: 0.00  最も多いクラスを選んだ場合のf1スコア
f1 score dummy: 0.10          ダミークラス分類器のf1スコア
f1 score tree: 0.55           決定木のf1スコア
f1 score logistic regression: 0.89  ロジスティック回帰のf1スコア
```

ここで注意すべきことが2つある。1つは、most_frequent（最も多いクラスを選んだ場合）の予測に対してエラーが出ることだ。これは陽性クラスと予測されるサンプルがないためだ（*f*-値の分母が0になる）。もう1つは、ダミー2つと決定木による予測が峻別できているということだ。精度だけではこれは明らかではなかった。*f*-値を使うと、予測性能を再び1つの値で扱うことができる。*f*-値によるモデル評価結果は、精度による結果よりも我々の直観に近い。*f*-値の問題点は、精度と比較すると、解釈や説明が難しいことだ。

適合率、再現率、*f*-値をまとめた包括的なレポートを得るには、便利なclassification_report関数を用いればよい。この関数はこの3つの基準を同時に計算し、きれいに表示してくれる。

In[48]:

```
from sklearn.metrics import classification_report
print(classification_report(y_test, pred_most_frequent,
                            target_names=["not nine", "nine"]))
```

Out[48]:

```
             precision    recall  f1-score   support   適合率 再現率 f1スコア 支持度

   not nine       0.90      1.00      0.94       403
       nine       0.00      0.00      0.00        47

avg / total       0.80      0.90      0.85       450
```

classification_report関数は、クラス（この場合は真と偽）ごとに、そのクラスを陽性とした場合の適合率と再現率と*f*-値を1行に出力する。以前に示したものは、少数派の「9」をあらかじめ陽性としていた。陽性クラスを「9以外」にすると、classification_reportの出力によると、most_frequentでも*f*-値が0.94になってしまう。さらに、すべてを「9以外」に分類するので再現率は1になる。*f*-値の隣の最後の列には個々のクラスの**支持度**（support）が出力される。これは、そのクラスの実際のサンプルの個数である。

クラス分類レポートの最後の行は、(各クラスのサンプルの個数で) 重み付けした平均値である。ダミークラス分類器とロジスティック回帰のレポートを見てみよう。

In[49]:

```
print(classification_report(y_test, pred_dummy,
                            target_names=["not nine", "nine"]))
```

Out[49]:

```
             precision    recall  f1-score   support   適合率 再現率 f1スコア 支持度

   not nine       0.90      0.92      0.91       403
       nine       0.11      0.09      0.10        47

avg / total       0.81      0.83      0.82       450
```

In[50]:

```
print(classification_report(y_test, pred_logreg,
                            target_names=["not nine", "nine"]))
```

Out[50]:

```
             precision    recall  f1-score   support   適合率 再現率 f1スコア 支持度

   not nine       0.98      1.00      0.99       403
       nine       0.95      0.83      0.89        47

avg / total       0.98      0.98      0.98       450
```

レポートから明らかなように、ダミーのモデルと非常に良いモデルの違いは明らかではなくなっている。どちらのクラスを陽性とするかによって、値が大きく変わってしまうのだ。「9」の方を陽性とした場合には、ダミークラス分類器の*f*-値は0.10だが、(ロジスティック回帰では0.89)、「9以外」を陽性とすると、0.91対0.99となってしまい、双方ともかなり良いように見えてしまう。しかし、すべての値を合わせてみると、かなり正確な様子がつかめ、ロジスティック回帰の優位性が明らかになる。

5.3.2.4 不確実性を考慮に入れる

混同行列とクラス分類レポートは、特定の予測に対して詳細な解析を与えてくれる。しかし、予測クラスとなった時点で、モデルに含まれている情報の相当量が失われている。「**2章　教師あり学**

習」で述べたように、ほとんどのクラス分類器には、予測の不確実性を評価するためのdecision_functionメソッドもしくはpredict_probaメソッドが用意されている。予測を行うことは、decision_functionやpredict_probaの出力を固定したスレッショルドで分けることに相当する。スレッショルドは、decision_functionの場合は0、predict_probaの場合は0.5である。

次に示す例は、400点が陰性クラスで50点が陽性クラスになる、偏ったクラス分類タスクである。図5-12の左に訓練データを示す。このデータに対してカーネル法を用いたSVMモデルを訓練した。訓練データの右の図は、決定関数を値をヒートマップとしてプロットしたものである。プロット中の中央上にある黒い円はdecision_functionの値がちょうど0になる場所だ。この円の内側は陽性となり外側は陰性と分類される。

In[51]:

```
from mglearn.datasets import make_blobs
X, y = make_blobs(n_samples=(400, 50), cluster_std=[7.0, 2], random_state=22)
X_train, X_test, y_train, y_test = train_test_split(X, y, random_state=0)
svc = SVC(gamma=.05).fit(X_train, y_train)
```

In[52]:

```
mglearn.plots.plot_decision_threshold()
```

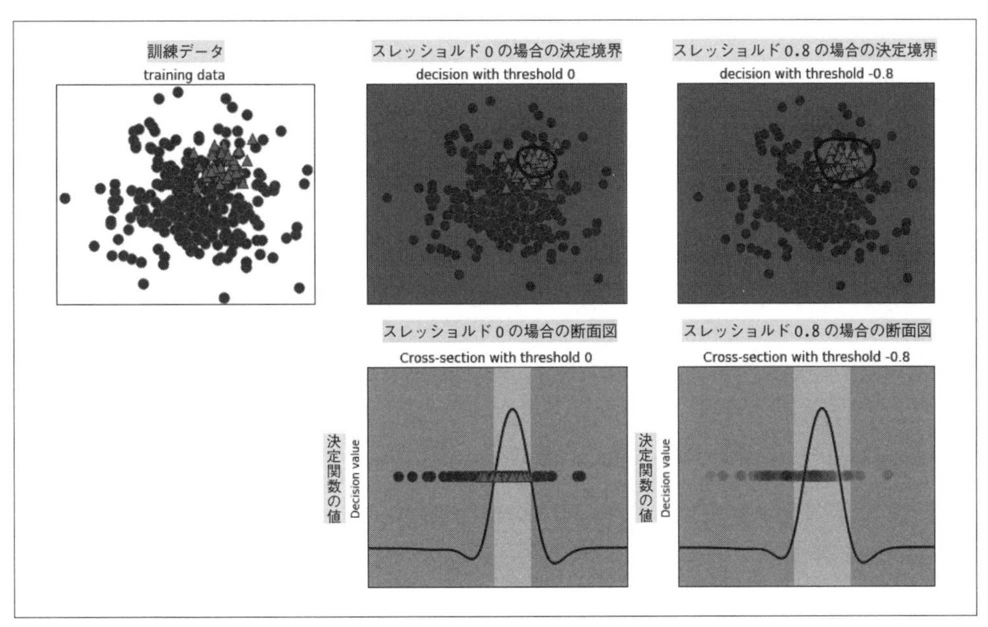

図5-12　決定関数のヒートマップと、決定スレッショルドを変更した場合の影響

classification_report関数を用いて、それぞれのクラスの適合率と再現率を見てみよう。

In[53]:

```
print(classification_report(y_test, svc.predict(X_test)))
```

Out[53]:

```
             precision    recall  f1-score   support    適合率 再現率 f1スコア 支持度

          0       0.97      0.89      0.93       104
          1       0.35      0.67      0.46         9

avg / total       0.92      0.88      0.89       113
```

クラス1に関しては、再現率は低く、適合率も微妙である。クラス0がはるかに多いので、クラス分類器はクラス0を正しく分類することに集中してしまい、少ないクラス1の識別がうまくいかないのだ。

あるアプリケーションにおいてクラス1の再現率を高めることが重要だとしてみよう。先に述べた癌のスクリーニングの例がこれに当たる。このような場合は、偽陽性（間違ってクラス1と判定すること）が増えても構わないから、より多くの真陽性を得たい（こうなると再現率が高くなる）。svc.predictで生成される予測はこの要求を満たしていないが、決定スレッショルドを0から動かすことで、クラス1の再現率が高くなるように予測を調整することができる。デフォルトでは、decision_functionの値が0以上であればクラス1に分類される。ここでは、**より多く**のデータポイントがクラス1に分類されるようにしたいので、スレッショルドを**小さくする**。

In[54]:

```
y_pred_lower_threshold = svc.decision_function(X_test) > -.8
```

この予測に対するクラス分類レポートを見てみよう。

In[55]:

```
print(classification_report(y_test, y_pred_lower_threshold))
```

Out[55]:

```
             precision    recall  f1-score   support    適合率 再現率 f1スコア 支持度

          0       1.00      0.82      0.90       104
          1       0.32      1.00      0.49         9

avg / total       0.95      0.83      0.87       113
```

予想通り、クラス1の再現率は向上し、適合率は下がった。**図5-12**の右上のパネルに示したように、より多くの領域をクラス1と分類するようになったのだ。適合率と再現率のどちらか一方を重視したい場合、もしくはデータが大幅に偏っている場合、一番簡単に良い結果を得るには決定スレッショルドを変更することだ。ただし、`decision_function`の結果は範囲が決まっていないので、よいスレッショルドを見つける簡単なルールはない。

ここでは話を簡単にするためにテストセットの結果を用いてスレッショルドを設定したが、実際にはテストセットを使ってはいけない。他のパラメータと同様、決定スレッショルドをテストセットを使って設定すると、楽観的にすぎる結果になる。検証セットを用いるか、交差検証を使うようにしよう。

`predict_proba`メソッドを実装しているモデルであれば、スレッショルドを設定するのは比較的簡単だ。`predict_proba`の出力は0から1の範囲に固定されていて、確率を表しているからだ。デフォルトではスレッショルドは0.5になっている。つまり、モデルが、50%以上「確か」だと判断すれば、その点は陽性クラスに分類される。スレッショルドを大きくすると、陽性に分類するには、より「確信」していなければならなくなる（その値よりも確信度が低ければ陰性と判断される）。任意の幅に対してスレッショルドを設定するよりも、確率値をいじるほうが直観的ではあるが、すべてのモデルが、現実的な確信度モデルを持つわけではない（深さ制限を付けずに訓練した`DecisionTree`は、間違っていることがあるにも関わらず、常に100%確実だと判断する）。ここで出てくるのが**較正**（calibration）である。較正されたモデルは、確信度に対して正確な基準を提供する。較正に関して詳しく述べるのは本書の範囲を超えるので、詳しくはAlexandru Niculescu-MizilとRich Caruanaによる「*Predicting Good Probabilities with Supervised Learning*」(http://www.machinelearning.org/proceedings/icml2005/papers/079_GoodProbabilities_NiculescuMizilCaruana.pdf) を参照してほしい。

5.3.2.5 適合率-再現率カーブとROCカーブ

上で述べたように、モデルがクラス分類の判断を行うスレッショルドを変更することで、クラス分類器の適合率と再現率のトレードオフを調整することができる。陽性のサンプルを見落とす割合を10%に抑えたい場合を考えてみよう。これは再現率が90%であることを意味する。このような判断は、アプリケーションに依存し、ビジネスゴールによって決定されるべきだ。あるゴールが設定されたら、つまりあるクラスに対して特定の再現率や適合率が決められたら、それに応じてスレッショルドを決めることができる。例えば再現率90%のような特定のターゲットを満たすスレッショルドを設定することは、常に可能だ。難しいのはこのようなスレッショルドでも適切な適合率を保てるようなモデルを開発することだ。すべてを陽性だと判断すれば再現率を100%になるが、そんなモデルには意味がない。

再現率90%のように、クラス分類器に要請を設定することを、しばしば**作動ポイント**（operating point）の設定と呼ぶ。作動ポイントを固定することは、ビジネス環境においては性能を顧客や組織内の他のグループに対して保証することになる。

新しいモデルを開発する際には、どこが作動ポイントになるかは、完全には明らかではない。したがって、モデルの問題をよりよく理解するために、すべての可能なスレッショルド、すなわちすべての可能な適合率と再現率の組合せを同時に見ることが役に立つ。これには、**適合率-再現率カーブ**（precision-recall curve）と呼ばれるものを用いる。sklearn.metricsモジュールに適合率-再現率カーブを計算する関数precision_recall_curveがある。この関数は、実際のラベル情報と、decision_functionかpredict_probaで予測された不確実性を必要とする。

In[56]:

```
from sklearn.metrics import precision_recall_curve
precision, recall, thresholds = precision_recall_curve(
    y_test, svc.decision_function(X_test))
```

precision_recall_curve関数は、すべての可能なスレッショルドに対する適合率と再現率の値のリストをソートして返すので、プロットすることができる。これを図5-13に示す。

In[57]:

```
# カーブがなめらかになるようにデータポイントを増やす
X, y = make_blobs(n_samples=(4000, 500), cluster_std=[7.0, 2], random_state=22)
X_train, X_test, y_train, y_test = train_test_split(X, y, random_state=0)
svc = SVC(gamma=.05).fit(X_train, y_train)
precision, recall, thresholds = precision_recall_curve(
    y_test, svc.decision_function(X_test))
# ゼロに最も近いスレッショルドを探す
close_zero = np.argmin(np.abs(thresholds))
plt.plot(precision[close_zero], recall[close_zero], 'o', markersize=10,
         label="threshold zero", fillstyle="none", c='k', mew=2)

plt.plot(precision, recall, label="precision recall curve")
plt.xlabel("Precision")
plt.ylabel("Recall")
plt.legend(loc="best")
```

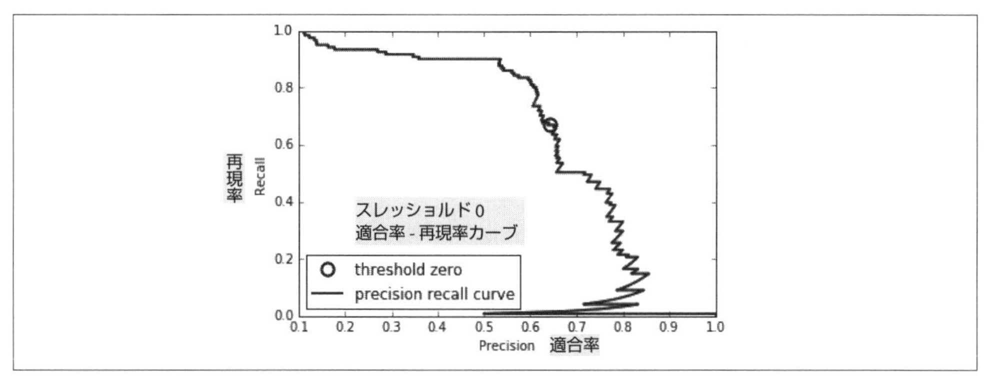

図5-13　SVC (gamma=0.05) に対する適合率-再現率カーブ

図5-13のカーブ上の個々の点は、`decision_function`のさまざまなスレッショルド値に対応する。例えば、再現率0.4を適合率0.75の点で達成することができる。黒い円は、`decision_function`のデフォルトであるスレッショルドが0の点を指している。この点は、`predict`メソッドを呼び出したときに用いられるトレードオフの点である。

カーブが右上の角に近ければ近いほど、良いクラス分類器であるということになる。つまりあるスレッショルドに対して、適合率が高く、**同時に**再現率も高いということだ。カーブは左上の角から始まる。この点は、スレッショルドが非常に低い場合に対応し、すべてを陽性クラスと判断する。スレッショルドを大きくするにつれて、カーブは適合率を高くする方向に行くが、再現率は低くなる。スレッショルドをさらに大きくすると、陽性と判断された点のほとんどが実際に陽性であるという状況になる。つまり適合率は高く、再現率は低い状況だ。適合率が高くなっても再現率が落ちないモデルが良いモデルなのだ。

このカーブをもう少しよく見てみよう。このモデルでは、再現率を非常に高く保ったまま適合率0.5までは達成できることがわかる。これ以上適合率を上げようとすると、再現率を大幅に犠牲にしなければならない。言い換えると、カーブの左側は比較的平らで、適合率を高くしても、再現率はそれほど大きくは下がらない。適合率が0.5より大きい領域では、適合率を少し上げると再現率が大きく低下する。

得意とするカーブの部分、すなわち作動ポイントは、クラス分類器によって異なる。同じデータセットに対して訓練したSVMとランダムフォレストを比較してみよう。`RandomForestClassifier`には`decision_function`はなく、`predict_proba`しかない。`precision_recall_curve`関数の第2引数は、陽性クラス（クラス1）の確信度尺度なので、サンプルがクラス1になる確率を渡せばよい。つまり、`rf.predict_proba(X_test)[:, 1]`とする。デフォルトの`predict_proba`に対するスレッショルドは0.5である。この点をグラフにプロットした（**図5-14**を参照）。

In[58]:

```
from sklearn.ensemble import RandomForestClassifier

rf = RandomForestClassifier(n_estimators=100, random_state=0, max_features=2)
rf.fit(X_train, y_train)

# RandomForestClassifierにはpredict_probaはあるがdecision_functionがない
precision_rf, recall_rf, thresholds_rf = precision_recall_curve(
    y_test, rf.predict_proba(X_test)[:, 1])

plt.plot(precision, recall, label="svc")

plt.plot(precision[close_zero], recall[close_zero], 'o', markersize=10,
         label="threshold zero svc", fillstyle="none", c='k', mew=2)

plt.plot(precision_rf, recall_rf, label="rf")

close_default_rf = np.argmin(np.abs(thresholds_rf - 0.5))
plt.plot(precision_rf[close_default_rf], recall_rf[close_default_rf], '^', c='k',
         markersize=10, label="threshold 0.5 rf", fillstyle="none", mew=2)
plt.xlabel("Precision")
plt.ylabel("Recall")
plt.legend(loc="best")
```

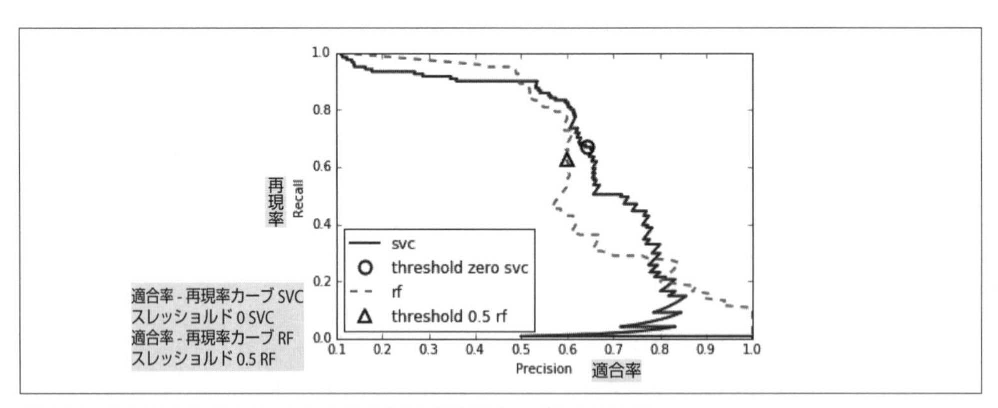

図5-14　SVMとランダムフォレストの適合率-再現率カーブによる比較

適合率－再現率カーブを比較してみると、極端なケース、つまり非常に高い再現率や非常に高い適合率が要求される場合には、ランダムフォレストの性能が良い。その中間（再現率が0.7のあたり）では、SVMのほうが性能が良い。f_1-値だけを見て全体の性能を比較していたのでは、このような微妙な部分を見過ごしてしまう。f_1-値はデフォルトのスレッショルドで与えられる一点を表しているにすぎないからだ。

In[59]:

```
print("f1_score of random forest: {:.3f}".format(
    f1_score(y_test, rf.predict(X_test))))
print("f1_score of svc: {:.3f}".format(f1_score(y_test, svc.predict(X_test))))
```

Out[59]:

```
f1_score of random forest: 0.610  ランダムフォレストのf1スコア
f1_score of svc: 0.656            SVCのf1スコア
```

2つの適合率－再現率カーブを比較するとさまざまなことがわかるが、それには人間が目で見る必要がある。自動的にモデルを比較するには、このカーブに含まれている情報を、特定のスレッショルドもしくは作動ポイントによらずにまとめる方法が必要だ。適合率－再現率カーブを要約する方法の1つが、カーブの下の領域を積分する方法である。これは、**平均適合率**（average precision）とも呼ばれる[*1]。`average_precision_score`関数を用いて平均適合率を計算することができる。適合率－再現率カーブを計算して複数のスレッショルドを考えなければならないので、`average_precision_score`には、`predict`の結果ではなく、`decision_function`もしくは`predict_proba`の結果を渡す必要がある。

In[60]:

```
from sklearn.metrics import average_precision_score
ap_rf = average_precision_score(y_test, rf.predict_proba(X_test)[:, 1])
ap_svc = average_precision_score(y_test, svc.decision_function(X_test))
print("Average precision of random forest: {:.3f}".format(ap_rf))
print("Average precision of svc: {:.3f}".format(ap_svc))
```

Out[60]:

```
Average precision of random forest: 0.666  ランダムフォレストの平均適合率
Average precision of svc: 0.663            SVCの平均適合率
```

すべての可能なスレッショルドに対して平均を取ると、ランダムフォレストとSVCの結果はだいたい同じだが、ランダムフォレストのほうが少しだけ良いという結果になる。これは、上で`f1_score`で得た結果とは大きく異なる。平均適合率は、0から1までのカーブの下の領域なので、平均適合率の値は0（最悪値）から1（最良値）までとなる。`decision_function`にランダムな値を返すクラス分類器では、平均適合率の値はデータセット中の陽性サンプルの割合と同じになる。

＊1　厳密には適合率－再現率カーブの下の領域の積分値と平均適合率は異なるが、だいたいは同じだ。

5.3.2.6 受信者動作特性(ROC)とAUC

さまざまなスレッショルドにおけるクラス分類器の挙動を解析するためのよく使われるもう1つの道具として、**受信者動作特性カーブ**(receiver operating characteristics curve)略して**ROCカーブ**がある。適合率-再現率カーブと同様に、ROCカーブは与えられたクラス分類器のすべてのスレッショルドを考慮するが、適合率と再現率の代わりに、**偽陽性率**(false positive rate：FPR)を**真陽性率**(true positive rate：TPR)に対してプロットする。真陽性率は再現率の別名だが、偽陽性率は、すべての陰性サンプルの個数に対する偽陽性数の割合である。

$$\mathrm{FPR} = \frac{\mathrm{FP}}{\mathrm{FP} + \mathrm{TN}}$$

ROCカーブは、roc_curveで計算することができる(**図5-15**を参照)。

In[61]:

```
from sklearn.metrics import roc_curve
fpr, tpr, thresholds = roc_curve(y_test, svc.decision_function(X_test))

plt.plot(fpr, tpr, label="ROC Curve")
plt.xlabel("FPR")
plt.ylabel("TPR (recall)")
# 0に最も近いスレッショルドを見つける
close_zero = np.argmin(np.abs(thresholds))
plt.plot(fpr[close_zero], tpr[close_zero], 'o', markersize=10,
         label="threshold zero", fillstyle="none", c='k', mew=2)
plt.legend(loc=4)
```

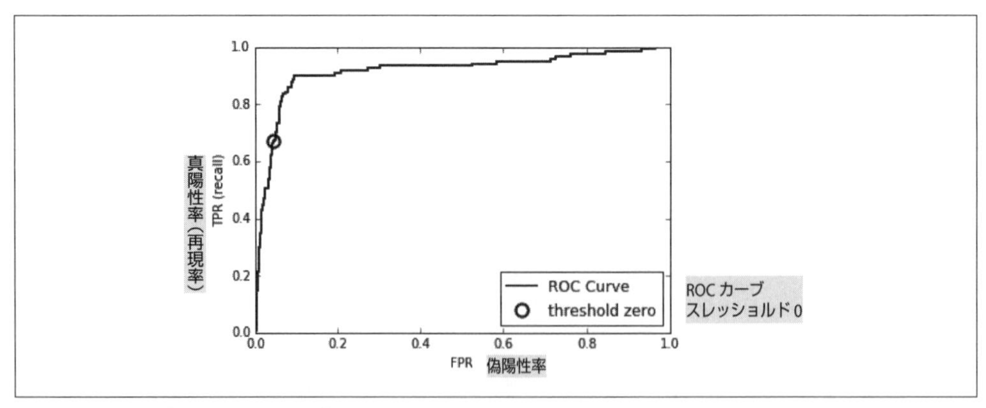

図5-15 SVMに対するROCカーブ

ROCカーブにおいては、理想的な点は左上に近い点だ。つまり、**低い偽陽性率**を保ちながら**高い**

再現率を達成するのが理想だ。このカーブから、デフォルトのスレッショルド0と比較すると、FPRをわずかに増やすだけで、はるかに高い再現率（およそ0.9）を達成できることがわかる。左上に近い点が、デフォルトで選ばれた点よりもよい作動ポイントかもしれない。再度注意しておくが、スレッショルドを選択する際にテストセットを使ってはいけない。別の検証セットを使うことを忘れないようにしよう。

ランダムフォレストとSVMをROCカーブで比較したものを図5-16に示す。

In[62]:

```
from sklearn.metrics import roc_curve
fpr_rf, tpr_rf, thresholds_rf = roc_curve(y_test, rf.predict_proba(X_test)[:, 1])

plt.plot(fpr, tpr, label="ROC Curve SVC")
plt.plot(fpr_rf, tpr_rf, label="ROC Curve RF")

plt.xlabel("FPR")
plt.ylabel("TPR (recall)")
plt.plot(fpr[close_zero], tpr[close_zero], 'o', markersize=10,
         label="threshold zero SVC", fillstyle="none", c='k', mew=2)
close_default_rf = np.argmin(np.abs(thresholds_rf - 0.5))
plt.plot(fpr_rf[close_default_rf], tpr[close_default_rf], '^', markersize=10,
         label="threshold 0.5 RF", fillstyle="none", c='k', mew=2)

plt.legend(loc=4)
```

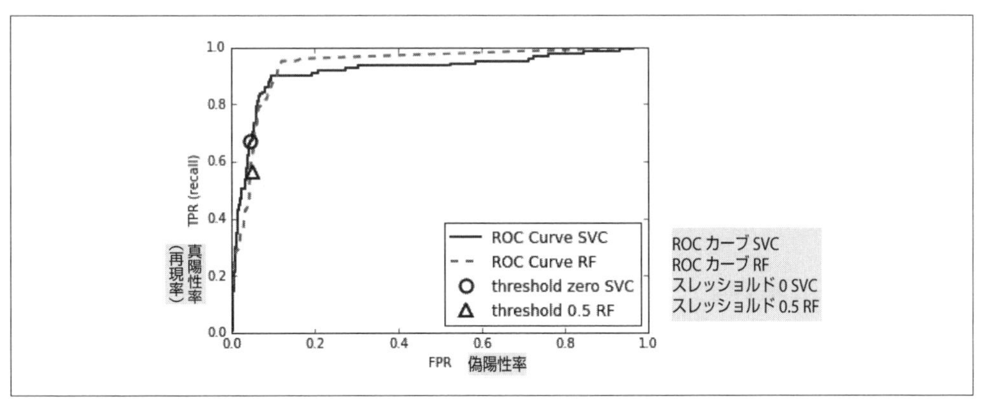

図5-16 SVMとランダムフォレストのROCカーブによる比較

適合率-再現率カーブの場合と同様に、カーブの下の領域面積を用いて、ROCカーブを1つの値にまとめることができる（カーブの下の領域（area under the curve）を略して一般にAUCと呼ぶ。この場合のカーブはROCカーブである）。ROCのカーブの下の領域をroc_auc_score関数で計算することができる。

In[63]:

```
from sklearn.metrics import roc_auc_score
rf_auc = roc_auc_score(y_test, rf.predict_proba(X_test)[:, 1])
svc_auc = roc_auc_score(y_test, svc.decision_function(X_test))
print("AUC for Random Forest: {:.3f}".format(rf_auc))
print("AUC for SVC: {:.3f}".format(svc_auc))
```

Out[63]:

```
AUC for Random Forest: 0.937   ランダムフォレストのAUC
AUC for SVC: 0.916             SVCのAUC
```

ランダムフォレストとSVMをAUCスコアで比較すると、ランダムフォレストのほうがSVMよりも少しだけ良いことがわかる。ROCは0から1までのカーブの下の領域なので、AUCスコアは常に0（最悪値）から1（最良値）の間になる。ランダムに予測するようなクラス分類器に対しては、どんなにクラスが偏ったデータセットであっても、AUCは常に0.5になる。したがって、偏ったクラス分類問題を評価する際の基準としては、精度よりもAUCのほうがはるかに良いということになる。AUCは陽性のサンプルの**ランキング**を評価していると解釈することもできる。AUCは、ランダムに選んだ陽性クラスサンプルのそのクラス分類器でのスコアが、ランダムに選んだ陰性クラスサンプルのスコアよりも高くなる確率と同じである。完全なクラス分類器のAUCは1となる。これは、すべての陽性サンプルのスコアがすべての陰性サンプルのスコアよりも高くなることを意味する。偏ったクラスのクラス分類問題では、精度ではなくAUCをモデル選択に用いたほうがはるかに良い結果が得られる。

「**5.3.2.2 偏ったデータセット**」に登場したdigitsデータセットの「9」と「9以外」をクラス分類する問題に戻ってみよう。SVMのカーネルバンド幅gammaを3種類に設定してデータセットを分類する（**図5-17**）。

In[64]:

```
y = digits.target == 9

X_train, X_test, y_train, y_test = train_test_split(
    digits.data, y, random_state=0)

plt.figure()

for gamma in [1, 0.05, 0.01]:
    svc = SVC(gamma=gamma).fit(X_train, y_train)
```

```
    accuracy = svc.score(X_test, y_test)
    auc = roc_auc_score(y_test, svc.decision_function(X_test))
    fpr, tpr, _ = roc_curve(y_test , svc.decision_function(X_test))
    print("gamma = {:.2f}  accuracy = {:.2f}  AUC = {:.2f}".format(
    gamma, accuracy, auc))
    plt.plot(fpr, tpr, label="gamma={:.3f}".format(gamma))
plt.xlabel("FPR")
plt.ylabel("TPR")
plt.xlim(-0.01, 1)
plt.ylim(0, 1.02)
plt.legend(loc="best")
```

Out[64]:

```
gamma = 1.00  accuracy = 0.90  AUC = 0.50
gamma = 0.05  accuracy = 0.90  AUC = 0.90
gamma = 0.01  accuracy = 0.90  AUC = 1.00
```

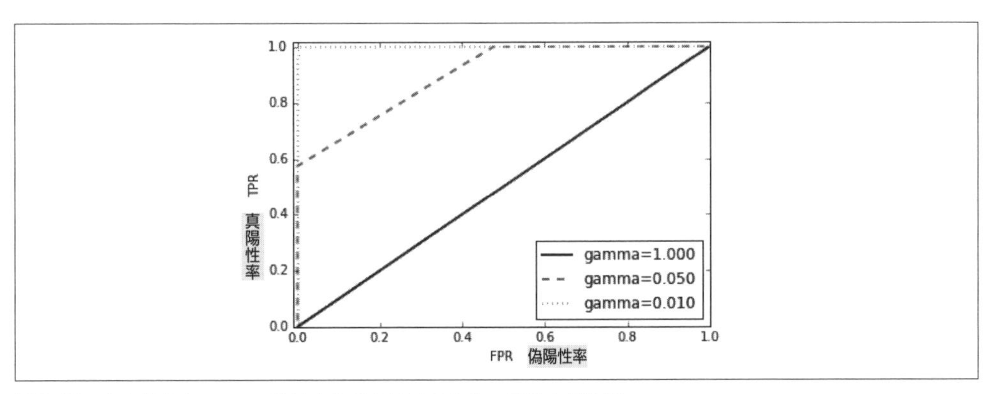

図5-17　さまざまなgammaに対するSVMのROCカーブによる比較

どのgammaに対しても、精度は同じで90%である。これはチャンスレベル[*1]の性能かもしれないし、そうでないかもしれない。しかし、AUCと対応するカーブを見ると、3つのモデルの違いがはっきりわかる。gamma=1.0の場合は、AUCが実際にチャンスレベルになっており、decision_functionの出力はランダムなものと変わらない。gamma=0.05ではAUCが大きく改善し0.9となる。最後にgamma=0.01とすると、完全なAUC1.0が得られる。これは、すべての陽性データポイントがすべての陰性データポイントよりも、決定関数で良いスコアを得ているということだ。つまり、適切

＊1　訳注：乱数で選択した場合でも、偶然の一致で得られてしまう性能のこと。

にスレッショルドを設定すれば、このモデルはデータを完璧に分類できる、ということになる*1。これがわかれば、このモデルのスレッショルドを調整して、素晴らしい予測をすることができるだろう。精度だけを使っていたのでは、このようなことはわからない。

したがって、偏ったデータを評価する際には、AUCを用いることを強く勧める。ただし、AUCはデフォルトのスレッショルドを用いないので、AUCが高いモデルを用いて有用なクラス分類を行うには、スレッショルドを調整する必要があるかもしれないことに留意しよう。

5.3.3 多クラス分類の基準

2クラス分類タスクの評価について厳密に議論したところで、多クラス分類の評価基準に移ろう。基本的に、多クラス分類の基準はすべて2クラス分類の基準から導出されたもので、すべてのクラスに対して平均を取ったものである。2クラス分類の場合と同様に、多クラス分類の精度は正確にクラス分類されたサンプルの割合である。これはクラス分布が偏ったデータセットの場合には、やはり適切な評価基準ではない。85%の点がクラスA、10%がクラスB、5%がクラスCに属する3クラス分類問題を考えてみよう。精度が85%ということは何を意味するのだろうか？一般に、多クラス分類問題の結果は、2クラス分類問題の結果よりも理解するのが難しい。精度以外の一般的なツールには、前節で見た混同行列とクラス分類レポートがある。これらの詳細な評価手法をdigitsデータセットの数字をそれぞれ個別に識別する10クラス分類タスクに適用してみよう。

In[65]:

```
from sklearn.metrics import accuracy_score
X_train, X_test, y_train, y_test = train_test_split(
    digits.data, digits.target, random_state=0)
lr = LogisticRegression().fit(X_train, y_train)
pred = lr.predict(X_test)
print("Accuracy: {:.3f}".format(accuracy_score(y_test, pred)))
print("Confusion matrix:\n{}".format(confusion_matrix(y_test, pred)))
```

Out[65]:

```
Accuracy: 0.953          精度
Confusion matrix:       混同行列
[[37  0  0  0  0  0  0  0  0  0]
 [ 0 39  0  0  0  0  2  0  2  0]
 [ 0  0 41  3  0  0  0  0  0  0]
 [ 0  0  1 43  0  0  0  0  0  1]
```

*1　gamma=0.01のカーブをよく見てみると、左上の角に小さな欠陥がある。これは少なくとも1つのデータサンプルは正しくランキングできていないことを意味する。AUCが1.0になったのは、小数点以下2桁で四捨五入した結果だ。

```
 [ 0  0  0  0 38  0  0  0  0  0]
 [ 0  1  0  0  0 47  0  0  0  0]
 [ 0  0  0  0  0  0 52  0  0  0]
 [ 0  1  0  1  1  0  0 45  0  0]
 [ 0  3  1  0  0  0  0  0 43  1]
 [ 0  0  0  1  0  1  0  0  1 44]]
```

モデルの精度は95.3%である。これだけからでもモデルがかなりうまく機能していることがわかるが、混同行列からはさらに詳細な情報が得られる。2クラス分類の場合と同様に、行は実際のラベルを、列が対応する予測ラベルを示す。図5-18に視覚的にわかりやすくしたものを示す。

In[66]:

```
scores_image = mglearn.tools.heatmap(
    confusion_matrix(y_test, pred), xlabel='Predicted label',
    ylabel='True label', xticklabels=digits.target_names,
    yticklabels=digits.target_names, cmap=plt.cm.gray_r, fmt="%d")
plt.title("Confusion matrix")
plt.gca().invert_yaxis()
```

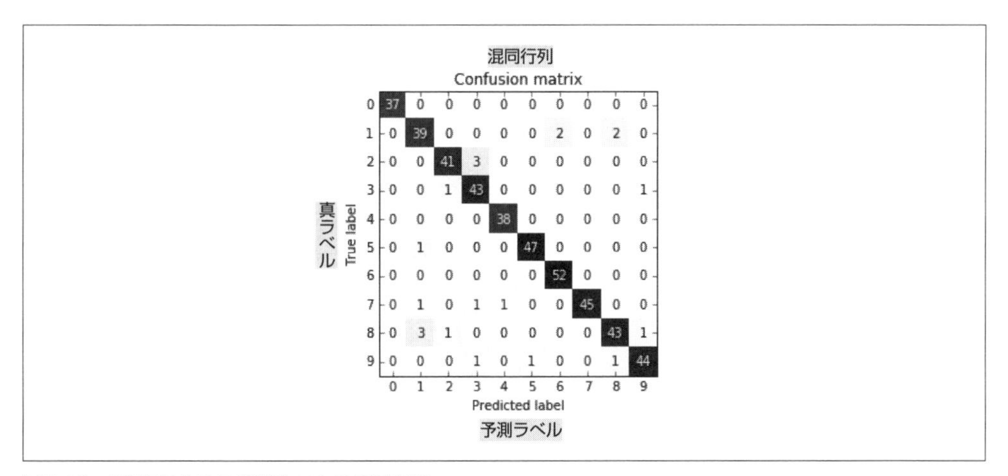

図5-18　10数字クラス分類タスクの混同行列

最初のクラス、すなわち数字0については、37個のサンプルがあり、すべてがクラス0と分類されている(偽陰性はなかった)。これは、混同行列の最初の行の他のエントリがすべて0であることからわかる。また、他の数字が誤って0と分類されたこともないことがわかる(クラス0の偽陽性もなかった)。これは、混同行列の最初の列の他のエントリがすべて0であることからわかる。しかし、数字によっては他の数字と混同されている。例えば数字2(3行目)を見ると、3つが数字3(4列目)にクラス分類されている。また、数字3の1つが2と分類されており(3列目4行目)、数字8の1つが2と分類されている(3列目9行目)。

classification_report関数を用いて、適合率、再現率、f-値を、それぞれのクラスに対して計算することができる。

In[67]:

```
print(classification_report(y_test, pred))
```

Out[67]:

```
             precision    recall  f1-score   support

          0       1.00      1.00      1.00        37
          1       0.89      0.91      0.90        43
          2       0.95      0.93      0.94        44
          3       0.90      0.96      0.92        45
          4       0.97      1.00      0.99        38
          5       0.98      0.98      0.98        48
          6       0.96      1.00      0.98        52
          7       1.00      0.94      0.97        48
          8       0.93      0.90      0.91        48
          9       0.96      0.94      0.95        47

avg / total       0.95      0.95      0.95       450
```

適合率　再現率　f1スコア　支持度

クラス0に対してはまったく混同がなかったので、当然ながら適合率も再現率も完璧で、1となっている。一方、クラス7については他のクラスのものが間違って7と判断されることはなかったので、適合率は1となっている。クラス6については偽陰性がなかったので、再現率が1となっている。この結果からこのモデルは8と3を苦手としていることがわかる。

偏ったデータセットに対する多クラス分類問題で最もよく用いられる基準は、多クラス版のf-値である。多クラスf-値は次のように求める。まず、個々のクラスに対してそのクラスを陽性、他のクラスを陰性として2クラスf-値を計算する。次に、このクラスごとのf-値を、次のようにして平均する。

- "macro"平均は、重みを付けずにクラスごとのf-値を平均する。クラスのサイズを考慮せずに、すべてのクラスに同じ重みを与える。
- "weighted"平均は、各クラスの支持度に応じて重みを付けて、クラスごとのf-値を平均する。クラス分類レポートで表示されるのはこの値だ。
- "micro"平均は、すべてのクラスの偽陽性、偽陰性、真陽性の総数を計算し、その値を用いて、適合率、再現率、f-値を計算する。

個々の**サンプル**を同じように重視するのであれば、"micro"平均のf_1-値を使う。個々の**クラス**を同じように重視するのであれば、"macro"平均のf_1-値を使う。

In[68]:

```
print("Micro average f1 score: {:.3f}".format
       (f1_score(y_test, pred, average="micro")))
print("Macro average f1 score: {:.3f}".format
       (f1_score(y_test, pred, average="macro")))
```

Out[68]:

```
Micro average f1 score: 0.953  f1スコアのミクロ平均
Macro average f1 score: 0.954  f1スコアのマクロ平均
```

5.3.4 回帰の基準

回帰の評価をクラス分類と同じように行うことも可能だ。例えば、ターゲットよりも大きく予想したか、小さく予想したかを解析することもできるだろう。しかし、我々が経験したほとんどのアプリケーションにおいて、すべての回帰器でscoreメソッドのデフォルトであるR^2を用いれば十分であった。平均二乗誤差や平均絶対誤差を使ってビジネス決定を行う場合には、これらの基準でモデルをチューニングする必要があるかもしれないが、回帰モデルを評価する上では、R^2が最も直観的な基準だ。

5.3.5 評価基準を用いたモデル選択

これまでに、さまざまな評価基準と実際の値とモデルが与えられた際に適用する方法を詳細に述べた。しかし、AUCのような基準を、GridSearchCVやcross_val_scoreによるモデル選択で用いたいという場合も多いだろう。幸運なことに、scikit-learnではこれを簡単に実現できる。GridSearchCVにもcross_val_scoreにもあるscoringという引数を用いる。利用したい評価基準を文字列で与えるだけでよい。例えば、digitsデータセットの「9 vs. 9以外」タスクでのVMクラス分類器を、AUCスコアで評価したいとしよう。デフォルトの基準（精度）からAUCに変更するには、"roc_auc"をscoringパラメータに与えればよい。

In[69]:

```
# デフォルトのクラス分類スコアは精度
print("Default scoring: {}".format(
    cross_val_score(SVC(), digits.data, digits.target == 9)))
# scoring="accuracy"としても結果は変わらない
explicit_accuracy =  cross_val_score(SVC(), digits.data, digits.target == 9,
                                     scoring="accuracy")
```

```
print("Explicit accuracy scoring: {}".format(explicit_accuracy))
roc_auc =  cross_val_score(SVC(), digits.data, digits.target == 9,
                           scoring="roc_auc")
print("AUC scoring: {}".format(roc_auc))
```

Out[69]:

```
Default scoring: [ 0.9  0.9  0.9]                          デフォルトのスコア
Explicit accuracy scoring: [ 0.9  0.9  0.9]  明示的に精度を指定したスコア
AUC scoring: [ 0.994  0.99   0.996]                        AUCによるスコア
```

同様に、GridSearchCVで最良のパラメータを見つける際の基準も変更することができる。

In[70]:

```
X_train, X_test, y_train, y_test = train_test_split(
    digits.data, digits.target == 9, random_state=0)

# 説明の都合上、あまり良くないグリッドを与える
param_grid = {'gamma': [0.0001, 0.01, 0.1, 1, 10]}
# デフォルトのスコア法である精度で評価
grid = GridSearchCV(SVC(), param_grid=param_grid)
grid.fit(X_train, y_train)
print("Grid-Search with accuracy")
print("Best parameters:", grid.best_params_)
print("Best cross-validation score (accuracy)): {:.3f}".format(grid.best_score_))
print("Test set AUC: {:.3f}".format(
    roc_auc_score(y_test, grid.decision_function(X_test))))
print("Test set accuracy: {:.3f}".format(grid.score(X_test, y_test)))
```

Out[70]:

```
Grid-Search with accuracy                            精度を用いたグリッドサーチ
Best parameters: {'gamma': 0.0001}                          最良のパラメータ
Best cross-validation score (accuracy)): 0.970      最良の交差検証スコア
Test set AUC: 0.992                                        テストセットのAUC
Test set accuracy: 0.973                                    テストセットの精度
```

In[71]:

```
# AUCをスコアに用いる
grid = GridSearchCV(SVC(), param_grid=param_grid, scoring="roc_auc")
grid.fit(X_train, y_train)
print("\nGrid-Search with AUC")
print("Best parameters:", grid.best_params_)
print("Best cross-validation score (AUC): {:.3f}".format(grid.best_score_))
```

```
print("Test set AUC: {:.3f}".format(grid.score(X_test, y_test)))
```

Out[71]:

```
Grid-Search with AUC                          AUCを用いたグリッドサーチ
Best parameters: {'gamma': 0.01}              最良のパラメータ
Best cross-validation score (AUC): 0.997      最良の交差検証スコア
Test set AUC: 1.000                           テストセットのAUC
```

精度を用いるとgamma=0.0001が選択されるが、AUCを用いるとgamma=0.01が選択される。いずれの場合も、交差検証精度はテストセット精度と整合している。しかしAUCを用いて見つけたパラメータのほうが、AUCだけでなく、精度の面でも良いスコアを示している[*1]。

クラス分類におけるscoringパラメータの値として重要なものとしては、accuracy（デフォルト）、roc_auc（ROCカーブのカーブ下領域：AUC）、average_precision（適合率-再現率カーブのカーブ下領域）、f1、f1_macro、f1_micro、f1_weighted（2クラス分類のf_1-値と、f_1-値のさまざまな重み付け平均）がある。回帰でよく用いられるのは、r2（R^2スコア）、mean_squared_error（平均二乗誤差）、mean_absolute_error（平均絶対誤差）だ。サポートされている引数の値のリストはドキュメント（http://scikit-learn.org/stable/modules/model_evaluation.html#the-scoring-parameter-defining-model-evaluation-rules）にある。metrics.scorerモジュールに定義されているSCORERSディクショナリを見てもよい。

In[72]:

```
from sklearn.metrics.scorer import SCORERS
print("Available scorers:\n{}".format(sorted(SCORERS.keys())))
```

Out[72]:

```
Available scorers:  指定できるスコア
['accuracy', 'adjusted_rand_score', 'average_precision', 'f1', 'f1_macro',
 'f1_micro', 'f1_samples', 'f1_weighted', 'log_loss', 'mean_absolute_error',
 'mean_squared_error', 'median_absolute_error', 'precision', 'precision_macro',
 'precision_micro', 'precision_samples', 'precision_weighted', 'r2', 'recall',
 'recall_macro', 'recall_micro', 'recall_samples', 'recall_weighted', 'roc_auc']
```

＊1　AUCを用いたほうが精度が高くなるのは、偏ったデータに対するモデル性能の評価基準としては、精度が良い基準ではないためだ。

5.4 まとめと展望

本章では、機械学習アルゴリズムの評価とチューニングの礎石となる、交差検証、グリッドサーチ、評価基準について述べた。本章で述べたツールと、**「2章　教師あり学習」**および**「3章　教師なし学習と前処理」**で述べたアルゴリズムが、機械学習を実践する上での日々の基本となる。

本章で述べたことのうち、次の2点は新たな実践者が見落としがちなので、繰り返しておく価値があるだろう。1つは、交差検証に関することだ。交差検証もテストセットの利用も機械学習モデルの将来における性能を評価するためのものだ。しかし、テストセットや交差検証をモデルやモデルのパラメータを選択するために用いてしまうと、テストデータを「利用済み」にしてしまう。このため、同じデータを使って将来におけるモデルの性能を評価すると、過度に楽観的な見積もりが得られてしまう。したがって、モデルを構築するための訓練データとパラメータ選択のための検証データと評価のためのテストデータに分けなければならない。単純に分割する代わりに、交差検証を行ってもよい。最も一般に使われるのは、前にも述べた通り訓練セットとテストセットを評価のために分離し、訓練セットに対して交差検証でパラメータ選択を行う方法である。

2つ目のポイントは、モデル選択やモデル評価における評価基準もしくはスコア関数の重要性である。機械学習モデルによる予測からビジネス決定を行う理論については、本書の範囲を超える[*1]。しかし、高い精度を達成すること自体が機械学習タスクの最終的な目標であることはほとんどない。モデルの評価や選択に用いる基準が、モデルが実際に利用される際の状況を反映するようにしなければならない。現実世界では、クラス分類問題におけるクラスが偏っていないことはほとんどないし、偽陽性と偽陰性の結果が大きく異なる場合が多い。それぞれの結果がどうなるかを理解し、それに従って評価基準を定める必要がある。

ここまでに述べたモデル評価技術とモデル選択技術は、データサイエンティストのツールボックスのツールの中でも最も重要なものである。本章で述べたグリッドサーチや交差検証は、単一の教師あり学習モデルにしか利用できない。しかし、これまでにも見た通り、多くのモデルでは前処理が必要だし、**「3章　教師なし学習と前処理」**で説明した顔認識のように、データの異なる表現を抽出することが有用な場合もある。次の章では、`Pipeline`クラスを導入する。これを用いると、グリッドサーチや交差検証を複雑なアルゴリズムチェーンで利用できるようになる。

＊1　このトピックについては、Foster ProvostとTom Fawcettの書籍『*Data Science for Business*』（O'Reilly、邦題『戦略的データサイエンス入門』）を強く勧める。

6章 アルゴリズムチェーンとパイプライン

「4章　データの表現と特徴量エンジニアリング」で述べたように、多くの機械学習アルゴリズムにおいて、データの表現は非常に重要だ。データの表現は、データのスケール変換から、手で特徴量を組み合わせたり、教師なし学習で特徴量を学習することまで、多岐にわたる。したがって、多くの機械学習アプリケーションでは、1つのアルゴリズムを実行するだけでなく、さまざまな処理と複数の機械学習アルゴリズムを連鎖的に実行する必要がある。本章ではPipelineクラスを用いて、データ変換とモデル実行のチェーンの構築を簡単に行う方法を述べる。特に、Pipelineと、GridSearchCVを用いてすべての処理ステップを一度に行う方法を見ていく。

モデルチェーンの重要性を示す例として、cancerデータセットを見ていこう。このデータセットでは、前処理にMinMaxScalerを使うことで、カーネル法を用いたSVMの性能を著しく向上することができた。下に、データを分割して最大値と最小値を求め、データのスケール変換を行い、SVMを訓練するコードを示す。

In[1]:

```
from sklearn.svm import SVC
from sklearn.datasets import load_breast_cancer
from sklearn.model_selection import train_test_split
from sklearn.preprocessing import MinMaxScaler

# データをロードして分割
cancer = load_breast_cancer()
X_train, X_test, y_train, y_test = train_test_split(
    cancer.data, cancer.target, random_state=0)

# 訓練データの最小値と最大値を計算
scaler = MinMaxScaler().fit(X_train)
```

In[2]:

```
# 訓練データをスケール変換
X_train_scaled = scaler.transform(X_train)

svm = SVC()
# SVMをスケール変換したデータで訓練
svm.fit(X_train_scaled, y_train)
# テストデータをスケール変換して、それを用いて評価
X_test_scaled = scaler.transform(X_test)
print("Test score: {:.2f}".format(svm.score(X_test_scaled, y_test)))
```

Out[2]:

```
Test score: 0.95
```

6.1 前処理を行う際のパラメータ選択

さてここで、「**5章 モデルの評価と改良**」で述べたように、GridSearchCVを用いてSVCのより良いパラメータを求めることを考えてみよう。どうしたらよいだろうか？単純に考えると次のようになるだろう。

In[3]:

```
from sklearn.model_selection import GridSearchCV
# 説明のためのコード。こんなふうに書いてはだめ！
param_grid = {'C': [0.001, 0.01, 0.1, 1, 10, 100],
              'gamma': [0.001, 0.01, 0.1, 1, 10, 100]}
grid = GridSearchCV(SVC(), param_grid=param_grid, cv=5)
grid.fit(X_train_scaled, y_train)
print("Best cross-validation accuracy: {:.2f}".format(grid.best_score_))
print("Best set score: {:.2f}".format(grid.score(X_test_scaled, y_test)))
print("Best parameters: ", grid.best_params_)
```

Out[3]:

```
Best cross-validation accuracy: 0.98  最良の交差検証精度
Best set score: 0.97
Best parameters:  {'gamma': 1, 'C': 1}
```

ここでは、SVCのパラメータに対してスケール変換されたデータを用いてグリッドサーチを行っている。しかし、ここに微妙な問題がある。ここでは、データをスケール変換する際に、**訓練セットのすべてのデータ**を用いている。その**スケール変換された訓練データ**を用いて交差検証を用いてグリッドサーチを行っている。交差検証の過程では分割されたデータの一部が訓練用分割となり、残りが

検証用分割になる。検証用分割となった部分は、訓練用分割となった部分を用いて訓練されたモデルの、新しいデータに対する性能を評価するために用いられる。しかし、実は既に、スケール変換する際に、検証用分割となった部分に含まれている情報を使ってしまっている。交差検証で用いる検証用分割として使う部分は、訓練データセットの一部であり、データの正しいスケールを決めるために、訓練データセット全体の情報を使っているからだ。このようなデータは、モデルに対してまったく新しいデータとは本質的に異なる。まったく新しいデータを観測した場合（例えばテストデータセット）、そのデータは訓練セットをスケール変換するのには用いられておらず、したがって、訓練データとは異なる最小値と最大値を持つかもしれない。**図6-1**に、交差検証の際と最終的な評価の際のデータ処理の違いを示す。

In[4]:

```
mglearn.plots.plot_improper_processing()
```

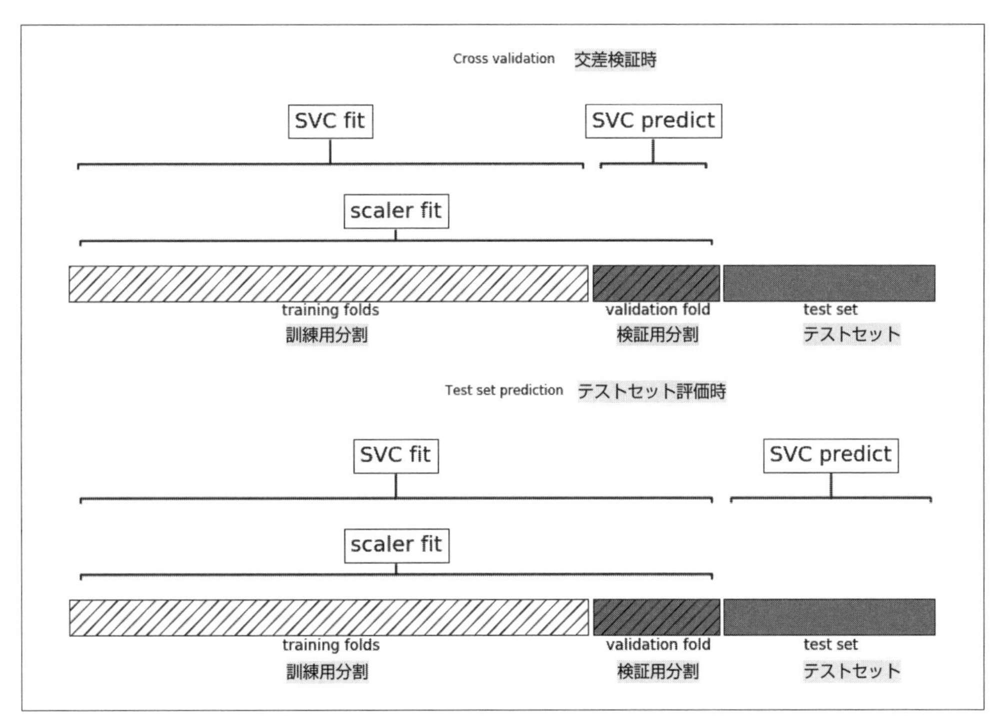

図6-1 交差検証ループの外で前処理を行う場合のデータ使用方法

つまり、モデル構築過程において、検証データはまったく新しいデータでなければならないのに、この場合には交差検証の検証データがその要件を満たしていない。検証データになるべき部分の情報がモデル構築過程にリークしてしまっている。この結果、交差検証で過度に楽観的な結果が得られてしまったり、最良でないパラメータが選択されてしまう可能性がある。

この問題を回避するには、**前処理をする前に**交差検証のためのデータ分割を行う必要がある。データセットから何らかの知識を抽出する過程は、交差検証のループの内側で、データセットの訓練データとなる部分に対してのみ行うようにするのだ。

これを実現するために、scikit-learnではcross_val_score関数とGridSearchCV関数にPipelineクラスを使うことができる。Pipelineクラスを用いると、複数の処理ステップを「糊付け」し、1つのscikit-learnのEstimatorにすることができる。Pipelineクラスには、fit、predict、scoreメソッドがあり、scikit-learnの他のモデルと同様に振る舞う。Pipelineクラスは、前処理ステップ（データのスケール変換など）と、クラス分類器などの教師あり学習モデルを組み合わせるために最もよく使われる。

6.2 パイプラインの構築

Pipelineクラスを用いて、MinMaxScalerによるスケール変換を行ってからSVMを訓練するワークフローを表現する方法を見てみよう（ここではグリッドサーチは行わない）。まず、各ステップをリストとして指定してPipelineオブジェクトを作る。個々のステップは、名前（任意の文字列[*1]）と、Estimatorのインスタンスのタプルで表す。

In[5]:

```
from sklearn.pipeline import Pipeline
pipe = Pipeline([("scaler", MinMaxScaler()), ("svm", SVC())])
```

ここでは2つのステップを作っている。1つ目は"scaler"という名前で、MinMaxScalerのインスタンス、2つ目は、"svm"という名前でSVCのインスタンスである。次に、scikit-learnの他のEstimatorと同じように、パイプラインに対してfitメソッドを呼び出す。

In[6]:

```
pipe.fit(X_train, y_train)
```

ここで、pipe.fitはまず、第1ステップ（scaler）のfitを呼び出して訓練データをscalerを用いて変換し、次にSVMを、変換されたデータを用いてfitする。テストデータを用いて評価するには、pipe.scoreを用いればよい。

In[7]:

```
print("Test score: {:.2f}".format(pipe.score(X_test, y_test)))
```

＊1　名前は任意の文字列だが1つだけ例外がある。連続したアンダースコア（__）を含んではいけない。

Out[7]:

```
Test score: 0.95 テストデータに対するスコア
```

パイプラインのscoreメソッドを呼ぶと、まずテストデータをscalerで変換し、SVMのscoreメソッドを変換されたデータで呼び出す。出力からわかるように、結果は本章の最初で見た、変換を手動で行った場合とまったく同じである。パイプラインを用いると、「前処理+クラス分類」プロセスに必要なコード量を減らすことができる。しかし、パイプラインの真価は、cross_val_scoreやGridSearchCVにおいて、パイプラインを単独のEstimatorとして用いることができる点にある。

6.3 パイプラインを用いたグリッドサーチ

パイプラインをグリッドサーチで用いるには、他のEstimatorを用いる場合とまったく同じようにすればよい。サーチするパラメータグリッドを定義し、パイプラインとパラメータグリッドを用いてGridSearchCVを作る。ただし、パラメータグリッドを定義する部分には少しだけ変更が必要だ。個々のパラメータに対して、パイプラインのどのステップに属するかを指定する必要がある。ここでは、Cもgammaも2つ目のステップであるSVCのパラメータである。このステップには"svm"という名前を付けてある。パイプラインに対してパラメータグリッドを定義する文法は、個々のパラメータを、ステップの名前に__(連続したアンダースコア)を続け、その後ろにパラメータ名を書いて指定する。SVCのCパラメータに対してサーチを行うには、"svm__C"をパラメータグリッドディクショナリのキーとする。gammaも同様にする。

In[8]:

```
param_grid = {'svm__C': [0.001, 0.01, 0.1, 1, 10, 100],
              'svm__gamma': [0.001, 0.01, 0.1, 1, 10, 100]}
```

このパラメータグリッドを使って、GridSearchCVをいつものように使えばよい。

In[9]:

```
grid = GridSearchCV(pipe, param_grid=param_grid, cv=5)
grid.fit(X_train, y_train)
print("Best cross-validation accuracy: {:.2f}".format(grid.best_score_))
print("Test set score: {:.2f}".format(grid.score(X_test, y_test)))
print("Best parameters: {}".format(grid.best_params_))
```

Out[9]:

```
Best cross-validation accuracy: 0.98 最良の交差検証精度
Test set score: 0.97
Best parameters: {'svm__C': 1, 'svm__gamma': 1}
```

以前に行ったグリッドサーチと異なり、交差検証の個々の分割に対して、訓練用のパートのみを対象としてMinMaxScalerをfitし直すので、テスト用のパートから情報がパラメータサーチに漏れることはない。図6-2を図6-1と比較してみよう。

In[10]:

```
mglearn.plots.plot_proper_processing()
```

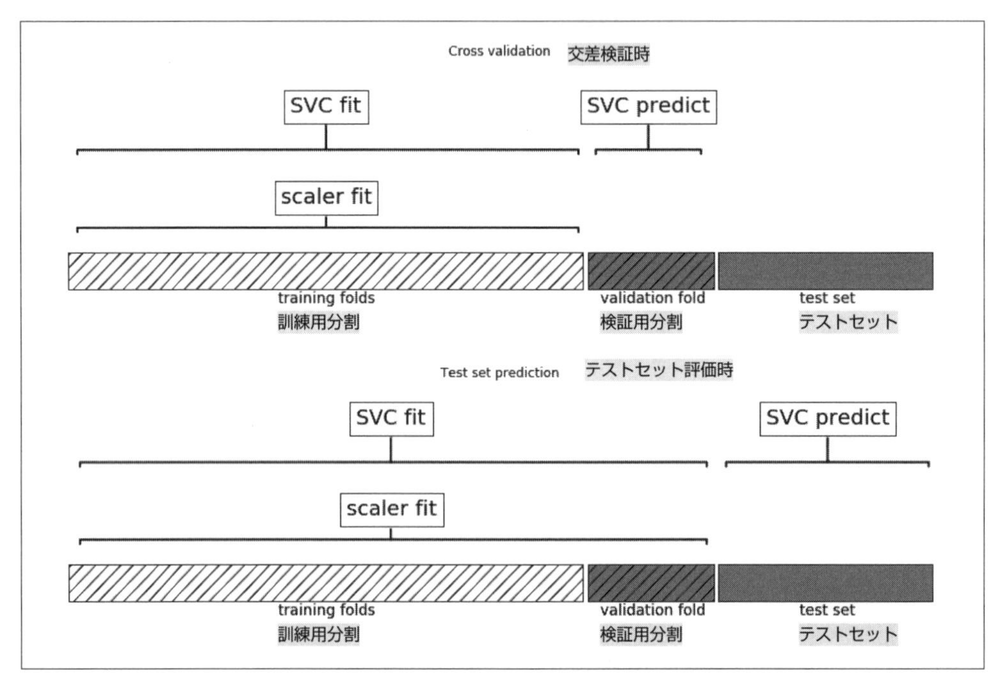

図6-2　パイプラインを用いて前処理を交差検証ループの中で行う場合のデータの使用方法

交差検証で情報がリークすることの影響は、前処理ステップの性質に依存する。データ変換のスケールをテストデータを用いて推定してもそれほど大きな影響はない。しかし、特徴量抽出や特徴量選択をテストデータで行うと、結果にかなりの影響が出る。

情報リークの影響

交差検証における情報リークの素晴らしい例が、Hastie、Tibshirani、Friedmanによる書籍『*The Elements of Statistical Learning*』(Springer、邦題『統計的学習の基礎：データマイニング・推論・予測』共立出版) に掲載されているので、ここで若干変更したものを紹介する。

10,000の特徴量を持つ100サンプルの合成回帰タスクを考えてみよう。すべてのデータを独立にガウス分布からサンプリングする。レスポンスもガウス分布からサンプリングする。

In[11]:

```
rnd = np.random.RandomState(seed=0)
X = rnd.normal(size=(100, 10000))
y = rnd.normal(size=(100,))
```

データセットの作り方から言って、データXとターゲットyの間には何の関係もなく（相互に独立）、このデータセットから学習できることはないはずだ。このデータに対して次のような学習を行う。まず、SelectPercentile特徴量抽出を行って、10個の最も情報の多い特徴量を抽出し、交差検証を用いてRidge回帰を評価する。

In[12]:

```
from sklearn.feature_selection import SelectPercentile, f_regression

select = SelectPercentile(score_func=f_regression, percentile=5).fit(X, y)
X_selected = select.transform(X)
print("X_selected.shape: {}".format(X_selected.shape))
```

Out[12]:

```
X_selected.shape: (100, 500)
```

In[13]:

```
from sklearn.model_selection import cross_val_score
from sklearn.linear_model import Ridge
print("Cross-validation accuracy (cv only on ridge): {:.2f}".format(
      np.mean(cross_val_score(Ridge(), X_selected, y, cv=5))))
```

Out[13]:

```
Cross-validation accuracy (cv only on ridge): 0.91
```
交差検証精度（リッジに対してだけ交差検証）

交差検証で得られた平均R^2は0.91で、これはかなり良いモデルであることを意味する。データは完全にランダムなのだから、これは明らかに正しくない。何が起こったのだろうか。特徴量抽出によって、10,000個のランダムな特徴量の中から、たまたまターゲットに相関のある特徴量が選ばれたのだ。ここでは、交差検証の**外**で特徴量抽出を行ったので、訓練セットでもテストセットでもターゲットに相関のある特徴量が得られてしまった。このせいで非現実的な結果になったのだ。パイプラインを使って適切な交差検証を行った場合と比較してみよう。

In[14]:

```
pipe = Pipeline([("select", SelectPercentile(score_func=f_regression,
                                             percentile=5)),
                 ("ridge", Ridge())])
print("Cross-validation accuracy (pipeline): {:.2f}".format(
      np.mean(cross_val_score(pipe, X, y, cv=5))))
```

Out[14]:

```
Cross-validation accuracy (pipeline): -0.25
```
交差検証精度（パイプライン）

今度は、R^2 スコアが負値となり、良くないモデルであることが示されている。パイプラインを使うことで特徴量抽出が交差検証ループの**内側**で行われている。このため、特徴量抽出は、テスト用の部分は用いず、訓練用の部分に対して行われるようになった。特徴量抽出によって、訓練セットのターゲットと相関がある特徴量が選択されるが、データは完全にランダムなので、選択された特徴量は、テストセットのターゲットとは相関がない。この例では、特徴量選択過程でのデータのリークを修正することで、非常に良いと評価されたモデルが、実はまったく良くないモデルだと判明したことになる。

6.4 汎用パイプラインインターフェイス

Pipelineクラスが適用できるのは、前処理とクラス分類に限られているわけではない。任意個数のEstimatorを連結できる。例えば、特徴量抽出、特徴量選択、スケール変換、クラス分離と4ステップのパイプラインを作ることもできる。最後の部分は、クラス分類ではなく、回帰やクラスタリングにすることもできる。

パイプラインに並べるEstimatorに関する制約は、最後以外のステップには次のステップで使うデータの新しい表現を生成するために、transformメソッドが定義されている必要があるということだけだ。

内部的には、Pipeline.fitが呼び出されると、各ステップに対して前段のステップのtransformメソッドの出力を入力として、fitを呼び出してからtransformを呼び出す[*1]。パイプラインの最後のステップではfitだけが呼ばれる。

詳細を省くと、次のように実装されていると思えばよい。pipeline.stepsはタプルのリストなので、pipeline.steps[0][1]が最初のEstimator、pipeline.steps[1][1]が2番目のEstimator、というようになっている。

＊1　もしくはfit_transformを呼び出す。

In[15]:

```
def fit(self, X, y):
    X_transformed = X
    for name, estimator in self.steps[:-1]:
        # 最後のステップ以外で、fitとtransformを
        # 順に実行
        X_transformed = estimator.fit_transform(X_transformed, y)
    # 最後のステップでfit
    self.steps[-1][1].fit(X_transformed, y)
    return self
```

Pipelineを用いて予測を行う際には、同様に最後のステップ以外でデータに対してtransformを行い、最後のステップではpredictを呼び出す。

In[16]:

```
def predict(self, X):
    X_transformed = X
    for step in self.steps[:-1]:
        # 最後のステップ以外で、transformを
        # 順に実行
        X_transformed = step[1].transform(X_transformed)
    # 最後のステップではpredict
    return self.steps[-1][1].predict(X_transformed)
```

2つのデータ変換T1、T2とクラス分類器Classifierに対するこの過程を、図6-3に示す。

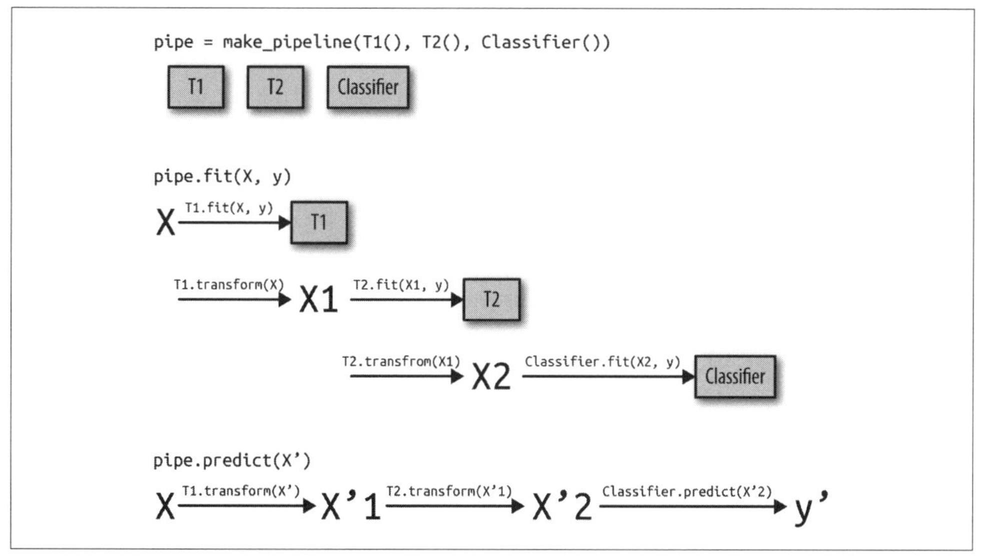

図6-3 パイプラインにおける訓練と予測の過程

実は、パイプラインはさらに汎用なツールである。パイプラインの最後のステップにpredictメソッドがなくても構わないので、例えばスケール変換器とPCAだけを持つようなパイプラインを作ることもできる。この場合、最後のステップ（PCA）にtransformメソッドがあるので、パイプラインに対してtransformメソッドを呼び出して、スケール変換されたデータに対してPCA.transformを行った結果を得ることができる。パイプラインの最後のステップに対する要求は、fitメソッドを持つことだけだ。

6.4.1 make_pipelineによる簡便なパイプライン生成

上で述べたパイプライン生成の文法は場合によっては面倒だ。各ステップに対してユーザが名前を与える必要がない場合も多い。これを簡便にする関数make_pipelineが用意されている。この関数はクラス名に基づいて個々のステップに自動的に名前を付けてくれる。make_pipeline関数の文法は次のようになる。

In[17]:

```
from sklearn.pipeline import make_pipeline
# 標準の文法
pipe_long = Pipeline([("scaler", MinMaxScaler()), ("svm", SVC(C=100))])
# 短縮文法
pipe_short = make_pipeline(MinMaxScaler(), SVC(C=100))
```

パイプラインオブジェクトpipe_longとpipe_shortはまったく同じように動作するが、pipe_shortの各ステップは自動的に生成された名前が付いている。steps属性を見ると各ステップの名前がわかる。

In[18]:

```
print("Pipeline steps:\n{}".format(pipe_short.steps))
```

Out[18]:

```
Pipeline steps:
[('minmaxscaler', MinMaxScaler(copy=True, feature_range=(0, 1))),
 ('svc', SVC(C=100, cache_size=200, class_weight=None, coef0=0.0,
             decision_function_shape=None, degree=3, gamma='auto',
             kernel='rbf', max_iter=-1, probability=False,
             random_state=None, shrinking=True, tol=0.001,
             verbose=False))]
```

ステップの名前はminmaxscaler、svcとなっている。一般にステップの名前は、クラス名を小文字にしただけのものが使われる。もし同じクラスのステップが複数あった場合には番号が追加される。

In[19]:

```
from sklearn.preprocessing import StandardScaler
from sklearn.decomposition import PCA

pipe = make_pipeline(StandardScaler(), PCA(n_components=2), StandardScaler())
print("Pipeline steps:\n{}".format(pipe.steps))
```

Out[19]:

```
Pipeline steps:
[('standardscaler-1', StandardScaler(copy=True, with_mean=True, with_std=True)),
 ('pca', PCA(copy=True, iterated_power=4, n_components=2, random_state=None,
            svd_solver='auto', tol=0.0, whiten=False)),
 ('standardscaler-2', StandardScaler(copy=True, with_mean=True, with_std=True))]
```

これを見ればわかるように、1つ目のStandardScalerステップはstandardscaler-1、2つ目はstandardscaler-2となっている。しかし、このような場合には明示的に、意味のある名前を各ステップに与えたほうがよいだろう。

6.4.2　ステップ属性へのアクセス

パイプラインに含まれる各ステップの属性を見たい場合がある。例えば、線形モデルの係数やPCAで抽出された成分などだ。パイプラインの各ステップにアクセスする最も簡単な方法は、named_steps属性を使う方法だ。これは、ステップ名とEstimatorのディクショナリである。

In[20]:

```
# cancerデータセットを用いて、定義しておいたパイプラインを訓練
pipe.fit(cancer.data)
# "pca"ステップ2主成分を取り出す。
components = pipe.named_steps["pca"].components_
print("components.shape: {}".format(components.shape))
```

Out[20]:

```
components.shape: (2, 30)
```

6.4.3　GridSearchCV内のパイプラインの属性へのアクセス

本章で述べたように、パイプラインを使う目的の1つは、グリッドサーチである。グリッドサーチの中のパイプラインのいずれかのステップにアクセスしたいことはよくある。cancerデータセットに対してLogisticRegressionクラス分類器を用いてグリッドサーチをしてみよう。この際にPipelineを用いてLogisticRegressionにデータを渡す前に、StandardScalerによるスケール変

換を行う。まず、make_pipeline関数でパイプラインを作る。

In[21]:

```
from sklearn.linear_model import LogisticRegression

pipe = make_pipeline(StandardScaler(), LogisticRegression())
```

次にパラメータグリッドを作る。「**2章　教師あり学習**」で説明した通り、LogisticRegressionの正則化パラメータはCである。このパラメータには対数グリッドを用いて、0.01から100までをサーチする。ここではmake_pipeline関数を用いたので、パイプラインの中のLogisticRegressionステップの名前はクラス名の小文字のlogisticregressionである。したがって、パラメータCをチューニングするには、パラメータグリッドでlogisticregression__Cを指定する。

In[22]:

```
param_grid = {'logisticregression__C': [0.01, 0.1, 1, 10, 100]}
```

いつものように、cancerデータセットを訓練セットとテストセットに分割し、グリッドサーチを行う。

In[23]:

```
X_train, X_test, y_train, y_test = train_test_split(
    cancer.data, cancer.target, random_state=4)
grid = GridSearchCV(pipe, param_grid, cv=5)
grid.fit(X_train, y_train)
```

さて、GridSearchCVで見つけた最良のLogisticRegressionモデルの係数にアクセスするにはどうしたらよいだろうか。「**5章　モデルの評価と改良**」で示したように、GridSearchCVがすべての訓練データに対して訓練を行って見つけた最良のモデルは、grid.best_estimator_に格納されている。

In[24]:

```
print("Best estimator:\n{}".format(grid.best_estimator_))
```

Out[24]:

```
Best estimator:
Pipeline(steps=[
    ('standardscaler', StandardScaler(copy=True, with_mean=True, with_std=True)),
    ('logisticregression', LogisticRegression(C=0.1, class_weight=None,
    dual=False, fit_intercept=True, intercept_scaling=1, max_iter=100,
    multi_class='ovr', n_jobs=1, penalty='l2', random_state=None,
```

```
    solver='liblinear', tol=0.0001, verbose=0, warm_start=False))])
```

この場合、best_estimator_には、standardscalerとlogisticregressionの2ステップからなるパイプラインが格納されている。logisticregressionにアクセスするには、上で説明したようにパイプラインのnamed_steps属性を用いる。

In[25]:

```
print("Logistic regression step:\n{}".format(
      grid.best_estimator_.named_steps["logisticregression"]))
```

Out[25]:

```
Logistic regression step:
LogisticRegression(C=0.1, class_weight=None, dual=False, fit_intercept=True,
                   intercept_scaling=1, max_iter=100, multi_class='ovr', n_jobs=1,
                   penalty='l2', random_state=None, solver='liblinear', tol=0.0001,
                   verbose=0, warm_start=False)
```

訓練したLogisticRegressionインスタンスが入手できたので、個々の入力特徴量に対応する係数（重み）にアクセスできる。

In[26]:

```
print("Logistic regression coefficients:\n{}".format(
      grid.best_estimator_.named_steps["logisticregression"].coef_))
```

Out[26]:

```
Logistic regression coefficients:
[[-0.389 -0.375 -0.376 -0.396 -0.115  0.017 -0.355 -0.39  -0.058  0.209
  -0.495 -0.004 -0.371 -0.383 -0.045  0.198  0.004 -0.049  0.21   0.224
  -0.547 -0.525 -0.499 -0.515 -0.393 -0.123 -0.388 -0.417 -0.325 -0.139]]
```

かなり長ったらしい式になってしまっているが、モデルを理解するためには便利だろう。

6.5 前処理ステップとモデルパラメータに対するグリッドサーチ

パイプラインを使うと、機械学習ワークフローのすべてのステップを1つのscikit-learn Estimatorにカプセル化することができる。このことのメリットの1つが、回帰やクラス分類などの教師あり学習タスクの結果を使って、**前処理のパラメータの調整**を行うことができることだ。これまでに、boston_housingデータセットに対して、リッジ回帰を適用する前に多項式特徴量を用いる例を見た。これをパイプラインでモデル化してみよう。パイプラインには3つのステップが含まれることになる。データのスケール変換、多項式特徴量の計算、リッジ回帰の3ステップである。

In[27]:

```
from sklearn.datasets import load_boston
boston = load_boston()
X_train, X_test, y_train, y_test = train_test_split(boston.data, boston.target,
                                                    random_state=0)

from sklearn.preprocessing import PolynomialFeatures
pipe = make_pipeline(
    StandardScaler(),
    PolynomialFeatures(),
    Ridge())
```

多項式の次数をどのように選択すればよいだろうか？そもそも多項式を使うべきなのだろうか？クラス分類の結果を見てdegreeパラメータを選択できれば理想的だ。パイプラインを用いると、Ridgeのalphaパラメータと同時にdegreeパラメータをサーチすることができる。これを行うには、param_gridに、これら双方を指定すればよい。もちろんステップの名前をパラメータ名の前に付ける必要がある。

In[28]:

```
param_grid = {'polynomialfeatures__degree': [1, 2, 3],
              'ridge__alpha': [0.001, 0.01, 0.1, 1, 10, 100]}
```

これでグリッドサーチを再度実行する。

In[29]:

```
grid = GridSearchCV(pipe, param_grid=param_grid, cv=5, n_jobs=-1)
grid.fit(X_train, y_train)
```

「5章　モデルの評価と改良」で行ったように、交差検証の結果をヒートマップで可視化することができる（図6-4）。

In[30]:

```
plt.matshow(grid.cv_results_['mean_test_score'].reshape(3, -1),
            vmin=0, cmap="viridis")
plt.xlabel("ridge__alpha")
plt.ylabel("polynomialfeatures__degree")
plt.xticks(range(len(param_grid['ridge__alpha'])), param_grid['ridge__alpha'])
plt.yticks(range(len(param_grid['polynomialfeatures__degree'])),
           param_grid['polynomialfeatures__degree'])

plt.colorbar()
```

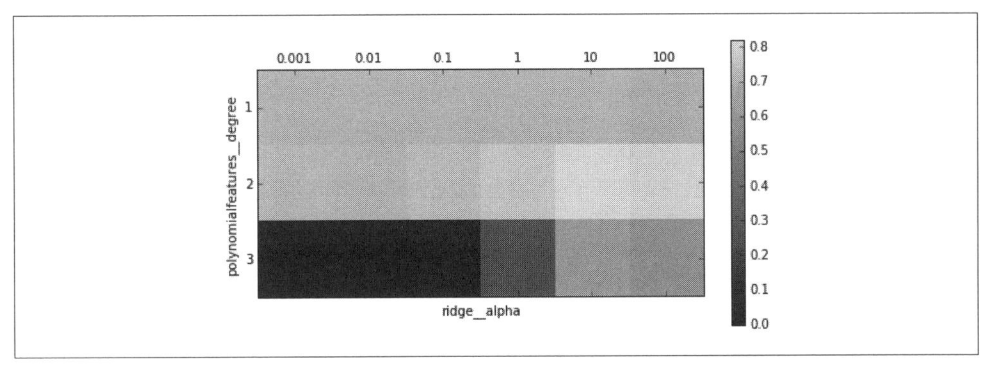

図6-4 平均交差検証スコアを多項式特徴量の次数とRidgeのalphaパラメータの関数としたヒートマップ

交差検証で生成した結果を見ると、2次の多項式は効果があるが、3次の多項式は1次よりも2次よりも結果が悪い。これは最良のパラメータとして得られた結果にも反映されている。

In[31]:

```
print("Best parameters: {}".format(grid.best_params_))
```

Out[31]:

```
Best parameters: {'polynomialfeatures__degree': 2, 'ridge__alpha': 10}
```
最良のパラメータ

このパラメータを用いるとスコアはこのようになる。

In[32]:

```
print("Test-set score: {:.2f}".format(grid.score(X_test, y_test)))
```

Out[32]:

```
Test-set score: 0.77
```
テストセットスコア

比較のために多項式特徴量を使わずにグリッドサーチを行ってみよう。

In[33]:

```
param_grid = {'ridge__alpha': [0.001, 0.01, 0.1, 1, 10, 100]}
pipe = make_pipeline(StandardScaler(), Ridge())
grid = GridSearchCV(pipe, param_grid, cv=5)
grid.fit(X_train, y_train)
print("Score without poly features: {:.2f}".format(grid.score(X_test, y_test)))
```

Out[33]:

```
Score without poly features: 0.63
```
多項式特徴量を使わない場合のスコア

図6-4に可視化されたグリッドサーチの結果からも予測されるように多項式特徴量を用いないと、明らかに結果は悪くなる。

前処理のパラメータをモデルのパラメータと同時にサーチする方法は非常に強力な戦略である。ただし、GridSearchCVは、**すべてのパラメータの組合せ**を探索することに注意しよう。グリッドにパラメータを追加すればするほど、構築されるモデルの数は指数関数的に増大する。

6.6 グリッドサーチによるモデルの選択

GridSearchCVとPipelineの組合せにはさらなる用途がある。パイプラインで実際に行われるステップに対してもサーチすることが可能なのだ。例えば、StandardScalerとMinMaxScalerのどちらを用いるかをサーチの対象にすることができる。ただし、探索空間はさらに大きくなるので、よく考える必要がある。組合せ可能な方法をすべて試してみるのは、機械学習の戦略として現実的ではない。ここではirisデータセットに対してRandomForestClassifierとSVCを比較する例を考えてみよう。SVCはデータをスケール変換する必要があるので、StandardScalerを行うか、何も前処理をしないかについても探索をする必要がある。RandomForestClassifierには前処理が必要ないことが知られている。まずパイプラインを定義しよう。ここではステップの名前を明示的に指定している。前処理preprocessingとクラス分類器classifierの2つのステップが必要だ。ここではそれぞれSVCとStandardScalerを用いる。

In[34]:

```
pipe = Pipeline([('preprocessing', StandardScaler()), ('classifier', SVC())])
```

次に探索する範囲をparameter_gridとして定義する。classifierはRandomForestClassifierとSVCである。これらのチューニングパラメータは異なるし、必要な前処理も異なるので、「**5.2.3.2 グリッドでないサーチ空間**」で説明した、サーチグリッドのリストを用いる。Estimatorをステップに割り当てるにはステップの名前をパラメータ名に用いる。パイプラインの中のステップを飛ばしたい場合（例えばRandomForestには前処理は必要ない）には、そのステップをNoneにすればよい。

In[35]:

```
from sklearn.ensemble import RandomForestClassifier

param_grid = [
    {'classifier': [SVC()], 'preprocessing': [StandardScaler(), None],
     'classifier__gamma': [0.001, 0.01, 0.1, 1, 10, 100],
     'classifier__C': [0.001, 0.01, 0.1, 1, 10, 100]},
    {'classifier': [RandomForestClassifier(n_estimators=100)],
     'preprocessing': [None], 'classifier__max_features': [1, 2, 3]}]
```

In[36]:

```
X_train, X_test, y_train, y_test = train_test_split(
    cancer.data, cancer.target, random_state=0)

grid = GridSearchCV(pipe, param_grid, cv=5)
grid.fit(X_train, y_train)

print("Best params:\n{}\n".format(grid.best_params_))
print("Best cross-validation score: {:.2f}".format(grid.best_score_))
print("Test-set score: {:.2f}".format(grid.score(X_test, y_test)))
```

Out[36]:

```
Best params: 最良のパラメータ
{'classifier':
 SVC(C=10, cache_size=200, class_weight=None, coef0=0.0,
     decision_function_shape=None, degree=3, gamma=0.01, kernel='rbf',
     max_iter=-1, probability=False, random_state=None, shrinking=True,
     tol=0.001, verbose=False),
 'preprocessing':
 StandardScaler(copy=True, with_mean=True, with_std=True),
 'classifier__C': 10, 'classifier__gamma': 0.01}

Best cross-validation score: 0.99 最良の交差検証スコア
Test-set score: 0.98             テストセットスコア
```

このグリッドサーチの結果から、StandardScalerで前処理したSVCで、C=10、gamma=0.01が最良の結果を返すことがわかる。

6.7 まとめと展望

本章では、機械学習ワークフローの複数の処理ステップを1つなぎにまとめる汎用のツール、Pipelineクラスを導入した。実世界での機械学習アプリケーションでは、独立したモデルを単独で使うことはほとんどなく、大半が一連の複数の処理ステップの列となる。パイプラインを用いると、複数の処理ステップを、使い慣れたscikit-learnの標準インターフェイスであるfit、predict、transformを持つ1つのPythonオブジェクトにまとめることができる。特に交差検証でモデルを評価する場合やグリッドサーチでパラメータを選択する場合に、Pipelineクラスを用いてすべての処理をまとめておくことは、適切な評価のために非常に重要だ。Pipelineクラスを使わずに処理の連鎖を記述すると、テストセットにすべての変換を適用するのを忘れるとか順番を間違えるといったミスが起こりがちだが、Pipelineクラスを用いると、コードが簡潔になりミスが少なくなる。特徴量抽出、前処理、モデルの正しい組合せを選ぶのはある種の技芸で、多くの場合、試行錯誤が必要になる。パイプラインを用いると、このさまざまな処理ステップを試すのが非常に簡単になる。実験をする際には、処理が複雑すぎないように注意する必要がある。モデルに不要な要素が含まれていないか常に評価しよう。

本章までで、`scikit-learn`が提供する汎用のツールとアルゴリズムに関する説明はすべて終わった。これで必要なスキルをすべて身につけ、機械学習を実際の問題に適用するために必要な機構をすべて知ったことになる。次の章では実環境で一般に見られるが正しく取り扱うには特別な専門知識が必要な特定の種類のデータ、すなわちテキストデータについて詳しく見ていく。

7章
テキストデータの処理

「**4章　データの表現と特徴量エンジニアリング**」で、データの性質を示す2種類の特徴量について述べた。量を表現する連続値特徴量と、決められたリストの中のアイテムを示すカテゴリ特徴量の2つだ。しかし、多くのアプリケーションに現れる3種類目の特徴量がある。テキストだ。例えば、メールのメッセージを正常なメールかスパムかに分類したい場合を考えてみよう。このクラス分類タスクに重要な情報は、明らかにメールの内容に含まれている。ある政治家の移民問題に関する意見を知りたい場合には、その人の演説やツイートから有用な情報が得られるだろう。顧客サービスにおいては、メッセージが苦情なのか単なる質問なのかを識別したい場合がある。メッセージのタイトルや内容を見て、自動的に顧客の意図を判断することができれば、メッセージを適切な部署に送ることもできるし、場合によっては完全な自動応答も可能だろう。

テキストデータは通常、文字から構成される文字列として表現される。上で述べた例でも、テキストデータの長さはまちまちだ。このような特徴量は、これまで議論してきた数値特徴量とは明らかに異なり、機械学習アルゴリズムを適用する前に処理をする必要がある。

7.1　文字列として表現されているデータのタイプ

テキストデータを機械学習向けの表現に処理するステップに進む前に、よくあるテキストデータの種類について簡単に説明しよう。テキストは、データセット上は単なる文字列として表現される。しかし、すべての文字列特徴量が、テキストデータとして扱うべきものではない。文字列特徴量は、「**5章　モデルの評価と改良**」で述べたようにカテゴリ変数を表す場合もある。データの中身を見ないと文字列特徴量をどう扱うべきかはわからない。

文字列データには次の4つの種類がある。

- カテゴリデータ
- 意味的にはカテゴリに分類できる自由に書かれた文字列
- 構造化された文字列

● テキストデータ

カテゴリデータ（Categorical data）は固定されたリストから得られるデータである。例として、好みの色を調査することを考えてみよう。ドロップダウンメニューから「red」「green」「blue」「yellow」「black」「white」「purple」「pink」のいずれかを選択するようになっていれば、結果のデータセットにはちょうど8つの値だけが含まれるようになり、明らかにカテゴリ変数をエンコードしていることになる。このようになっているかを目視で確認し（あまりにも多種の文字列が含まれているのならば、カテゴリ変数ではない可能性が高い）、計算機でデータセットから重複を取り除いたり、出現頻度のヒストグラムを書くなどして確認する必要がある。さらに、個々の変数が、アプリケーションにとって意味のあるカテゴリに対応しているかを確認しなければならない。アンケート調査の途中で誰かが、「black」が「blak」になっていることに気が付いてアンケートを修正してしまったかもしれない。そうなると、データセットには「blak」と「black」の双方が現れることになる。これらは意味としては同じものを指しているので、集約しなければならない。

ドロップダウンメニューを使わずに、テキストフィールドを使って好きな色をユーザに入力させたとしよう。多くの人は「black」とか「blue」と入力するだろうが、タイプミスをする人もいるだろうし「gray」と「grey」のように異なるスペルを使う人もいるだろう。「midnight blue」のようにもっと叙情的な色名を書く人もいるかもしれない。the xkcd Color Survey（https://blog.xkcd.com/2010/05/03/color-survey-results/）に、人々に色の名前を答えさせた結果が集められている。「ベロキラプトルのケツ」とか「かかりつけの歯医者の診察室のオレンジ。歯医者のフケが大きく開けた口にゆっくりとただよって来たのを今も覚えている」などという回答を、自動的に色名にマップするのは難しいだろう（というか無理だろう）。テキストフィールドから得られる回答は、リストの2番目の**意味的にはカテゴリに分類できる自由に書かれた文字列**に当たる。このようなデータは、カテゴリ変数としてエンコードするのがよい。回答に頻出する値をカテゴリ値として選ぶか、アプリケーションにとって意味のあるような情報を回答から導き出すようにカテゴリを定義する。標準的な色にはそれぞれカテゴリを割り当て、「緑と赤のストライプ」のような答えのために「multicolored」というカテゴリを、他に割り当てられない回答のために「other」というカテゴリを作るとよいだろう。このような文字列の前処理は手作業になり、自動化は難しい。データ収集の過程に立ち入ることができるなら、概念を自由なテキストで入力させるのは避けて、カテゴリ変数として収集することを強く推奨する。

手作業で入力された値が、固定したカテゴリには対応しなくても、何らかの**構造**を持つ場合がある。住所や、地名、人名、日付、電話番号、何らかの識別番号などだ。これらの文字列は解析することが難しく、コンテクストやドメインに応じて扱いを変える必要がある。このような値の系統だった処理は本書の範囲を超える。

文字列データの最後のカテゴリが、文章からなる、自由な**テキストデータ**である。このような例としてはツイート、チャットログ、ホテルのレビュー、シェークスピアの全集、Wikipediaの記事全体、プロジェクト・グーテンベルグの50,000冊の電子図書などが挙げられる。これらの集合はすべて、ほとんどの情報が単語で構成される文章として表現されている*1。単純化のため、対象とする文書が1つの言語、すなわち英語で書かれていることを前提とする*2。テキスト解析においては、データセットは**コーパス**（corpus）、1つのテキストとして表現される個々のデータポイントは**文書**（document）と呼ばれる。これらの用語は、主にテキストデータを取り扱っている**情報検索**（information retrieval：IR）や**自然言語処理**（natural language processing：NLP）のコミュニティから来たものだ。

7.2 例題アプリケーション：映画レビューのセンチメント分析

本章では、説明のための例題としてスタンフォード大学の研究者Andrew Maasが収集したIMDb（Internet Movie Database）Webサイトの映画レビューデータセットを用いる*3。このデータセットは映画レビューのテキストと、そのレビューが「肯定的」（pos）か「否定的」（neg）かを示すラベルで構成されている。IMDbWebサイトでは1から10点の採点がされている。モデリングを簡単にするために、この点が6点以上の場合に「肯定的」、それ以外の場合を「否定的」として、2クラス分類データセットとしている。これがデータの表現として良いのかどうかはさておき、ここでは、Andrew Maasが提供しているデータをそのまま使う。

データを解凍すると、このデータセットが2つのフォルダに格納されたテキストファイルとして提供されていることがわかる。それぞれのフォルダに、さらにposとnegというサブフォルダがある。

In[1]:

```
!tree -dL 2 data/aclImdb
```

Out[1]:

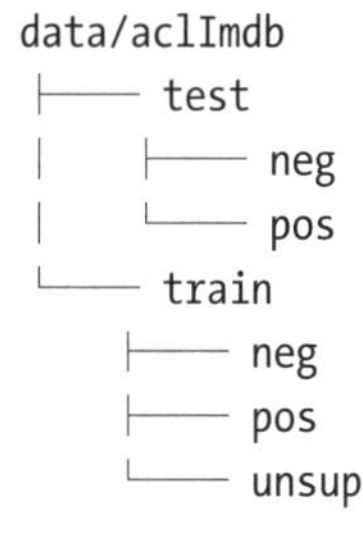

```
data/aclImdb
├── test
│   ├── neg
│   └── pos
└── train
    ├── neg
    ├── pos
    └── unsup

6 directories, 0 files
```

*1　ツイートの場合には、ツイート内のリンクで指されるWebサイトのほうがツイートのテキストそのものよりも多くの情報を含んでいる場合もある。

*2　本章で説明することのほとんどは、ローマ字アルファベットを用いる他の言語にも適用できるし、明確な単語境界を持つ他の言語にも適用できるだろう。例えば中国語のような単語境界を持たない言語では、本章で説明するテクニックを適用するには、他の問題を解決しなければならない（訳注：日本語の場合も単語境界が明らかではないので、形態素解析などの前処理が必要となる）。

*3　このデータセットはhttp://ai.stanford.edu/~amaas/data/sentiment/から入手できる。

posフォルダには肯定的(positive)なレビューが、それぞれ独立したテキストファイルとして格納されている。negフォルダには否定的な(negative)なレビューが同様に格納されている。unsupフォルダにはラベルの付けられていないデータが含まれているが、これは使用しないため削除する。

In[2]:

```
!rm -r data/aclImdb/train/unsup
```

scikit-learnにはこのようなラベルがサブフォルダに対応するフォルダ構造からデータを読み込むための関数load_filesが定義されている。まず、load_files関数を用いて訓練データを読み込む。

In[3]:

```
from sklearn.datasets import load_files

reviews_train = load_files("data/aclImdb/train/")
# load_filesは一連の訓練テキストと訓練ラベルを返す
text_train, y_train = reviews_train.data, reviews_train.target
print("type of text_train: {}".format(type(text_train)))
print("length of text_train: {}".format(len(text_train)))
print("text_train[1]:\n{}".format(text_train[1]))
```

Out[3]:

```
type of text_train:  <class 'list'>  text_trainの型
length of text_train:  25000         text_trainの長さ
text_train[1]:
b'Words can\'t describe how bad this movie is. I can\'t explain it by writing
  only. You have too see it for yourself to get at grip of how horrible a movie
  really can be. Not that I recommend you to do that. There are so many
  clich\xc3\xa9s, mistakes (and all other negative things you can imagine) here
  that will just make you cry. To start with the technical first, there are a
  LOT of mistakes regarding the airplane. I won\'t list them here, but just
  mention the coloring of the plane. They didn\'t even manage to show an
  airliner in the colors of a fictional airline, but instead used a 747
  painted in the original Boeing livery. Very bad. The plot is stupid and has
  been done many times before, only much, much better. There are so many
  ridiculous moments here that i lost count of it really early. Also, I was on
  the bad guys\' side all the time in the movie, because the good guys were so
  stupid. "Executive Decision" should without a doubt be you\'re choice over
  this one, even the "Turbulence"-movies are better. In fact, every other
  movie in the world is better than this one.'
```

text_trainは長さ25,000のリストで、個々の要素にはレビューが文字列として含まれている。ここではインデックス1のレビューを表示している。レビューにはHTMLの改行シーケンス（
）が含まれている場合がある。これがあっても機械学習モデルに取っては大きな影響はないと思われるが、先に進む前に取り除いてデータをきれいにした方がよいだろう。

In[4]:

```
text_train = [doc.replace(b"<br />", b" ") for doc in text_train]
```

text_trainの個々の要素の型はPythonのバージョンに依存する。Python 3では、文字列データのバイナリ表現であるbytes型になる。Python 2では文字列になる。ここではPythonの文字列型の相違には立ち入らないが、文字列とユニコードの関係については、Python 2（https://docs.python.org/2/howto/unicode.html）とPython 3（https://docs.python.org/3/howto/unicode.html）のドキュメントを一読することを勧める。

このデータセットは肯定的なクラスと否定的なクラスがバランスするように集められているので、肯定的、否定的の両方に多数の文字列がある。

In[5]:

```
print("Samples per class (training): {}".format(np.bincount(y_train)))
```

Out[5]:

```
Samples per class (training): [12500 12500]  訓練セットのクラスごとのサンプルの個数
```

同様にテストデータセットもロードする。

In[6]:

```
reviews_test = load_files("data/aclImdb/test/")
text_test, y_test = reviews_test.data, reviews_test.target
print("Number of documents in test data: {}".format(len(text_test)))
print("Samples per class (test): {}".format(np.bincount(y_test)))
text_test = [doc.replace(b"<br />", b" ") for doc in text_test]
```

Out[6]:

```
Number of documents in test data: 25000            テストデータ中の文書数
Samples per class (test): [12500 12500]  テストデータのクラスごとのサンプルの個数
```

ここで解こうとしている問題は次の通りである。あるレビューに対して、レビューのテキストに基づいて「肯定的」もしくは「否定的」のラベルを割り当てる。これは、標準的な2クラス分類タスクである。しかし、テキストデータは機械学習が扱えるような形式になっていない。テキストの文字列表現を機械学習のアルゴリズムを適用できるような数値表現に変換する必要がある。

7.3 Bag of Wordsによるテキスト表現

最も単純で効率が良く、機械学習で広く用いられているテキストデータ表現が**BoW**(bag-of-words)表現である。この表現では、章立て、パラグラフ、文章、フォーマットなどの入力テキストの持つ構造のほとんどすべてが失われ、コーパスに現れた単語が**テキストに現れる回数**だけが数えられる。構造を捨て単語の現れる回数だけを数えるので、テキストを単語を入れる「袋(bag)」と考えることになる。

文書の集合であるコーパスに対してBoW表現を計算するには次の3ステップが必要になる。

1. **トークン分割**(Tokenization)。個々の文書を単語(トークンと呼ぶ)に分割する。例えばホワイトスペース[*1]や句読点で区切る。
2. **ボキャブラリ構築**(Vocabulary building)。すべての文書に現れるすべての単語をボキャブラリとして集め、番号を付ける(例えばアルファベット順で)。
3. **エンコード**。個々の文書に対してボキャブラリの単語が現れる回数を数える。

ステップ1とステップ2には難しい部分があるがそれは後で述べる。ここでは、`scikit-learn`でBoW処理を行う方法を見てみよう。**図7-1**に`"This is how you get ants."`という文字列を処理する様子を示す。

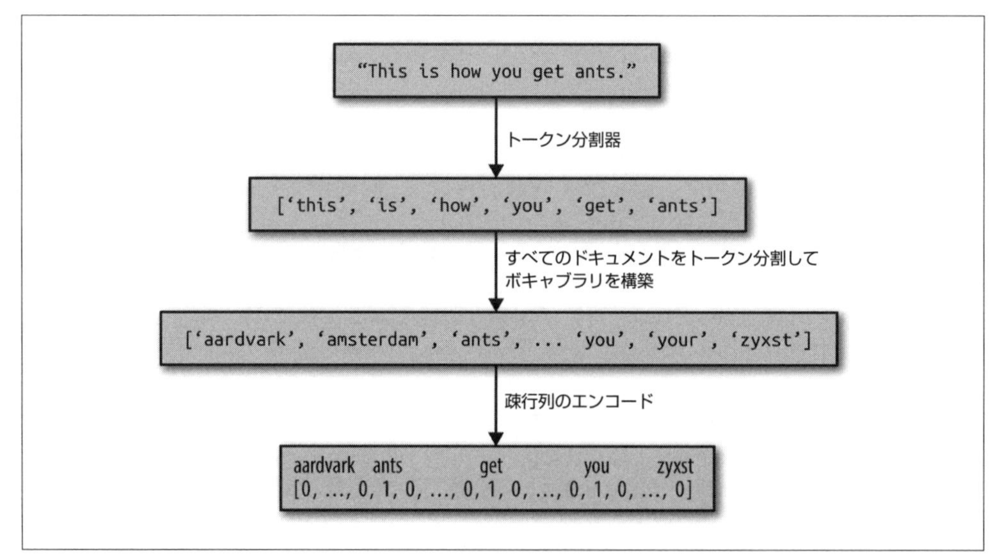

図7-1 BoWの処理

出力は、1つの文書に対して、1つの単語数ベクトルになる。つまり、個々の単語に対して1つの

*1 訳注:スペース、改行、タブのこと。

特徴量を割り当てた数値表現になったということだ。もとの文字列での単語の順番はBoW特徴量表現にはまったく反映されないことに注意しよう。

7.3.1 トイデータセットに対するBoW

BoW表現は、変換器としてCountVectorizerに実装されている。まず2つのサンプルデータからなるトイデータセットで試してみよう。

In[7]:

```
bards_words =["The fool doth think he is wise,",
              "but the wise man knows himself to be a fool"]
```

CountVectorizerをインポートして、インスタンスを生成してから、トイデータセットに対してfitを呼び出す。

In[8]:

```
from sklearn.feature_extraction.text import CountVectorizer
vect = CountVectorizer()
vect.fit(bards_words)
```

CountVectorizerのfitでは、訓練データのトークン分割とボキャブラリの構築が行われる。ボキャブラリはvocabulary_属性で確認できる。

In[9]:

```
print("Vocabulary size: {}".format(len(vect.vocabulary_)))
print("Vocabulary content:\n {}".format(vect.vocabulary_))
```

Out[9]:

```
Vocabulary size: 13   ボキャブラリのサイズ
Vocabulary content:   ボキャブラリの内容
 {'the': 9, 'himself': 5, 'wise': 12, 'he': 4, 'doth': 2, 'to': 11, 'knows': 7,
  'man': 8, 'fool': 3, 'is': 6, 'be': 0, 'think': 10, 'but': 1}
```

ボキャブラリには、"be"から"wise"までの13個の単語が含まれている。

訓練データに対するBoW表現を作るには、transformメソッドを呼び出す。

In[10]:

```
bag_of_words = vect.transform(bards_words)
print("bag_of_words: {}".format(repr(bag_of_words)))
```

Out[10]:

```
bag_of_words: <2x13 sparse matrix of type '<class 'numpy.int64'>'
    with 16 stored elements in Compressed Sparse Row format>
```

2×13のnumpy.int64の疎行列

Compressed Sparse Row (CSR) フォーマットで16個の要素が格納されている

BoW表現は、SciPyの疎行列として格納されている。このデータ構造は、非ゼロの要素しか格納しない（「**1章 はじめに**」を参照）。この行列は2×13で、2つのデータポイントに対してそれぞれ行が割り当てられ、ボキャブラリ中の単語に対してそれぞれ特徴量が割り当てられている。疎行列が用いられているのは、ほとんどの文書にはボキャブラリ中の単語のごく一部しか現れず、特徴量に対する要素のほとんどが0になるからだ。1つの映画レビューに現れる単語数が、英語のすべての単語数（これがボキャブラリがモデル化しているものである）と比べると、どのくらい少ないかを考えてみればわかるだろう。すべての0をそのまま格納するのはメモリの無駄だ。疎行列の内容を見るためには、`toarray`メソッドを用いて「密な」NumPy行列（こちらは0をそのまま格納する）に変換してやればよい[*1]。

In[11]:

```
print("Dense representation of bag_of_words:\n{}".format(
    bag_of_words.toarray()))
```

Out[11]:

```
Dense representation of bag_of_words:
[[0 0 1 1 1 0 1 0 0 1 1 0 1]
 [1 1 0 1 0 1 0 1 1 1 0 1 1]]
```

BoWの密行列表現

各単語に対する出現回数が0か1であることがわかる。どちらの文字列も同じ単語が2度は出現していないからだ。この特徴量ベクトルを読む方法を見てみよう。最初の文字列（`"The fool doth think he is wise,"`）が最初の行として表現されている。ボキャブラリの最初の単語`"be"`は0回、2つ目の単語`"but"`は0回、3つ目の単語`"doth"`は1回出現している、というようになっている。両方の行を見ると、4番目の単語`"fool"`、10番目の単語`"the"`、13番目の単語`"wise"`が両方の文字列に出現していることがわかる。

7.3.2 映画レビューのBoW

BoWの処理を詳しく見たので、映画レビューのセンチメント分析タスクに適用してみよう。既に、IMDbレビューから得た訓練データとテストデータを文字列のリストとしてロードしてあるので

＊1 これが可能なのは、13個しか単語がないトイデータセットを使っているからだ。実際のデータセットでは、これを実行すると`MemoryError`になるだろう。

(text_trainとtext_test)、これを処理する。

In[12]:

```
vect = CountVectorizer().fit(text_train)
X_train = vect.transform(text_train)
print("X_train:\n{}".format(repr(X_train)))
```

Out[12]:

```
X_train:
<25000x74849 sparse matrix of type '<class 'numpy.int64'>'
    with 3431196 stored elements in Compressed Sparse Row format>
```

訓練データのBoW表現であるX_trainの行列のサイズは25,000 × 74,849である。つまり、ボキャブラリは74,849の単語で構成されている。ここでもデータはSciPyの疎行列として格納されている。ボキャブラリを少し詳しく見てみよう。ボキャブラリにアクセスするもう1つの方法が、CountVectorizerのget_feature_names_outである。このメソッドは個々の特徴量に対応するエントリのリストを返す。

In[13]:

```
feature_names = vect.get_feature_names_out()
print("Number of features: {}".format(len(feature_names)))
print("First 20 features:\n{}".format(feature_names[:20]))
print("Features 20010 to 20030:\n{}".format(feature_names[20010:20030]))
print("Every 2000th feature:\n{}".format(feature_names[::2000]))
```

Out[13]:

```
Number of features: 74849                特徴量の数
First 20 features:                       最初の20特徴量
['00', '000', '0000000000001', '00001', '00015', '000s', '001', '003830',
 '006', '007', '0079', '0080', '0083', '0093638', '00am', '00pm', '00s',
 '01', '01pm', '02']
Features 20010 to 20030:  20010番目から20030番目まで
['dratted', 'draub', 'draught', 'draughts', 'draughtswoman', 'draw', 'drawback',
 'drawbacks', 'drawer', 'drawers', 'drawing', 'drawings', 'drawl',
 'drawled', 'drawling', 'drawn', 'draws', 'draza', 'dre', 'drea']
Every 2000th feature:                    2000個おきに取り出す
['00', 'aesir', 'aquarian', 'barking', 'blustering', 'bête', 'chicanery',
 'condensing', 'cunning', 'detox', 'draper', 'enshrined', 'favorit', 'freezer',
 'goldman', 'hasan', 'huitieme', 'intelligible', 'kantrowitz', 'lawful',
 'maars', 'megalunged', 'mostey', 'norrland', 'padilla', 'pincher',
 'promisingly', 'receptionist', 'rivals', 'schnaas', 'shunning', 'sparse',
```

```
'subset', 'temptations', 'treatises', 'unproven', 'walkman', 'xylophonist']
```

驚くかもしれないが、これを見るとわかるように、ボキャブラリの最初の10エントリはすべて数字である。これらの数字はレビューのどこかに現れたので、単語として抽出されている。これらの数字のほとんどにはあまり意味がない。ただし、"007"は例外で、映画という文脈ではジェームズ・ボンドが出て来る映画を指しているのかもしれない[*1]。意味のない単語と意味のある単語を分けるのは簡単ではない。ボキャブラリをさらに見てみると、"dra"で始まる英単語が見つかる。"draught"、"drawback"、"drawer"が単数形と複数形の形で別の単語としてボキャブラリに含まれていることがわかる。単数形と複数形は非常に意味的に近いので別の単語として数えて別の特徴量にしてしまうのは理想的ではない。

特徴量抽出を改良する前に、クラス分類器を実際に構築して、性能の定量的な指標を得ておこう。訓練ラベルはy_trainに格納されており、訓練データのBoW表現はX_trainに格納されているので、クラス分類器を訓練することができる。このような高次元の疎なデータに対しては、LogisticRegressionのような線形モデルが有効だ。

まずは交差検証を使って、LogisticRegressionを評価してみよう[*2]。

In[14]:

```
from sklearn.model_selection import cross_val_score
from sklearn.linear_model import LogisticRegression
scores = cross_val_score(LogisticRegression(), X_train, y_train, cv=5)
print("Mean cross-validation accuracy: {:.2f}".format(np.mean(scores)))
```

Out[14]:

```
Mean cross-validation accuracy: 0.88
```
平均交差検証精度

平均交差検証スコアは88%となり、偏りのない2クラス分類タスクとしては通常の性能となっている。LogisticRegressionには正則化パラメータCがあり、交差検証でチューニングすることができる。

In[15]:

```
from sklearn.model_selection import GridSearchCV
param_grid = {'C': [0.001, 0.01, 0.1, 1, 10]}
grid = GridSearchCV(LogisticRegression(), param_grid, cv=5)
```

＊1 データを確認したところ、その通りだった。自分で確認してみてほしい。

＊2 注意深い読者は、交差検証と前処理の順番に関する、「6章 アルゴリズムチェーンとパイプライン」で得た教訓を破っていることに気が付いただろう。CountVectorizerはデフォルトでは統計量を集めたりしないので、この場合は問題ないのだ。アプリケーションによってははじめからPipelineを用いたほうがよいのだろうが、ここでは簡単にするために、使っていない。

```
grid.fit(X_train, y_train)
print("Best cross-validation score: {:.2f}".format(grid.best_score_))
print("Best parameters: ", grid.best_params_)
```

Out[15]:

```
Best cross-validation score: 0.89  最良の交差検証精度
Best parameters:  {'C': 0.1}       最良のパラメータ
```

C=0.1での交差検証スコアは89%が得られた。このパラメータを用いて、テストセットから汎化性能を見てみよう。

In[16]:

```
X_test = vect.transform(text_test)
print("{:.2f}".format(grid.score(X_test, y_test)))
```

Out[16]:

```
0.88
```

さて、単語の抽出を改善できるか見てみよう。CountVectorizerはトークンを正規表現を用いて抽出する。デフォルトの正規表現は"\b\w\w+\b"となっている。正規表現に詳しくないとわからないだろうが、この正規表現は、少なくとも2つの文字または数字（\w）が、単語境界（\b）で区切られたものをすべて見つけ出す。1文字だけの単語は見つけないし、「doesn't」や「bit.ly」のようなものは切ってしまうが、「h8ter」[*1]にはマッチする。次にCountVectorizerはすべての単語を小文字にする。したがって、"soon"も"Soon"も"sOon"も同じトークンになり、1つの特徴量になる。この仕掛けは実際には非常にうまく機能するが、先ほど見た通り、数字のような情報量のない特徴量がたくさん得られてしまう。これを解決する方法の1つは、2つ以上の文書に登場しているトークンだけを用いるようにすることだ（2つではなくもっと増やしてよい）。1つの文書にしか現れないトークンは、テストセットにも現れないだろうから、役に立たないからだ。トークンとして採用されるために現れるべき単語数をmin_dfパラメータで設定することができる。

In[17]:

```
vect = CountVectorizer(min_df=5).fit(text_train)
X_train = vect.transform(text_train)
print("X_train with min_df: {}".format(repr(X_train)))
```

Out[17]:

```
X_train with min_df: <25000x27271 sparse matrix of type '<class 'numpy.int64'>'
```

＊1　訳注：h8terはhater。他人をけなす人、貶める人のこと。

```
with 3354014 stored elements in Compressed Sparse Row format>
```

上の結果からわかるように、5つ以上の文書に現れたものだけをトークンとすることで、特徴量の数は27,271にまで減った。もとの特徴量数の1/3だ。トークンをもう一度見てみよう。

In[18]:

```
feature_names = vect.get_feature_names_out()

print("First 50 features:\n{}".format(feature_names[:50]))
print("Features 20010 to 20030:\n{}".format(feature_names[20010:20030]))
print("Every 700th feature:\n{}".format(feature_names[::700]))
```

Out[18]:

```
First 50 features: 最初の50特徴量
['00', '000', '007', '00s', '01', '02', '03', '04', '05', '06', '07', '08',
 '09', '10', '100', '1000', '100th', '101', '102', '103', '104', '105', '107',
 '108', '10s', '10th', '11', '110', '112', '116', '117', '11th', '12', '120',
 '12th', '13', '135', '13th', '14', '140', '14th', '15', '150', '15th', '16',
 '160', '1600', '16mm', '16s', '16th']
Features 20010 to 20030:
['repentance', 'repercussions', 'repertoire', 'repetition', 'repetitions',
 'repetitious', 'repetitive', 'rephrase', 'replace', 'replaced', 'replacement',
 'replaces', 'replacing', 'replay', 'replayable', 'replayed', 'replaying',
 'replays', 'replete', 'replica']
Every 700th feature:
['00', 'affections', 'appropriately', 'barbra', 'blurbs', 'butchered',
 'cheese', 'commitment', 'courts', 'deconstructed', 'disgraceful', 'dvds',
 'eschews', 'fell', 'freezer', 'goriest', 'hauser', 'hungary', 'insinuate',
 'juggle', 'leering', 'maelstrom', 'messiah', 'music', 'occasional', 'parking',
 'pleasantville', 'pronunciation', 'recipient', 'reviews', 'sas', 'shea',
 'sneers', 'steiger', 'swastika', 'thrusting', 'tvs', 'vampyre', 'westerns']
```

数字は明らかに減っているし、意味のわからない単語やスペルミスも消えているように見える。再びグリッドサーチを用いてモデルの性能を見てみよう。

In[19]:

```
grid = GridSearchCV(LogisticRegression(), param_grid, cv=5)
grid.fit(X_train, y_train)
print("Best cross-validation score: {:.2f}".format(grid.best_score_))
```

Out[19]:

```
Best cross-validation score: 0.89 最良の交差検証スコア
```

グリッドサーチでの検証精度は89%で変わっていない。モデルは改善できなかったが、特徴量の数が減ることで処理が高速になり、不要な特徴量がなくなることで、モデルをより理解しやすくなる。

訓練データ中にない単語を含んだ文書に対してCountVectorizerのtransformメソッドを呼び出すと、訓練データ中にない単語はディクショナリに含まれていないので無視される。クラス分類においてはこれは問題にならない。訓練データにない単語についてはいずれにしろ何も学習できないからだ。ただ、例えばSPAM検出のようなアプリケーションにおいては、「ボキャブラリにない」単語の数を特徴量として加えると良い場合もある。これを行うにはmin_dfを設定する必要がある。min_dfを設定しないとこの特徴量は有効にならない。

7.4 ストップワード

役に立たない単語を取り除くもう1つの方法として、あまりに頻出するため役に立たない単語を捨てる方法がある。これには2つの手法がある。1つは、言語固有のストップワードリストを作っておく方法と、頻度の高い単語を捨てる方法である。scikit-learnは、英語のストップワードリストをfeature_extraction.textモジュールに用意している。

In[20]:

```
from sklearn.feature_extraction.text import ENGLISH_STOP_WORDS
print("Number of stop words: {}".format(len(ENGLISH_STOP_WORDS)))
print("Every 10th stopword:\n{}".format(list(ENGLISH_STOP_WORDS)[::10]))
```

Out[20]:

```
Number of stop words: 318
Every 10th stopword:
['above', 'elsewhere', 'into', 'well', 'rather', 'fifteen', 'had', 'enough',
 'herein', 'should', 'third', 'although', 'more', 'this', 'none', 'seemed',
 'nobody', 'seems', 'he', 'also', 'fill', 'anyone', 'anything', 'me', 'the',
 'yet', 'go', 'seeming', 'front', 'beforehand', 'forty', 'i']
```

当然だが、リスト中のストップワードを取り除いても特徴量の数がリストの長さ(ここでは318)だけ減るだけだが、性能は向上するかもしれない。試してみよう。

In[21]:

```
# stop_words="english"を指定すると、組み込みのストップワードリストを用いる
# ストップワードリストに単語を追加したり、独自のものを使うこともできる
vect = CountVectorizer(min_df=5, stop_words="english").fit(text_train)
X_train = vect.transform(text_train)
```

```
print("X_train with stop words:\n{}".format(repr(X_train)))
```

Out[21]:

```
X_train with stop words:
<25000x26966 sparse matrix of type '<class 'numpy.int64'>'
    with 2149958 stored elements in Compressed Sparse Row format>
```

データセット中の特徴量の数は305（27,271–26,966）減っている。つまり、ストップワードのすべてではないがほとんどがデータセット中に現れたということだ。グリッドサーチを実行してみよう。

In[22]:

```
grid = GridSearchCV(LogisticRegression(), param_grid, cv=5)
grid.fit(X_train, y_train)
print("Best cross-validation score: {:.2f}".format(grid.best_score_))
```

Out[22]:

```
Best cross-validation score: 0.88
```
最良の交差検証スコア

グリッドサーチの性能は、ストップワードを使うことで少し低下している。心配するほどではないが、27,000から305の特徴量を除くだけではいずれにしろ性能にも解釈の容易さにもそれほど影響はないと思われるので、わざわざストップリストを使う意味はない。ただし、固定したリストは、小さいデータセットに関しては有効だ。データセットそのものに、どの単語をストップワードにするべきかを決めるだけの情報が含まれていないからだ。演習問題として、頻出する単語を捨てる方法を自分で試してみよう。これには、`CountVectorizer`の`max_df`オプションを用いる。特徴量の数と、性能に対する影響を見てみよう。

7.5 tf–idfを用いたデータのスケール変換

重要でなさそうな特徴量を落とすのではなく、特徴量がどの程度情報を持っていそうかに応じて、特徴量のスケールを変換する手法がある。これの最も一般的な手法が、**tf–idf**（term frequency–inverse document frequency）である。直観的に説明すると、この手法は、特定の文書にだけ頻繁に現れる単語に大きな重みを与え、コーパス中の多数の文書に現れる単語にはあまり重みを与えない。特定の文書にだけ頻出し、他の文書にはあまり現れない単語は、その文書の内容をよく示しているのではないか、という発想だ。`scikit-learn`はtf–idfを2つのクラスで実装している。`TfidfTransformer`は`CountVectorizer`の生成する疎行列を入力とする。`TfidfVectorizer`はテキストデータを入力とし、BoW特徴量抽出とtf–idf変換を行う。tf–idfスケール変換にはさまざまな方法がある。Wikipedia（https://en.wikipedia.org/wiki/Tf-idf）を参照してほしい。`TfidfTransformer`でも`TfidfVectorizer`でも、文書dにおける、単語wのtf–idfスコアは下のように与えられる[*1]。

$$\text{tfidf}(w,\ d) = tf\left(\log\left(\frac{N+1}{N_w+1}\right)+1\right)$$

ここで、Nは訓練セット中の文書の数、N_wは訓練セット中のwが現れる文書の数、tf(term frequency)は、対象の文書d(変換を行う文書)中にwが現れる回数である。2つのクラスはいずれも、tf–idf表現を計算した後でL2正規化を行う。つまり、それぞれの文書の表現の長さが、ユークリッド長で1になるようにスケール変換を行う[*2]。このように変換すると、文書の長さ(単語数)がベクトル表現に影響を与えなくなる。

tf–idfは訓練データの統計的性質を利用するので、「6章 アルゴリズムチェーンとパイプライン」で述べたようにパイプラインを用いてグリッドサーチの結果が有効になるようにする。コードは次のようになる。

In[23]:

```
from sklearn.feature_extraction.text import TfidfVectorizer
from sklearn.pipeline import make_pipeline
pipe = make_pipeline(TfidfVectorizer(min_df=5, norm=None),
                     LogisticRegression())
param_grid = {'logisticregression__C': [0.001, 0.01, 0.1, 1, 10]}

grid = GridSearchCV(pipe, param_grid, cv=5)
grid.fit(text_train, y_train)
print("Best cross-validation score: {:.2f}".format(grid.best_score_))
```

Out[23]:

```
Best cross-validation score: 0.89
```
最良の交差検証スコア

この場合にはtf–idf変換を行っても性能は向上しなかった。tf–idfを用いると性能が少し良くなる。また、tf–idfがどの単語が最も重要だと判断したかを見ることもできる。tf–idfによるスケール変換は、文書を区別するためのものだが、純粋に教師なしの手法であることに留意しよう。このため、ここでの「重要」さは、本来の興味の対象である、「肯定的なレビュー」「否定的なレビュー」のラベルには必ずしも関係ない。まず、パイプラインから`TfidfVectorizer`を取り出す。

In[24]:

```
vectorizer = grid.best_estimator_.named_steps["tfidfvectorizer"]
# 訓練データセットを変換
X_train = vectorizer.transform(text_train)
```

＊1 ここにこの式を示したのは完全を期すためで、tf–idfを利用するのにこの式を覚えておく必要はない。

＊2 これは各文書の個々の特徴量を、その文書のすべての特徴量の二乗和の平方根で割ることを意味する。

```
# それぞれの特徴量のデータセット中での最大値を見つける
max_value = X_train.max(axis=0).toarray().ravel()
sorted_byidf = max_value.argsort()
# 特徴量名を取得
feature_names = np.array(vectorizer.get_feature_names_out())

print("Features with lowest tfidf:\n{}".format(
    feature_names[sorted_byidf[:20]]))

print("Features with highest tfidf: \n{}".format(
    feature_names[sorted_byidf[-20:]]))
```

Out[24]:

```
Features with lowest tfidf:  tfidfの低い特徴量
['poignant' 'disagree' 'instantly' 'importantly' 'lacked' 'occurred'
 'currently' 'altogether' 'nearby' 'undoubtedly' 'directs' 'fond' 'stinker'
 'avoided' 'emphasis' 'commented' 'disappoint' 'realizing' 'downhill'
 'inane']
Features with highest tfidf:  tfidfの高い特徴量
['coop' 'homer' 'dillinger' 'hackenstein' 'gadget' 'taker' 'macarthur'
 'vargas' 'jesse' 'basket' 'dominick' 'the' 'victor' 'bridget' 'victoria'
 'khouri' 'zizek' 'rob' 'timon' 'titanic']
```

tf-idfが低い特徴量は、多くの文書に共通して出現するか、あまり出現しないか、もしくは非常に長い文書にしか出現しないかである。興味深いことに、tf-idfの高い特徴量の多くは、特定の映画を指している。これらの単語は特定の映画やシリーズのレビューにしか現れないが、それらのレビューには非常に頻繁に現れる。"homer"、"dillinger"などは明らかだが、"titanic"もここでは映画タイトルを指している。これらの単語は、センチメント分析タスクにはあまり役に立たないだろう（そのシリーズが世界的に肯定的もしくは否定的にレビューされていない限り）が、確かにそのレビューに固有の情報をたくさん含んでいる。

文書頻度の逆数（inverse document frequency：idf）が小さい単語を見つけることもできる。このような単語は高い頻度で現れるため、重要でないと考えられる単語だ。訓練セットに対する文書頻度の逆数はidf_属性に格納されている。

In[25]:

```
sorted_by_idf = np.argsort(vectorizer.idf_)
print("Features with lowest idf:\n{}".format(
    feature_names[sorted_by_idf[:100]]))
```

Out[25]:

```
Features with lowest idf:
['the' 'and' 'of' 'to' 'this' 'is' 'it' 'in' 'that' 'but' 'for' 'with'
 'was' 'as' 'on' 'movie' 'not' 'have' 'one' 'be' 'film' 'are' 'you' 'all'
 'at' 'an' 'by' 'so' 'from' 'like' 'who' 'they' 'there' 'if' 'his' 'out'
 'just' 'about' 'he' 'or' 'has' 'what' 'some' 'good' 'can' 'more' 'when'
 'time' 'up' 'very' 'even' 'only' 'no' 'would' 'my' 'see' 'really' 'story'
 'which' 'well' 'had' 'me' 'than' 'much' 'their' 'get' 'were' 'other'
 'been' 'do' 'most' 'don' 'her' 'also' 'into' 'first' 'made' 'how' 'great'
 'because' 'will' 'people' 'make' 'way' 'could' 'we' 'bad' 'after' 'any'
 'too' 'then' 'them' 'she' 'watch' 'think' 'acting' 'movies' 'seen' 'its'
 'him']
```

予想された通り、これらのほとんどは英語のストップワードである。"the"や"no"がそうだ。しかし、いくつかは明らかに、映画レビューに固有の単語である。"movie"、"film"、"time"、"story"などだ。興味深いことに、"good"、"great"、"bad"などの単語は、センチメント分析タスクには非常に重要だと思われるのにも関わらず、多くの文書に頻出するためtf–idfの尺度では「最も関連性が低い」と判断されてしまっている。

7.6 モデル係数の調査

最後に、訓練したロジスティック回帰モデルが実際にデータから学習したのかを確認してみよう。出現頻度の低い単語を削除しても27,271個も特徴量があるので、すべての係数を同時に見ることはもちろんできない。しかし、最も大きい係数とそれに対応する単語を見ることはできる。ここでは、tf–idf特徴量を使って訓練したモデルを用いる。

図7-2に示す棒グラフに、ロジスティック回帰モデルの係数が最も大きい25の特徴量と最も小さい25の特徴量を示す。サイズは係数の大きさである。

In[26]:

```
mglearn.tools.visualize_coefficients(
    grid.best_estimator_.named_steps["logisticregression"].coef_,
    feature_names, n_top_features=40)
```

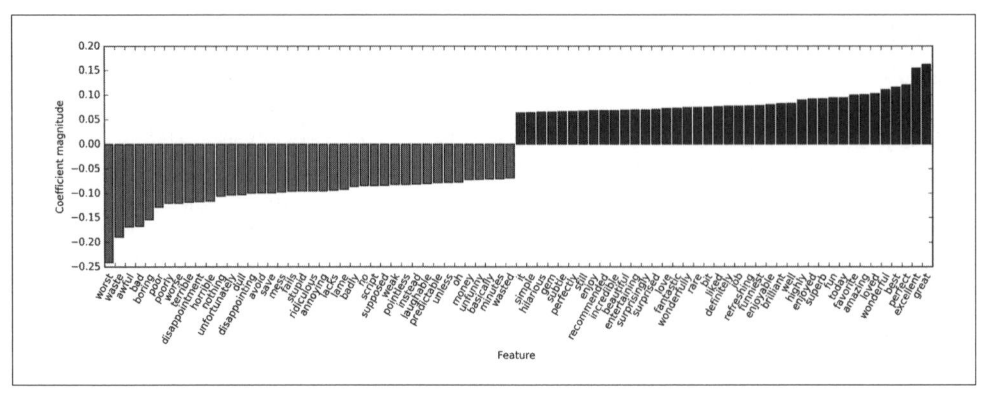

図7-2　tf-idf特徴量で訓練したロジスティック回帰モデルの、係数が最大/最小の特徴量

左側の負の係数は、モデルによれば否定的なレビューを示している単語に、右側の正の係数は、モデルによれば肯定的なレビューを示している単語に対応する。ほとんどの単語は直観的に理解できる。"worst"、"waste"、"disappointment"が否定的なレビューを、"excellent"、"wonderful"、"enjoyable"、"refreshing"が肯定的なレビューを指している。"bit"、"job"、"today"あたりはそれほど明らかではないが、おそらく"good job"や"best today"などのフレーズの一部なのだろう。

7.7　1単語よりも大きい単位のBag-of-Words (n-グラム)

BoW表現の問題は単語の順番が完全に失われることだ。このため正反対の意味を持つ"it's bad, not good at all"と"it's good, not bad at all"がまったく同じ表現になってしまう。単語の前に"not"が来る場合は、コンテクストが意味に影響する一例にすぎない（極端な例ではあるが）。幸い、BoWを用いてコンテクストを捉える手法が知られている。テキストに現れる単一のトークンだけを考えるのではなく、2つもしくは3つの連続するトークンの列を考えるのだ。2つのトークンを**バイグラム**（bigram）、3つのトークンを「トリグラム」（trigram）と呼ぶ。一般にトークンの列をn-グラム（n-gram）と呼ぶ。特徴量と考えるトークン列の長さを変更するには、CountVectorizerやTfidfVectorizerのngram_rangeパラメータを設定する。このパラメータはタプルで、特徴量とするトークン列の長さの最小長と最大長を指定する。先ほど見たトイデータで試してみよう。

In[27]:

```
print("bards_words:\n{}".format(bards_words))
```

Out[27]:

```
bards_words:
['The fool doth think he is wise,',
```

```
 'but the wise man knows himself to be a fool']
```

デフォルトでは、特徴量とするトークン列の長さは最小1、最大1となっている。つまり個々のトークンが特徴量となる（トークン1つを**ユニグラム**（unigram）と呼ぶ）。

In[28]:

```
cv = CountVectorizer(ngram_range=(1, 1)).fit(bards_words)
print("Vocabulary size: {}".format(len(cv.vocabulary_)))
print("Vocabulary:\n{}".format(cv.get_feature_names_out()))
```

Out[28]:

```
Vocabulary size: 13
Vocabulary:
['be', 'but', 'doth', 'fool', 'he', 'himself', 'is', 'knows', 'man', 'the',
 'think', 'to', 'wise']
```

バイグラム、つまり連続する2つのトークンだけを見るには、`ngram_range`を`(2, 2)`に設定すればよい。

In[29]:

```
cv = CountVectorizer(ngram_range=(2, 2)).fit(bards_words)
print("Vocabulary size: {}".format(len(cv.vocabulary_)))
print("Vocabulary:\n{}".format(cv.get_feature_names_out()))
```

Out[29]:

```
Vocabulary size: 14   ボキャブラリのサイズ
Vocabulary:           ボキャブラリ
['be fool', 'but the', 'doth think', 'fool doth', 'he is', 'himself to',
 'is wise', 'knows himself', 'man knows', 'the fool', 'the wise',
 'think he', 'to be', 'wise man']
```

対象とするトークン列の長さを長くすると特徴量の数が増大し、特定的な特徴量となる。`bard_words`の2つのフレーズには共通したバイグラムがない。

In[30]:

```
print("Transformed data (dense):\n{}".format(cv.transform(bards_words).toarray()))
```

Out[30]:

```
Transformed data (dense):
[[0 0 1 1 1 0 1 0 0 1 0 1 0 0]
 [1 1 0 0 0 1 0 1 1 0 1 0 1 1]]
```

ほとんどのアプリケーションでは、トークン列の最小長は1にしたほうがよい。1つの単語だけでも相当な意味を持つ場合が多いからだ。ほとんどの場合バイグラムを加えると性能が向上する。5-グラムぐらいまでは性能向上につながる可能性があるが、特徴量の数が爆発するし、特定的な特徴量が増えるため、過剰適合の可能性も高くなる。原理的には、バイグラムの数は最大でユニグラムの数の2乗になり、トリグラムの数は最大でユニグラムの数の3乗になる。このため、特徴量空間は膨大なものになる。実際には、言語（英語）の構造により、データ中に現れるn-グラムの数ははるかに少ないが、それでも膨大だ。

ユニグラム、バイグラム、トリグラムをbards_wordsに適用してみよう。

In[31]:

```
cv = CountVectorizer(ngram_range=(1, 3)).fit(bards_words)
print("Vocabulary size: {}".format(len(cv.vocabulary_)))
print("Vocabulary:\n{}".format(cv.get_feature_names_out()))
```

Out[31]:

```
Vocabulary size: 39
Vocabulary:
['be', 'be fool', 'but', 'but the', 'but the wise', 'doth', 'doth think',
 'doth think he', 'fool', 'fool doth', 'fool doth think', 'he', 'he is',
 'he is wise', 'himself', 'himself to', 'himself to be', 'is', 'is wise',
 'knows', 'knows himself', 'knows himself to', 'man', 'man knows',
 'man knows himself', 'the', 'the fool', 'the fool doth', 'the wise',
 'the wise man', 'think', 'think he', 'think he is', 'to', 'to be',
 'to be fool', 'wise', 'wise man', 'wise man knows']
```

グリッドサーチを使って、IMDb映画レビューデータに対してTfidfVectorizerを用いてn-グラムのレンジの最良値を探索してみよう。

In[32]:

```
pipe = make_pipeline(TfidfVectorizer(min_df=5), LogisticRegression())
# グリッドが比較的大きい上、トリグラムが含まれているので
# このグリッドサーチの実行にはかなり時間がかかる
param_grid = {"logisticregression__C": [0.001, 0.01, 0.1, 1, 10, 100],
              "tfidfvectorizer__ngram_range": [(1, 1), (1, 2), (1, 3)]}

grid = GridSearchCV(pipe, param_grid, cv=5)
grid.fit(text_train, y_train)
print("Best cross-validation score: {:.2f}".format(grid.best_score_))
print("Best parameters:\n{}".format(grid.best_params_))
```

Out[32]:

```
Best cross-validation score: 0.91  最良の交差検証スコア
Best parameters:                   最良のパラメータ
{'tfidfvectorizer__ngram_range': (1, 3), 'logisticregression__C': 100}
```

結果からわかるように、バイグラム特徴量とトリグラム特徴量を加えることで、1%以上性能が向上している。「**5章　モデルの評価と改良**」で行ったように、交差検証精度をパラメータngram_rangeとCの関数としてヒートマップで表示することができる（**図7-3**）。

In[33]:

```
# グリッドサーチのスコアを取り出す
scores = grid.cv_results_['mean_test_score'].reshape(-1, 3).T
# ヒートマップとして可視化
heatmap = mglearn.tools.heatmap(
    scores, xlabel="C", ylabel="ngram_range", cmap="viridis", fmt="%.3f",
    xticklabels=param_grid['logisticregression__C'],
    yticklabels=param_grid['tfidfvectorizer__ngram_range'])
plt.colorbar(heatmap)
```

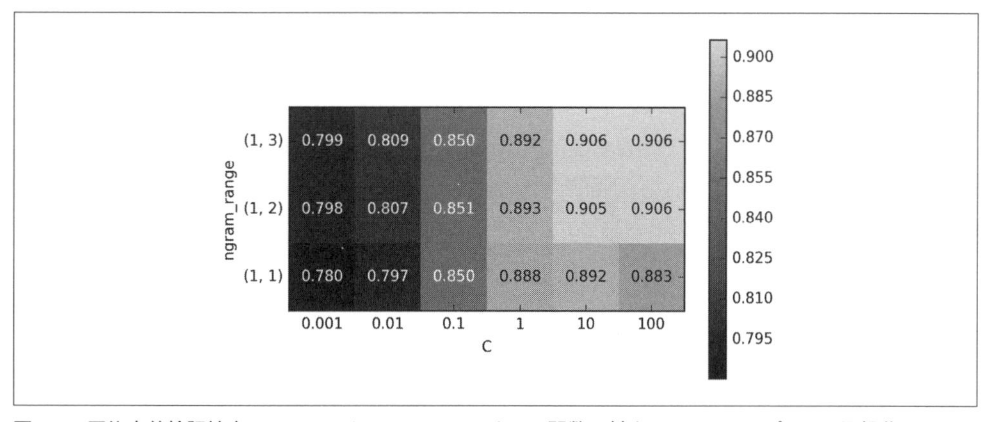

図7-3　平均交差検証精度のパラメータngram_rangeとCの関数に対するヒートマップによる可視化

このヒートマップから、バイグラムを追加することで性能はかなり向上するが、トリグラムを追加しても精度の面ではごくわずかな向上しか得られないことがわかる。モデルの改善点を理解するために、ユニグラム、バイグラム、トリグラムを含む最良のモデルに対して、重要な係数を可視化してみよう（**図7-4**）。

In[34]:

```
# 特徴量の名前と係数を取り出す
```

```
vect = grid.best_estimator_.named_steps['tfidfvectorizer']
feature_names = np.array(vect.get_feature_names_out())
coef = grid.best_estimator_.named_steps['logisticregression'].coef_
mglearn.tools.visualize_coefficients(coef, feature_names, n_top_features=40)
```

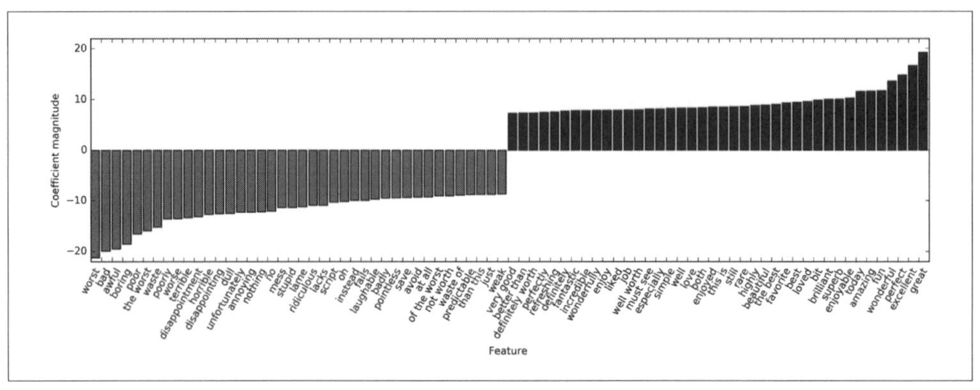

図7-4　tf-idfスケールを用い、ユニグラム、バイグラム、トリグラムを用いた場合の最も重要な特徴量

特に興味深いのは、「worth」という単語だ。これは、ユニグラムモデルとしては出てこないが、"not worth"が否定的な意味で"definitely worth"、"well worth"が肯定的な意味で出て来ている。これは「worth」という単語の意味がコンテクストに影響される良い例となっている。

次にトリグラムだけを可視化して、トリグラム特徴量が有効な理由を調べてみよう。有効なバイグラム、トリグラムのほとんどは、単独では有効ではない一般的な単語で構成されている。"none of the"、"the only good"、"on and on"、"this is one"、"of the most"などだ。とはいえ、**図7-5**からわかる通り、これらの特徴量による影響は、ユニグラム特徴量と比較すると限定的だ。

In[35]:

```
# トリグラム特徴量を見つける
mask = np.array([len(feature.split(" ")) for feature in feature_names]) == 3
# トリグラム特徴量だけを可視化
mglearn.tools.visualize_coefficients(coef.ravel()[mask],
                                     feature_names[mask], n_top_features=40)
```

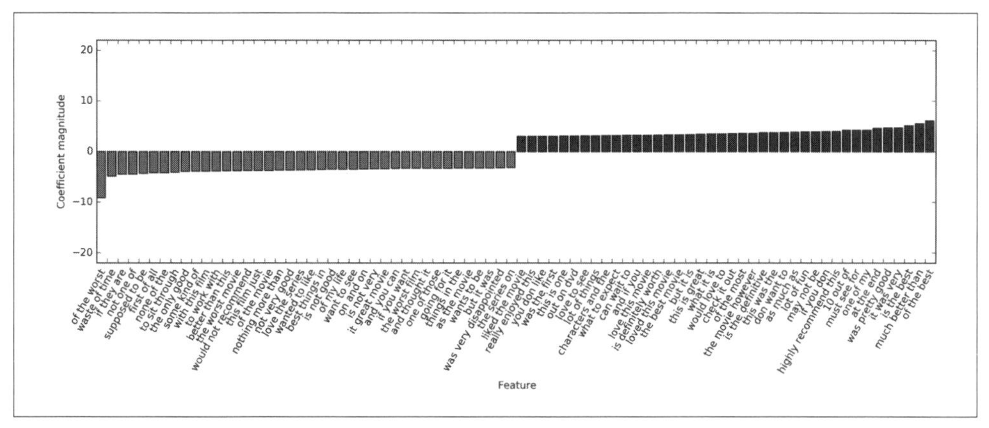

図7-5　モデルの重要なトリグラム特徴量だけを可視化

7.8　より進んだトークン分割、語幹処理、見出し語化

上で述べた通り、`CountVectorizer`や`TfidfVectorizer`の行う特徴量抽出は比較的単純で、まだまだ向上の余地がある。より洗練されたテキスト処理アプリケーションでよく改良されているのは、BoWモデル構築の最初の過程、すなわちトークン分割である。このステップは、特徴量抽出に用いられる単語の構成を定める。

ボキャブラリに、`"drawback"`と`"drawbacks"`、`"drawer"`と`"drawers"`、`"drawing"`と`"drawings"`のように、同じ単語の単数形と複数形が両方とも含まれていることを見た。BoWモデルの目的を考えると、`"drawback"`と`"drawbacks"`の意味は非常に近いので、これを区別すると過剰適合が起こりやすくなり訓練データを完全に利用できなくなってしまう。同様に、ボキャブラリには`"replace"`、`"replaced"`、`"replacement"`、`"replaces"`、`"replacing"`などのように動詞`"replace"`の変化や名詞形も含まれている。単数形複数形の場合と同様に、動詞の変化形や関連する名詞を区別することは、汎化性能の優れたモデルを構築する上では不利に働く。

この問題は、個々の単語を**語幹**（word stem）を使って表現してやれば解決する。これには同じ語幹を持つすべての単語を特定する（**融合**（confalting）する）必要がある。これを、単語の末尾につく特定の形を取り除くといったようなルールベースのヒューリスティクスで行う場合にはこれを**語幹処理**（stemming）と呼ぶ。知られている単語に対して辞書を用いて（もしくは明示的な人手で確認したシステムで）、単語の文章での役割を考慮して行う場合には**見出し語化**（lemmatization）と呼び、単語の標準的な形を**見出し語**（lemma）と呼ぶ。語幹処理、見出し語化はいずれも単語の正規形を取り出そうと試みる**正規化**（normalization）である。他の興味深い正規化としては、スペルミスの修正がある。これは実用上は有効だが本書の範囲を超える。

正規化を理解するために、語幹処理と見出し語化を比較してみよう。語幹処理には広く用いられているヒューリスティクスの集合であるPorter stemmerを（ここでは`nltk`パッケージからインポートしている)用い、見出し語化にはspacyパッケージのものを用いる*1。

In[36]:

```
import spacy
import nltk

# spacyの英語モデルをロード
en_nlp = spacy.load('en_core_web_sm')
# nltkのPorter stemmerのインスタンスを作成
stemmer = nltk.stem.PorterStemmer()

# spacyによる見出し語化とnltkによる語幹処理を比較する関数を定義
def compare_normalization(doc):
    # spacyで文書をトークン分割
    doc_spacy = en_nlp(doc)
    # spacyで見つけた見出し語を表示
    print("Lemmatization:")
    print([token.lemma_ for token in doc_spacy])
    # Porter stemmerで見つけたトークンを表示
    print("Stemming:")
    print([stemmer.stem(token.norm_.lower()) for token in doc_spacy])
```

見出し語化と語幹処理の違いがわかるように作り込んだ文章を使って比較してみよう。

In[37]:

```
compare_normalization(u"Our meeting today was worse than yesterday, "
                       "I'm scared of meeting the clients tomorrow.")
```

Out[37]:

```
Lemmatization: 見出し語化
['our', 'meeting', 'today', 'be', 'bad', 'than', 'yesterday', ',', 'i', 'be',
 'scared', 'of', 'meet', 'the', 'client', 'tomorrow', '.']
Stemming:
['our', 'meet', 'today', 'wa', 'wors', 'than', 'yesterday', ',', 'i', "'m",
 'scare', 'of', 'meet', 'the', 'client', 'tomorrow', '.']
```

語幹処理は、単語を切り縮めて語幹にすることしかしないので、"was"は"wa"になってしまう。一方見出し語化では正しい動詞の基本形の"be"となっている。同様に、見出し語化では"worse"を正しく"bad"と正規化できているが、語幹処理では"wors"になっている。もう1つの大きな違いが

*1 インターフェイスの詳細についてはnltk (http://www.nltk.org/) およびspacy (https://spacy.io/docs/) のドキュメントを参照してほしい。ここでは一般的な原則についてだけ述べる(訳注:spacyの英語モデルを利用するには、ファイルを事前にダウンロードする必要がある。端末からpython -m spacy download en_core_web_sm とすればダウンロードされる)。

ある。語幹処理では2回出現する"meeting"をどちらも"meet"にしてしまっているが、見出し語化では最初の"meeting"は名詞と判断されてそのまま残り、2度目の"meeting"は動詞として"meet"とされている。一般に見出し語化は語幹処理よりも複雑な処理で、機械学習におけるトークンの正規化に用いるとより良い結果が得られる。

scikit-learnはどちらの正規化手法も実装されていないが、CountVectorizerのtokenizerパラメータで、文書をトークン列に変換するトークン分割器を指定することができる。spacyの見出し語化機能を使って、文字列から見出し語の列を作る関数を作って指定すればよい。

In[38]:

```
# 技術的詳細：CountVectorizerが用いている正規表現ベースの
# トークン分割器を用いて、見出し語化だけにspacyを用いるのが望ましい。
# このため、en_nlp.tokenizer（spacyのトークン分割器）を、正規表現ベースの
# トークン分割器に置き換えている。
import re
# CountVectorizerで用いられているトークン分割用の正規表現
# regexp used in CountVectorizer
regexp = re.compile('(?u)\\b\\w\\w+\\b')

# spacyの言語モデルを読み込み、トークン分割器を取り出す
en_nlp = spacy.load('en')
old_tokenizer = en_nlp.tokenizer
# トークン分割器を先ほどの正規表現で置き換える
en_nlp.tokenizer = lambda string: old_tokenizer.tokens_from_list(
    regexp.findall(string))

# spacyの文書処理パイプラインを用いてカスタムトークン分割器を作る
# （正規表現を用いたトークン分割器を組み込んである）
def custom_tokenizer(document):
    doc_spacy = en_nlp(document)
    return [token.lemma_ for token in doc_spacy]

# CountVectorizerをカスタムトークン分割器を使って定義する
lemma_vect = CountVectorizer(tokenizer=custom_tokenizer, min_df=5)
```

データを変換してボキャブラリのサイズを見てみよう。

In[39]:

```
# 見出し語化を行うCountVectorizerでtext_trainを変換
X_train_lemma = lemma_vect.fit_transform(text_train)
print("X_train_lemma.shape: {}".format(X_train_lemma.shape))
```

```
# 比較のために標準のCountVectorizerでも変換
vect = CountVectorizer(min_df=5).fit(text_train)
X_train = vect.transform(text_train)
print("X_train.shape: {}".format(X_train.shape))
```

Out[39]:

```
X_train_lemma.shape: (25000, 21596)  見出し語化を行った場合の訓練データ配列の形状
X_train.shape: (25000, 27271)  標準の訓練データ配列の形状
```

この結果からわかるように、見出し語化によって特徴量が27,271（標準のCountVectorizer処理の結果）から、21,596へと減少している。見出し語化は、特定の特徴量を融合するので、ある種の正則化とみなすことができる。したがって、見出し語化によって最も性能が向上するのはデータセットが小さい場合であることが予測できる。見出し語化の有効性を確認するために、StratifiedShuffleSplitを用い、データの1%だけを訓練データとし、残りをテストデータとして交差検証を行ってみよう。

In[40]:

```
# データの1%だけを訓練セットとして用いてグリッドサーチを行う
from sklearn.model_selection import StratifiedShuffleSplit

param_grid = {'C': [0.001, 0.01, 0.1, 1, 10]}
cv = StratifiedShuffleSplit(n_splits=5, test_size=0.99,
                            train_size=0.01, random_state=0)
grid = GridSearchCV(LogisticRegression(), param_grid, cv=cv)
# 標準のCountVectorizerを用いてグリッドサーチを実行
grid.fit(X_train, y_train)
print("Best cross-validation score "
      "(standard CountVectorizer): {:.3f}".format(grid.best_score_))
# 見出し語化つきで、グリッドサーチを実行
grid.fit(X_train_lemma, y_train)
print("Best cross-validation score "
      "(lemmatization): {:.3f}".format(grid.best_score_))
```

Out[40]:

```
                              最良の交差検証スコア（標準のCountVectorizer）
Best cross-validation score (standard CountVectorizer): 0.721
Best cross-validation score (lemmatization): 0.731  最良の交差検証スコア（見出し語化）
```

この場合、見出し語化を行っても性能は若干向上する程度だ。他の特徴量抽出技術と同様に、結果はデータセットによって異なる。見出し語化や語幹処理によって、より良いモデルを作る役に立つ場合もある（少なくともモデルをコンパクトにするには役に立つだろう）。特定のタスクに対して性能の最後のひとしずくまで絞り出したい際にはこの技術を使ってみることをお勧めする。

7.9　トピックモデリングと文書クラスタリング

テキストデータによく用いられる技術の1つが**トピックモデリング**（topic modeling）だ。これは、通常は教師なし学習で、それぞれの文書に対して1つ以上の**トピック**（topic）を割り当てるタスクをまとめて呼ぶ言葉である。この良い例がニュースデータである。ニュースは「政治」「スポーツ」「金融」などのトピックに分類できる。それぞれの文書に1つのトピックが与えられるのであれば、このタスクは「**3章　教師なし学習と前処理**」で述べたクラスタリングになる。それぞれの文書が複数のトピックを持つことができるのであれば、「**3章　教師なし学習と前処理**」で述べた成分分析に関連してくる。学習した個々の成分がトピックとなり、文書表現のそれぞれの成分に対する係数は、その文書が特定のトピックにどの程度関連するかを表現することになる。多くの場合、「トピックモデリング」というと、LDA（Latent Dirichlet Allocation）と呼ばれる特定の成分分析手法を指す[*1]。

7.9.1　LDA（Latent Dirichlet Allocation）

直観的に説明すると、LDAは同時に現れる頻度の高い単語の集合（トピック）を探す。また、LDAはそれぞれの文書が、いくつかのトピックの「混合物」であることを要請する。機械学習モデルでいうところの「トピック」が、日常会話で使う「トピック」とは異なることを理解しておくことは重要だ。機械学習モデルのトピックは、（「**3章　教師なし学習と前処理**」）で述べたPCAやNMFの成分に近く、解釈できる意味を持つかもしれないが、持たないかもしれない。LDAの「トピック」に意味があったとしても、通常の意味で用いる「トピック」とは違うかもしれない。ニュース記事の例に戻ろう。2人の記者が書いたスポーツ、政治、金融に関わる記事の集合があったとしよう。政治関連の記事には「governor」、「vote」、「party」などの単語が、スポーツ関連の記事には「team」、「score」、「season」などの単語が現れるだろう。しかし、これ以外にも同時に現れる単語の集合がありそうだ。2人の記者は好みのフレーズや単語に違いがあるだろう。1人は「demarcate」を好み、もう1人は「polarize」を好むかもしれない。そうなると、「トピック」として「記者Aがよく使う単語」と「記者Bがよく使う単語」が学習されるだろうが、これらは通常の意味でのトピックではない。

映画レビューのデータセットにLDAを適用して、実際にどのように動くのかを見てみよう。教師なしのテキスト文書モデルでは、一般的な単語が解析に影響を与えすぎないように、一般的な単語を取り除いたほうがよいとされる。ここでは、15%以上の文書に現れる単語を取り除き、それ以外で最もよく現れる10,000単語に限ってBoWモデルを構築した。

In[41]:

```
vect = CountVectorizer(max_features=10000, max_df=.15)
X = vect.fit_transform(text_train)
```

＊1　LDAと省略される機械学習モデルがもう1つある。Linear Discriminant Analysisという線形クラス分類モデルである。非常に紛らわしいが、本書ではLDAはLatent Dirichlet Allocationを指す。

まずは、10トピックでトピックモデルを作ってみよう。このくらいの数ならすべてに目を通すことができるからだ。NMFの成分と同様に、トピックには順番がないので、トピックの数を変更すると、すべてのトピックが変更されてしまう[*1]。ここでは学習方法としてデフォルトの"online"ではなく、"batch"を用いる。こちらは少し遅いが、多くの場合結果が良くなる。また、"max_iter"を大きい値に指定している。これもモデルの性能に貢献する。

In[42]:

```
from sklearn.decomposition import LatentDirichletAllocation
lda = LatentDirichletAllocation(n_topics=10, learning_method="batch",
                                max_iter=25, random_state=0)
# ここではモデルの構築と変換を一度に行う
# 変換には時間がかかるが、同時に行うことで
# 時間を節約することができる
document_topics = lda.fit_transform(X)
```

「**3章　教師なし学習と前処理**」で見た成分分析手法と同様に、LatentDirichletAllocationには、それぞれの単語のそのトピックに対する重要性を格納したcomponents_属性がある。components_のサイズは(n_topics, n_words)だ。

In[43]:

```
lda.components_.shape
```

Out[43]:

```
(10, 10000)
```

トピックの意味を理解するために、それぞれのトピックについて最も重要な単語を見てみよう。print_topics関数を使うと、これらの特徴量をきれいに表示してくれる。

In[44]:

```
# それぞれのトピック(components_の行)に対して、特徴量を昇順でソート
# ソートを降順にするために[:, ::-1]で行を反転
sorting = np.argsort(lda.components_, axis=1)[:, ::-1]
# vectorizerから特徴量名を取得
feature_names = np.array(vect.get_feature_names_out())
```

In[45]:

```
# 最初の10トピックを表示
mglearn.tools.print_topics(topics=range(10), feature_names=feature_names,
```

＊1　実際、NMFとLDAは密接に関連した問題を解いている。NMFを使ってトピックを抽出することも可能だ。

```
                     sorting=sorting, topics_per_chunk=5, n_words=10)
```

Out[45]:

```
topic 0       topic 1       topic 2       topic 3       topic 4
--------      --------      --------      --------      --------
between       war           funny         show          didn
young         world         worst         series        saw
family        us            comedy        episode       am
real          our           thing         tv            thought
performance   american      guy           episodes      years
beautiful     documentary   re            shows         book
work          history       stupid        season        watched
each          new           actually      new           now
both          own           nothing       television    dvd
director      point         want          years         got


topic 5       topic 6       topic 7       topic 8       topic 9
--------      --------      --------      --------      --------
horror        kids          cast          performance   house
action        action        role          role          woman
effects       animation     john          john          gets
budget        game          version       actor         killer
nothing       fun           novel         oscar         girl
original      disney        both          cast          wife
director      children      director      plays         horror
minutes       10            played        jack          young
pretty        kid           performance   joe           goes
doesn         old           mr            performances  around
```

重要な単語から判断すると、トピック1は歴史ものの戦争映画、トピック2はつまらないコメディ、トピック3はTVシリーズだろう。トピック4は非常に一般的な単語を捉えているようで、トピック6は子供向け映画、トピック8は受賞作品に関するレビューのようだ。わずか10のトピックでデータセット中のすべてのレビューをカバーしているので、それぞれのトピックがかなり幅広いものになっている。

次に100トピックでモデルを作ってみよう。トピックが多くなると解析は大変になるが、興味深いデータセットに特化したトピックになるはずだ。

In[46]:

```
lda100 = LatentDirichletAllocation(n_topics=100, learning_method="batch",
                                   max_iter=25, random_state=0)
```

```
document_topics100 = lda100.fit_transform(X)
```

100トピックをすべて見るのは大変なので、面白そうなトピック、代表的なトピックを選んだ。

In[47]:

```
topics = np.array([7, 16, 24, 25, 28, 36, 37, 45, 51, 53, 54, 63, 89, 97])

sorting = np.argsort(lda100.components_, axis=1)[:, ::-1]
feature_names = np.array(vect.get_feature_names_out())
mglearn.tools.print_topics(topics=topics, feature_names=feature_names,
                           sorting=sorting, topics_per_chunk=7, n_words=20)
```

Out[47]:

```
topic 7       topic 16      topic 24      topic 25      topic 28
--------      --------      --------      --------      --------
thriller      worst         german        car           beautiful
suspense      awful         hitler        gets          young
horror        boring        nazi          guy           old
atmosphere    horrible      midnight      around        romantic
mystery       stupid        joe           down          between
house         thing         germany       kill          romance
director      terrible      years         goes          wonderful
quite         script        history       killed        heart
bit           nothing       new           going         feel
de            worse         modesty       house         year
performances  waste         cowboy        away          each
dark          pretty        jewish        head          french
twist         minutes       past          take          sweet
hitchcock     didn          kirk          another       boy
tension       actors        young         getting       loved
interesting   actually      spanish       doesn         girl
mysterious    re            enterprise    now           relationship
murder        supposed      von           night         saw
ending        mean          nazis         right         both
creepy        want          spock         woman         simple
```

```
topic 36      topic 37      topic 41      topic 45      topic 51
--------      --------      --------      --------      --------
performance   excellent     war           music         earth
role          highly        american      song          space
actor         amazing       world         songs         planet
cast          wonderful     soldiers      rock          superman
play          truly         military      band          alien
actors        superb        army          soundtrack    world
performances  actors        tarzan        singing       evil
played        brilliant     soldier       voice         humans
supporting    recommend     america       singer        aliens
director      quite         country       sing          human
oscar         performance   americans     musical       creatures
roles         performances  during        roll          miike
actress       perfect       men           fan           monsters
excellent     drama         us            metal         apes
screen        without       government    concert       clark
plays         beautiful     jungle        playing       burton
award         human         vietnam       hear          tim
work          moving        ii            fans          outer
playing       world         political     prince        men
gives         recommended   against       especially    moon

topic 53      topic 54      topic 63      topic 89      topic 97
--------      --------      --------      --------      --------
scott         money         funny         dead          didn
gary          budget        comedy        zombie        thought
streisand     actors        laugh         gore          wasn
star          low           jokes         zombies       ending
hart          worst         humor         blood         minutes
lundgren      waste         hilarious     horror        got
dolph         10            laughs        flesh         felt
career        give          fun           minutes       part
sabrina       want          re            body          going
role          nothing       funniest      living        seemed
temple        terrible      laughing      eating        bit
phantom       crap          joke          flick         found
judy          must          few           budget        though
melissa       reviews       moments       head          nothing
zorro         imdb          guy           gory          lot
gets          director      unfunny       evil          saw
barbra        thing         times         shot          long
cast          believe       laughed       low           interesting
short         am            comedies      fulci         few
serial        actually      isn           re            half
```

今度のトピックははるかに具体的になっているが、その多くは解釈が難しい。トピック7はホラームービーやスリラーのようだ。トピック16と54は否定的なレビュー、トピック63はコメディに関する肯定的なレビューのようだ。トピックについてさらに解析を進めるには、重要な単語から得た直観をそのトピックに分類された文書を見て確認しなければならない。例えばトピック45は音楽に関連するもののようだ。このトピックに分類されたレビューを見てみよう。

In[48]:

```
# "音楽関連"トピック45に対する重みでソート
music = np.argsort(document_topics100[:, 45])[::-1]
# このトピックを最も重要としている5つの文書を表示
for i in music[:10]:
    # 最初の2文を表示
    print(b".".join(text_train[i].split(b".")[:2]) + b".\n")
```

Out[48]:

```
b'I love this movie and never get tired of watching. The music in it is great.\n'
b"I enjoyed Still Crazy more than any film I have seen in years. A successful
  band from the 70's decide to give it another try.\n"
b'Hollywood Hotel was the last movie musical that Busby Berkeley directed for
  Warner Bros. His directing style had changed or evolved to the point that
  this film does not contain his signature overhead shots or huge production
  numbers with thousands of extras.\n'
b"What happens to washed up rock-n-roll stars in the late 1990's?
  They launch a comeback / reunion tour. At least, that's what the members of
  Strange Fruit, a (fictional) 70's stadium rock group do.\n"
b'As a big-time Prince fan of the last three to four years, I really can\'t
  believe I\'ve only just got round to watching "Purple Rain". The brand new
  2-disc anniversary Special Edition led me to buy it.\n'
b"This film is worth seeing alone for Jared Harris' outstanding portrayal
  of John Lennon. It doesn't matter that Harris doesn't exactly resemble
  Lennon; his mannerisms, expressions, posture, accent and attitude are
  pure Lennon.\n"
b"The funky, yet strictly second-tier British glam-rock band Strange Fruit
  breaks up at the end of the wild'n'wacky excess-ridden 70's. The individual
  band members go their separate ways and uncomfortably settle into lackluster
  middle age in the dull and uneventful 90's: morose keyboardist Stephen Rea
  winds up penniless and down on his luck, vain, neurotic, pretentious lead
  singer Bill Nighy tries (and fails) to pursue a floundering solo career,
  paranoid drummer Timothy Spall resides in obscurity on a remote farm so he
  can avoid paying a hefty back taxes debt, and surly bass player Jimmy Nail
  installs roofs for a living.\n"
b"I just finished reading a book on Anita Loos' work and the photo in TCM
```

```
  Magazine of MacDonald in her angel costume looked great (impressive wings),
  so I thought I'd watch this movie. I'd never heard of the film before, so I
  had no preconceived notions about it whatsoever.\n"
b'I love this movie!!! Purple Rain came out the year I was born and it has had
  my heart since I can remember. Prince is so tight in this movie.\n'
b"This movie is sort of a Carrie meets Heavy Metal. It's about a highschool
  guy who gets picked on alot and he totally gets revenge with the help of a
  Heavy Metal ghost.\n"
```

この結果からわかるように、このトピックはミュージカルから伝記映画、さらには最後のレビューのようにどのジャンルとも言い難い映画まで、さまざまな音楽を取り上げたレビューをカバーしている。トピックを調べるもう1つの方法として、それぞれのトピックが全文書に対して得た重みを見てみよう。それぞれのトピックに、最も一般的な2つの単語で名前を付けている。図7-6に学習されたトピックの重みを示す。

In[49]:

```
fig, ax = plt.subplots(1, 2, figsize=(10, 10))
topic_names = ["{:>2} ".format(i) + " ".join(words)
               for i, words in enumerate(feature_names[sorting[:, :2]])]
# 2カラムの棒グラフ
for col in [0, 1]:
    start = col * 50
    end = (col + 1) * 50
    ax[col].barh(np.arange(50), np.sum(document_topics100, axis=0)[start:end])
    ax[col].set_yticks(np.arange(50))
    ax[col].set_yticklabels(topic_names[start:end], ha="left", va="top")
    ax[col].invert_yaxis()
    ax[col].set_xlim(0, 2000)
    yax = ax[col].get_yaxis()
    yax.set_tick_params(pad=130)
plt.tight_layout()
```

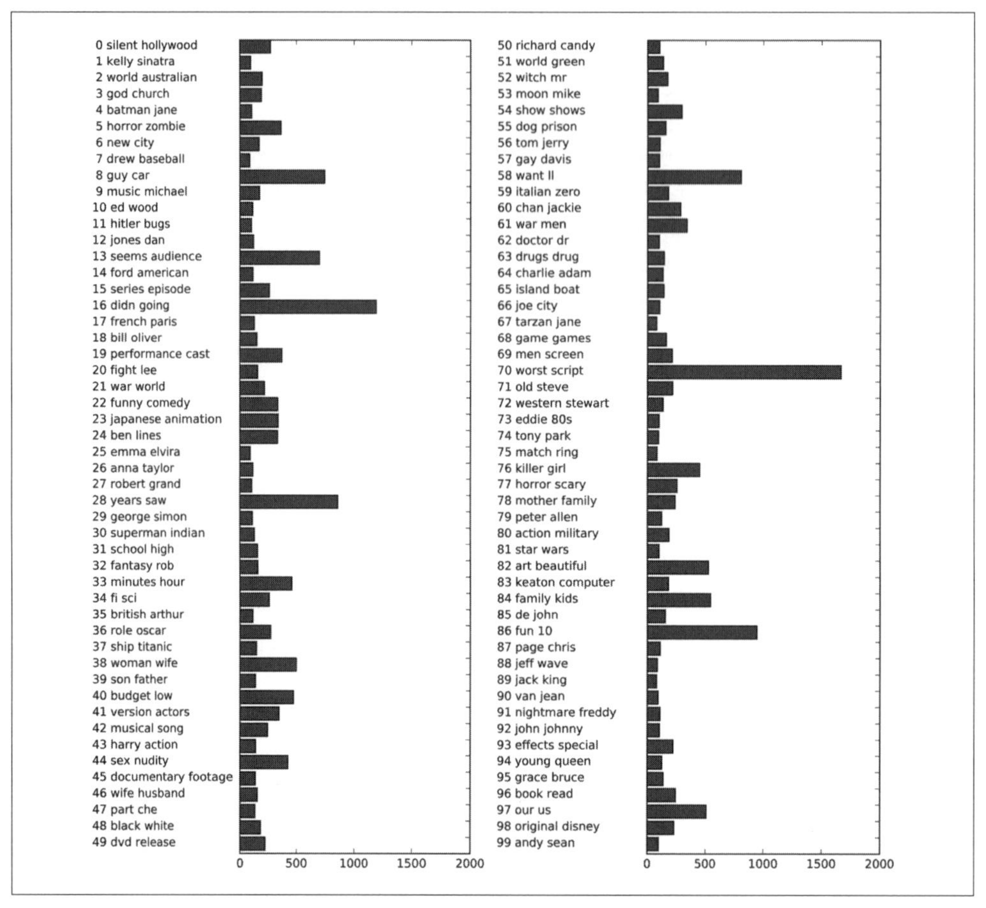

図7-6　LDAが学習したトピックの重み

最も重要なトピックは、否定的な評価に対応していると思われる70、ストップワードを含む16, 13, 58、肯定的な評価に関連する86だ。86の「10」は10段階評価の10で、コメントの中に出てきているのだろう。これらに続く重要なトピックは8, 38, 40, 44, 76, 82, 84で、これらはジャンルに固有のトピックだ。

LDAは大まかに分けて、ジャンルに固有なトピックと、評価に固有なトピック、それ以外の特定しづらいトピックを見つけているように見える。これは興味深い発見だ。多くのレビューは映画固有のコメントと評価を正当化あるいは強調するコメントで構成されているからだ。

LDAのようなトピックモデルは、ラベルがない大規模なテキストコーパスを理解する興味深い方法である。もちろん、ここで行ったように、ラベルがある場合にも有用だ。ただし、LDAアルゴリズムはランダムなので`random_state`パラメータを変えるとまったく違った結果になる場合がある。トピックを特定することは有用だが、教師なし学習モデルから導かれた結果はすべて、眉にツバを付けて見る必要がある。個々のトピックの文書を実際に見て直観が正しいか確認することをお勧めする。`LDA.transform`メソッドで作られたトピック群を教師あり学習のためのコンパクトなデータ表現とみなすこともできる。この方法は、ラベルのある訓練データが十分にない場合に、特に有効だ。

7.10 まとめと展望

本章では、テキスト処理もしくは**自然言語処理**（NLP: natural language processing）の基本について、映画レビューのクラス分類アプリケーションを例として説明した。本章で紹介したツールは、テキストデータ処理を行う上で良い最初の一歩となるはずだ。SPAM検出、詐欺検出、センチメント分析などのテキストのクラス分類タスクでは特に、BoW表現が簡単で強力な手法となる。機械学習では常だが、NLPアプリケーションにおいても、データ表現が非常に重要になる。抽出されたトークンやn-グラムを見ることで、モデルを構築する過程を深く理解することができるだろう。テキスト処理アプリケーションでは、本章で示したように、モデルの中を覗いて意味のある情報を得ることができる。これは教師なし学習の場合も教師あり学習の場合も同じだ。NLPに基づく手法を実際に使う際には、この性質を十分に活用するべきだ。

自然言語処理、テキスト処理は広大な研究領域で、先進的な手法について述べるのは本書の範囲をはるかに超える。さらに学びたければ、オライリーから出版されているSteven Bird、Ewan Klein、Edward Loperによる『*Natural Language Processing with Python*』（邦題『入門 自然言語処理』、オライリー・ジャパン）を勧める。この本は、自然言語処理の概要を述べるとともに、自然言語処理向けPythonパッケージ`nltk`を紹介している。もう一冊、より概念的な本としては標準的な本となっている、Christopher Manning、Prabhakar Raghavan、Hinrich Schützeによる『*Introduction to Information Retrieval*』（http://nlp.stanford.edu/IR-book/、邦題『情報検索の基礎』共立出版）がある。この本は、情報検索、自然言語処理、機械学習に関する基本的なアルゴリズムを紹介している。どちらも、オンラインバージョンを無料で読むことができる。前にも述べた通り、`CountVectorizer`や`TfidfVectorizer`は、比較的簡単なテキスト処理手法しか実装していない。より高度なテキスト処理手法を実装するには、`spacy`（比較的新しいが非常に効率的で良く設計されたパッケージ）や、`nltk`（広く用いられており完備されているが若干古いライブラリ）`gensim`（トピックモデリングに重点をおいた自然言語処理パッケージ）などのPythonパッケージを使うことを勧める。

近年、テキスト処理領域ではいくつか驚くべき進展があった。それらは本書の範囲からは外れるが、ニューラルネットワークに関連している。1つは、ワードベクタもしくは分散単語表現と呼ばれる連続値ベクタ表現を利用する手法で、`word2vec`ライブラリに実装されている。Thomas Mikolovらによるオリジナルの論文「*Distributed Representations of Words and Phrases and Their Compositionality*」（http://papers.nips.cc/paper/5021-distributed-representations-of-words-and-phrases-and-their-compositionality.pdf）は、この手法に関するよい紹介となっている。

spacyやgensimはこの論文で議論されている技術や、その後継技術を提供している。

近年勢いのある自然言語処理のもう1つの潮流はテキスト処理に**リカレントニューラルネットワーク**（RNN：recurrent neural networks）を利用する方法だ。RNNはテキスト処理に適したニューラルネットワークの一種だ。通常のニューラルネットワークによるクラス分類モデルは、テキストからクラスラベルしか生成できないが、RNNはテキストからテキストを生成することができる。RNNはテキストを出力として生成することができるので、自動翻訳や要約に適している。この手法に関しては、やや技術的だが、Ilya Suskever、Oriol Vinyals、Quoc Leによる論文「*Sequence to Sequence Learning with Neural Networks*」（http://papers.nips.cc/paper/5346-sequence-to-sequence-learning-with-neural-networks.pdf）に詳しい。tensorflowフレームワークに関する実用的なチュートリアルはTensorFlowのWebサイト（https://www.tensorflow.org/versions/r0.8/tutorials/seq2seq/index.html）にある。

8章 おわりに

ここまで読んだ読者は、重要な教師あり学習および教師なし学習の機械学習アルゴリズムの使い方がわかり、さまざまな機械学習問題を解くことができるようになっているはずだ。機械学習で可能になるさまざまな問題に向けて読者を送り出す前に、最後のアドバイスを贈りたい。さらに学習を続けるのに役立つリソースを紹介し、読者の機械学習およびデータサイエンス技術を磨く方法を提案したい。

8.1 機械学習問題へのアプローチ

本書で説明したさまざまな手法を学んだ今、手元にあるデータが関連する問題に対して、すぐにでも好みのアルゴリズムを試してみたくなったことだろう。しかし、解析を始める上でこれは一般にあまりよい方法ではない。機械学習アルゴリズムは、大きなデータ解析と意思決定過程のごく一部でしかない。機械学習を有効に活用するには、一歩下がって、問題を大きく捉えることが重要だ。まず、どのような問題に答えようとしているのかを考えよう。データに何か面白い点がないか、探索的な解析で見ようとしているのだろうか？それとも、何か特定のゴールがあるのだろうか？多くの場合には、例えば不正なユーザトランザクションを検出するとか、映画の推薦を行うとか、未知の惑星を見つけるとか、何らかのゴールがあるだろう。そのようなゴールがあるなら、それを実現するシステムを作る前に、成功を測る基準をどう設定するか、成功した場合にビジネスもしくは研究の目的全体にとってどのような影響があるかを考えよう。例えば不正トランザクションの検出が目的だとしてみよう。

すると次の疑問が生じる。

- 不正の検出が実際にできているかをどのように測定するか？
- アルゴリズムを評価するためのデータがあるだろうか？
- 成功したとして、ビジネスへの影響はどの程度だろうか？

「5章　モデルの評価と改良」で述べたように、アルゴリズムの性能を、収入の増大や損失の低減などのビジネス基準を用いて直接測定できるのなら、それに越したことはない。しかし一般にこれは難しい。より簡単な問題として「もし完全なモデルができたとしたらどうなるか？」を考えてみよう。不正なトランザクションを完全に検出できたとして、会社が月に100ドルしか節約できないのなら、アルゴリズム開発を始めるべきですらない。一方、月に数万ドル節約できるのなら、問題を解析する価値がある。

解くべき問題を定義でき、プロジェクトに対して解決手法が大きな影響を持つことがわかり、成功したことを測定するための情報があると確信できたとしよう。次のステップは、通常、データの取得とプロトタイプの構築になる。本書では、利用できるさまざまなモデルと、それらを適切に評価しチューニングする方法を説明した。しかし、モデルを試す際には、それが大きなデータサイエンスワークフローのごく一部であることを忘れてはいけない。多くの場合、モデル構築は、新しいデータを集めて精製し、モデルを構築して解析する、大きなフィードバックループの一部となっている。モデルの誤りを解析することで、データに何が欠けているかがわかり、さらなるデータ収集につながっていく。機械学習をより効率的に行うために、タスク自体が再構成されることもあるだろう。データより多く、より多様に得ることや、タスクの構成を変更することは、無限にグリッドサーチを行いパラメータを調整することよりはるかにみのりが多い。

8.1.1 人間をループに組み込む

人間をループに組み込むべきか、どのように組み込むかを考える必要がある。ある種の過程、例えば自動運転車の歩行者検出のような処理は、即座に判断を下す必要がある。しかし、即座に判断する必要がない処理もあり、そのような場合には、確信が持てない場合には人間に確認してもらうことができる。例えば医療応用では、機械学習アルゴリズムのみでは達成できない高い精度が求められる場合がある。しかし、アルゴリズムが90%もしくは50%、場合によっては10%だけでも自動的に判断できるのであれば、それだけで応答時間を短縮し、コストを低減できる。多くのアプリケーションでは、アルゴリズムが判断できる「単純な場合」がほとんどを占める。比較的少ない「複雑な場合」のみを人間に任せればよい。

8.2 プロトタイプから運用システムへ

本書で説明したツールは、多くの機械学習アプリケーションに有効で、解析やプロトタイプ構築を手早く行うのに適している。Pythonや`scikit-learn`は多くの会社で運用システムとして用いられている。これらの会社には国際的な銀行や世界的なソーシャルメディア企業などの大企業も含まれる。しかし、多くの会社は複雑なインフラを持っており、いつも容易にPythonを組み込めるとは限らない。これは特に問題ではない。多くの会社では、データ解析チームは素早くアイディアを実証することのできるPythonやRなどの言語を使用し、運用チームは、Go、Scala、C++、Javaなどを用いて頑健でスケーラブルなシステムを構築する。データ解析に用いる言語には、実際のサービスを構築する言語とは異なる性質が要求されるので、別の言語を用いることには意味がある。比較的よく使われる方法は、解析チームが見つけた解決方法を、より大きなフレームワークで、高性能向け言語で再実装することだ。これはライブラリ全体や言語全体を運用システムに埋め込んで、データフォーマットを変換してやり取りするよりも簡単だ。

運用システムでscikit-learnを使えるかどうかに関わらず、運用システムには、使い捨ての解析スクリプトとは異なる性質が要求されることを覚えておこう。アルゴリズムをより大きなシステムに取り込むなら、信頼性、予測可能性、実行時ライブラリ、メモリ使用量などのソフトウェア工学的な側面が関わってくる。このようなケースでも有効な機械学習システムを提供するには、簡潔性が重要である。データ処理と予測のパイプラインの各コンポーネントに対して、どの程度複雑さを生み出しているか、データや計算機インフラの変化に頑健か、その複雑さに値するかどうかを批判的に調査しなければならない。複雑な機械学習システムを構築する場合には、Googleの機械学習チームの研究者が発表した「*Machine Learning: The High Interest Credit Card of Technical Debt*」(http://research.google.com/pubs/pub43146.html) を読むことを強く勧める。この論文は、機械学習ソフトウェアの作成時と大規模環境運用時とでトレードオフがあることを明らかにしている。この論文でいう技術的負債は、大規模で長期間運用されるプロジェクトに固有のことだが、そこで得られた教訓は、短期間しか用いない小規模なシステムにおいても有効だ。

8.3 運用システムのテスト

本書では、アルゴリズムによる予測を事前に収集したテストセットで評価する方法を説明した。この方法は**オフライン評価**と呼ばれる。しかし、その機械学習システムがユーザに対して運用されるものであるなら、これはアルゴリズム評価の最初のステップにすぎない。次のステップは、通常**オンラインテスト**もしくは**ライブテスト**と呼ばれるものになる。ここでは、アルゴリズムを導入したシステム全体が評価される。Webサイトがユーザに提示する推薦や検索結果を変更すると、ユーザの挙動は大きく変化し、予想外の結果を招く可能性がある。このようなことがないように、多くのユーザに対するサービスでは**A/Bテスト**と呼ばれる、情報を伏せたユーザ調査を行う。A/Bテストでは、一部のユーザに、それと知らせずにアルゴリズムAを用い、残りのユーザにはアルゴリズムBを用いる。それぞれのグループに対して、一定の期間、成功の基準となる値を記録し、その値で2つの方法のどちらかを選択する。A/Bテストはアルゴリズムを「実際の環境で」評価するので、ユーザとモデルの関わりによって起こる予想外の結果を見つけることができる。多くの場合はAに新しいモデルを、Bに既存のモデルを用いる。オンラインテストには、**バンディットアルゴリズム**などの、A/Bテストよりも複雑な手法がある。この主題に関しては、オライリーから出版されているJohn Myles Whiteの『*Bandit Algorithms for Website Optimization*』(邦題『バンディットアルゴリズムによる最適化手法』オライリー・ジャパン、電子書籍のみ) が詳しい。

8.4 独自Estimatorの構築

本書ではscikit-learnで実装されているさまざまなツールやアルゴリズムを紹介した。これらは、幅広いタスクに適用可能だ。しかし、scikit-learnで実装されていない特定の処理をしなければならない場合もある。前処理を別に行ってからscikit-learnのモデルやパイプラインに与えれば十分な場合もあるが、その前処理がデータに依存するもので、グリッドサーチや交差検証をしたいのであれば、話は少し面倒になる。

「6章 アルゴリズムチェーンとパイプライン」で説明したように、データに依存する処理は交差検証ループの中で行うことが重要だ。では、どうしたら独自の前処理をscikit-learnのツールで実行できるのだろうか？実は簡単な方法がある。独自のEstimatorを作ればよいのだ。scikit-learnと互換性を持つインターフェイスを持つEstimatorを実装すれば、PipelineやGridSearchCVやcross_val_scoreで簡単に利用できる。詳細はscikit-learnのドキュメント（http://scikit-learn.org/stable/developers/contributing.html#rolling-your-own-estimator）を見てほしいが、ここでも簡単に説明しておこう。変換器クラスを実装するには、BaseEstimatorとTransformerMixinを継承して、__init__、fit、predictメソッドを実装するのが一番簡単だ。

In[1]:

```
from sklearn.base import BaseEstimator, TransformerMixin

class MyTransformer(BaseEstimator, TransformerMixin):
    def __init__(self, first_parameter=1, second_parameter=2):
        # すべてのパラメータを__init__メソッドで指定すること
        self.first_parameter = 1
        self.second_parameter = 2

    def fit(self, X, y=None):
        # fitはXとyだけを引数とする
        # モデルが教師なしであっても、引数yを受け付ける必要がある！

        # モデルの学習をここで行う
        print("fitting the model right here")
        # fitはselfを返す
        return self

    def transform(self, X):
        # transformは引数Xだけを受け取る

        # Xに対して変換を行う
        X_transformed = X + 1
        return X_transformed
```

クラス分類器や回帰器を実装する場合も基本的には同じだが、`TransformerMixin`ではなく`ClassifierMixin`や`RegressorMixin`を用い、`transform`ではなく`predict`を実装する。

ここで示した例からわかるように、独自のEstimatorを実装するために必要なコードはごく少ない。実際、多くの`scikit-learn`ユーザがたくさんの独自モデルをEstimatorとして実装している。

8.5 ここからどこへ行くのか

本書は、機械学習の効率的な実践に必要な知識を紹介した。ここでは、機械学習の技術をさらに磨きたいと考える読者のために、より深く研究するための書籍や個別技術に関する参考リソースを紹介しよう

8.5.1 理論

本書では、多くの一般的な機械学習アルゴリズムの挙動を、数学や計算機科学に関する十分な素養がなくても理解できるように、直観的に伝えるようにしたつもりだ。しかし、ここで紹介したモデルの多くは確率論、線形代数、最適化を用いている。これらのアルゴリズムがどのように実装されているかを詳細に理解する必要はないが、アルゴリズムの背景にある理論をいくらかでも知っておくことはデータサイエンティストにとっても重要だと考える。機械学習の理論に関しては多くの良書がある。本書を読んで機械学習によって開かれた新たな可能性に興奮してくれたのなら、次に示す書籍をどれか1つでも読んでみるとよいだろう。Hastie、Tibshirani、Friedmanによる『*The Elements of Statistical Learning*』(Springer、邦題『統計的学習の基礎：データマイニング・推論・予測』共立出版）についてはまえがきでも紹介したが、ここで改めて紹介する価値があるだろう。他の容易に入手でき、サンプルのPythonコード付きの本として、Stephen Marslandの『*Machine Learning: An Algorithmic Perspective*』(Chapman and Hall/CRC、和書未刊）が挙げられる。定評のある書籍としては、確率的な枠組みに焦点を当てたChristopher Bishopによる『*Pattern Recognition and Machine Learning*』(Springer、邦題『パターン認識と機械学習』上下巻、丸善）がある。もう一冊定評のある書籍としては、Kevin Murphyによる『*Machine Learning: A Probabilistic Perspective*』(MIT Press、和書未刊）が挙げられる。これは、本書ではとてもカバーすることのできなかった、機械学習手法に関する詳細な議論と先端的なアプローチを網羅的（1000ページ以上）に論述している。

8.5.2 他の機械学習フレームワークとパッケージ

我々は機械学習のパッケージとしては`scikit-learn`を[*1]、機械学習言語としてはPythonを好むが、他にもさまざまな選択肢がある。場合によっては、Pythonと`scikit-learn`が適していないこともあるだろう。Pythonはモデルを試したり評価したりするのには適しているが、大規模なWeb

＊1　Andreasはこの件に関しては完全に客観的ではないかもしれない。

サービスやアプリケーションは、JavaやC++で書かれていることが多い。機械学習モデルを運用するには、このようなシステムに組み込まなければならない。また、予測よりも統計モデルや推論に興味があるなら、`scikit-learn`以外のパッケージを検討してもよいだろう。そのような場合には、Pythonの`statsmodel`パッケージを使うことを検討してみよう。このパッケージには、統計に適したインターフェイスを持ついくつかの線形モデルが実装されている。どうしてもPythonが良い、ということでなければRを使うことも考えてみよう。RはPythonと並ぶデータサイエンティストの共通語で、統計解析に特化して設計されており、豊富な可視化機能と、さまざまな（しばしば高度に問題に特化された）統計モデルパッケージが利用できることで定評がある。

機械学習パッケージ`vowpal wabbit`（あまりにも発音しにくいので`vw`と呼ばれることが多い）もよく使われる。これは、C++で書かれた高度に最適化されたパッケージで、コマンドラインから利用する。`vw`は大規模なデータセットやストリーミングデータに特に有効である。クラスタに分散して機械学習を実行するには、現時点では`mllib`が最もよく使われている。これは`spark`分散計算環境上に構築されたScalaのライブラリである。

8.5.3 ランキング、推薦システム、その他の学習

本書は入門書なので、最も一般的な機械学習タスクについてのみ説明した。教師あり学習としてクラス分類と回帰を、教師なし学習としてクラスタリングと信号成分分析を扱った。機械学習には、他にもたくさんの種類があり、それぞれに重要なアプリケーションがある。ここでは本書で取り上げなかった特に重要なものを2つ紹介する。1つ目はranking（ランキング）である。これは、特定の問い合わせに対して、関連する順番で一連の答えを返すものだ。このアプリケーションは使ったことがあるはずだ。サーチエンジンはこのタスクのアプリケーションだからだ。検索の問い合わせを入力すると、関連性でランクが付けられて、その順でソートされた答えのリストが得られる。Manning、Raghavan、Schützeの『*Introduction to Information Retrieval*』（Cambridge University Press、邦題『情報検索の基礎』共立出版）はこのトピックの良い入門となっている。2つ目のトピックは、**推薦システム**（recommender systems）である。これは、ユーザの好みに応じて提案を行うシステムだ。Webサイトでよく見る「知り合いかも」「この商品を買った人はこんな商品も買っています」「おすすめの商品」などは推薦システムによるものだ。このトピックに関してもさまざまな文献がある。挑戦してみたければ、いまや定番となった、「Netflix prize challenge」（http://www.netflixprize.com/）を見てみるとよいだろう。ビデオストリーミングのNetflixが映画の嗜好に関する大規模なデータセットを公開しており、最良の推薦ができたチームには100万ドルが贈られる。（株価など）の時系列データの予測も一般的なアプリケーションで、これにもたくさんの文献がある。他にも、ここには並べられないほど、さまざまなの機械学習タスクがある。書籍、研究論文、オンラインのコミュニティを探して、状況に最も適したパラダイムを見つけよう。

8.5.4 確率モデル、推論、確率プログラミング

多くの機械学習パッケージは、特定のアルゴリズムを用いた機械学習モデルを提供する。しかし、多くの実世界の問題は特有の構造を持つことが多い。この構造をモデルに取り込むことができればはるかに良い予測性能を得ることができる。このような問題に固有の構造は確率論の言葉で表現することができる。予測しようとする状況の数学的なモデルから、問題の構造が導かれる。構造を持つ問題の意味を理解するために、次の例を考えてみよう。

例えば、史跡案内のために、屋外空間の詳細な位置を提供するモバイルアプリケーションを作りたいとしよう。携帯電話には、詳細な位置測定を可能にする、GPS、加速度計、コンパスなどのさまざまなセンサーが搭載されている。史跡の詳細なマップもあるとしよう。この問題は高度に構造化されている。どこに道があり、どこに興味深い史跡があるかは、地図からわかる。だいたいの場所はGPSでわかり、詳細な相対運度は加速度計、コンパスから得られる。しかし、すべてをまとめてブラックボックスの機械学習システムに投げ込んで位置を予測しようとするのは、最良の方法とは言えない。こうすると、実世界に関する既知の情報をすべて捨ててしまうことになる。コンパスと加速度計によれば利用者が北に向かっていて、GPSによれば南に向かっているということなら、GPSを信じないほうがよいだろう。推測した結果が壁を抜けなければ行けないような場所だったならば、その結果は疑ったほうがよいだろう。このような状況は、確率モデルで表現することができる。機械学習や確率推論を用いて、個々の測定結果をどの程度信じるべきかを決定し、ユーザの位置として最も確からしい地点を推定する。

さまざまな要素が与える影響を適切にモデル化して状況を表現できさえすれば、モデルを直接計算して予測を行う方法がある。最も一般的なのは確率プログラミング言語と呼ばれるものを用いる方法だ。これらの言語を用いると、問題をエレガントかつコンパクトに表現することができる。一般的な確率プログラミング言語としては、`PyMC`（Pythonで利用できる）と`Stan`（Pythonを含むいくつかの言語から利用できるフレームワーク）がある。これらを利用するには確率論をある程度理解する必要があるが、非常に容易に新しいモデルを作ることができる。

8.5.5 ニューラルネットワーク

ニューラルネットワークに関しては、「**2章　教師あり学習**」と「**7章　テキストデータの処理**」で少し触れたが、この分野は機械学習の中でも急速に進展している分野で、技術的な確信や新たなアプリケーションが毎週のように発表されている。囲碁におけるAlpha Goの人間のチャンピオンに対する勝利や、向上し続ける音声認識性能、ほとんど同時に行われる自動翻訳などの最近の機械学習や人工知能技術のブレークスルーはすべて、ニューラルネットワークによるものだ。この分野での進展は非常に速いので、現時点での参考文献を挙げてもすぐに時代遅れになるかもしれないが、Ian Goodfellow、Yoshua Bengio、Aaron Courvilleによる近著『*Deep Learning*』（MIT Press、和書未刊）

は、このジャンルに関する包括的な入門となっている[*1]。

8.5.6 大規模データセットへのスケール

本書では、データがすべてメモリ上のNumPy配列もしくはSciPyの疎行列に格納できることを仮定していた。近年のサーバは数百ギガバイトのメモリを持つとは言え、これは利用できるデータのサイズに対する本質的な制約となる。誰もがそんなに大きな計算機を買えるわけでもないし、クラウドプロバイダから借りることすら難しいこともある。多くのアプリケーションでは、機械学習システムを構築するのに用いるデータセットはそれほど大きくなく、数百ギガバイトになるデータセットはほとんどない。このような場合には、メモリを増設するかクラウドプロバイダから仮想計算機を借りるのが現実的な解となる。しかし、数テラバイトになるデータが必要な場合、もしくは限られた予算で大容量のデータを扱わなければならない場合もあるだろう。このような場合には、2つの基本的な戦略がある。**アウトオブコア学習**（out-of-core learning）と**クラスタ並列化**である。

アウトオブコア学習とは、メインメモリに入り切らないデータを1台の計算機（さらには1つのプロセッサ）で処理する学習のことである。データはハードディスクやネットワークなどから、メモリに格納できるように、1サンプルずつ、もしくは複数サンプルの塊で読み出される。読み込んだデータを処理して学習し、モデルを更新する。その後このデータは廃棄され、次のデータを読み込む。`scikit-learn`の一部のモデルでは、アウトオブコア学習が実装されている。詳細はWeb上のユーザガイド（http://scikit-learn.org/stable/modules/scaling_strategies.html#scaling-with-instances-using-out-of-core-learning）を参照してほしい。アウトオブコア学習は、すべてのデータを1台の計算機で処理するため、非常に大規模なデータセットに対しては実行時間が長大になる。また、すべての機械学習アルゴリズムがこの方法で実装できるわけではない。

スケールアウトするためのもう1つの戦略としては、計算機クラスタの複数の計算機にデータを分割し、それぞれの計算機にデータの一部を処理させる方法がある。一部のモデルではこの方法は高速に実行でき、処理できるデータサイズはクラスタのサイズによってのみ制限される。しかし、このような計算を行うには比較的複雑な計算機基盤が必要となる。そのような分散計算プラットフォームとして現在最も一般的なものがHadoop上に構築される`spark`である。`spark`には`MLlib`パッケージという機械学習機能が用意されている。データが既にHadoopファイルシステム上にあるのなら、`spark`を使うのが最も簡単な方法になるだろう。しかし、このような計算基盤がないのなら、`spark`クラスタを用意し、統合するのは非常に大変だろう。そのような場合には、前述の`vw`パッケージの持つ分散機能を使ったほうがよいかもしれない。

＊1　『*Deep Learning*』のプレプリントはhttp://www.deeplearningbook.org/で読むことができる。

8.5.7 名誉を得る

人生における他の多くのことと同様、本書で述べた内容についても、エキスパートになるためには練習を繰り返すしかない。特徴量の抽出、前処理、可視化、モデル構築は、タスクごと、データセットごとに大きく異なる可能性がある。幸運にもさまざまなデータセットとタスクが手近にある読者もいるだろう。もしタスクが手近にないなら、機械学習のコンペティションに挑戦することから始めるとよいだろう。コンペティションでは、タスクとデータセットが公開されており、多くのチームが予測性能を競い合っている。多くの会社、非営利団体、大学がこの種のコンペティションを主催している。コンペティションを探すなら、Kaggle (https://www.kaggle.com/) を見るとよいだろう。このWebサイトでは、データサイエンスのコンペティションが頻繁に開かれており、そのうちのいくつかには相当の額の賞金が提供されている。

Kaggleフォーラムは、機械学習に関する最新のツールや技法についての良い情報源でもあるし、このサイトから幅広いデータセットを入手することもできる。さらなるデータセットと関連するタスクが、OpenMLプラットフォーム (http://www.openml.org/) にある。20,000以上のデータセットと、関連する50,000以上のタスクが提供されている。これらのデータセットとタスクに挑戦するのは機械学習技術を磨く良い機会になるだろう。コンペティションの問題点は、最適化すべき基準と、多くの場合は固定された処理済みのデータセットが与えられていることだ。実世界の問題では、問題を定義しデータを集めること自体も重要な側面であり、問題を適切に表現することは、クラス分類器の性能をわずかに向上させることよりもはるかに重要だということを忘れてはならない。

8.6 結論

機械学習が幅広いアプリケーションに対して有用で、実際に実装するのも簡単だ、ということを理解してもらえたことと思う。今後もデータの解析を続けてほしい。ただし、問題の全体像を見ることを忘れずに。

索引

数字

A

B

C

D

E

F

G

S

T

V

W

X

あ行

か行

さ行

シャッフル分割交差検証
(shuffle-split cross-validation)........................252
終端ノード(terminal node)....................................70
自由なテキストデータ(freeform text data)...........318
自由に書かれた文字列(free string data)..............318
受信者動作特定(receiver operating characteristics：
ROC)カーブ...288–292
主成分分析(principal component analysis：PCA)
whitenオプション 147
可視化..139
教師なし学習 142
欠点..143
特徴量抽出..144
例 137
純粋な葉(pure leaf)...72
情報検索(information retrieval：IR)..................319
情報のリーク(information leakage) 304
資料(resource) vii
シルエット係数(silhouette coefficient).................188
推薦システム(recommender system) 358
推論(inference) 359
数学関数による特徴量変換(mathematical functions
for feature transformation)..............................225
スケール変換(scaling)..................................128–137
カーネル法を用いたSVM 100
教師あり学習に対する効果 135
訓練データとテストデータ..............................132
種類..129
大規模データセット 360
データ変換の適用 130
目的..128
例 128–137
ストップワード(stopword) 329
スパースコーディング(sparse coding) 159
正規化(normalization)...339
正規化線形関数(rectified linear unit：relu) 104
正規化相互情報量(normalized mutual information：
NMI)...186
整数特徴量(integer feature) 212
正則化(regularization)
L1正則化..53
L2正則化..50, 61
精度(accuracy) 23, 277
線形回帰(linear regression) 48, 217–225
線形関数(linear function)......................................57
線形サポートベクタマシン(linear support vector
machine：SVM)..57
線形モデル(linear model)
k-最近傍法との違い..45
Lasso 53
回帰..46
線形SVM..57
多クラス分類..63
長所と短所...66–67
通常最小二乗法..48
データの表現..213–217
パラメータ 66–67
分類..57
予測..46
リッジ回帰 50
ロジスティック回帰 57
センチメント分析(sentiment analysis) 319
専門家の知識(expert knowledge) 235–243
層化k分割交差検証
(stratified k-fold cross-validation) 248–250
双曲正接関数(hyperbolic tangent：tanh) 104
疎なデータセット(sparse dataset)..........................45
ソフト投票戦略(soft voting strategy) 83

た行

高い再現率(high recall) 288
多クラス分類(multiclass classification)
2クラス分類..27
線形モデル 63
評価基準とスコア.......................................292–295
不確実性推定 122
多項式カーネル(polynomial kernel) 95
多項式回帰(polynomial regression)......................221
多項式特徴量(polynomial feature) 217–225
多層パーセプトロン(multilayer perceptron：MLP)
....102
多様体学習アルゴリズム
(manifold learning algorithm)
可視化..159
結果..164
適用..160
例 160
単純並列(embarrassingly parallel) 269
単変量統計(univariate statistics).........................229

な行

人間が記述したルールの問題点
(handcoded rules, disadvantages of) 1
人間の介在/監視 (human involvement/oversight)
.... 354
ネストした交差検証 (nested cross-validation) 267

は行

葉 (leaf) 7
バイグラム (bigram) 334
パイプライン (pipeline) 299-316
グリッドサーチ 309
前処理 311
外れ値 (outlier) 129
外れ値検出 (outlier detection) 192
汎化 (generalization)
定義 17
モデルの構築 28
例 29
反復特徴量選択 (iterative feature selection) 234
ヒートマップ (heat map) 143
ビジネス評価基準 (business metric) 270, 354
ヒストグラム (histogram) 141
非線形関数 (nonlinear function) 104
ヒット率 (hit rate) 278
ビニング (binning) 141, 213-217
非負値行列因子分解
(non-negative matrix factorization：NMF) 153
評価基準とスコア (evaluation metrics and scoring)
2クラス分類 271-292
運用システムのテスト 355
回帰の基準 295
基準の選択 270
多クラス分類 292-295
モデル選択 295
フィードフォワード・ニューラルネットワーク
(feed-forward neural network) 102
ブートストラップサンプリング (bootstrap sample)
.... 82
不確実性推定 (uncertainty estimate)
2クラス分類の評価 280-283
確率の予測 119
決定関数 116
多クラス分類 122
適用 115
浮動小数点数 (floating-point numbers) 28
フレームワーク (framework) 357
分割 (fold) 246
分割結果 (split) 246
分散計算 (distributed computing) 358
分散分析 (analysis of variance：ANOVA) 229
文書 (document) 319
文書クラスタリング (document clustering) 343
分類器 (classifier)
DecisionTreeClassifier 73, 273
DecisionTreeRegressor 73, 79-80
KNeighborsClassifier 20-23, 39-41
KNeighborsRegressor 44-45
LinearSVC 57-58, 66, 68
MLPClassifier 105-115
SVC 57, 99, 130, 135, 254, 264-268, 268, 299-303, 308, 314-315
ナイーブベイズ 68-70
不確実性推定 115-124
ロジスティック回帰 57-63, 67, 206, 235, 274, 309, 326-342
ペアプロット (pair plot) 19
平均適合率 (average precision) 287
ベクトル量子化 (vector quantization) 172
変換 (transformation)
教師なし 127
選択 229
単変量非線形 225-229
放射基底関数 (radial basis function：RBF) カーネル
.... 95
ホールドアウトセット (hold-out set) 18
ボキャブラリ構築 (vocabulary building) 322
ボストン住宅データセット (Boston Housing dataset)
.... 35

ま行

前処理 (preprocessing) 128-137
教師あり学習に対する効果 135
訓練データと変換テストデータの 132
種類 129
データ変換の適用 130
パイプライン 311
パラメータ選択 300
目的 128
真陽性/真陰性 (true positives/true negative) 275
真陽性率 (true positive rate：TPR) 278, 288

や行

ら行

わ行

●著者紹介

Andreas C. Müller（アンドレアス・C・ミュラー）
ボン大学で、機械学習のPhDを取得。コンピュータビジョンアプリの機械学習研究者としてAmazonに1年間勤務したのち、ニューヨーク大学データサイエンスセンターを経て現在はコロンビア大学の講師。ここ4年間は、産業界および学術界で広く使われている機械学習ライブラリscikit-learnのメンテナ、コアコントリビュータ、リリースマネージャーとして活躍する。広く使われている別の機械学習パッケージの開発者兼コントリビュータでもある。使命は、初心者にも使いやすい機械学習のオープンツールを開発すること、再現可能サイエンスをPRすること、誰もが高品質の機械学習アルゴリズムへアクセスできることだ。

Sarah Guido（サラ・グイド）
スタートアップで働くデータサイエンティスト。Python、機械学習、大規模データ、テクノロジーを愛する。カンファレンスの常連スピーカー。ニューヨーク在住。ミシガン大学大学院修了。

●訳者紹介

中田 秀基（なかだ ひでもと）
博士（工学）。産業技術総合研究所において分散並列計算の研究に従事。訳書に『ZooKeeperによる分散システム管理』、『Javaサーブレットプログラミング』、監訳書に『データ分析によるネットワークセキュリティ』、『Cython ― Cとの融合によるPythonの高速化』、『デバッグの理論と実践』、『Head First C』（以上オライリー・ジャパン）、著書に『すっきりわかるGoogle App Engine for Java』（ソフトバンク・クリエイティブ）など。極真空手初段。twitter @hidemotoNakada。

カバー説明

表紙の動物は、アメリカ東部に生息する両生類、アメリカオオサンショウウオ（hellbender salamander、学名Cryptobranchus alleganiensis）です。一般的には「ヘルベンダー」と呼ばれます。「アレゲニー・アリゲーター」（アレゲニーはアメリカ東部の地名）、「スノー・オッター」（雪のカワウソ）、「マッド・デビル」（泥の悪魔）など、多彩なニックネームを持ちます。「ヘルベンダー」（地獄に向かうもの）の名前の由来は不明ですが、1つの説として、サンショウウオの姿が不安を掻き立てるもので、地獄に戻ろうとしている悪魔の生き物だと初期の入植者は感じたからではないかと考えられています。

オオサンショウウオ科の一種で、70センチほどにまで成長します。中国に生息するチュウゴクオオサンショウウオ、日本に生息するオオサンショウウオに続き、世界で3番目に大きな水生のオオサンショウウオです。平らな体と両脇の太いひだが特徴的で、首の両側に一対のエラがあるものの、主に皮膚の表面近くの毛細血管でガス交換を行う皮膚呼吸により体内に酸素を取り入れています。

このため、アメリカオオサンショウウオにとっての理想的な生息地は、水が澄んでいて流れが速くかつ浅い、酸素が豊富な川です。普段は岩陰に隠れ、主に嗅覚を頼りに餌を探しますが、水のわずかな振動からも獲物の動きを捉えることができます。ザリガニや小魚などのほかに、他のオオサンショウウオの卵なども捕食します。アメリカオオサンショウウオは、捕食者としてだけでなく被食者としても生態系の中で重要な位置を占めています。多くの種類の魚やヘビ、カメなどがアメリカオオサンショウウオを捕食します。

アメリカオオサンショウウオの個体数はここ数十年で著しく減少しています。呼吸器官は汚染された水に非常に弱く、水質悪化は最大の問題です。生息地の近くで行われる農業散布やその他の人間活動の増加によって、水中の土砂や化学物質の量が増え、アメリカオオサンショウウオの生育環境が脅かされています。この絶滅危惧種を救う活動の一環として、生物学者たちは両生類を保護して飼育し、ある程度成長してから自然に返す試みを続けています。

Pythonではじめる機械学習
—scikit-learnで学ぶ特徴量エンジニアリングと機械学習の基礎

2017年 5 月22日　初版第 1 刷発行
2022年12月 2 日　初版第 8 刷発行

著　　者　Andreas C. Müller（アンドレアス・C・ミュラー）、Sarah Guido（サラ・グイド）
訳　　者　中田 秀基（なかだ ひでもと）
発 行 人　ティム・オライリー
制　　作　ビーンズ・ネットワークス
印刷・製本　日経印刷株式会社
発 行 所　株式会社オライリー・ジャパン
〒160-0002　東京都新宿区四谷坂町12番22号
Tel　(03)3356-5227
Fax　(03)3356-5263
電子メール　japan@oreilly.co.jp
発 売 元　株式会社オーム社
〒101-8460　東京都千代田区神田錦町 3-1
Tel　(03)3233-0641（代表）
Fax　(03)3233-3440

Printed in Japan (ISBN978-4-87311-798-0)
乱丁本、落丁本はお取り替え致します。